COLLECTION

DE

MÉMOIRES

RELATIFS A LA

PHYSIQUE.

TOME I.

COLLECTION

DE

MÉMOIRES

RELATIFS A LA

PHYSIQUE,

PUBLIÉS PAR

LA SOCIÉTÉ FRANÇAISE DE PHYSIQUE.

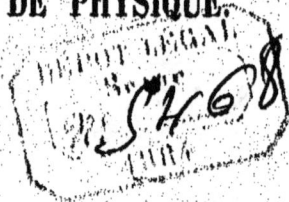

TOME I.

MÉMOIRES DE COULOMB.

PARIS,

GAUTHIER-VILLARS, IMPRIMEUR-LIBRAIRE

DU BUREAU DES LONGITUDES, DE L'ÉCOLE POLYTECHNIQUE,

Quai des Augustins, 55.

1884

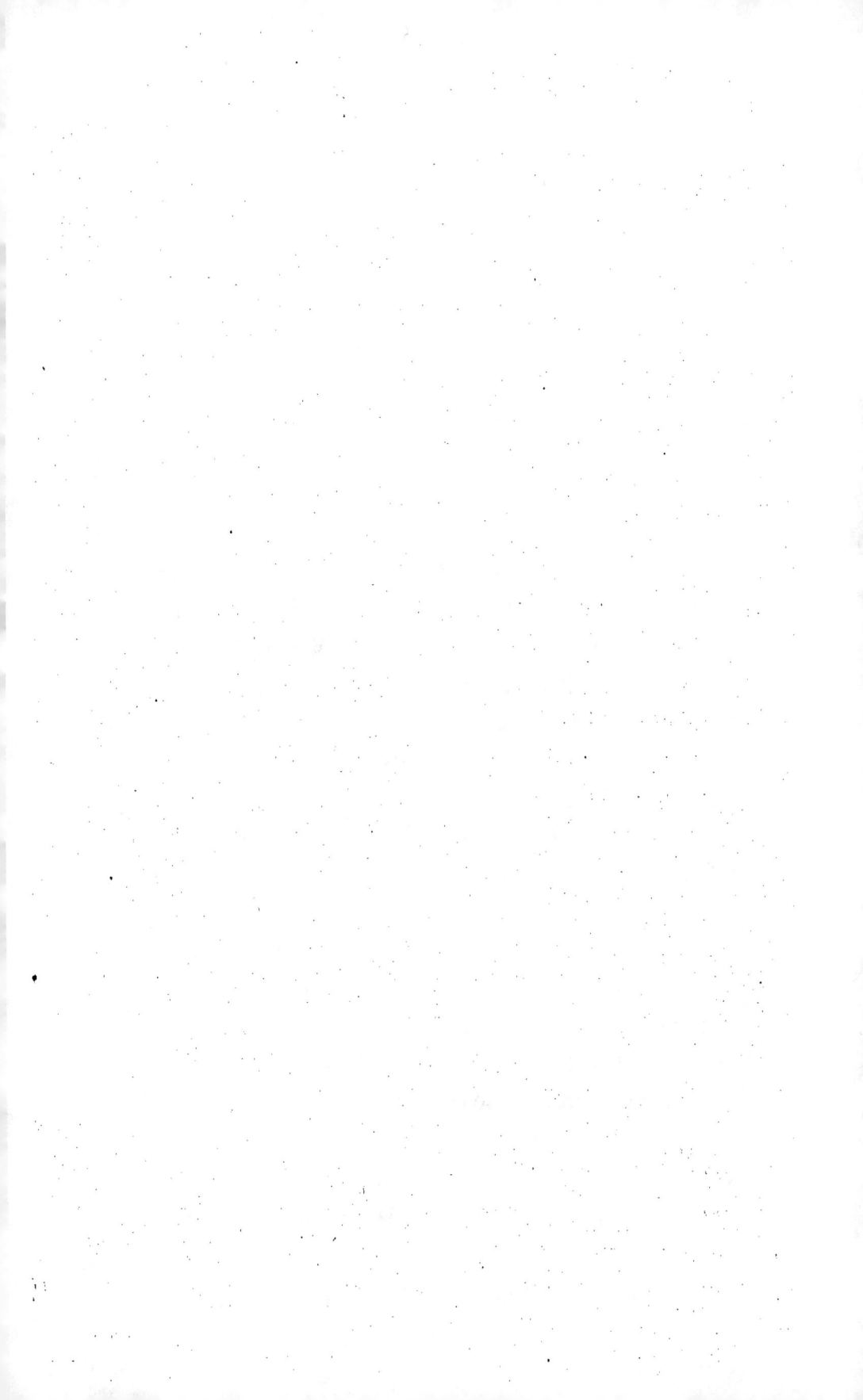

AVERTISSEMENT.

Le Conseil de la Société française de Physique, sur la proposition de M. Joubert, son secrétaire général, a émis l'avis qu'il serait opportun et conforme aux intentions des fondateurs de la Société de publier, dans la mesure des ressources disponibles, une série de Mémoires concernant la Physique, en s'attachant à reproduire particulièrement les Mémoires parus depuis un siècle environ et qu'il est devenu difficile de se procurer.

Dans sa séance de janvier 1883, la Société a approuvé cette proposition; elle a décidé, en outre, que le choix des Mémoires à publier et l'ordre de leur publication seraient fixés par le Conseil; celui-ci, considérant que les Mémoires de Coulomb sont la base de nos connaissances actuelles sur l'Électricité et le Magnétisme, que la Collection des Mémoires de l'ancienne Académie, où sont insérés les plus importants, est peu répandue, a estimé que la publication des Mémoires de Coulomb devait ouvrir cette série de reproductions. Bien que les sujets traités dans ces Mémoires soient

variés, puisqu'ils traitent de l'Électricité, du Magnétisme et
de la résistance des fluides, ils forment néanmoins un ensemble dans lequel la méthode et l'instrument de mesure
restent les mêmes; on s'est donc décidé à les réunir, tout en
se proposant, dans les Volumes suivants, de rassembler plutôt des Mémoires relatifs à un sujet unique et écrits par
des auteurs différents.

La publication du présent Volume a été confiée aux soins
de M. Potier.

COLLECTION

DE

MÉMOIRES

RELATIFS A LA

PHYSIQUE.

INTRODUCTION.

Coulomb (Charles-Augustin de) naquit le 14 juin 1736, à Angoulême, d'une famille de magistrats; il montra dans sa jeunesse un goût très décidé pour les Sciences mathématiques, entra dans le corps du Génie militaire et fut envoyé à la Martinique, où il resta neuf ans. A propos des travaux divers qu'il eut à exécuter, l'occasion se présenta pour lui d'étudier diverses questions de Mécanique appliquée aux constructions. Ses Mémoires lui valurent le titre de Correspondant de l'Académie des Sciences.

Il rentra en France et, en 1779, partagea avec Van Swinden le prix proposé par l'Académie pour la meilleure construction des boussoles; en 1781, il remportait le prix proposé pour la théorie des machines simples; c'est dans ce Mémoire que se trouvent ses expériences classiques sur le frottement.

Appelé à Paris en 1781, il fut nommé Membre de l'Académie et s'occupa activement des lois du magnétisme et de l'électricité; c'est pendant la période 1784-1789 qu'il écrivit les Mémoires fondamentaux sur les lois de la torsion, les lois des actions électriques et magnétiques et la distribution de l'électricité et du magnétisme.

Lorsque survint la Révolution, il était lieutenant-colonel du Génie, Intendant général des fontaines de France, et possédait la survivance à l'Intendance des Plans et Reliefs. Il donna sa démission de tous ses emplois. L'Académie avait été supprimée; il avait été éliminé de la Commission des Poids et Mesures, dont il était membre; forcé enfin de quitter Paris par la loi qui en expulsait tous les nobles, il se retira, suivi de son ami Borda, aux environs de Blois. Il revint à Paris, lors de la création de l'Institut, et fut nommé Inspecteur général des Études. Sa santé était déjà ébranlée depuis longtemps lorsqu'il mourut le 23 août 1806.

Delambre, prononçant son éloge en 1807, annonçait que les Œuvres de Coulomb allaient être publiées, qu'on avait trouvé dans ses papiers une Note indiquant l'ordre dans lequel ses différents Mémoires devaient être réunis. Ce projet, qu'il appartenait à Biot de mener à bonne fin, ne fut pas exécuté; mais sa réalisation n'a pas cessé d'être opportune.

Sans doute les progrès de la Science, et particulièrement de la Physique mathématique, feront paraître peu rigoureux et même singuliers certains raisonnements de Coulomb; mais les lois qu'il a déduites de ces expériences sont précisément la raison d'être de ces progrès. En ce qui touche le magnétisme, Coulomb a établi la loi des actions et répulsions; pour l'électricité, il a non seulement établi ces lois, mais démontré que la surface interne d'un conducteur électrisé n'est pas chargée d'électricité, et que la densité électrique est en chaque point proportionnelle à la force; la variation subite de la force électrique, quand on passe d'un point de la surface même à un point extérieur infiniment voisin, ne lui a pas échappé non plus. Enfin il a démontré la proportionnalité à la vitesse de la résistance des fluides provenant de leur viscosité ou du frottement intérieur et découvert les lois de l'élasticité de torsion. On ne peut donc refuser à ses Mémoires le titre de fondamentaux.

En ce qui concerne l'Électricité notamment, on réduit trop souvent l'œuvre de Coulomb à la découverte de la loi des attractions et à l'usage du plan d'épreuve. On attribue, par exemple, à Biot l'expérience qui consiste à décharger complètement une sphère métallique, en l'emprisonnant dans l'intérieur d'un conducteur formé de deux hémisphères mobiles : or cette expérience est décrite dans son cinquième Mémoire (1788), page 233 de ce Volume, en termes tels que l'on ne peut douter que Coulomb en avait même varié les conditions; il indique qu'il n'est pas nécessaire que l'enveloppe épouse la forme du conducteur intérieur. A plusieurs reprises (p. 178, 205), il revient sur cette question et s'attache à démontrer que l'absence d'électricité à l'intérieur du conducteur est une conséquence de la loi de la répulsion. Sans doute sa démonstration n'est pas rigoureuse, mais Poisson, en 1812, ne connaissait pas encore la démonstration classique aujourd'hui.

On trouvera également, dans les Mémoires de Coulomb, tous les éléments de la démonstration de la proportionnalité de la force en un point d'un conducteur à la densité en ce point; il donne d'abord dans le Mémoire de 1788 (p. 233 de ce Volume) la valeur de l'attraction d'une sphère uniformément chargée sur un point de sa surface, et celle de l'attraction sur un point extérieur, et affecte la densité du facteur 2π dans le premier cas, 4π dans le second; puis, dans sa théorie du plan d'épreuve (§ XLIV et § XLV du même Mémoire), il indique nettement que l'action d'un corps électrisé sur un point extérieur infiniment voisin est double de l'action de l'élément de surface infiniment voisin, action qui est $2\pi y$, quand y est la densité. Dans les calculs du cinquième et du sixième Mémoire, Coulomb fait un usage constant de ces formules; aussi, bien que nulle part le théorème auquel nous faisons allusion ne soit énoncé explicitement, Sir W. Thomson n'hésite pas à donner le nom de *Théorème de Coulomb* à cette proposition que la force électrique, en un point extérieur et infiniment voisin d'une surface conductrice, est le produit par 4π de la densité superficielle au voisinage de ce point.

Outre les Mémoires que nous reproduisons, Coulomb avait laissé des manuscrits qui ont été entre les mains de Biot, et que celui-ci a résumés dans son *Traité de Physique*. On a jugé inutile de reproduire le Mémoire dans lequel Coulomb a examiné si les aimants agissaient sur d'autres substances que le fer, l'acier, le nickel et le cobalt; sa conclusion est que des traces de fer, insensibles à l'analyse chimique, suffiraient pour donner aux métaux

qu'il a étudiés (or, argent, plomb, cuivre et étain) le magnétisme
qu'il a observé. On a laissé de côté, comme étrangers au but que
se propose la Société de Physique, un *Mémoire sur la Statique
des voûtes*, des *Recherches sur les moyens d'exécuter sous
l'eau toutes sortes de travaux hydrauliques, sans employer
aucun épuisement*, sa *Théorie des machines simples*, et ses
Recherches sur les moulins à vent.

Coulomb s'est toujours préoccupé de la valeur absolue des
forces qu'il mesurait; ses estimations, dans les Mémoires antérieurs à 1789, sont données dans l'ancien système de mesures; on
a ajouté, entre parenthèses, après chaque chiffre donné par Coulomb, la valeur en unités du système (C. G. S.) de la quantité mesurée, c'est-à-dire que le chiffre entre parenthèses exprime les longueurs en centimètres, les masses en grammes et les forces en
dynes; voici les éléments qui ont servi à ces calculs :

$$1 \text{ toise} = 6 \text{ pieds} = 72 \text{ pouces} = 864 \text{ lignes} = 194^{cm},9,$$
$$1 \text{ livre} = 16 \text{ onces} = 9216 \text{ grains (masse)} = 489^{gr},5,$$
$$1 \text{ livre} = 16 \text{ onces} = 9216 \text{ grains (force)} = 480200^{dynes}.$$

Coulomb représente le rapport de la circonférence au diamètre,
tantôt par $\frac{c}{2}$, tantôt par $\frac{\varphi}{2}$, tantôt par 180°; pour se conformer à
l'usage moderne, on a toujours représenté ce rapport par π, et
cette lettre n'a été employée à aucun autre usage; on a réservé
l'emploi du signe $\int$ aux expressions où entrent des différentielles.
On a aussi substitué a^2, R^2, ... à aa, RR. Lorsque, pour éviter des
redites et des longueurs, on a cru devoir supprimer une partie
du texte de Coulomb, on l'a toujours indiqué par des notes en
petit caractère; le même caractère a été employé pour les observations que suggère le texte; le numérotage des paragraphes ou
articles a d'ailleurs été conservé.

Quant aux figures, qui forment dans les Mémoires de l'Académie des planches séparées, on en a reproduit un certain nombre
sur bois, et on les a insérées dans le texte, particulièrement les figures purement géométriques. Les *Pl. I* à *VII* sont des reproductions photographiques sur zinc des planches des *Mémoires*

de l'Académie; les figures du Mémoire de 1789 ont dû, pour satisfaire aux exigences du format, être groupées autrement; elles ont été gravées sur cuivre par M. Pérot, qui en a reproduit le caractère avec autant de fidélité que la photographie; elles forment la *Pl. VIII.*

Il a paru utile de rapprocher des expériences de Coulomb les résultats des calculs de Poisson, relatifs à la distribution de l'électricité sur deux sphères conductrices et au partage de l'électricité entre ces deux sphères, lorsqu'elles sont mises en contact; à côté des chiffres obtenus par Coulomb, on a donc placé ceux que Poisson avait déduits de ses calculs et qui sont, dans une certaine mesure, autant de vérifications de la loi fondamentale.

Le Mémoire de Poisson est inséré dans les Mémoires de l'Institut pour 1811, bien qu'il n'ait été lu que les 19 mai et 3 août 1812 pour la première partie, et le 6 septembre 1813 pour la seconde.

Adoptant l'analyse de Laplace pour l'attraction des sphéroïdes, Poisson exprime que la distribution à la surface d'un ellipsoïde doit être telle que la force et, par suite, les trois dérivées partielles de la fonction $V = \sum \frac{m}{r}$ soient nulles dans l'intérieur de cet ellipsoïde ou, suivant le langage actuel, que le potentiel soit constant à l'intérieur; mais il ne résout ce problème que pour un ellipsoïde peu différent d'une sphère et retombe sur la solution connue, que la couche électrique doit être comprise entre deux ellipsoïdes semblables; il calcule alors, en négligeant le carré de l'excentricité, la force exercée sur une masse électrique infiniment voisine de la surface extérieure, et la trouve proportionnelle à l'épaisseur. « Il est naturel de penser », dit-il, « que ce résultat est général, et qu'il a également lieu à la surface d'un corps conducteur de forme quelconque; mais, quoique cette proposition paraisse très simple, il serait cependant très difficile de la démontrer au moyen des formules de l'attraction des sphéroïdes; et c'est un de ces cas où l'on doit suppléer à l'imperfection de l'analyse par quelque considération directe ». Il expose, en effet, une démonstration de ce théorème, qui lui a été communiquée par Laplace, et qui n'est que la reproduction, en termes plus rigoureux, des considérations dont Coulomb avait fait usage.

Comme Coulomb, il établit que l'action d'un conducteur sur un point extérieur infiniment voisin est double de celle de la portion de la surface infiniment voisine, qui est supposée limitée par un plan parallèle au plan tangent. Mais un conducteur sphérique, uniformément chargé, dont cette surface infiniment petite ferait partie, exercerait une répulsion $4\pi y$, y désignant la densité. Cette force est indépendante du rayon de la sphère. On peut imaginer par la normale autant de plans qu'on voudra, séparés par des angles dièdres ε, et remplacer chaque élément de la surface du conducteur par un élément pris sur une sphère de rayon convenable; la composante normale de l'attraction de cet élément est donc $\frac{\varepsilon}{2\pi} \times 2\pi y = \varepsilon y$, quel que soit le rayon de cette sphère; l'attraction totale de la surface infiniment petite, limitée par un plan parallèle au plan tangent, sera donc $y\Sigma\varepsilon$ ou $2\pi y$, et la force électrique totale $4\pi y$.

La constance du potentiel à l'intérieur du conducteur et la proportionnalité de la densité à la force, ou à la dérivée du potentiel prise suivant la normale à la surface du conducteur, sont les deux seuls théorèmes fondamentaux dont se sert Poisson; à cette époque, il n'avait pas encore démontré que l'absence d'électricité à l'intérieur des corps conducteurs, en équilibre électrique, est une conséquence de la loi fondamentale.

La question de l'attraction ou de la répulsion de deux sphères électrisées se lie intimement à celle de la distribution; elle présente un intérêt pratique au point de vue de la mesure des quantités d'électricité ou des potentiels. Poisson ne s'en est pas occupé, mais on déduit aisément de ses formules le moyen de calculer l'action réciproque de deux sphères.

On a pensé qu'en faisant suivre la reproduction des Mémoires de Coulomb d'une Note résumant le Mémoire de Poisson, qui est peu répandu, et les travaux plus récents de Sir W. Thomson sur le même objet, on ne s'écartait pas du but que s'est proposé la Société française de Physique. Sir W. Thomson suppose connus quelques théorèmes généraux, qui sont aujourd'hui classiques et se trouvent démontrés dans les Traités généraux de Physique,

aussi bien que dans les Traités spéciaux; on a jugé inutile d'en
reproduire la démonstration. Le lecteur désireux d'étudier cette
question devra consulter, outre le *Reprint of Papers* de Sir W.
Thomson, les Mémoires de M. Plana, dans le VII° Volume de
la seconde série des *Mémoires de l'Académie de Turin;* ces deux
Ouvrages contiennent des Tables numériques, qu'on peut d'ailleurs reconstruire au moyen des formules données dans les *Addi-
tions.*

A. POTIER.

TABLE DES MATIÈRES.

ADDITION.

COULOMB.

RECHERCHES

sur

LA MEILLEURE MANIÈRE DE FABRIQUER

LES AIGUILLES AIMANTÉES.

1777

—

Extrait du tome IX des *Mémoires des Savants étrangers.*

—

RECHERCHES

sur

LA MEILLEURE MANIÈRE DE FABRIQUER

LES AIGUILLES AIMANTÉES.

Tandis que toutes les parties de la Terre sont unies par leurs besoins respectifs et par l'échange de leur superflu, tandis que des armées et des nations entières couvrent et habitent les mers, des savants, aussi respectables par leur amour pour le bien public que par leur génie, proposent aux recherches des physiciens et des géomètres la perfection de l'instrument qui dirige la marche des vaisseaux, qui, placé au centre d'un horizon vaste et uniforme, trace une ligne dont la direction est connue : c'est servir l'humanité et sa patrie que de répondre à leurs vues et d'essayer ses forces sur un objet aussi utile.

DÉFINITIONS ET PRINCIPES.

1. Si l'on suspend une aiguille aimantée par son centre de gravité, autour duquel on suppose qu'elle peut tourner librement dans tous les sens, elle prendra une direction fixe, en sorte que, si on l'éloignait de cette direction, elle y serait toujours ramenée en oscillant.

Si, par la direction de cette aiguille, on fait passer un plan ver-

tical, ce plan sera le méridien de la boussole ou, autrement, le
méridien magnétique. L'angle formé par ce plan avec le véritable
méridien du monde sera la déclinaison de la boussole.

Si par le point de suspension de l'aiguille on fait passer un
plan horizontal, l'angle formé par la direction de l'aiguille avec ce
plan sera l'inclinaison de la boussole.

On distingue, dans les aiguilles aimantées, leurs extrémités
sous le nom de *pôles*. L'extrémité qui se dirige à peu près vers le
nord s'appelle *pôle boréal*. L'extrémité qui se dirige à peu près
vers le sud s'appelle *pôle austral*. Les pôles du même nom de
différents aimants ou aiguilles paraissent exercer les uns sur les
autres une force répulsive. Les pôles de différents noms paraissent
avoir une force attractive.

Les lames d'acier ne sont susceptibles que d'un certain degré
de magnétisme qu'elles ne peuvent outrepasser. Parvenues à ce
point, on dit qu'elles sont aimantées à saturité.

PREMIER PRINCIPE FONDAMENTAL.

2. Si, après avoir suspendu une aiguille par son centre de gravité, on l'éloigne de la direction qu'elle affecte naturellement, elle
y est toujours ramenée par des forces qui agissent parallèlement
à cette direction, qui sont différentes pour les différents points de
l'aiguille, mais qui sont les mêmes pour chacun de ces points en
particulier, dans quelque position que cette aiguille soit placée,
par rapport à sa direction naturelle; en sorte qu'une aiguille
aimantée éprouve toujours la même action, dans quelque position qu'on la suppose, de la part des forces magnétiques de la
Terre.

Développement de ce principe. — Le globe de la Terre est
un aimant naturel qui, par son action, produit la direction de la
boussole. Si l'on suppose que les forces aimantaires sont des
forces attractives ou répulsives, les centres de ces forces, placés
dans le globe de la Terre, seront, par rapport à la longueur de la
boussole, à une distance que l'on peut regarder comme infinie.
Mais, comme l'action des forces attractives ou répulsives dépend
de la nature et de l'intensité des masses et d'une fonction de la

distance, la distance pouvant être supposée la même, dans quelque position que l'on place la boussole, et chaque point de cette boussole pris en particulier n'éprouvant dans les changements de position aucune variation par rapport à la constitution de ses parties, il s'ensuit que chacun des points de l'aiguille sera sollicité par une force dont la direction sera toujours la même et dont l'intensité sera indépendante de la position de l'aiguille.

Les expériences de M. Musschenbroek et celles de Wiston, citées par le même auteur, viennent à l'appui de la théorie. M. Musschenbroek (*Dissertatio de magnete*, Exp. CIII) a trouvé que, lorsque l'on faisait osciller une aiguille d'inclinaison dans un autre plan vertical que le méridien magnétique, les forces qui produisaient les oscillations dans les différents plans étaient entre elles comme les cosinus d'inclinaison formée par la direction naturelle de l'aiguille avec ces plans. Or, si l'on suppose que la force particulière qui sollicite chaque point de la boussole a toujours la même direction et que son action est indépendante de la position de l'aiguille, il résultera de cette supposition et du principe de la décomposition des forces que les forces qui feront osciller l'aiguille aimantée, dans des plans inclinés à la direction naturelle, seront comme les cosinus des angles que forment ces plans avec cette direction : ce qui étant confirmé par l'expérience, il en résulte que le principe établi est légitime.

Un autre fait, que nous avons tous les jours sous les yeux, prouve encore, ce me semble, ce principe d'une manière incontestable. Lorsque l'on suspend sur la pointe d'un pivot une aiguille ordinaire de déclinaison, si elle était en équilibre, avant d'être aimantée, elle cessera de l'être lorsqu'elle aura été aimantée ; la partie boréale se trouvera plus pesante que la partie australe, et l'on sera obligé, pour rétablir l'équilibre, ou d'ajouter un petit contrepoids à la partie australe ou de diminuer la pesanteur de la partie boréale. Ce sont donc des forces dépendant de la vertu aimantaire qui augmentent la pesanteur de la partie boréale ou qui diminuent celle de la partie australe. Mais, lorsqu'on a rétabli l'équilibre par un petit contrepoids, si la boussole se trouve dans une situation horizontale dirigée naturel-

lement dans son méridien magnétique et si l'on fait tourner cette
boussole horizontalement, elle continuera, abandonnée à elle-
même, à rester horizontale dans toutes les positions où elle se
trouvera amenée par son mouvement oscillatoire; par conséquent, la force aimantaire augmente la pesanteur de la partie
boréale ou diminue la pesanteur de la partie australe d'une même
quantité, dans quelque position que cette boussole se trouve,
par rapport à son méridien magnétique : donc la position de la
boussole n'influe point sur l'action des différentes forces aimantaires.

SECOND PRINCIPE FONDAMENTAL.

3. Les forces magnétiques du globe terrestre qui sollicitent les
différents points d'une boussole agissent dans deux sens opposés. La partie boréale de la boussole est attirée vers le pôle boréal du méridien magnétique. La partie australe de l'aiguille est
sollicitée dans la direction opposée. Quelle que soit la loi suivant
laquelle ces forces agissent, la somme des forces qui sollicitent
l'aiguille vers le pôle boréal est exactement égale à la somme des
forces qui sollicitent le pôle austral de l'aiguille dans la direction
opposée.

Développement de ce principe. — M. Musschenbroek (*Dissertatio de magnete,* Exp. XXVI) a trouvé qu'une lame d'acier,
pesée avant d'être aimantée et après l'avoir été, ne changeait nullement de poids. Quelque précision qu'il ait pu mettre dans ses
expériences, elles lui ont toujours donné le même résultat. Ainsi
toutes les forces qui sollicitent une aiguille aimantée, étant décomposées suivant une direction horizontale et une direction verticale, il suit des principes de Statique, et de cette expérience,
que la somme des forces verticales doit être nulle.

D'un autre côté, on sait que, lorsqu'on fait flotter une aiguille
aimantée sur un petit morceau de liège, elle se dirige suivant le
méridien magnétique, mais que le centre de gravité de tout le
système parvient bientôt à un état de repos; or, si la somme des
forces horizontales n'était pas nulle, si, par exemple, la somme
des forces qui tirent vers le pôle boréal était plus grande que la

somme des forces qui agissent dans le sens opposé, le centre de
gravité du système devrait se mouvoir vers le nord d'un mouvement continu.

On peut donc conclure de ces deux expériences que, puisque
la somme des forces décomposées dans le plan horizontal suivant
le méridien magnétique est nulle, de même que la somme des
forces verticales, il suit que la somme des forces qui agissent suivant la direction naturelle de la boussole est aussi nulle.

Comme on pourrait opposer à cette dernière expérience que
la cohésion de l'eau peut détruire l'effet des forces horizontales,
voici un fait qui me paraît sans réplique :

Une règle de bois AB (*fig.* 1), très légère, percée à son milieu C
et garnie à ce point d'une chape de boussole, a été suspendue,

Fig. 1.

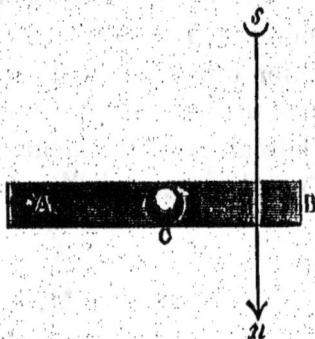

par le moyen de cette chape, sur un pivot de la même manière que
l'on suspend une aiguille de déclinaison; une aiguille S*n* a été attachée à l'extrémité de cette règle et formait avec elle un angle
droit; on a placé un petit contrepoids en A pour que tout le
système fût équilibré horizontalement et pût se mouvoir sur la
pointe d'un pivot autour du centre de suspension C. Après que
les oscillations ont été éteintes, l'aiguille S*n* s'est trouvée dirigée
suivant le méridien magnétique, c'est-à-dire suivant la même
ligne que si elle avait été soutenue sur la pointe d'un pivot par
son centre E. Voici l'explication et le résultat de cette expérience : les forces qui agissent sur cette aiguille, lorsqu'elle est
dans son méridien magnétique, sont dirigées suivant sa longueur;
or, puisque l'expérience nous montre que la boussole parvient à

son état de repos lorsqu'elle est dirigée suivant le méridien magnétique, il s'ensuit que les forces boréales et les forces australes ont pour lors le même bras de levier : ainsi elles ne peuvent pas être en équilibre à moins d'être égales.

J'ai répété cette expérience sur un très grand nombre d'aiguilles aimantées à saturité ou non, ayant seulement un centre aimantaire ou en ayant un plus grand nombre. J'ai constamment trouvé le même résultat. Cette expérience sera encore plus exacte en suspendant la petite règle de bois avec des fils de soie, comme je l'explique dans la suite de ce Mémoire.

COROLLAIRE GÉNÉRAL.

4. De ces deux principes, on peut, ce me semble, conclure que la direction d'une aiguille aimantée ne peut pas dépendre d'un torrent de fluide qui, mû avec rapidité suivant le méridien magnétique, force l'aiguille, par son impulsion, à se diriger suivant ce méridien ; car, par le premier principe établi, l'aiguille éprouve toujours la même action de la part du fluide magnétique, quelque angle qu'elle forme avec sa direction naturelle, qui devrait être la direction du torrent de fluide aimantaire. Cependant, suivant tout ce que nous pouvons connaître des lois des impulsions des fluides, ils agissent différemment, suivant que les corps qu'ils frappent sont posés différemment et présentent une moindre ou plus grande surface à la direction de leur courant. Ainsi, puisque l'expérience nous apprend que les forces aimantaires du globe terrestre agissent également sur l'aiguille dans toutes les positions, cette action ne peut pas provenir d'un torrent de fluide.

En second lieu, puisqu'il suit du second principe que la somme des forces qui agissent sur l'aiguille est égale dans les deux sens opposés, il faut, si l'on veut faire dépendre la direction de l'aiguille de l'impulsion d'un fluide, imaginer des torrents opposés qui agiront également dans les sens contraires sans se détruire mutuellement. De pareilles hypothèses paraissent devoir être rejetées de la Physique, comme trop contraires aux principes de la Mécanique.

Il semble donc qu'il résulte de l'expérience que ce ne sont

point des tourbillons qui produisent les différents phénomènes aimantaires, et que, pour les expliquer, il faut nécessairement recourir à des forces attractives et répulsives de la nature de celles dont on est obligé de se servir pour expliquer la pesanteur des corps et la physique céleste.

CHAPITRE PREMIER.

FORMULES QUI DÉRIVENT DE TOUTES LES FORCES, SOIT ACTIVES,
SOIT COERCITIVES, QUI PEUVENT INFLUER SUR LA POSITION D'UNE
AIGUILLE EN ÉQUILIBRE DANS UN PLAN HORIZONTAL.

5. Lorsqu'une aiguille de déclinaison, équilibrée dans un plan
horizontal, peut tourner librement autour de son point de suspension, si elle est éloignée de son méridien magnétique, elle y sera
ramenée par la force aimantaire qui agit sur chaque point de
cette aiguille, et son mouvement sera retardé par toutes les forces
coercitives provenant, soit du frottement de la chape sur son
pivot, soit de la torsion des soies auxquelles on peut supposer les
boussoles suspendues, soit enfin de la résistance de l'air dans lequel la boussole fait ses oscillations. Nous ne considérons point
ici les erreurs qui peuvent naître de la position du point de suspension et de l'imperfection des pivots et des chapes. Nous y
reviendrons dans la suite.

De ces différentes forces coercitives, qui toutes tendent à détruire le mouvement des aiguilles qui oscillent : les unes sont
constantes et dépendent, soit du frottement, soit de la cohésion de
l'air ; les autres dépendent également du frottement et de la cohésion de l'air, mais augmentent avec la vitesse ; en sorte que le
momentum de toutes les forces coercitives sera représenté par
une quantité $(A + Fu)$ où, A étant une quantité constante, Fu
sera une fonction de la vitesse angulaire.

6. Soit AB (*fig.* 2) le véritable méridien d'une aiguille de déclinaison, dont on la suppose éloignée au commencement de son mouvement, de l'angle BCN = B, le point C étant le point de suspension.

qui s'éloigne très peu du centre de gravité et du centre aimantaire dans les lames homogènes aimantées à saturité. Lorsque
l'aiguille sera arrivée en n, soient l'angle $NCn = S$, l'angle
$nCB = B - S$, la vitesse angulaire $= u = \dfrac{dS}{dt}$, la force aimantaire
μe, qui agit sur un point quelconque μ (décomposée suivant le
plan horizontal), parallèle au méridien magnétique $= \varphi$, $C\mu = r$,
$CN = l$; le *momentum* de la force aimantaire du point μ sera représenté par $\varphi \mu r \sin(B - S)$. Si $R = (A + Fu)$ représente le *momentum* de toutes les forces coercitives, on aura, pour le *momentum* total, autour du point C, la quantité $\Sigma \varphi \mu r \sin(B - S) - R$;
mais, lorsque l'aiguille est parvenue à son état de repos, les

Fig. 2.

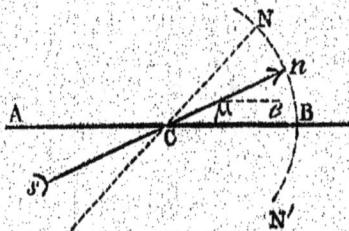

forces actives et coercitives doivent être en équilibre; ainsi l'on
aura pour l'erreur de l'aiguille $\sin(B - S) = R : \Sigma \varphi \mu r$; et, lorsque
l'angle d'erreur est peu considérable, on aura $(B - S) = R : \Sigma \varphi \mu r$;
ainsi, pour avoir les dimensions les plus avantageuses d'une aiguille, il faut, lorsqu'on connaîtra la quantité R et la quantité
$\Sigma \varphi \mu r$, intégrée pour toute la longueur de l'aiguille, faire en sorte
que l'angle $(B - S)$ soit un minimum.

7. Passons actuellement au mouvement oscillatoire; nous en
aurons besoin dans la suite, soit pour comparer la force aimantaire de différentes aiguilles, soit pour comparer la force aimantaire avec la force coercitive.

Le *momentum* de toutes les forces qui produisent l'accélération de l'aiguille lorsqu'elle est arrivée au point n est, comme
nous venons de le voir dans l'article précédent, exprimé par
$\Sigma \varphi \mu r \sin(B - S) - R$; mais l'accélération du point μ, ou le petit
arc parcouru par ce point, est exprimée par $r\,du$; ainsi l'on aura,

en nommant dt l'élément du temps,...,

$$[\Sigma\varphi\mu r \sin(B - S) - R]\, dt = du\, \Sigma\mu r^2;$$

d'où, intégrant cette quantité, après avoir substitué à la place de dt sa valeur de dS : u, et remarquant que u s'évanouit lorsque $S = o$, on aura

$$\Sigma\varphi\mu r[\cos(B - S) - \cos B] - \int R\, dS = \frac{u^2}{2}\Sigma\mu r^2.$$

8. Si l'angle B est très petit (c'est le seul cas dont nous aurons besoin dans la suite), on aura

$$\cos(B - S) - \cos B = \frac{1}{2}(2\,BS - S^2);$$

ainsi l'équation se réduit à

$$\Sigma\varphi\mu r(2\,BS - S^2) - 2\int R\, dS = u^2\Sigma\mu r^2.$$

9. Si l'on fait $u = o$, on trouve

$$2 B - S = 2\int R\, dS : S\Sigma\varphi\mu r;$$

et si R était une quantité constante, on aurait

$$2 B - S = 2 A : \Sigma\varphi\mu r;$$

ainsi, lorsque l'aiguille, après avoir parcouru l'arc NB, remonte jusqu'en N', si l'arc remonté BN' est supposé $= B'$, on aura

$$B - B' = 2 A : \Sigma\varphi\mu r;$$

ce qui donne toujours, dans la supposition des forces coercitives constantes, la même quantité pour la différence des arcs descendus et remontés.

10. Si l'on suppose $R = A + Fu$, on aura pour lors, quelque petite que soit la vitesse u, $B - B' > 2 A : \Sigma\varphi\mu r$. Cette considération nous suffira dans la suite pour prouver que la résistance de l'air ne peut pas produire une erreur sensible dans la position de l'aiguille.

11. Lorsque, dans l'équation précédente, on suppose $R = o$, on a l'équation approchée

$$u^2 = \frac{\Sigma \varphi \mu r}{\Sigma \mu r^2} (2\,BS - S^2),$$

d'où

$$\left(\frac{\Sigma \varphi \mu r}{\Sigma \mu r^2}\right)^{\frac{1}{2}} dt = \frac{dS}{\sqrt{2\,BS - S^2}};$$

or

$$\int \frac{dS}{\sqrt{2\,BS - S^2}}$$

est l'angle dont le sinus verse est $\dfrac{S}{B}$, quantité égale à 90° lorsque $S = B$; ainsi, en nommant T le temps d'une oscillation totale, on aura

$$T\left(\frac{\Sigma \varphi \mu r}{\Sigma \mu r^2}\right)^{\frac{1}{2}} = \pi.$$

12. Si l'on veut comparer la force magnétique avec la gravité, on remarquera que, g exprimant cette force, on a

$$T'\left(\frac{g}{\lambda}\right)^{\frac{1}{2}} = \pi$$

pour les oscillations d'un pendule dont la longueur est λ; ainsi, si l'on veut que le temps T' soit isochrone avec les oscillations de l'aiguille aimantée, on fera

$$\frac{g}{\lambda} = \frac{\Sigma (\varphi \mu r)}{\Sigma \mu r^2},$$

d'où

$$\lambda = g\,\frac{\Sigma \mu r^2}{\Sigma \varphi \mu r};$$

en supposant que la boussole soit une lame d'une largeur et d'une épaisseur uniforme, nommant δ la section transversale de cette lame et l la moitié de sa longueur, on trouvera

$$\Sigma \mu r^2 = 2 \delta l \times \frac{l^2}{3};$$

mais $2\delta l$ représente la masse de l'aiguille qui, multipliée par la force de la gravité g, égale son poids P; ainsi $\Sigma \mu r^2 = \dfrac{P\,l^2}{3g}$, et par conséquent $\lambda = \dfrac{P\,l^2}{3\,\Sigma \varphi \mu r}$.

13. Si l'on cherche un poids Q, qui, placé à l'extrémité du levier l, ait le même *momentum* que la force magnétique de l'aiguille, on aura

$$Q l = \Sigma \varphi \mu r;$$

mais, en conséquence de l'article précédent,

$$\Sigma \varphi \mu r = \frac{P l^2}{3 \lambda};$$

ainsi $Q = \dfrac{P l}{3 \lambda}$, quantité qui est la même que celle trouvée par M. Euler, dans la Pièce qui a concouru pour le prix, en 1743, où ce géomètre, divisant la force aimantaire en deux parties, qui agissent en sens contraire, aux deux extrémités de l'aiguille, trouve pour chacune $Q = P l : 6 \lambda$.

CHAPITRE II.

DÉTERMINATION THÉORIQUE ET EXPÉRIMENTALE DES FORCES AIMANTAIRES.

13. M. Musschenbroek (*Dissert. de Magnete*, Exp. CVII) dit que, dans les oscillations de lames aimantées, le carré du temps dans lequel se fait un certain nombre de vibrations est en raison composée de sa longueur des lames et de leur poids; ce qui, exprimé algébriquement, donne

$$T^2 = m l P,$$

T exprimant le temps d'un certain nombre de vibrations, m étant un coefficient constant, $2l$ la longueur, et P le poids de l'aiguille; mais nous avons trouvé, dans les articles précédents,

$$T^2 = \pi^2 \frac{\Sigma \mu r^2}{\Sigma \varphi \mu r} = \pi \frac{P l^2}{3 g \Sigma \varphi \mu r};$$

ainsi, en comparant cette valeur de T^2 avec l'expérience, il en résulte l'équation

$$m l P = \pi^2 \frac{P l^2}{3 g \Sigma \varphi \mu r},$$

d'où

$$\Sigma \varphi \mu r = \pi^2 \frac{l}{3 g m} = Q l;$$

ainsi, en comparant les expériences de Musschenbroek avec la théorie des oscillations, on trouverait que le *momentum* total des forces magnétiques d'une lame, quelles que soient les dimensions de cette lame, serait toujours égal à un poids constant, multiplié par la longueur de la lame.

14. De là on conclurait qu'à longueurs égales le frottement des aiguilles de déclinaison, qui tournent sur un pivot, augmentant suivant une loi du poids, et le *momentum* de l'action aimantaire étant toujours une quantité constante, les boussoles les plus légères seraient les meilleures.

15. Il en résulterait encore que, si le *momentum* du frottement augmentait en raison directe des poids, il augmenterait, tout étant d'ailleurs égal, comme les longueurs des boussoles : or le *momentum* de la force aimantaire augmente dans la même proportion. Ainsi, le rapport du *momentum* des forces magnétiques au rapport du *momentum* des frottements, étant constant, il en résulterait toujours la même erreur dans la position des aiguilles.

16. Si l'on voulait chercher, d'après les mêmes formules, fondées sur les expériences de Musschenbroek, la loi des forces aimantaires de différents points des aiguilles, voici comment on pourrait s'y prendre.

Que S'N (*fig.* 3) représente une aiguille dont le centre aimantaire est en C, c'est-à-dire dont le point C est tel que tous les points μ de la partie CN ont une force boréale, tandis que tous les points μ de la partie CS' ont une force australe : si l'ordon-

Fig. 3.

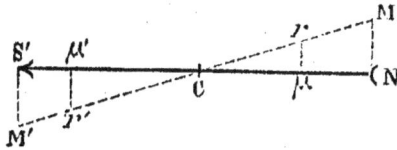

née μ*r* représente la force du point μ et si, par les extrémités de toutes les ordonnées, on fait passer une ligne MCM', cette ligne sera le lieu géométrique de toutes les forces magnétiques et coupera l'aiguille en un point C qui sera le centre aimantaire. Mais, par le second principe, la somme des forces boréales est égale à la somme des forces australes, d'où l'on conclura que l'aire CMN = l'aire CM'S'.

Mais l'expérience nous montre que, dans les aiguilles homogènes aimantées à saturité, le centre aimantaire se trouve au milieu des aiguilles ; ainsi, si nous supposons que la quantité φ, force aimantaire du point μ, est exprimée par $n l^q r^k$, n étant un coefficient constant, l la moitié de la longueur de l'aiguille et r la distance du point μ au point C, q et k les puissances de l et de r, nous tirerons de ce que $\Sigma\varphi\mu r = Q l$, Q étant un poids constant,

$$\Sigma\varphi\mu r = \int n \delta l^q r^{k+1} \, dr = \frac{n \delta l^q r^{k+2}}{k+2},$$

et, lorsque $r = l$, on aura

$$\frac{2 n \delta l^{q+k+2}}{k+2} = Q l;$$

or, comme cette équation doit être identique et que Q est une quantité constante, il faut que $(q + k + 1) = 0$, ou $(q + k) = -1$; ainsi la force φ, pour l'extrémité N, étant $n l^{q+k}$, on a toujours à l'extrémité des aiguilles, $\varphi = \left(\frac{n}{l}\right)$, quelle que soit d'ailleurs la valeur de q ou de k.

17. Si l'on suppose, avec la plupart des auteurs qui se sont occupés de la matière magnétique, que les forces boréales et australes des différents points μ de l'aiguille sont, comme les distances Cμ de ces points au centre aimantaire, pour lors $\varphi = n l^q r$ et $q = -2$; ainsi $\varphi = \frac{nr}{l^2}$, et le lieu géométrique MCM' sera une ligne droite.

18. Quoiqu'il y ait plusieurs expériences qui semblent se réunir à prouver que les forces des différents points d'une lame sont comme les distances de ces points au centre aimantaire, il se présente une difficulté qui doit, ce me semble, rendre circonspect sur cette hypothèse ; on conçoit, à la vérité, assez facilement que, lorsqu'une aiguille est aimantée à saturité, le centre aimantaire se trouvant au milieu de la lame, le lieu géométrique des forces magnétiques peut être représenté par deux triangles égaux, opposés par la pointe et liés par la même équation ; mais nous sommes les maîtres de transporter ce centre magnétique vers les extrémités de la lame, en nous servant de la pratique prescrite par M. Le Monnier (*Loi du Magnétisme*, p. 107). Si nous supposons que ce centre se

trouve dans un autre point que le milieu de la lame, pour lors
les forces boréales seront représentées par un triangle CMN et les
forces australes par un triangle M′C S (*fig.* 4) : la loi de continuité

Fig. 4.

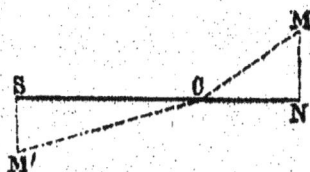

exige que les deux triangles soient semblables ou que MCM′ soit
une ligne droite; mais il résulte du premier principe que la somme
des forces australes doit être égale à la somme des forces boréales.
Ainsi il faut, pour satisfaire à ce principe, que les deux triangles
soient égaux, ce qui est incompatible avec la similitude des deux
triangles, lorsque la ligne NC sera plus grande ou plus petite
que CS; ainsi l'hypothèse des forces aimantaires des différents
points de l'aiguille, proportionnelles à la distance de ces points,
ne peut pas être admise.

NOUVELLES EXPÉRIENCES POUR DÉTERMINER LA FORCE DE DIRECTION
DES LAMES AIMANTÉES.

19. Si les expériences de Musschenbroek étaient plus nombreuses, si la théorie du magnétisme avait été portée de son
temps au degré où elle est parvenue, l'autorité de cet auteur en
Physique a un si grand poids, que j'aurais adopté aveuglément
les formules simples qui en résultent; mais il sera facile de s'apercevoir qu'elles sont incompatibles avec la théorie du magnétisme,
lorsqu'on aura exposé ce que des essais répétés ont fait entrevoir
depuis quelques années sur la manière dont la vertu aimantaire
se communique; j'en tirerai des conséquences que je crois inté-
ressantes au sujet que je traite.

20. Lorsque le pôle d'un aimant est posé sur l'extrémité d'une
lame d'acier en *n* (*fig.* 5), si c'est, par exemple, le pôle austral de
l'aimant qui touche le point *n*, une partie *n*C de cette lame prend
une force boréale, tandis que l'autre C(*s*) prend une force aus-

trale, et le centre C, qui sépare la partie boréale de la partie australe, qui n'a aucune force magnétique, s'appelle le *centre magné-*

Fig. 5.

tique ou *centre d'indifférence*. Si l'on fait glisser le pôle S de
l'aimant le long de la lame, le centre d'indifférence C s'approche
du point (*s*); la force australe de l'extrémité S' va d'abord en augmentant, jusqu'à ce que le pôle de l'aimant soit parvenu à un
point E; puis elle diminue jusqu'à ce que le pôle soit arrivé à un
point Q où elle est nulle. Elle devient ensuite boréale et va toujours en augmentant jusqu'à ce que le pôle austral S de l'aimant
soit arrivé au point (*s*): ce que l'on dit par rapport au point (*s*)
aura également lieu pour le point *n*; sa force, d'abord boréale,
augmentera, diminuera, deviendra nulle, puis australe, pendant
que le pôle de l'aimant parcourra la longueur de la lame.

Ce que l'on vient de trouver pour le pôle austral de l'aimant
aura également lieu, *vice versa*, en se servant du pôle boréal N.

Ces expériences ont été faites par plusieurs auteurs; l'on en
trouve le détail le plus circonstancié dans un Ouvrage de Vanswi-
den (*Tentamina theoriæ mathematicæ de phænomenis ma-
gneticis*); on conçoit que, dans l'opération que nous venons de
détailler, lorsque la force aimantaire des extrémités *n'* ou S' devient nulle, pour lors le centre d'indifférence de cette lame
tombe aux extrémités de la lame.

21. En général, le pôle d'un aimant étant appliqué à un
point μ d'une lame (*fig.* 6) communique à ce point une force d'un
nom contraire à celle du pôle de l'aimant qui touche le point de la
lame; en sorte que si c'est, par exemple, le pôle boréal de l'aimant qui touche le point μ, ce point μ prendra une force australe;
il en sera de même de tous les points circonvoisins qui prendront
tous une force australe; cette force ira toujours en diminuant jusqu'aux points C et C' qui seront des centres aimantaires, les extré-

mités CM et C'M' auront des forces boréales. Il arrivera le plus
souvent que l'extrémité la plus courte μM' aura une force australe et que la lame se divisera seulement en deux parties par un
centre C; il pourra arriver aussi qu'elle se divise en trois et quatre

Fig. 6.

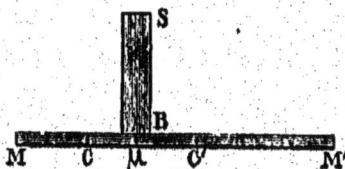

parties par plusieurs centres magnétiques, ce qui dépend de la nature de cette lame, de ses dimensions et de la force de l'aimant.

Si l'on fait glisser le pôle N de l'aimant le long de la lame, les
centres aimantaires parcourront cette lame, mais le point sur lequel se trouvera le pôle N recevra toujours une force d'un nom
contraire à ce pôle.

22. De ces expériences, il résulte que, puisque le pôle d'un aimant
produit toujours sur la partie de la lame où il est appliqué une
force d'un nom différent du pôle qui touche, si l'on joint ensemble deux lames aimantées à saturité en réunissant les pôles
du même nom, quelle que soit la cause de leur action, elles tendent à produire l'une sur l'autre une force d'un nom contraire à
celle dont elles sont douées : ainsi l'effet de cette action doit diminuer la force polaire de chacune de ces lames.

Par conséquent, la force aimantaire de chaque élément longitu-
dinal d'un aimant artificiel diminue nécessairement à mesure que
sa grosseur augmente ; ainsi la force totale de deux aimants artificiels de la même longueur, mais d'une grosseur inégale, aimantés
l'un et l'autre à saturité, sera dans un moindre rapport que celui
de leur masse.

23. Si, au lieu de faire toucher le pôle d'un aimant à une lame
d'acier, on le présente seulement à une ou deux lignes de distance,
on aura les mêmes phénomènes que dans l'art. 21, mais le degré
de magnétisme qu'acquerra la lame sera moindre que dans le premier cas.

Ainsi, chaque point d'un aimant ou d'une lame aimantée peut être regardé comme le pôle d'un petit aimant, qui tend à produire dans les autres points de cette lame une force d'un nom contraire à celui qu'il a lui-même, et l'effet de cette action est d'autant plus grand que l'intensité de la force du point qui agit est plus grande et que sa distance aux points sur lesquels il agit est moindre; ainsi la force magnétique d'un aimant dépend de l'action réciproque que tous les points de cet aimant exercent l'un sur l'autre.

24. Si l'on développe les raisonnements qui précèdent, on verra que, puisque l'action qu'éprouve un point magnétique augmente nécessairement, suivant que l'intensité de la force des autres points qui forment la lame augmente, suivant que le nombre des points qui agissent est plus grand et qu'ils exercent leur action à une moindre distance, plus les points d'un aimant artificiel seront rapprochés par la figure de cet aimant, plus l'action que les différentes parties exercent l'une sur l'autre pour détruire leurs forces réciproques sera considérable et par conséquent plus la force de chaque point sera moindre.

Ainsi, dans deux lames du même poids et de la même longueur, le magnétisme sera plus grand dans celle dont la largeur sera plus grande, parce que les fibres longitudinales seront plus isolées dans la lame la plus large.

Ainsi, si une lame est séparée en deux parties, chacune d'elles aimantée à saturité recevra en particulier un plus grand degré de magnétisme que lorsqu'elles étaient réunies.

Ainsi de toutes les figures, la figure cylindrique étant pour les verges d'acier celle où les parties à longueur égale sont pour le même poids rapprochées de plus près, sera aussi celle où l'action mutuelle des parties aimantaires sera la plus grande et, par conséquent, celle dont le magnétisme sera le moindre.

En continuant à suivre les mêmes analogies, on trouvera que les points de la surface d'une lame seront nécessairement doués d'une force aimantaire plus considérable que les points de l'intérieur de cette lame, puisque les parties intérieures sont touchées de tous côtés par des éléments qui tendent à détruire leur force aimantaire, au lieu que, dans les surfaces, il n'y a qu'un côté qui soit en contact.

On trouvera également que les angles des verges aimantées sont les parties qui prendront le plus grand degré de magnétisme, parce que ce sont les parties qui sont les plus isolées.

Enfin on en conclura qu'à grosseur égale les extrémités d'une longue lame aimantée à saturation, et dont le centre magnétique se trouve au milieu, auront moins de force que les extrémités d'une petite lame, puisque dans la première il y a plus de parties qui agissent que dans la seconde, etc.

25. De ces réflexions, on peut tirer une foule de conséquences sur le choix des lames aimantées dans la construction des boussoles ; mais, avant de nous livrer à cette discussion, nous allons rendre compte de plusieurs expériences qui nous aideront à développer cette théorie d'une manière plus sûre et plus précise.

26. On s'est servi, dans les expériences qui vont suivre, pour aimanter les lames à saturation, de deux barres d'acier, dont la longueur était de 12 pouces (32,48) et la largeur de 1 pouce, l'épaisseur de 5 lignes (1,128). On a aimanté, par la méthode de la double touche, telle qu'elle est prescrite par MM. Anthéaume et OEpinus ; elle consiste à incliner les deux aimants artificiels sur la

Fig. 7.

lame que l'on veut aimanter, en sorte que le pôle austral S de la barre NS (*fig.* 7) ne soit qu'à une ou deux lignes du pôle boréal N' de la barre N'S'. Dans cette situation, on fait glisser les deux aimants d'une extrémité de la lame à l'autre ; lorsque la lame a peu d'épaisseur et qu'elle n'a que 7 à 8 pouces de longueur, il est rare qu'elle ne soit pas aimantée à saturation après sept ou huit frottements un peu lents sur chacune des faces ; on s'assure que la lame est aimantée à saturation lorsque, suspendue horizontalement, elle continue à faire le même nombre d'oscillations dans le même temps, quelque nombre de fois qu'elle soit de nouveau frottée ou quoique vous employiez d'autres aimants que les premiers.

On s'est servi, dans toutes les expériences, d'un acier très pur et du même grain; toutes les lames ont été tirées d'une scie d'Allemagne d'une épaisseur à peu près uniforme, mais on a eu soin de la planer longtemps à froid sous le marteau; l'expérience a appris que c'est le seul moyen d'avoir des résultats suivis et d'éviter des inégalités qui tiennent à la dissimilitude de la position des parties et dont aucune hypothèse ne peut rendre compte.

Lorsqu'une lame était aimantée à saturité, on la suspendait de champ horizontalement par une soie très flexible, à l'extrémité de laquelle était attaché un peu de cire que l'on collait à cette lame (*fig.* 8); l'on s'était assuré, par des expériences, que l'on expliquera plus bas, que la torsion de la soie ne pouvait point influer sur le temps

Fig. 8.

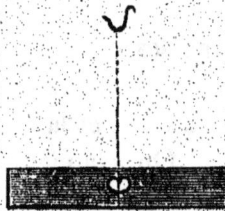

des oscillations; on comptait avec soin le temps que la lame employait à faire 20 oscillations; chaque opération était répétée deux fois, on coupait ensuite un pouce de chaque côté de la lame, le restant étant aimanté à saturité; on faisait les mêmes opérations que sur la première lame.

La lame oscillait dans une boîte bien fermée, pour que les courants d'air qui régnaient dans la chambre ne troublassent point les expériences; cette précaution est surtout indispensable lorsque l'on a du feu.

EXPÉRIENCES POUR DÉTERMINER LA FORCE AIMANTAIRE DES LAMES EU ÉGARD A LEUR LONGUEUR.

Première expérience.

27. La lame avait 3 lignes (0,677) de large, une longueur de 1 pied (32,48), pesait 288 grains (15,30); elle faisait ses oscillations, savoir:

Longueurs.	Durée de 20 oscillations.
16 pouces (43,31)........................	231
12 » (32,48)........................	180
10 » (27,07)........................	154
8 » (21,65)........................	126
6 » (16,24)........................	98
4 » (10,83)........................	80

Deuxième expérience.

La lame avait 8 lignes (1,805) de large, une longueur de 1 pied (32,48), pesait 976 grains (51,83); elle a fait ses oscillations, savoir :

Longueurs.	Durée de 20 oscillations.
16 pouces	254
12 »	202
8 »	154
4 »	104

Troisième expérience.

Cette lame avait 12 lignes (2,71) de large, une longueur de 1 pied (32,48), pesait 1105 grains (58,70); elle a fait ses oscillations, savoir :

Longueurs.	Durée de 20 oscillations.
16 pouces........................	250
12 »	205
8 »	153
4 »	110

Résultats de ces trois expériences.

Dans la première expérience, on a, pour une lame de 12 pouces de longueur et de 3 lignes de large, 20 oscillations en 180ª. Dans la première expérience on a, pour une lame de 4 pouces de longueur et ayant d'ailleurs les mêmes dimensions que la précédente, 20 oscillations en 80ª; ainsi la différence du temps, pour 20 oscillations dans ces deux lames, est de 100ª.

Dans la deuxième expérience on a, pour une lame de 8 lignes

de large et de 12 pouces de longueur, 20 oscillations en 202ˢ; pour cette même lame réduite à 4 pouces, on trouve 20 oscillations en 104ˢ : ainsi la différence du temps, pour une diminution de longueur égale à 8 pouces, se trouve pour 20 oscillations 98ˢ.

Dans la troisième expérience on trouve, pour une lame de 12 lignes de largeur et de 1 pied de longueur, 20 oscillations en 205ˢ; on a, pour la même expérience, pour une lame de 4 pouces, 20 oscillations en 110ˢ, ce qui donne, pour une diminution de 8 pouces, dans le temps de 20 oscillations, une diminution de 95ˢ.

En comparant actuellement ces trois résultats, on voit qu'une diminution égale dans les longueurs donne, à peu de chose près, la même diminution dans le temps des oscillations : ainsi la largeur des lames n'influe que très peu sur cette diminution.

Si l'on compare, dans chaque expérience particulière, la diminution du temps des oscillations avec le raccourcissement des lames, on verra que ce temps décroît, à peu de chose près, par des quantités qui sont proportionnelles aux diminutions des lames.

On voit encore, par ces expériences, que le temps total des oscillations est plus grand, à épaisseurs et longueurs égales, pour les lames larges que pour les lames étroites. C'est ce qui résulte évidemment de la première expérience comparée avec la troisième, c'est ce que la théorie avait annoncé : la deuxième expérience comparée avec la troisième semble donner un résultat contraire; mais, si l'on fait attention que la deuxième lame, quoique plus étroite que la troisième, est proportionnellement plus pesante et par conséquent plus épaisse, on verra qu'elles donnent un résultat exactement conforme à la théorie du magnétisme.

Quatrième expérience.

28. On a cherché à déterminer dans cette expérience si, en augmentant l'épaisseur des lames, l'incrément du temps des oscillations continuerait à être proportionnel à l'accroissement des longueurs de la lame, comme dans les articles précédents.

La lame dont on s'est servi dans cette expérience était de la même nature que les précédentes : elle avait trois lignes de large comme celle de la première expérience, mais son épaisseur était

un peu plus que triple et les 12 pouces de longueur pesaient
936 grains (49,71); elle a donné ses oscillations, savoir :

Longueurs.	Durée de 20 oscillations.
12 pouces..........................	229
10 »	208
8 »	176
6 »	151
4 »	128

Résultat de cette expérience.

Si l'on retranche dans cette expérience du temps qu'une lame
de 12 pouces emploie à faire 20 oscillations, le temps qu'une
lame de 4 pouces de longueur emploie à faire les mêmes 20 oscillations, on trouve 101^s, quantité presque exactement la même
que celle que nous avons trouvée par la première expérience.
Ainsi il paraît que l'épaisseur ne change rien à l'accroissement
du temps des oscillations qui est toujours proportionnel à l'accroissement des longueurs.

20. En rassemblant actuellement les résultats de toutes les expériences qui précèdent, on verra facilement que le temps T,
d'un certain nombre d'oscillations, pourra toujours être représenté
pour les lames d'une épaisseur et d'une largeur uniforme par une
quantité $(A + ml)$, où A exprime une fonction de l'épaisseur et de
la largeur, et (ml) est le produit d'un coefficient constant par la
longueur l; la quantité A augmentera à mesure que la largeur et
l'épaisseur augmenteront : elle sera plus grande pour une verge
cylindrique que pour une autre figure.

Le coefficient constant m dépendra de la nature de l'acier et du
degré de magnétisme dont il sera susceptible. Ce coefficient sera
plus grand à mesure que l'acier ou le fer sera moins susceptible
de magnétisme. Dans les fils de fer répandus dans le commerce,
l'on trouve moyennement qu'une diminution de 8 pouces dans la
longueur produit une diminution de 120^s pour 20 oscillations;
cherchons actuellement à déterminer la quantité A.

EXPÉRIENCES RELATIVES À LA LARGEUR DES LAMES.

Cinquième expérience.

On a cherché, dans cette expérience, à trouver un rapport entre le temps des oscillations et la largeur des lames ; on a pris, en conséquence, une lame de 4 pouces de longueur et d'' 1 pouce (2,71) de large, que l'on a divisé exactement en $\frac{24}{3}$ de ligne ; cette lame, d'une épaisseur uniforme, pesait 378 grains (20,08) ; après avoir été aimantée à saturité, elle a été suspendue comme les lames des articles précédents et l'on a déterminé le temps où elle faisait 20 oscillations. On a ensuite retranché une partie de sa largeur ; la partie restante a été aimantée de nouveau à saturité et l'on a mesuré le temps que l'on employait pour faire 20 oscillations, continuant cette opération en diminuant peu à peu la largeur de la lame, on a eu, savoir :

Largeur des lames.		Durée de 20 oscillations.	A.
		s	s
$\frac{24}{3}$ de ligne (2,707)	....	114	65
$\frac{22}{3}$ » (1,654)	....	99	50
$\frac{12}{3}$ » (0,907)	....	83	34
$\frac{7}{3}$ » (0,526)	....	74	25
$\frac{3}{3}$ » (0,226)	....	68	19

Résultat de cette expérience.

L'expression générale du temps des oscillations est représentée par la quantité $(A + ml)$; or une diminution de 8 pouces dans la longueur des lames produit (exp. 1, 2, 3), pour 20 oscillations, une diminution de 98^s, quantité à peu près moyenne entre (100 et 95) donnée par la première et la troisième expérience. Ainsi, la lame ayant ici 4 pouces de longueur, ml sera égal à 49^s et l'expression générale deviendra $T = (A + 49^s)$; ainsi, en retranchant partout, dans cette expérience, 49^s du temps des 20 oscillations, on aura la quantité A désignée à la fin de chaque essai.

Mais nous venons de voir, dans l'article précédent, que cette quantité est égale à une fonction de la largeur et de l'épaisseur ; ainsi, si cette fonction peut être représentée par un seul terme, l'on aura $A = nL^{\mu}E^{\nu}$, n étant un coefficient constant, L^{μ} une puissance μ de la largeur, et E^{ν} une puissance E de l'épaisseur; et, puisque dans nos essais l'épaisseur est constante; nous devons trouver les valeurs de A proportionnelles à L^{μ}; ainsi, en comparant deux lames d'une différente largeur L et L' avec les quantités qui leur correspondent, A et A', on aura

$$A : A' :: L^{\mu} : L'^{\mu},$$

d'où

$$\frac{A}{A'} = \left(\frac{L}{L'}\right)^{\mu} \quad \text{et} \quad \mu = \frac{\log\left(\frac{A}{A'}\right)}{\log\left(\frac{L}{L'}\right)}.$$

Il est facile actuellement, en substituant à la place de A et à la place de L leur valeur numérique donnée à chaque essai, de découvrir la quantité μ.

Premier et cinquième essai.

Une lame de $\frac{9}{10}$ de ligne de large donne $A = 65^{\text{s}}$
Une lame de $\frac{1}{3}$ de ligne de large donne $A = 19^{\text{s}}$.

Il résulte de ces deux articles

$$\mu = \frac{\log\left(\frac{65}{19}\right)}{\log\left(\frac{9}{3}\right)} = 0,4951.$$

Premier et quatrième essai.

Une lame de $\frac{9}{3}$ de ligne de large donne $A = 65^{\text{s}}$
Une lame de $\frac{4}{7}$ de ligne de large donne $A = 25^{\text{s}}$.

Il résulte de ces deux essais

$$\mu = \frac{\log\left(\frac{4}{7}\right)}{\log\left(\frac{9}{3}\right)} = 0,5835.$$

Premier et troisième essai.

Il résulte de ces deux essais $\mu = 0,6363$.

Premier et deuxième essai.

Il résulte de ces deux essais $\mu = 0,5330$.

Quoique la valeur de μ ne soit pas parfaitement égale dans toutes ces comparaisons, cependant les différences sont trop peu

considérables pour qu'elles puissent être attribuées à autre chose
qu'à l'imperfection des opérations, et l'on peut, sans erreur sensible pour la pratique, supposer $\mu = \frac{1}{2}$.

Des expériences pareilles, faites avec des lames de 6 et de
8 pouces de longueur, m'ont donné les mêmes résultats, et la
quantité μ n'a jamais différé de $\frac{1}{6}$ de sa valeur $\frac{1}{2}$. Il ne faut pas, au
surplus, espérer dans ces expériences une plus grande exacti-
tude : quelques parties hétérogènes suffisent pour produire ces
différences.

EXPÉRIENCES RELATIVES À L'ÉPAISSEUR DES LAMES.

Sixième expérience.

31. Il n'était plus question, pour avoir une théorie complète
des lames aimantées, que de déterminer combien leur épaisseur
augmentait le temps des oscillations. Voici les différents essais
que l'on a faits pour s'en assurer :

Premier essai. — Une lame de 4 pouces de longueur de 3 lignes
de large, pesant 310 grains (16,46), a été aimantée à saturité; elle
a fait 20 oscillations en 136ˢ, ce qui donne $A = 87^s$.

Deuxième essai. — On a fait limer la surface de la lame de
l'essai précédent sans rien diminuer de sa largeur; cette lame réduite à 200 grains (10,60) et aimantée à saturité a fait 20 oscillations
en 112ˢ, ce qui donne $A = 63$.

Troisième essai. — Réduite par la même opération à 104 grains
(15,52) ou au tiers de sa première épaisseur, elle a donné 20 oscillations en 79ˢ, d'où $A = 30^s$.

Quatrième essai. — Réduite sur la meule à 64 grains (3,40),
elle a donné 20 oscillations en 70ˢ, d'où $A = 21^s$.

Cinquième essai. — Réduite à 33 grains (1,75), elle a fait
20 oscillations en 60ˢ; il résulte $A = 11^s$.

Résultat de cette expérience.

Les épaisseurs des lames sont entre elles, dans ces cinq essais,
à peu près comme les nombres 3, 2, 1, $\frac{2}{3}$, $\frac{1}{3}$, la quantité A corres-

pondante est exprimée par les nombres 87, 63, 3o, 21, 11 qui diffèrent très peu d'être dans le même rapport que les premiers; ainsi l'on en peut déduire que la quantité A croît proportionnellement à l'épaisseur, et la forme générale $T = A + ml$, qui exprime le temps d'un certain nombre d'oscillations, deviendra

$$T = \left(n L^{\frac{1}{2}} E + ml \right).$$

LAMES COMPOSÉES.

32. Pour pouvoir se rendre compte plus exactement de l'accord de la théorie du magnétisme avec l'expérience, pour pouvoir pénétrer dans l'intérieur des barres aimantées, on a joint plusieurs lames qui se touchaient exactement par tous les points de leur surface. Elles étaient fixées ensemble à leurs extrémités et à leur centre, par trois petits liens de soie très légers; les faisceaux ainsi composés ont été aimantés à saturité, on les a suspendus et fait osciller, pour avoir leur degré de magnétisme; en décomposant ensuite ces faisceaux, on a fait osciller en particulier chaque lame, pour pouvoir les comparer l'une à l'autre. Voici le résultat de quelques-unes de ces expériences.

Septième expérience.

33. *Premier essai.* — Une seule lame de 4 pouces de long, 3 lignes de large, pesant 108, a donné 20 oscillations en 80^s, d'où $A = 31^s$.

Deuxième essai. — Deux lames des mêmes dimensions que la première ont été réunies le plus exactement qu'il a été possible: elles formaient une seule lame qui avait le double d'épaisseur de la première, et qui pesait 218 grains; elle a donné ses 20 oscillations en 114^s, d'où $A = 65^s$.

Troisième essai. — Trois lames réunies de la même manière que les deux précédentes ont donné leurs 20 vibrations en 139^s, d'où $A = 90^s$.

Quatrième essai. — Cinq lames réunies ont donné leurs 20 oscillations en 190^s, d'où $A = 141^s$.

Cinquième essai. — Huit lames réunies ont donné leurs 20 oscillations en 242°, d'où A = 193°.

Résultat de cette expérience.

Il suit de cette expérience, comparée avec la sixième, qu'un faisceau de lames prend à peu près le même degré de magnétisme qu'une lame seule de la même figure et du même poids, conséquemment que la quantité A est proportionnelle aux épaisseurs. C'est ce qui résulte encore ici des trois premiers essais. Mais, si l'on compare le premier et le cinquième essai, l'on trouvera dans la quantité $A = n L^{\mu} E^{\nu}$, que

$$\nu = 0,7783,$$

quantité plus petite que l'unité; d'où il paraît qu'il faut conclure que lorsque l'épaisseur est très considérable, tout étant égal d'ailleurs, la quantité A croît dans un moindre rapport que les épaisseurs; mais cette remarque, qui semble devoir introduire un second terme dans la fonction des largeurs et épaisseurs qui représentent la quantité A, ne peut influer que sur les barres d'une très grande épaisseur, et non sur les lames de boussole, que la théorie du magnétisme nous a appris devoir être larges et légères.

Huitième expérience.

34. Pour avoir actuellement la force aimantaire des différentes lames réunies dans l'expérience qui précède, j'ai décomposé les faisceaux, et j'ai fait osciller en particulier chaque lame.

Premier essai. — Un faisceau de trois lames, qui donnait ses 20 oscillations en 139°, ayant été décomposé, les deux lames des surfaces ont donné leurs 20 oscillations, l'une en 100°, l'autre en 114°; la lame du centre n'a donné presque aucun signe de magnétisme.

Deuxième essai. — Le faisceau de huit lames, qui donnait ses 20 oscillations dans 242°, étant décomposé, a donné pour chaque lame particulière le même nombre d'oscillations dans l'ordre qui suit :

		Durée de 20 oscillations.
I	Lame de la surface..............	91
II	»	231
III	»	278
IV	»	211
V	»	222
VI	»	237
VII	Lame, les pôles renversés.........	237
VIII	Lame de la surface................	90

Troisième essai. — Comme j'ai pu soupçonner que la matière magnétique était, dans les deux essais qui précèdent, dans une situation forcée, parce que les faisceaux ont été décomposés quelques heures seulement après avoir été aimantés, voici ce que l'on a fait pour connaître le magnétisme de chaque lame, lorsqu'elle serait parvenue à un état stable.

On a pris un faisceau formé de cinq lames, dont on avait chassé avec soin tout le magnétisme, avant de les réunir. On a ensuite aimanté ce faisceau à saturité, il a donné 20 oscillations en 190^s; on a laissé ce faisceau pendant deux mois sans le désunir, pour que, si la matière magnétique se trouvait dans un état forcé, elle eût le temps de se distribuer, suivant une situation naturelle; au bout de deux mois, on a cherché quelle était la force magnétique de chaque lame, et voici ce que l'on a trouvé.

Toutes les lames étant réunies, 20 oscillations en 196^s.

Le faisceau de cinq lames décomposé :

		Durée de 20 oscillations.
I	Lame de la surface..............	105
II	»	438
III	»	340
IV	»	320
V	» de la surface..............	98

Résultat de cette expérience.

La force aimantaire de chacune des lames des expériences précédentes, étant en raison inverse du carré des temps de leurs oscillations, il en résulte que la force magnétique des lames intérieures est beaucoup moindre que celle des surfaces; il arrive même quelquefois, en décomposant les faisceaux que les pôles d'une ou de plusieurs lames sont renversés : c'est ce que j'ai remarqué dans le deuxième essai pour la septième lame.

Le dernier essai, qui a été fait avec beaucoup de soin, nous prouve que la force magnétique des parties intérieures des barres aimantées est presque nulle par rapport à la force magnétique des surfaces.

On doit cependant observer que le *momentum* magnétique des lames intérieures n'est probablement pas le même lorsque les lames sont réunies; et, lorsqu'elles sont divisées, j'ai presque toujours trouvé, en calculant le *momentum* magnétique de chaque lame en particulier, que la somme de ces *momentum* était plus grande que le *momentum* du faisceau avant la désunion; ce qui provient probablement de ce que l'état magnétique de chaque lame, dépendant de l'action mutuelle de toutes les lames qui composent le faisceau, cet état change lorsque les lames sont désunies.

Neuvième expérience.

35. Entre deux lames de 8 lignes (1,805) de largeur et de 4 pouces (10,83) de longueur pesant chacune 244 grains (12,97), on a inséré une troisième lame des mêmes dimensions, mais divisée suivant sa longueur en trois autres lames; la lame du centre avait 4 lignes de large, celles des deux bords avaient chacune 2 lignes; la lame de 4 lignes se trouvait par conséquent placée au centre du faisceau qui a été aimanté à saturité. Voici le résultat qui m'a paru intéressant pour la théorie du magnétisme.

Le faisceau a donné 20 oscillations en 172^s.

En décomposant le faisceau :

Les lames de 8 lignes de chaque surface ont donné leurs 20 oscillations en 123^s;

Les lames de 2 lignes qui formaient les bords de la lame centrale, 20 oscillations en 124^s;

La lame centrale de 4 lignes de large a fait ses 20 vibrations en 128^s; mais ses pôles étaient dans une situation contraire à ceux du faisceau, en sorte que son extrémité boréale était placée dans l'extrémité australe du faisceau.

Résultat de cette expérience.

Il suit évidemment de cette expérience qu'il peut arriver souvent que les parties centrales des barres aimantées aient une force d'un nom contraire à celle des parties qui les avoisinent.

36. Nous avons fait un grand nombre d'expériences du même genre, soit en joignant plusieurs lames pour augmenter les épaisseurs, soit en joignant les mêmes lames, suivant leur largeur. Nous avons aussi composé des faisceaux, avec des fils d'acier très fin; mais toutes ces expériences, qui nous ont paru propres à éclairer la théorie du magnétisme, n'ont pas un rapport assez direct avec le sujet principal de ce Mémoire, pour trouver leur place ici. Il en est de même de toutes les expériences que nous avons pu faire avec des lames, que l'on aimantait d'abord à saturité, chacune en particulier, et dont on formait ensuite des faisceaux; lorsqu'on venait à les désunir, la force magnétique des lames centrales avait presque disparu, ou au moins n'était guère plus considérable que dans les expériences du n° 34.

RÉFLEXION SUR LA FORMULE GÉNÉRALE $T = \left(m L^{\frac{1}{2}} E + nl \right)$.

37. On peut assurer que la formule $T = m L^{\frac{1}{2}} E + nl$ a été confirmée par un grand nombre d'expériences, et qu'elle a toujours annoncé les résultats d'une manière aussi exacte que l'on peut l'attendre dans la pratique.

Nous allons actuellement la comparer avec les formules du mouvement oscillatoire, déterminé dans le n° 7, et nous en tirerons les conséquences qui peuvent avoir rapport à notre objet.

Nous avons trouvé (n° 11)

$$\Sigma \varphi \mu r = \frac{\pi^2 \Sigma \mu r^2}{T^2};$$

d'un autre côté, nous avons, pour les lames d'une largeur et d'une épaisseur uniforme, dont nous supposons la densité égale à l'unité,

$$\Sigma \mu r^2 = \frac{a L E l^3}{3};$$

substituant ces deux valeurs et faisant $K = \frac{2}{3}\pi^2$, nous aurons

$$\Sigma\varphi\mu\nu = \frac{K.LE.l^3}{\left(mL^{\frac{1}{2}}E + nl\right)^2},$$

Voici ce que cette équation présente :

38. Le *momentum* de la force aimantaire $\Sigma\varphi\mu\nu$ croîtra avec la longueur de la lame et deviendra infini lorsque cette longueur sera infinie.

30. Ce même *momentum* croîtra à mesure que la largeur L augmentera; et, lorsque cette largeur sera infinie, il sera égal à $\frac{Kl^3}{m^2E}$.

40. Si nous différentions cette équation en faisant seulement E variable, nous trouverons, pour le *maximum* de $\Sigma\varphi\mu\nu$,

$$\frac{dE}{E} = \frac{2mL^{\frac{1}{2}}dE}{mL^{\frac{1}{2}}E + nl} \quad \text{et} \quad E = \frac{nl}{mL^{\frac{1}{2}}}.$$

41. Si l'on divise $\Sigma\varphi\mu\nu$ par la section transversale LE, on aura le *momentum* moyen de la force aimantaire de chaque fibre longitudinale, dont on peut supposer la lame formée; ce qui donnera

$$\frac{\Sigma\varphi\mu\nu}{LE} = \frac{Kl^3}{\left(mL^{\frac{1}{2}}E + nl\right)^2},$$

quantité qui augmentera à mesure que la quantité l augmentera, deviendra infinie avec cette quantité, augmentera également à mesure que L ou E diminueront, et qui sera égale à $\frac{Kl}{n^2}$, lorsque L ou E seront nulles; ce qui donne le *momentum*, dans ce dernier cas, proportionnel à la longueur de la lame. On retrouve ici la formule de M. Musschenbroeck, qui n'est vraie que lorsque L ou E peuvent être supposés infiniment petits, ou que la quantité $mL^{\frac{1}{2}}E$ peut être négligée; mais encore, dans ce cas, le poids n'entre pour rien dans cette expression, ce qui est encore contraire à la théorie de cet auteur.

CHAPITRE III.

EXPÉRIENCES ET THÉORIE SUR LA FORCE DE TORSION DES CHEVEUX
ET DES SOIES. — COMPARAISON DE CES FORCES AVEC LA FORCE
MAGNÉTIQUE. — DE LA RÉSISTANCE DE L'AIR DANS LES MOUVE-
MENTS TRÈS LENTS. — CONSTRUCTION D'UNE NOUVELLE BOUSSOLE
DE DÉCLINAISON PROPRE A OBSERVER LES VARIATIONS DIURNES.

42. Tous les moyens que l'on peut employer pour suspendre
une aiguille de déclinaison entraînent nécessairement des inconvénients. Si on la suspend par un fil de soie ou par un cheveu, il
faudra toujours que la boussole emploie une certaine force pour
les tordre; et, si la soie est supposée tordue lorsque l'aiguille sera
sur son véritable méridien, la soie fera un effort pour l'entraîner
dans une autre direction.

Si l'aiguille est portée, par le moyen d'une chape, sur la
pointe d'un pivot, quelque parfaite que soit cette chape, quelque dure que soit la pointe du pivot, la chape pressera de toute
la pesanteur de l'aiguille la pointe du pivot; or toute pression engendre du frottement: ainsi, dès que le *momentum* de
la force magnétique sera égal au *momentum* du frottement, l'aiguille sera sans action pour se rétablir dans son méridien magnétique.

Outre les difficultés que les moyens de suspension présentent,
il en est une autre qui provient de la cohésion de l'air. Tout
fluide a une certaine ténacité entre ces parties; ainsi, pour qu'un
corps qui y est plongé puisse changer de position, il faut nécessairement que la force qui le tire de son état de repos soit plus
considérable que la résistance que cette ténacité lui oppose. Mais
nous verrons tout à l'heure que la résistance due à la cohésion est

peu considérable par rapport à la force aimantaire et qu'elle peut être négligée.

DE LA FORCE DE TORSION DES CHEVEUX ET DES FILS DE SOIE.

43. Nous ne pouvons citer ici les expériences d'aucun auteur, mais celles que nous allons rapporter sont si simples, si faciles à répéter, que j'espère qu'elles mériteront quelque confiance.

Première expérience.

J'ai suspendu, avec un cheveu de 6 pouces (16,24) de longueur, une pièce de cuivre ronde, de 8 lignes (1,80) de diamètre et pesant 50 grains (2,66), de manière qu'elle était soutenue par son centre C et que son plan se trouvait horizontal. J'ai fait tourner cette plaque autour de son centre C, sans la déranger

Fig. 9.

de sa situation horizontale : le fil AC (*fig.* 9) restant toujours vertical, abandonnée à elle-même, elle a pris en oscillant un mouvement de rotation autour de son centre C. On a mesuré le temps de chaque oscillation et l'on a trouvé que soit que cette plaque fît une, deux et jusqu'à six ou sept révolutions par oscillation, le temps de chaque oscillation était constant et égal à $\frac{16^s}{2}$.

Résultat de cette expérience.

Lorsqu'un corps suspendu à un fil ou à un cheveu est abandonné à lui-même, il parvient bientôt à un état de repos dans lequel le fil qui le soutient ne fait aucun effort pour le faire pirouetter dans aucun sens. Cet état est ce qu'on peut appeler la situation naturelle du cheveu; mais, si le centre de gravité restant immobile, on fait pirouetter le corps autour de ce centre, à

mesure qu'en tournant il s'éloignera de la situation où il était
dans son état de repos, le cheveu se tordra et, en se tordant, il
fera un effort pour se rétablir dans sa situation naturelle. Or nous
trouvons, dans cette expérience, que cet effort produit des oscillations dont le temps est constant, quel que soit l'angle primitif de
révolution : ainsi les forces de torsion qui ramènent un corps à
sa situation naturelle sont nécessairement proportionnelles à
l'angle de torsion.

Deuxième expérience.

44. On a cherché dans cette expérience si le poids du corps
soutenu par le cheveu influait sur la force de torsion. Voici ce
que l'on trouve.

Premier essai. — Une seule plaque, de mêmes dimensions que
dans l'expérience précédente, suspendue à un cheveu de 6 pouces,
donne une oscillation en $\frac{16^s}{2}$.

Deuxième essai. — Sous cette première plaque, on a collé
avec un peu de cire une seconde plaque absolument semblable à
la première : les deux pièces réunies ont fait une oscillation en
$\frac{22^s}{2}$.

Troisième essai. — Une troisième plaque, réunie aux deux
autres, a donné chaque oscillation en $\frac{27^s}{2}$.

Quatrième essai. — Une quatrième plaque, réunie de même
que les précédentes, donne chaque oscillation en $\frac{30^s}{2}$.

Cinquième essai. — Une cinquième, réunie, donne chaque oscillation en $\frac{35^s}{2}$.

Sixième essai. — Une sixième pièce en $\frac{30^s}{2}$.

Septième essai. — Une septième en $\frac{42^s}{2}$.

Résultat de cette expérience.

La force de torsion étant, en conséquence de l'article qui précède, proportionnelle à l'angle de torsion, si la différence des

poids ne change rien à cette force, elle sera la même dans chaque essai et T^2 sera proportionnel à $\Sigma \mu r^2$, T étant le temps d'une oscillation, et $\Sigma \mu r^2$ la somme des produits (des masses) de tous les points de la plaque par le carré de leur distance au centre de rotation ; mais les plaques étant toutes égales, $\Sigma \mu r^2$ est comme le nombre des plaques employées dans chaque essai : ainsi il ne s'agit plus que de savoir si T^2 est proportionnel au nombre des plaques.

	Théorie.	Expérience.
	s	s
Le 1er essai, comparé avec le second, donne, pour le temps des oscillations de deux pièces......	22,6	22
Les 1er et IIIe...................................	27,7	27
Les 1er et IVe...................................	32	30
Les 1er et Ve....................................	35,8	35
Les 1er et VIe...................................	39	39
Les 1er et VII...................................	42,3	42

On voit, par ce Tableau, que l'expérience et la théorie ont la plus grande conformité, et qu'ainsi la masse des corps soutenus par les cheveux ou, ce qui revient au même, la tension de ces cheveux n'influe nullement sur la force de torsion.

Il faut cependant remarquer que, lorsqu'on augmente beaucoup le poids des corps et que les cheveux ou les fils de soie sont prêts à se rompre, la même loi ne s'observe pas exactement ; mais la force de torsion paraît beaucoup diminuée, les oscillations ne sont plus isochrones, le temps des grandes est beaucoup plus considérable que celui des petites : il arrive dans ce cas que le fil, par une trop grande tension, perd son élasticité, à peu près comme une lame qui ne conserve son ressort que lorsqu'elle est seulement pliée à un certain point.

Troisième expérience.

43. On a cherché à déterminer, dans cette expérience, suivant quelle loi l'augmentation de longueur, dans les cheveux, diminuait la force de torsion.

Premier essai. — Un cheveu de 3 pouces de longueur, chargé d'une pièce de cuivre, semblable à celles des articles précédents, a fait chaque oscillation en $\frac{11^s}{2}$.

Deuxième essai. — Un cheveu de 6 pouces de longueur, chargé de la même pièce, a fait ses oscillations en $\frac{16^s}{2}$.

Troisième essai. — Un cheveu de 12 pouces de longueur, en y suspendant la même pièce, a fait ses oscillations en $\frac{22^s}{2}$.

Résultat de cette expérience.

A mesure que l'on allonge le cheveu, la plaque de cuivre peut faire un plus grand nombre de révolutions, sans augmenter la torsion de ce cheveu. Si, par exemple, on compare la torsion de chaque partie du cheveu, lorsque la pièce de cuivre fait une révolution avec un cheveu de 3 pouces de longueur, avec la torsion lorsque la plaque fait une révolution avec un cheveu de 6 pouces, la torsion de chaque partie du cheveu se trouvera double dans le premier cas de ce qu'elle sera dans le second. Il doit donc arriver, suivant tout ce que nous connaissons de l'action des ressorts, que la réaction de la torsion doit aussi être double dans le premier cas; ainsi les forces de torsion doivent, à révolutions égales, être en raison inverse des longueurs. Mais les formules du mouvement oscillatoire isochrone nous donnent les forces en raison inverse du carré des temps des oscillations; ainsi les carrés des temps doivent se trouver en raison directe de la longueur des cheveux. Comparons cette théorie avec l'expérience.

	Théorie.	Expérience.
Les Ier et IIIe essais donnent.........	$\frac{15^s}{2} + \frac{1}{4}$	$\frac{16^s}{2}$
Les Ier et IIIe	$\frac{22^s}{2}$	$\frac{22^s}{2}$

L'expérience et la théorie s'accordent donc encore ici pour prouver que les forces de torsion sont, à révolutions égales, en raison inverse des longueurs des cheveux.

Quatrième expérience.

46. On a enfin cherché à déterminer combien le diamètre des cheveux ou des soies homogènes influait sur la force de torsion. Je ne rapporterai pas ici le détail des expériences que j'ai pu faire à ce sujet, parce que la difficulté de mesurer le diamètre d'un

cheveu ou d'un fil de soie très fin et de s'assurer qu'il est homogène dans toute sa longueur a fait varier les résultats; mais on
a trouvé assez généralement, en comparant un grand nombre
d'expériences, que, pour des soies homogènes et de même longueur, les forces de torsion étaient, à révolutions égales, en raison
triplée des diamètres.

On a répété ces mêmes expériences avec des fils de soie dont
on s'est servi de préférence pour suspendre les aiguilles de boussole, parce que l'on a reconnu qu'à forces égales ils sont infiniment plus flexibles que les premiers, et l'on a trouvé les mêmes
lois que dans les expériences qui précèdent.

COMPARAISON DU « MOMENTUM » DES FORCES MAGNÉTIQUES AVEC LE « MOMENTUM » DE LA FORCE DE TORSION DES SOIES.

47. Nous avons vu, dans les n°s 6 et suivants, que lorsqu'une
boussole de déclinaison est éloignée de son véritable méridien
d'un petit angle C, le *momentum* de toutes les forces aimantaires,
pour la rappeler à son méridien, est exprimé par la quantité
$C\Sigma(\varphi\mu r)$, et que le temps des oscillations est donné par l'équation

$$\frac{\Sigma\varphi\mu r}{\Sigma\mu r^2} = \left(\frac{\pi}{T}\right)^2.$$

Mais nous venons de voir, par les expériences sur la torsion,
que si un corps est soutenu par une soie dont l'angle de torsion
soit C', on aura aC' pour le *momentum* de la force de torsion,
a étant une quantité constante, et qu'ainsi l'on aura également,
pour le temps d'une oscillation,

$$\frac{a}{\Sigma\mu'r'^2} = \left(\frac{\pi}{T}\right)^2.$$

Ainsi, dans l'un et l'autre cas, le temps des oscillations étant
donné par l'expérience, ainsi que les quantités $(\Sigma\mu r^2)$ et $(\Sigma\mu'r'^2)$,
il sera toujours facile de déterminer, pour un angle donné C, le
rapport entre le *momentum* de la force de torsion a et de la force
magnétique $\Sigma(\varphi\mu r)$, et de trouver par conséquent combien un
angle de torsion donné peut éloigner une aiguille de son véritable
méridien magnétique.

Si nous supposons que l'aiguille SCN (*fig.* 10) suspendue par un fil de soie et équilibrée horizontalement est éloignée de son véritable méridien BA de l'angle NCA = C, et que l'angle de torsion de la soie qui soutient cette aiguille est ƒCN = C′, cette ai-

Fig. 10.

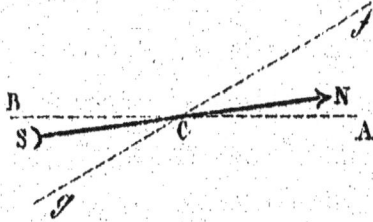

guille, arrivée à son état de repos, est sollicitée par deux forces, savoir la force aimantaire, dont le *momentum* pour l'amener vers A = C$\Sigma\varphi\mu r$, et la force de torsion, dont le *momentum* est aC′; et, comme il y a équilibre, on trouve l'équation

$$C\Sigma\varphi\mu r = a C';$$

d'où il suit que l'erreur de l'aiguille exprimée par C augmentera comme le produit de la force de torsion par l'angle de torsion et diminuera à mesure que la force magnétique augmentera.

Il est donc facile de suspendre une aiguille de manière que la torsion de la soie n'influe que très peu sur sa position et ne produise que des erreurs insensibles. Voici comment on peut s'y prendre : on suspendra d'abord au fil de soie que l'on veut employer une aiguille d'argent ou de cuivre, et l'on fera en sorte que, lorsque la soie sera arrivée à son état naturel, la direction de l'aiguille de cuivre coïncide avec le méridien magnétique ; on substituera ensuite une aiguille aimantée, du même poids, à l'aiguille de cuivre, et l'on sera sûr que la torsion de la soie n'influe que d'une manière insensible sur la direction de l'aiguille, puisque l'angle de torsion coïncide à peu près avec le méridien magnétique.

48. Mais, pour donner à ces principes toute l'étendue qu'ils paraissent mériter, par l'utilité dont ils nous seront dans la suite et par les rapports qu'ils peuvent avoir avec les arts, on va prouver qu'en suspendant des aiguilles aimantées à des fils de soie très fins, non tordus, et suffisants pour en soutenir le poids sans se rompre, quand même on supposerait l'angle de torsion de plus de 100° avec le méridien magnétique, la force de torsion serait encore si peu considérable, par rapport à la force aimantaire, qu'elle ne produirait que des erreurs insensibles.

Cinquième expérience.

49. Un fil de soie, tel qu'il sort du cocon, a supporté sans se rompre un poids de 200 grains (10,6). Pour déterminer le *momentum* de la force de torsion, on a suspendu horizontalement à ce fil une petite aiguille cylindrique de cuivre de 1 pouce (2,71) de longueur et de 6 grains (0,32) de pesanteur. Le fil de soie, depuis son attache jusqu'au point de suspension, n'avait que 1 pouce de longueur ; on a fait tourner horizontalement le fil de cuivre autour de son centre de gravité ; abandonné à lui-même, il a fait ses oscillations sensiblement isochrones en 40^s.

Soit un couple de torsion 0,0012 pour un angle = 1.

Résultat de cette expérience.

Nous avons trouvé, pour un corps que la torsion fait osciller, l'équation

$$a = \frac{\Sigma \mu' r'^2}{T'^2} \pi^2 ;$$

en nommant P' la pesanteur de l'aiguille et l' la moitié de sa longueur, on aura

$$\Sigma \mu' r'^2 = \frac{P' l'^2}{3 g},$$

d'où

$$a = \left(\frac{\pi}{3 g} \right)^2 \frac{P' l'^2}{T'^2}.$$

Nous trouvons, pour le *momentum* de la force magnétique,

$$\Sigma(\varphi \mu r) = \left(\frac{\pi}{3 g} \right)^2 \frac{P l^2}{T^2} ;$$

en comparant ces deux équations, il en résulte

$$\frac{\Sigma \varphi \mu r}{a} = \frac{P l^2 T'^2}{P' l'^2 T^2}.$$

Ainsi, si nous voulons comparer la force aimantaire d'une lame de 4 pouces (10,83) de longueur, de 3 lignes (0,677) de large et de 100 grains (5,3) de pesanteur, avec la force de torsion qui résulte de cette expérience, nous trouverons que cette lame, aimantée à saturité, fait 20 oscillations en 80″ : ainsi nous avons le temps d'une oscillation = 4ˢ et

$$\frac{P}{P'} = \frac{100}{6}, \quad \frac{l^2}{l'^2} = \frac{4^2}{1}, \quad \frac{T'^2}{T^2} = \left(\frac{40}{4}\right)^2 = (10)^2,$$

d'où l'on trouve

$$\frac{\Sigma \varphi \mu r}{a} = \frac{26670}{1};$$

ainsi, un angle de torsion (n° 47) de 26670', ou de 444°, ne produirait, avec ce fil de soie, qu'une minute d'erreur dans la position d'une aiguille de 4 pouces de longueur, pesant 100 grains.

Si l'on supposait la composante horizontale du magnétisme terrestre égale à 0,185, le moment magnétique de l'aiguille serait, par unité de volume, 250 environ. Dans la première expérience du n° **27**, ce moment serait 453 pour une lame quatre fois plus longue.

Sixième expérience.

50. On a pris un fil de soie de 20 pouces (54,14) de longueur, et composé de 12 brins, tels qu'ils sortent du cocon ou de la filière du ver à soie. Ces 12 fils étaient collés ensemble sans être tordus, et pouvaient supporter, sans se rompre, un poids de 1800 grains (95,6). On a suspendu à ce fil horizontalement la même aiguille de cuivre que dans l'expérience précédente; elle a fait ses oscillations sensiblement isochrones dans 29ˢ.

Résultat de cette expérience.

La quantité $\Sigma \mu' r'^2 = \frac{P' l'^2}{3g}$ est ici la même que dans l'expérience précédente, puisque c'est le même fil de cuivre que la force de torsion fait osciller : ainsi, en comparant cette expérience avec la précédente, nous devons trouver les *momentum* des forces de torsion, en raison inverse du carré des temps ; ainsi la force de torsion est ici $a \left(\frac{40}{29}\right)^2 = 1,90 a$ ou double, à peu près, de la force de torsion calculée dans la première expérience; ainsi un angle de torsion, égal à 222°, ne produirait qu'une minute d'erreur, dans la position de l'aiguille décrite au numéro précédent.

Nous voilà donc sûrs que la torsion des soies ne peut influer que d'une manière insensible sur la position des aiguilles magnétiques qui y seront suspendues. Reste à déterminer si la cohésion de l'air peut produire des erreurs.

DE LA RÉSISTANCE DE L'AIR DANS LES MOUVEMENTS TRÈS LENTS.

51. Quelques auteurs célèbres ont pensé que la partie de la résistance de l'air, qui est constante et indépendante de la vitesse, était une quantité assez considérable pour que l'on ne dût pas la négliger dans les formules du mouvement des corps dans ce fluide. Je vais prouver, je crois, que le *momentum* de cette résistance constante n'est qu'une très petite partie du *momentum* de la force magnétique d'une lame, qu'elle ne peut produire que des erreurs insensibles dans la position de la boussole et qu'il n'y a guère de recherches où l'on ne puisse la négliger sans danger. C'est ce que d'abord on peut, ce me semble, conclure de la remarque qui va suivre.

Si l'on suspend horizontalement au fil de soie de l'expérience précédente une lame de cuivre, elle s'arrêtera toujours, à quelques degrés près, dans la même direction; or, comme il n'y a ici que la force de torsion qui agisse et que nous avons trouvé cette force très petite pour un angle assez considérable, il en résulte que, puisque cette lame est toujours ramenée à peu près à la même direction, la partie constante de la résistance de l'air ne peut être qu'une quantité insensible. Mais voici quelque chose de plus précis.

Septième expérience.

52. Un fil de fer de 9 pouces de longueur et pesant 24 grains a été aimanté faiblement. On l'a suspendu par son centre avec un fil de soie d'un seul brin, de 6 pouces de longueur et dont l'angle de torsion était nul : sa force aimantaire lui faisait faire 4 oscillations en 62ˢ. Comme il n'était question que de déterminer la partie constante de la résistance de l'air, on a cherché à diminuer encore la vitesse des oscillations : c'est ce qui a été facile en attachant à chaque extrémité de cette aiguille un poids de 50 grains ; on a collé ensuite au fil de fer un rectangle de papier, de 1 pouce de large et de 8 pouces de longueur.

Dans le premier essai, le plan du papier était horizontal ; dans le second, il était vertical ; tout le système faisait 4 oscillations

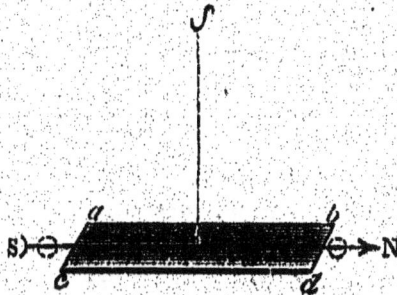

Fig. 11.

en 155", ce qui donnait un mouvement très lent dans les petites oscillations ; on a déterminé, dans les deux essais, en faisant osciller cette aiguille, de combien l'angle décrit diminuait à chaque oscillation, depuis le commencement du mouvement jusqu'à ce que les oscillations fussent insensibles.

Premier essai. — Le plan du papier étant horizontal, l'aiguille éloignée de 2° de son véritable méridien magnétique est arrivée à :

	Oscillations.
1,45	2
1.30	2
1.15	2
1	2
45	2
30	4
15	4
0	6 ou 8

Deuxième essai. — Le plan du papier vertical de :

	Oscillations.
2.5 à 1.50	2
1.20	2
50	4
20	4
10	4
0	4 ou 6

Résultat de cette expérience.

Le fil de fer dont on s'est servi dans cette expérience oscille en vertu de la force aimantaire. La torsion de la soie est nulle; les arcs décrits à chaque oscillation décroissent par la résistance que l'air oppose au mouvement; or nous avons trouvé (n° 9) que, lorsqu'une aiguille oscillait en vertu de la force aimantaire, si elle éprouvait une résistance dont le *momentum* fût une quantité constante A, on aurait à chaque vibration, pour la différence des angles décrits $(B - B') = 2A : \Sigma\varphi\mu r$; ainsi, si l'on suppose que, lorsque le fil de fer ne s'éloigne plus en oscillant que de 30' de son méridien, il éprouve pour lors une résistance constante. On verra que, puisque, dans le premier essai, on distingue encore 15 oscillations jusqu'au point de repos, nous avons 2 minutes de perte à chaque oscillation, ainsi $A : \Sigma\varphi\mu r = 1'$, quantité qui exprime (n° 6) l'erreur que peut produire la quantité A.

Si nous comparons actuellement le *momentum* magnétique de cette aiguille que nous avons aimantée très faiblement avec le *momentum* magnétique d'une lame de 4 pouces de longueur, 3 lignes de large, 100 grains de pesanteur, nous trouvons que la quantité A pourrait à peine produire, dans la direction de cette aiguille, une erreur de 5 à 6″, quantité que l'on peut négliger.

Si l'on veut avoir la résistance qu'éprouve le plan du papier lorsqu'il est vertical, on trouvera, par des raisonnements semblables à ceux qui précèdent, que, puisqu'il fait 11 ou 12 oscillations lorsqu'il a commencé à vibrer à 30' de son méridien, la résistance de l'air est encore insensible dans ce cas; il paraît même s'ensuivre que, de quelque manière que le plan soit placé par rapport à la direction de son mouvement, la résistance constante est à peu près la même, et que la différence que l'on trouve entre le premier et le deuxième essai est due à la petite vitesse dans ces deux essais.

53. En faisant osciller différentes aiguilles avec de petits plans de papier, comme dans le numéro précédent, et en étendant le mouvement oscillatoire jusqu'à 10° ou 12° du méridien magnétique, on a eu des observations qui, comparées avec les formules

du mouvement oscillatoire, nous ont paru propres à développer la
théorie de la résistance de l'air lorsque les corps s'y meuvent d'un
mouvement très lent; mais ce travail n'a point de rapport avec ce
Mémoire.

Ces expériences au surplus sont très délicates et demandent la
plus grande attention. L'aiguille et le fil qui la suspend doivent
être renfermés dans une boîte où l'air ne puisse pas pénétrer :
on fait osciller les aiguilles en leur présentant en dehors de la
boîte le pôle d'une autre aiguille; on observe les petites oscillations avec une loupe.

Construction d'une boussole propre à observer les variations diurnes.

54. Instruit que la cohésion de l'air et que la torsion des soies
ne pouvait influer que d'une manière insensible sur la position

Fig. 12, n° 1.

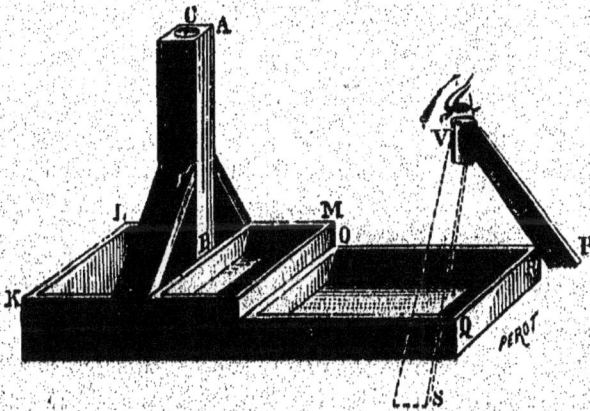

des aiguilles aimantées, j'ai fait exécuter une boussole sans
presque le secours d'aucun artiste, avec laquelle j'observe, depuis cinq mois, la variation diurne avec une précision que l'on
ne pourra jamais espérer avec des aiguilles à chape suspendues
sur des pivots.

La *fig.* 12, n° 1, représente en perspective toutes les parties de la
boîte où l'aiguille est renfermée. La partie AB est une tige creuse
qui s'élève de 20 pouces au-dessus de la boîte HKLM au milieu de
laquelle elle est fixée, par le moyen d'une traverse et de deux petits

osseliers qui la soutiennent. A l'extrémité de cette tige on a mis,
en C, une plaque de cuivre circulaire, mobile et percée à son
centre, pour y recevoir l'extrémité d'un fil de soie qui soutient l'aiguille. La partie ONQR est une prolongation de la grande boîte
HKLM sur une moindre hauteur. Ces boîtes sont fermées par des
châssis garnis de glaces qui laissent voir tout ce qui se passe
dans l'intérieur.

SVP est un support de bois fixé sur la table où la boîte de
boussole est posée. Ce support porte à son sommet V un petit
cylindre creux ou une petite lunette d'un champ très étendu pour
que l'observateur place toujours son œil au même point.

La *fig.* 12, n° 2, représente une section verticale de la boîte, faite

Fig. 12, n° 2.

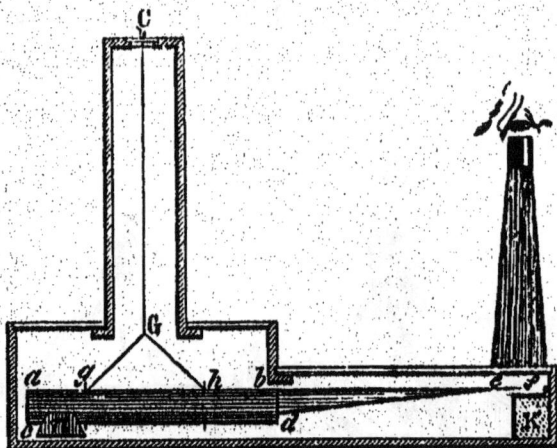

suivant sa plus grande longueur, que l'on a soin de placer à peu
près parallèlement au méridien magnétique. *abcd* représente la
lame d'acier ou l'aiguille aimantée suspendue de champ [1]. Elle
a 10 pouces (27,07) de longueur, 3 lignes et demie (0,795) de
large et pèse 250 grains (13,3). A son extrémité boréale *b* est
soudée une petite lame de cuivre *bdef* très légère, qui se termine
par une pointe extraordinairement fine. A l'extrémité australe

---

[1] On s'est servi sans choix de la première lame d'acier qui s'est présentée; on
aurait pu déterminer les dimensions de cette lame par les équations des n°° 37 et
suiv.; mais la résistance que doit occasionner le genre de suspension que nous
employons ici est si peu considérable que ce degré de perfection paraît inutile.

est un petit contrepoids qui embrasse la lame et s'y soutient par frottement; il sert à établir l'aiguille dans une position hori-zontale. Le fil CB est une soie de 12 brins, pareille à celle que nous avons calculée dans les expériences qui précèdent : elle a été détordue ou ramenée à sa direction naturelle par une ai-guille de cuivre que l'on y avait d'abord suspendue, et comme l'attache C est fixée à un cercle mobile autour de son centre, il a

Fig. 12, n° 3.

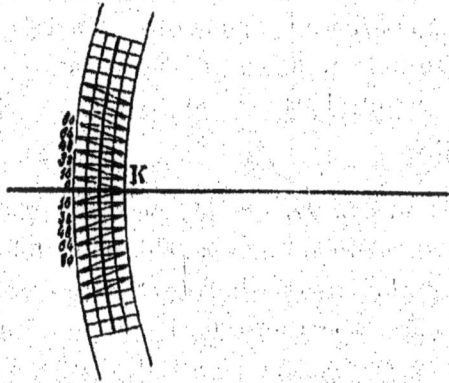

été facile de faire coïncider l'aiguille de cuivre, lorsque la soie a été dans son état naturel avec le méridien magnétique que l'on connaissait à peu près.

En K est le limbe d'un cercle qui a 15 pouces de rayon et dont le centre est dans la verticale CG. Ce cercle est divisé de 16 en 16', ou plutôt de 4 en 4', par le moyen des diagonales qui tra-versent son limbe, comme on le voit figurer au n° 3.

La distance de l'extrémité *ef* de l'aiguille au limbe du cercle était si peu considérable qu'elle ne pouvait produire, pour l'ob-servateur, dans une variation de 1 ou 2°, que des erreurs in-sensibles, mais qu'il est facile de calculer, parce que cette dis-tance est connue et que l'œil est toujours dans la même position. On donnera, dans le dernier Chapitre de ce Mémoire, l'extrait des observations faites avec cette aiguille.

55. Cette espèce de suspension n'entraîne, ce me semble, au-cun des défauts qu'il est peut-être impossible de corriger dans les aiguilles à chape soutenues par les pivots : toutes les forces ver-

ticales se contrebalancent ici nécessairement, et leur résultante
passe par la direction verticale CG qui est invariable ; toutes les
forces magnétiques qui sollicitent la boussole, étant décomposées
suivant une ligne horizontale, se trouvent, à cause du peu d'épaisseur de la lame que nous suspendons de champ, dans le même
plan vertical et, par conséquent, ce plan se dirigera suivant le
méridien magnétique. Si l'on veut plus de précision, il sera facile
de suspendre cette même lame par l'autre côté de son champ, en
sorte que la surface soit toujours verticale. On observera si la
surface de la lame conserve la même direction, et, dans le cas où il
y aurait de la différence, la moitié de l'angle observé donnera,
comme nous le verrons dans le Chapitre suivant, le véritable méridien magnétique.

56. La facilité de construire des boussoles dans le genre de
celle que nous venons de proposer, et de leur donner sans inconvénient de plus grands rayons ; l'exactitude qui en résultera pour
les observations des variations de déclinaison, doivent, ce me
semble, les faire préférer, pour toutes les observations relatives à
la Physique, à des aiguilles suspendues sur des pointes de pivots.

Mais, d'un autre côté, comme il sera assez difficile d'adapter
de pareilles boussoles au service de la marine, non seulement à
cause du mouvement des vaisseaux, mais parce qu'en outre la
flexibilité des suspensions les laisse osciller très longtemps, pour
peu qu'on les éloigne de leur méridien, ce qui ne peut pas conve-
nir aux opérations des navigateurs, lesquelles doivent presque
toujours se faire avec célérité, nous sommes obligés, pour l'utilité de la navigation, de tâcher de découvrir d'où peuvent
provenir les inconvénients des chapes et des pivots et quels sont
les moyens de connaître les erreurs qui en résultent.

CHAPITRE IV.

PRINCIPES GÉNÉRAUX SUR L'ÉTAT D'ÉQUILIBRE DES CORPS. — LEUR
APPLICATION AUX LAMES MAGNÉTIQUES POSÉES SUR DES PLANS
ÉQUILIBRÉS HORIZONTALEMENT. — CE QUI EN RÉSULTE POUR LE
POINT DE SUSPENSION, ET POUR TRACER SUR LES LAMES LE VÉRI-
TABLE MÉRIDIEN MAGNÉTIQUE. — DU FROTTEMENT DES PIVOTS
ET DES CHAPES. — APPLICATION DE TOUS CES PRINCIPES A LA
CONSTRUCTION DES BOUSSOLES MARINES.

62. Coulomb établit que, si l'on pose sur un plan, mobile autour d'une
chape, une aiguille aimantée, qu'on l'équilibre par un contrepoids, le
moment autour d'un axe vertical des forces magnétiques sera toujours
proportionnel au sinus de l'angle formé par l'aiguille supposée linéaire et
le méridien magnétique.

63. Il indique ensuite comment, en retournant l'aiguille face pour face
et l'observant dans ses deux positions d'équilibre, on peut déduire la
direction réelle du méridien même avec une aiguille ayant une largeur
sensible.

64. Il étudie les conditions d'équilibre de l'aiguille posée sur un plan
librement suspendu par un point, et en conclut que :

Lorsqu'on a équilibré horizontalement, pour un lieu quelconque, une rose de boussole chargée de ses aiguilles magnétiques, la force magnétique ainsi que la direction, venant à changer à mesure que l'on change de latitude et de longitude, il
arrivera que le plan de la rose tournera autour de son centre de
suspension en s'inclinant à l'horizon; mais ce plan restera toujours
perpendiculaire au plan du méridien magnétique du lieu où l'on
sera arrivé.

67. On place sur trois pointes d'aiguilles un plan de verre; quel que soit

son poids, il commence à glisser quand le sinus de l'angle qu'il fait avec l'horizon est de $\frac{1}{7}$; une lame de cuivre glisse quand ce sinus est de $\frac{1}{8,74}$; Coulomb en conclut que le frottement sur les têtes de pivot est proportionnel aux pressions, et que le moment de ce frottement doit être proportionnel au diamètre du cercle de contact de la chape et du pivot et au poids du corps frottant.

70-73. D'un autre côté, il est probable que la pointe d'un pivot s'écrase jusqu'à ce que la pression par unité de surface de contact arrive à une valeur dépendant de la dureté de la substance; le moment du frottement des pivots doit donc être proportionnel à la puissance $\frac{2}{3}$ du poids: mais cette théorie ne peut s'appliquer à des pivots très fins, qui perceraient la partie solide de la chape et y détermineraient des cavités.

EXPÉRIENCE SUR LE FROTTEMENT DES PIVOTS.

74. On a pris une aiguille de boussole, percée à son centre de gravité d'un trou; on a collé à 3 ou 4 lignes au-dessus de ce trou une petite lame de verre très polie; cette lame se trouvait séparée de l'aiguille par le moyen de deux petits poteaux de bois collés à la boussole et à la lame. Cette boussole pesait, tout compris, 150 grains (8,97), la lame de verre et les petits morceaux de bois pesaient ensemble 9 grains; l'aiguille avait 10 pouces (27,07) de longueur et faisait 10 oscillations en 60ˢ.

On posait cette aiguille horizontalement sur la pointe d'un pivot d'acier très dur; il fallait tâtonner pour trouver le point d'équilibre; mais, comme le centre de gravité est beaucoup plus bas que le point de suspension, on en venait facilement à bout; lorsque l'aiguille se trouvait un peu inclinée, avec du sable qu'on répandait sur l'extrémité la plus légère, on la rétablissait bientôt dans la position horizontale.

Cette aiguille étant exactement enfermée dans une boîte, on cherchait, en lui présentant de loin le pôle d'une autre aiguille, les limites de son champ d'indifférence ou l'angle formé entre toutes les directions qu'elle pouvait prendre, sans que sa force aimantaire et directrice la ramenât à son véritable méridien; il est évident que l'angle d'indifférence A était proportionnel au frottement.

Premier essai. — La boussole suspendue librement sur son pivot a donné l'angle A de 8 ou 10'.

Deuxième essai. — La boussole chargée de deux petites plaques de cuivre, pesant ensemble 3oo grains, a donné l'angle A de 3o'.

Troisième essai. — La boussole chargée de 6oo grains a donné l'angle A de 6o'.

Quatrième essai. — La boussole chargée de 12oo grains a donné l'angle A de 3° 15'.

Cinquième essai. — La boussole chargée de 18oo grains a donné l'angle A de 5°.

Résultat de cette expérience.

Dans tous ces essais, l'aiguille est toujours suspendue horizontalement placée sur la pointe du même pivot, soutenue par un plan très poli et que l'on peut regarder, à cause de sa grande dureté, comme impénétrable à l'acier. Le fond d'une chape, ses inégalités et ses courbures ne pouvaient point influer ici sur l'augmentation du frottement; ainsi les erreurs de la boussole mesurées par le champ d'indifférence ne pouvaient être occasionnées que par le frottement horizontal de la plaque de verre sur la pointe d'un pivot : si nous supposons actuellement que le *momentum* du frottement soit comme une puissance *n* de la pesanteur ou plutôt de la compression, nous trouverons, en négligeant le premier essai, dont il est difficile, à cause de la petitesse de l'angle A, d'avoir une mesure juste, et en comparant ensuite le deuxième essai avec tous les autres, qu'il résulte des deuxième et troisième essais

$$(45o)^n : (75o)^n :: 3o' : 6o',$$

d'où

$$n = 1,357,$$

Le deuxième et le quatrième essai donnent

$$n = 1,7o3;$$

Le deuxième et le cinquième essai donnent

$$n = 1,57i,$$

En prenant une valeur moyenne, on trouvera

$$n = 1,54i$$

d'où il paraît résulter que le *momentum* du frottement est à peu près proportionnel à $P^{\frac{3}{2}}$, comme la théorie (n°70) semblait nous l'indiquer; d'où il résulte par conséquent que, lorsque la pointe d'un pivot est comprimée par un plan impénétrable, tous les points du cercle de contact éprouvent à peu près une pression égale.

Nous avons fait un très grand nombre d'expériences en suspendant, comme dans les essais qui précèdent, les aiguilles aimantées par le moyen de plaques de verre, d'agate, de cuivre jaune et de différentes compositions, et nous avons toujours trouvé des résultats analogues à ceux que nous venons de détailler.

Lorsque les pivots servaient depuis longtemps et que leur pointe était usée, on trouvait assez exactement que le *momentum* des frottements était proportionnel aux pressions.

Les meilleures chapes que nous ayons pu nous procurer nous ont donné des frottements proportionnels à $P^{\frac{3}{2}}$; mais la moindre inclinaison dans la position de la boussole et les petites courbures qui se trouvent dans le fond de ces chapes produit le plus souvent dans le résultat des expériences des inégalités dont aucune hypothèse ne peut rendre raison.

COMPARAISON DU « MOMENTUM » DES FORCES MAGNÉTIQUES AVEC LE « MOMENTUM » DU FROTTEMENT DES PIVOTS.

75. Nous avons jusqu'ici tâché de développer tous les éléments qui produisent la direction des aiguilles; nous nous sommes aussi attaché à déterminer les forces coercitives qui peuvent produire des erreurs dans cette direction. En comparant actuellement les forces coercitives avec la force magnétique, il sera facile de nous déterminer sur le choix des lames que nous devons employer pour former des boussoles, suivant les différents usages auxquels nous pouvons les destiner.

On trouve (n° 6) que (B — S) ou l'angle d'erreur d'une aiguille magnétique pouvait être représenté par $\dfrac{R}{\Sigma \varphi \mu}$, et par conséquent, pour diminuer cette erreur autant qu'il est possible, il fallait que cette quantité fût un *minimum*.

Mais nous avons trouvé (n° 37)

$$\Sigma\varphi\mu r = \frac{KLE l^3}{\left(m L^{\frac{1}{2}} E + nl\right)^2};$$

nous trouvons, par les numéros précédents, que le *momentum* du frottement d'un pivot doit être proportionnel à une puissance de la pression, et si nous nommons cette puissance λ, l'expérience nous a appris qu'elle était à peu près égale à $\frac{3}{2}$.

Ainsi, si nous supposons, en conservant les mêmes lettres, qu'une rose de boussole marine, dont la pesanteur est $(2g A)$, soit équilibrée horizontalement sur la pointe d'un pivot et dirigée par une lame aimantée d'une épaisseur et d'une largeur uniformes dans toute sa longueur, nous trouverons, en nommant $LE l = M$, que

$$\frac{R}{\Sigma\varphi\mu r} = B \frac{2g(A+M)^\lambda}{k M l^2} \left(m L^{\frac{1}{4}} E + nl\right)^2;$$

B étant un coefficient constant, en substituant à la place de $L^{\frac{1}{4}} E$ sa valeur $M : L^{\frac{1}{4}} l$, on aura, pour le *minimum* ...,

$$d\left[\frac{(A+M)^\lambda}{M}\left(\frac{m M}{L^{\frac{1}{4}} l^2} + n\right)^2\right] = 0;$$

ce qui donne, en faisant varier M,

$$\frac{\lambda\, dM}{A+M} - \frac{dM}{M} + \frac{\dfrac{2m}{L^{\frac{1}{4}} l^2}\, dM}{\dfrac{m}{L^{\frac{1}{4}} l^2} M + n} = 0,$$

équation du second degré d'où il est facile de tirer la valeur de M.

Il est inutile de faire varier L et l, parce qu'on voit tout de suite que, M restant constant, il faut augmenter ces quantités à l'infini ou au moins autant que la nature et la solidité de l'acier peuvent le permettre.

Les quantités L et l étant données, l'équation précédente donnera l'épaisseur de la lame.

78. On déterminera facilement, par le même procédé, la longueur d'une lame dont les autres dimensions seraient données ; substituant, à la place de M, la valeur δl, où $\delta = LE$, quantité ici constante, par hypothèse, nous aurons

$$d \frac{(A + \delta l)^\lambda}{\delta l^3} \left(\frac{m\delta}{L^{\frac{1}{3}}} + nl \right)^2 = 0 \quad \text{ou} \quad \frac{\lambda \delta}{A + \delta l} - \frac{3}{l} + \frac{2n}{\frac{m\delta}{L^{\frac{1}{3}}} + nl} = 0,$$

équation du second degré, d'où l'on tirera la valeur de l.

77. Si l'on suppose, dans la formule du numéro précédent, que l'aiguille n'est chargée d'aucun poids, pour lors on aura $A = 0$, et l'équation se réduit à

$$(\lambda - 3) + \frac{2nl}{\frac{m\delta}{L^{\frac{1}{3}}} + nl} = 0,$$

d'où

$$l = \frac{3 - \lambda}{\lambda - 1} \frac{m EL^{\frac{1}{3}}}{n}.$$

Exemple. — Nous avons trouvé, première expérience (n° 26), qu'une lame de 12ᵖ de longueur et pesant 288 grains faisait, lorsqu'elle était réduite à 4ᵖ de longueur, 20 oscillations en 80ˢ. Nous avons vu qu'une diminution de 4ᵖ dans la longueur de cette lame produisait une diminution de 49ˢ dans le temps des oscillations ; or, comme $T = (m EL^{\frac{1}{3}} + nl)$, on aura, pour une aiguille de 4ᵖ de longueur,

$$nl = 49^s ;$$

et, comme $T = 80^s$, on aura encore

$$m EL^{\frac{1}{3}} = 31^s ;$$

substituant ces valeurs dans la formule $l = \frac{3 - \lambda}{\lambda - 1} \frac{m}{n} EL^{\frac{1}{3}}$, nous trouverons

$$l = \frac{3 - \lambda}{\lambda - 1} \frac{31^s}{49} 4^p$$

et, si nous supposons $\lambda = \frac{3}{2}$, comme l'expérience nous l'a appris, nous aurons

$$l = \frac{31^s}{49} \times 3.4^p = 7,59 \text{ pouces } (20,57).$$

Remarque. — De la formule $l = \frac{3-\lambda}{\lambda-1} \frac{m}{n} EL^{\frac{1}{4}}$, on en con-

clut que l diminuera à mesure que $EL^{\frac{1}{2}}$ diminuera, c'est-à-dire que la longueur des aiguilles doit être diminuée à mesure qu'elles seront plus légères : c'est ce que la pratique avait déjà indiqué.

77. Les questions dont on pourrait avoir besoin dans le genre des deux numéros précédents sont trop faciles à résoudre pour qu'il paraisse nécessaire de s'y arrêter plus longtemps. Nous allons terminer cette théorie par deux petits problèmes, qui seront souvent d'usage dans la composition des boussoles formées avec plusieurs aiguilles aimantées.

Nous avons vu, dans la théorie du magnétisme, que les lames les plus légères étaient celles qui, proportion gardée, s'aimantaient le plus fortement. Nous avons vu (n^os **61** et **62**) qu'une aiguille équilibrée sur un plan horizontal avait toujours le même *momentum* pour se rétablir dans la direction de son méridien magnétique : d'où il est facile de voir qu'une boussole, formée de plusieurs lames parallèles et séparées, a plus de force pour se diriger suivant son méridien qu'une seule lame qui aurait le même poids que toutes les lames réunies; ces considérations nous présentent ces deux problèmes,

78. P<small>ROBLÈME</small>. — *La pesanteur de la rose d'une boussole marine étant donnée, ainsi que toutes les dimensions des lames magnétiques que l'on veut employer, de combien de lames la boussole doit-elle être composée pour qu'elle se rapproche le plus qu'il est possible de son méridien magnétique.*

Que $2gA$ soit, comme plus haut, le poids de la rose et $2gM$ le poids d'une des aiguilles données, soit k le nombre des aiguilles, le *momentum* de la pression et conséquemment du frottement sera comme $(A + kM)^{\lambda}$; mais le *momentum* de la force aimantaire exprimé pour chaque lame par $\Sigma \varphi \mu r$ donnera, à cause de l'égalité des lames, pour le *momentum* de la force aimantaire, $k\Sigma \varphi \mu r$; ainsi l'angle d'erreur sera

$$(A + kM)^{\lambda} : k\Sigma \varphi \mu r.$$

quantité qu'il faut différentier en faisant seulement k variable; ce qui donne, pour la condition du problème,

$$k = \frac{\lambda}{(\lambda - 1)M};$$

et, si $\lambda = \frac{3}{2}$, comme l'expérience nous l'a appris, $k = \frac{2A}{M}$; ainsi il faudrait, par exemple, 4 lames de 100 grains pour une rose qui pèserait 200 grains.

78. PROBLÈME. — *Le nombre k des lames étant donné, ainsi que leur longueur et leur largeur, déterminer l'épaisseur ou le poids de ces lames.*

On a encore ici l'équation générale

$$(A + kM)^\lambda : k\Sigma \varphi \mu x$$

ou

$$\frac{(A + kM)^\lambda}{kM} \left(\frac{m}{L^{\frac{1}{2}} l^2} M + n \right)^2;$$

cette équation différentiée, en faisant seulement M variable, donne

$$\frac{\lambda k}{A + kM} - \frac{1}{M} + \frac{\frac{2m}{L^{\frac{1}{2}} l^2}}{\frac{m}{L^{\frac{1}{2}} l^2} M + n} = 0,$$

équation du second degré, d'où il résulte, en faisant

$$\frac{2m}{L^{\frac{1}{2}} l^2} = m',$$

la formule réduite

$$M = - \left[\frac{(\lambda - 1) nk + m'A}{2(\lambda + 1) m' k} \right] + \left[\left[\frac{(\lambda - 1) nk + m'A}{2(\lambda + 1) m' k} \right]^2 + \frac{nA}{(\lambda - 1) m' k} \right]^{\frac{1}{2}}$$

Nous croyons avoir rassemblé, dans ce Chapitre, la plus grande partie des principes qui peuvent nous diriger dans la construction des boussoles propres au service de la marine. Nous allons le terminer par quelques remarques relatives, soit à la théorie, soit à la pratique, qui n'ont pu trouver encore leur place.

78 ter. *Première remarque.* — Si l'on coupe en deux parties,

au point B, une lame NS aimantée à saturité, dont N est l'extrémité boréale et S l'extrémité australe, et dont le centre aimantaire
est placé à peu près au milieu de la lame, après la séparation,
l'extrémité B de la partie NB sera le pôle austral et l'extrémité N
conservera sa force boréale : l'extrémité B de la partie SB aura
une force boréale, l'extrémité S conservera sa force australe.

Si, au lieu d'être divisée en deux parties, cette même lame est
seulement percée d'un trou B, pour lors les deux extrémités sont
en parties séparées, et cette lame doit avoir deux centres aimantaires, comme la précédente.

Cette multiplication de pôles a fait croire qu'une lame ainsi
percée devait perdre en partie sa force directrice et qu'elle était
peu propre à indiquer les déclinaisons. Voici ce que l'expérience
donne à ce sujet.

Lorsqu'une lame a été percée à son centre d'un trou dont le diamètre n'excédait pas la moitié de la largeur de la lame, elle a eu
sensiblement la même force de direction qu'avant d'être percée ;
c'est ce dont il est facile de se convaincre en faisant osciller cette
lame aimantée à saturité et suspendue horizontalement. On trouvera que, dans les deux cas, elle donne sensiblement le même
nombre d'oscillations pour le même temps.

Lorsque le trou de la lame est presque égal à sa largeur, on
trouve pour lors que le *momentum* magnétique de cette lame
est égal à la somme des *momentum* magnétiques de deux autres
lames qui n'auraient que la moitié de la longueur de la première :
c'est ce qui est aussi conforme à la théorie que nous avons expliquée (n⁰ˢ 61 et 62); ainsi, lorsque la lame est très légère, comme
pour lors, son *momentum* magnétique est à peu égal à une quantité constante, multipliée par sa longueur, que la lame, dans ce
cas, soit percée ou qu'elle ne le soit pas, on aura toujours à peu
près le même *momentum.*

70. *Deuxième remarque.* — Après tout ce que nous avons dit
sur la communication du magnétisme, nous n'avons pas cru qu'il
fût nécessaire de faire des recherches sur les différentes formes,
soit rectilignes, soit courbes, que l'on peut donner aux lames aimantées ; il est facile de prévoir tout ce qu'on peut espérer de ces
variations.

Les aiguilles en flèche donnent, à pesanteur et épaisseur égales, le même rapport entre le *momentum* magnétique et le *momentum* du frottement et produisent, par conséquent, à peu près les mêmes erreurs que les lames d'une largeur uniforme; on observe cependant que les lames légères d'une largeur uniforme ont de l'avantage sur les lames taillées en flèche, et que, lorsque les lames sont pesantes, celles-ci ont de l'avantage sur les premières : la théorie fait prévoir ce résultat, l'expérience le confirme.

Les aiguilles dont on est assez dans l'usage de se servir pour les observations qu'on fait sur terre sont le plus souvent plus épaisses vers leurs extrémités que dans les autres parties. Cette pratique paraît désavantageuse; on concevra facilement qu'il vaut mieux, en conservant le même poids, élargir l'extrémité et en diminuer l'épaisseur pour que les parties exercent, les unes sur les autres, leur action magnétique à une plus grande distance et conservent, par conséquent, un plus grand degré de magnétisme.

CHAPITRE V.

DES VARIATIONS DIURNES RÉGULIÈRES DE LA DÉCLINAISON DES AIGUILLES.

———

Après avoir fait remarquer que l'action de chaque point d'une lame aimantée tend à détruire le magnétisme des parties voisines, Coulomb conclut que l'état magnétique est un état forcé, ce que prouve l'expérience, puisqu'on est obligé de temps en temps de renouveler le magnétisme des aiguilles; il y a donc une cause qui conserve ou renouvelle le magnétisme de la terre, et il est probable que cette cause produit aussi, dans les déclinaisons, les variations annuelles et les variations diurnes.

Il attribue celles-ci à l'action solaire, mais ne peut croire qu'elles soient l'effet de la chaleur, car celle-ci, tendant continuellement à détruire le magnétisme terrestre, ne lui aurait laissé depuis longtemps aucune qualité magnétique. Il assimile la lumière zodiacale à un pôle, aimantant positivement la Terre dans sa partie boréale, et pense que l'influence du Soleil doit, dans les points où la déclinaison est occidentale, la diminuer le soir pour l'augmenter le matin.

RECHERCHES

THÉORIQUES ET EXPÉRIMENTALES

SUR

LA FORCE DE TORSION ET SUR L'ÉLASTICITÉ

DES

FILS DE MÉTAL.

1784.

RECHERCHES

THÉORIQUES ET EXPÉRIMENTALES

SUR

LA FORCE DE TORSION ET SUR L'ÉLASTICITÉ

DES FILS DE MÉTAL.

APPLICATION DE CETTE THÉORIE À L'EMPLOI DES MÉTAUX DANS LES
ARTS ET DANS DIFFÉRENTES EXPÉRIENCES DE PHYSIQUE. — CON-
STRUCTION DE DIFFÉRENTES BALANCES DE TORSION POUR MESURER
LES PLUS PETITS DEGRÉS DE FORCE. — OBSERVATIONS SUR LES
LOIS DE L'ÉLASTICITÉ ET DE LA COHÉRENCE.

I.

Ce Mémoire a deux objets : le premier de déterminer la force
élastique de torsion des fils de fer et de laiton relativement à leur
longueur, à leur grosseur et à leur degré de tension. J'avais déjà
eu besoin, dans un Mémoire sur les Aiguilles aimantées, imprimé
dans le neuvième Volume des *Savants étrangers*, de déterminer
la force de torsion des cheveux et des soies, mais je ne m'étais
point occupé des fils de métal, parce que l'objet utile à mes recherches n'était pour lors que de choisir, à forces égales, les suspensions les plus flexibles, et que j'avais trouvé que les fils de
soie avaient incomparablement plus de flexibilité que les fils de
métal. Le second objet de ce Mémoire est d'évaluer l'imperfection
de la réaction élastique des fils de métal et d'examiner quelles
sont les conséquences que l'on en peut tirer relativement aux lois
de la cohérence et de l'élasticité des corps.

II.

La méthode pour déterminer la force de torsion, d'après l'expérience, consiste à suspendre par un fil de métal un poids cylindrique, de manière que son axe soit vertical ou dans la direction du fil de suspension. Tant que le fil de suspension ne sera point tordu, le poids restera en repos; mais si l'on fait tourner ce poids autour de son axe, le fil se tordra et fera effort pour se rétablir dans sa situation naturelle; si pour lors on abandonne le poids, il oscillera plus ou moins de temps, suivant que la réaction élastique de torsion sera plus ou moins parfaite. Si, dans ce genre d'expériences, on observe avec soin la durée d'un certain nombre d'oscillations, il sera facile de déterminer, par les formules du mouvement oscillatoire, la force de réaction de torsion qui produit ces oscillations. Ainsi, en faisant varier la pesanteur du poids suspendu, la longueur des fils de suspension et leur grosseur, on peut espérer de déterminer les lois de la réaction de torsion relativement à la tension, à la longueur, à la grosseur et à la nature de ces fils.

III.

Si le fil de métal était parfaitement élastique, si la résistance de l'air n'altérait pas l'amplitude des oscillations, le poids soutenu par le fil de métal une fois en mouvement oscillerait jusqu'à ce qu'on l'arrêtât. La diminution des amplitudes des oscillations ne peut donc être attribuée qu'à la résistance de l'air et qu'à l'imperfection de l'élasticité de torsion; ainsi, en observant la diminution successive de l'amplitude de chaque oscillation et en retranchant la partie de l'altération qu'il faut attribuer à la résistance de l'air, on pourra, au moyen des formules du mouvement oscillatoire appliquées à ces expériences, déterminer suivant quelles lois cette force élastique de torsion est altérée.

IV.

Ce Mémoire sera divisé en deux sections : dans la première on déterminera la loi des forces de torsion, en supposant les forces

Pl. I.

Mem. de l'Ac. R. des Sc. An. 18. P. g. 268. Pl. IV.

Fig. 1re
No. 1.

R

C

Fig. 1re No. 2.

Fig. 2me

M
m
A'
A
m'
M'

D
B
E
g

a
b

9°
A
k

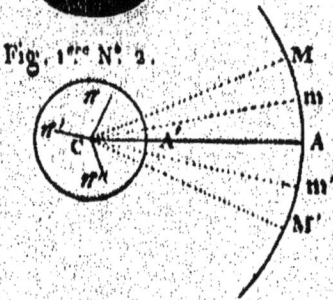

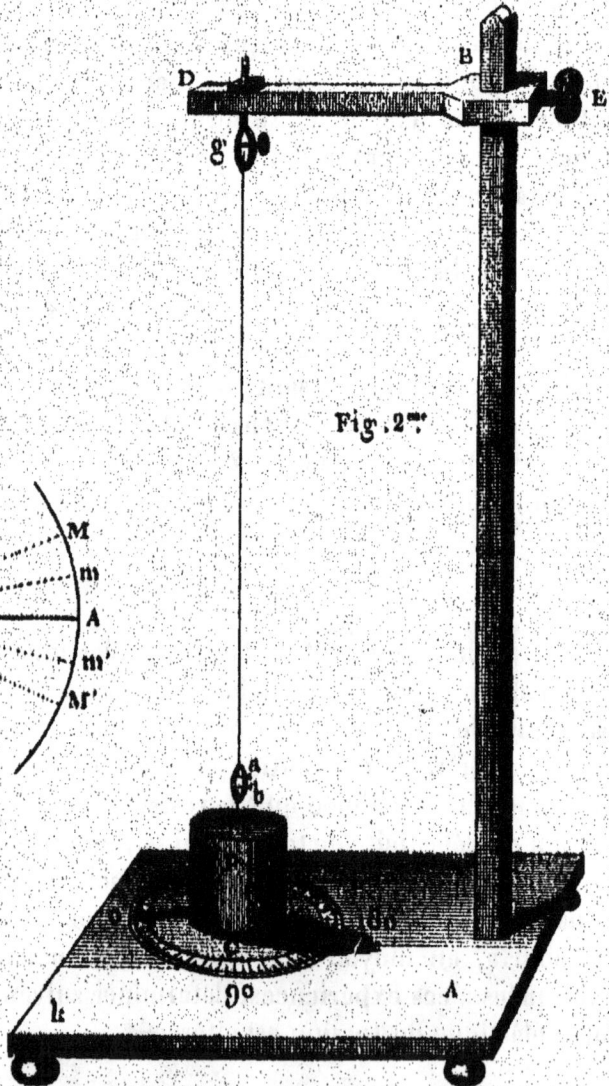

Fac-simile de la Planche originale IV.

de torsion proportionnelles à l'angle de torsion, supposition conforme à l'expérience, lorsque l'on ne donne pas une trop grande amplitude à l'angle de torsion ; on donnera quelques applications de cette théorie à la pratique.

Dans la seconde section on cherchera, par l'expérience, suivant quelles lois la force élastique de torsion est altérée dans les grandes oscillations, on fera usage de cette recherche pour déterminer les lois de la cohérence et de l'élasticité des métaux et de tous les corps solides.

V.

PREMIÈRE SECTION.

Formules du mouvement oscillatoire, en supposant la réaction de la force de torsion proportionnelle à l'angle de torsion ou altérée par un terme très petit.

Un corps cylindrique B (*fig.* 1, n° 1) est soutenu par un fil RC, de manière que l'axe du cylindre est vertical, ou se trouve dans la prolongation du fil de suspension, on fait tourner ce cylindre autour de son axe sans déranger cet axe de son aplomb ; il faut déterminer, dans la supposition des forces de torsion proportionnelles à l'angle de torsion, les formules du mouvement oscillatoire.

Le n° **2** (*fig.* 1) représente une section horizontale du cylindre : tous les éléments du cylindre sont projetés sur cette section circulaire en $p, p', p'', \ldots$; on suppose que l'angle primitif de torsion soit $ACM = A$ et qu'après le temps t cet angle soit ACm ou qu'il soit diminué de l'angle $MCm = S$, en sorte que

$$ACm = (A - S).$$

Puisque l'on suppose la force de torsion proportionnelle à l'angle de torsion, le *momentum* de cette force sera représenté par $n(A - S)$, n étant un coefficient constant dont la valeur dépendra de la nature du fil de métal, de sa longueur et de sa grosseur. Si l'on nomme v la vitesse d'un point quelconque (de masse) p, au bout du temps t, lorsque l'angle de torsion est ACm, on aura, par les principes de Dynamique,

$$n(A - S)\,dt = \Sigma pr\,dv,$$

où r est la distance Cp du point p à l'axe de rotation G.

Mais si le rayon CA' du poids cylindrique $= a$, et que la vitesse d'un point A' de la circonférence du cylindre soit, au bout du temps t, représentée par u, on aura

$$v = \frac{ru}{a},$$

d'où résulte

$$n(A - S)\,dt = du\,\frac{\Sigma pr^2}{a},$$

et, comme $dt = \frac{a\,dS}{u}$, on aura pour l'équation intégrée

$$n(2AS - S^2) = \frac{u^2}{a^2}\,\Sigma pr^2,$$

d'où l'on tire

$$dt = dS\sqrt{\frac{\Sigma pr^2}{n(2AS - S^2)}}.$$

Mais $\dfrac{dS}{\sqrt{(2AS - S)^2}}$ représente un angle dont $\dfrac{S}{A}$ est le sinus verse, qui s'évanouit lorsque $S = 0$, et qui devient égal à 90^0 lorsque $S = A$.

Ainsi le temps d'une oscillation entière sera

$$T = \pi\sqrt{\frac{\Sigma pr^2}{n}}.$$

VI.

Pour comparer la force de torsion avec la force de la gravité dans un pendule, il faut se ressouvenir que dans le pendule le temps T d'une oscillation entière est

$$T = \pi\sqrt{\frac{\lambda}{g}},$$

où λ est la longueur du pendule et g la force de gravité. Ainsi un pendule isochrone aux oscillations du cylindre donne

$$\frac{\Sigma pr^2}{n} = \frac{\lambda}{g},$$

de cette formule on tirera facilement la valeur de n, d'après l'expérience, puisque les dimensions du cylindre ou du poids sont données, ainsi que le temps d'une oscillation qui détermine la valeur λ.

Si l'on voulait ensuite chercher un poids Q qui, agissant à l'extrémité du levier b, eût un *momentum* égal au *momentum* de la force de torsion lorsque l'angle de torsion est $(A - S)$, il faudrait faire $Qb = n(A - S)$.

VII.

Il faut actuellement chercher pour un cylindre la valeur de Σpr^2, que l'on trouvera égale à $\frac{\pi \delta L a^4}{2}$, où δ est la densité du cylindre et a son rayon. Mais, comme la masse M du cylindre $= \pi \delta L a^2$, on a

$$\Sigma pr^2 = \frac{M a^2}{2}$$

et conséquemment

$$T = \pi \sqrt{\frac{M a^2}{2n}} ;$$

en comparant, comme au *numéro précédent*, avec le pendule isochrone, il en résulte

$$\frac{\lambda}{g} = \frac{M a^2}{2 n} ,$$

et, comme gM est le poids P du cylindre, nous aurons

$$n = \frac{P a^2}{2 \lambda} ,$$

ce qui donne une formule très simple pour déterminer n d'après l'expérience.

VIII.

Si la force de torsion que nous avons supposée $n(A - S)$ était altérée par une quantité R, la formule du mouvement oscillatoire donnerait pour lors

$$[n(A - S) - R] dt = du \frac{1}{a} \Sigma pr^2 ;$$

et mettant, comme plus haut, à la place de dt sa valeur $\dfrac{a\,dS}{u}$, on a pour l'intégration

$$n(2AS - S^2) - 2\int R\,dS = \dfrac{u^2}{a^2}\,\Sigma pr^2.$$

Si l'on veut étendre cette intégration à une oscillation entière, il faut la diviser en deux parties, la première depuis M jusqu'en A où la force de torsion accélère la vitesse u, tandis que la force retardatrice la diminue; la deuxième depuis A jusqu'en M, où toutes les forces concourent à retarder le mouvement.

Exemple I. — Supposons $R = \mu(A - S)^m$; on aura, pour l'état de mouvement dans la première portion MA,

$$n(2AS - S^2) + \dfrac{2\mu(A-S)^{m+1}}{m+1} - \dfrac{2\mu A^{m+2}}{m+1} = \dfrac{u^2}{a^2}\,\Sigma pr^2;$$

ainsi, lorsque l'angle de torsion sera nul, ou que $(A - S) = 0$, on aura

$$n A^2 - \dfrac{2\mu A^{m+1}}{m+1} = \dfrac{U^2}{a^2}\,\Sigma pr^2.$$

Considérons actuellement l'autre partie du mouvement depuis A jusqu'en M' et supposons l'angle $AGm' = S'$, nous trouverons, en nommant U la vitesse au point A,

$$\dfrac{nS'^2}{2} + \dfrac{\mu S'^{m+1}}{m+1} = \dfrac{U^2 - u^2}{2a^2}\,\Sigma pr^2.$$

Substituant à la place de U^2 sa valeur

$$\dfrac{a^2}{\Sigma pr^2}\left(n A^2 - \dfrac{2\mu A^{m+1}}{m+1}\right),$$

on aura pour l'intégration totale, lorsque la vitesse deviendra nulle ou lorsque l'oscillation sera achevée,

$$(A - S) = \dfrac{2\mu}{n(m+1)}\,\dfrac{(A^{m+1} + S'^{m+1})}{A + S'};$$

et si les forces retardatrices sont telles qu'à chaque oscillation l'amplitude soit peu diminuée, on aura, pour valeur très approchée de $(A - S')$,

$$(A - S') = \dfrac{2\mu A^m}{n(m+1)},$$

et si cette quantité $(A - S')$ était assez petite pour être traitée comme une différentielle ordinaire, on aurait pour lors, pour un nombre Z d'oscillations,

$$\frac{2\mu}{n(m+1)} Z = \frac{1}{m-1} \left(\frac{1}{S^{m-1}} - \frac{1}{A^{m-1}} \right),$$

où S représente ce que devient A après un nombre d'oscillations Z. Ainsi l'on aura

$$S = \frac{1}{\left[\frac{2\mu(m-1)}{n(m+1)} Z + \frac{1}{A^{m-1}} \right]^{\frac{1}{m-1}}},$$

qui détermine la valeur de S, après un nombre quelconque Z d'oscillations.

Exemple II. — Si

$$R = \mu(A - S)^m + \mu'(A - S)^{m'},$$

μ' et m' ayant d'autres valeurs que μ et m, on aura, en suivant le procédé du dernier exemple,

$$n(A - S) = \frac{2\mu}{m+1} \cdot \frac{A^{m+1} + S^{m+1}}{A+S} + \frac{2\mu'}{m'+1} \cdot \frac{A^{m'+1} + S^{m'+1}}{A+S};$$

et si la force retardatrice est beaucoup moindre que la force de torsion, on aura, pour valeur approchée,

$$n(A - S) = 2\mu \frac{A^m}{m+1} + \frac{2\mu' A^{m'}}{m'+1}.$$

En général, si

$$R = \mu(A - S)^m + \mu'(A - S)^{m'} + \mu''(A - S)^{m''} + \ldots,$$

on aura toujours pour une oscillation, en supposant R beaucoup plus petit que la force de torsion,

$$n(A - S) = \frac{2\mu A^m}{m+1} + \frac{2\mu' A^{m'}}{m'+1} + \frac{2\mu'' A^{m''}}{m''+1} + \ldots.$$

IX.

Expériences pour déterminer les lois de la force de torsion.

Préparation.

Sur une petite planche KA soutenue par quatre pieds, s'élève une potence ABD, le poteau montant AB a 4 pieds de hauteur, la traverse horizontale DE glisse le long du montant et se fixe au moyen d'une vis E; le cylindre ou le poids P porte dans sa partie supérieure, dans la prolongation de son axe, un bout d'aiguille *b* fixée à ce cylindre. Cette aiguille est saisie par la partie inférieure d'une double pince *a* qui se serre par des vis; la partie supérieure de cette pince saisit l'extrémité inférieure du fil de suspension; la partie inférieure de cette même pince saisit l'extrémité de l'aiguille fixée au cylindre. L'extrémité supérieure du fil de suspension est prise par une autre pince *g*, attachée à la traverse DE. Sur la planche AK qui sert de base à l'appareil, on pose un cercle divisé en degrés, dont le centre C doit être placé dans la prolongation de l'axe du cylindre, on attache au-dessous du cylindre un index *eo*, dont l'extrémité *o* répond aux divisions du cercle.

X.

Expériences sur la torsion des fils de fer.

J'ai pris trois fils de clavecin tels qu'on les trouve répandus dans le commerce, roulés sur des bobines et numérotés.

Le fil de fer n° 12 supporte, avant de se rompre, 3 livres 12 onces (1836gr); les 6 pieds de longueur pèsent 5 grains (0gr,1365 par mètre).

Le fil de fer n° 7 supporte, avant de se rompre, un poids de 10 livres (4895gr); les 6 pieds de longueur pèsent 14 grains (0gr,381 par mètre).

Le fil de fer n° 1 casse sous une tension de 33 livres (16,154); les 6 pieds de longueur pèsent 56 grains (1gr,525 par mètre).

Première expérience.

Fil de fer n° 12, cylindre pesant une demi-livre.

L'on a pris un cylindre de plomb pesant ½ livre qu'on a suspendu au fil de fer n° 12 ; ce cylindre avait 19 lignes de diamètre et 6 ½ lignes de hauteur (D = 4,287, H = 1,466), le fil de suspension avait 9 pouces (24,363) de longueur. On a fait tourner le cylindre autour de son axe sans déranger cet axe de son aplomb, et l'on a eu les résultats suivants :

Premier essai. — Lorsqu'on fait tourner le cylindre autour de son axe, d'un angle plus petit que 180°, il fait 20 oscillations sensiblement isochrones en 120".

Deuxième essai. — Mais, en tordant de trois cercles, les dix premières oscillations ont été de deux à trois secondes plus longues que les dix premières ; et, après les dix premières oscillations, l'amplitude des oscillations, qui était d'abord de trois cercles, se trouvait réduites à ¾ de cercle.

Deuxième expérience.

Fil de fer n° 12, cylindre pesant 2 livres.

Essai. — En suspendant au même fil de fer n° 12 un cylindre qui pesait 2 livres, ayant le même diamètre que le précédent, mais 26 lignes de hauteur, on a eu pour un angle de torsion de 180° et au-dessous 20 oscillations sensiblement isochrones en 242".

Troisième expérience.

Fil de fer n° 7, cylindre pesant une demi-livre.

Essai. — En suspendant au fil de fer n° 7 le cylindre de ½ livre, on a eu, pour une torsion de 180° et au-dessous, 20 oscillations sensiblement isochrones en 42".

Quatrième expérience.

Fil de fer n° 7, cylindre pesant 2 livres.

Essai. — En suspendant au même fil un poids de 2 livres, les 20 oscillations ont été achevées en 85".

Cinquième expérience.
Fil de fer n° 1, cylindre pesant une demi-livre.

Essai. — Lorsqu'on suspend à ce fil de fer de 9 pouces de longueur un poids de ½ livre, sa raideur est si considérable que ce poids n'est pas suffisant pour le redresser, en sorte que les oscillations sont très irrégulières, parce qu'elles dépendent, non seulement de l'angle de torsion, mais encore de la courbure que le fil de fer conserve en sortant de dessus la bobine, quoiqu'il soit tendu par un poids de demi-livre.

Sixième expérience.
Fil de fer n° 1, cylindre pesant 2 livres.

Essai. — Mais en suspendant à ce fil de fer de 9 pouces de longueur un poids de 2 livres, le fil est sensiblement redressé et l'on a, pour un angle de torsion de 45° et au-dessous, 20 oscillations sensiblement isochrones en 23ˢ.

Continuation des expériences.
Fils de laiton.

On a pris trois fils de laiton, correspondant, par le numéro et à peu près par la grosseur, aux trois fils de fer qu'on vient de soumettre aux expériences.

Le fil de laiton n° 12 portait, au moment de sa rupture, 2 livres 3 onces (1070); les 6 pieds de longueur pèsent 5 grains (0,136 par mètre).

Le fil de laiton n° 7 portait, au moment de sa rupture, 14 livres (6853); les 6 pieds de longueur pèsent 18½ grains (0,504 par mètre).

Le fil de laiton n° 1 casse sous une tension de 22 livres (10769); les 6 pieds de longueur pèsent 66 grains (1,797 par mètre).

Septième expérience.
Fil de laiton n° 12, cylindre pesant ½ livre.

Essai. — La longueur du fil de suspension était de 9 pouces comme dans les expériences qui précèdent; on y a suspendu le cylindre pesant ½ livre et l'on a eu, pour un angle de torsion de 360° et au-dessous, 20 oscillations sensiblement isochrones en 220ˢ.

Mais avec un angle primitif de trois cercles de torsion, les vingt premières oscillations ont duré 225^s et, après ces vingt premières oscillations, l'angle de torsion était encore de deux cercles à peu près.

Huitième expérience.

Fil de laiton n° 12, cylindre pesant 2 livres.

Essai. — Le fil de suspension étant de 9 pouces et le cylindre pesant 2 livres, on a eu, pour un angle de 360° et au-dessous, 20 oscillations sensiblement isochrones en 442^s.

Avec un angle primitif de trois cercles de torsion, les vingt premières oscillations ont duré à peu près 444^s et l'angle primitif de torsion s'est trouvé réduit à deux cercles un quart.

Neuvième expérience.

Fil de laiton n° 7, cylindre pesant $\frac{1}{2}$ livre.

Essai. — La longueur du fil de suspension toujours de 9 pouces, l'angle primitif de torsion étant de 360° et au-dessous, on a eu 20 oscillations sensiblement isochrones en 57^s.

Dixième expérience.

Fil de laiton n° 7, cylindre pesant 2 livres.

Essai. — La longueur du fil de suspension toujours de 9 pouces, l'angle primitif de torsion étant de 360° et au-dessous, on a eu 20 oscillations sensiblement isochrones en 110^s.

Mais l'angle primitif de torsion étant de deux circonférences de cercle, on a eu les vingt premières oscillations en 111^s, et l'angle primitif de torsion, qui était de deux circonférences, s'est trouvé réduit à une circonférence et demie.

Onzième expérience.

Fil de laiton n° 1, cylindre pesant $\frac{1}{2}$ livre.

Essai. — Sous une tension de $\frac{1}{2}$ livre le fil de suspension n'est pas entièrement redressé, et le temps des oscillations, dépendant en partie de sa courbure primitive, est incertain.

Douzième expérience.
Fil de laiton n° 1, cylindre pesant 2 livres.

Essai. — La longueur du fil de suspension toujours de 9 pouces, l'angle primitif de torsion étant de 50° et au-dessous, on a eu 20 oscillations sensiblement isochrones en 32ˢ.

Mais l'angle primitif de torsion étant de cinq quarts de cercle, on a eu les 20 premières oscillations en 33 $\frac{1}{2}$ secondes; et au bout de ces oscillations l'angle primitif était réduit à un quart de cercle.

Treizième expérience.
Fil de laiton n° 7, cylindre pesant 2 livres.

Essai. — La longueur des fils de suspension, dans toutes les expériences précédentes, était de 9 pouces : comme on avait besoin de déterminer la force de torsion, relativement à la longueur des fils, on a donné 36 pouces de longueur à la suspension de cette expériences, et l'on a eu, jusqu'à trois cercles de torsion et au-dessous, 20 oscillations sensiblement isochrones en 222ˢ.

XI.

Résultat des expériences qui précèdent.

La force ou la réaction de la torsion des fils de métal doit être relative à leur longueur, à leur grosseur, à leur tension. Ainsi, pour pouvoir déterminer généralement la loi de cette réaction, nous avons été obligés, dans les expériences qui précèdent, de suspendre différents poids à des fils de fer et de laiton, de grosseur et de longueur différentes : voici les résultats que ces expériences présentent.

Si l'on fait tourner autour de son axe le cylindre, sans déranger cet axe de la ligne verticale, ce fil se tordra : lorsque l'on abandonnera le cylindre, le fil par sa force de réaction fera effort pour reprendre sa situation naturelle ; cet effort fera osciller le cylindre autour de cet axe, plus ou moins de temps, suivant que la force élastique sera plus ou moins parfaite.

Mais nous trouvons, par toutes les expériences qui précèdent, que lorsque l'angle de torsion n'est pas très considérable, le temps des oscillations est sensiblement isochrone ; ainsi nous pouvons regarder comme une première loi que, pour tous les fils de métal, lorsque les angles de torsion ne sont pas très grands, la force de torsion est sensiblement proportionnelle à l'angle de torsion.

Ayant trouvé par l'expérience que la force de réaction de torsion est proportionnelle à l'angle de torsion, il en résulte que toutes les formules oscillatoires que nous avons données, n°s 4 et suivants, d'après la supposition d'une force de torsion proportionnelle à l'angle de torsion, ou altérée par un terme très petit, peuvent être appliquées à ces expériences.

Ainsi, comme nous avons eu (n° 7), au moyen de ces formules,

$$T = \left(\frac{M a^2}{2 n}\right)^{\frac{1}{4}} \pi,$$

et que dans toutes les expériences qui précèdent les cylindres de demi-livre et de 2 livres avaient le même diamètre, il en résulte que n doit être toujours proportionnel à $\left(\frac{M}{T^2}\right)$.

Ainsi, si la tension plus ou moins grande du fil n'a point d'influence sur la force de torsion, pour lors la quantité n pour un même fil sera la même dans une tension de demi-livre et une tension de 2 livres, et par conséquent l'on aura T proportionnel à M$^{\frac{1}{4}}$. Comparons nos expériences faites avec deux poids, l'un de $\frac{1}{2}$ livre, l'autre de 2 livres, dont les racines sont comme 1 est à 2.

Première expérience. — Le fil de fer n° 12, tendu par le poids d'une demi-livre, fait 20 oscillations en 120".

Deuxième expérience. — Le même fil, tendu par un poids de 2 livres, fait 20 oscillations en 242".

Troisième expérience. — Fil de fer n° 7, tendu par le poids d'une demi-livre, fait 20 oscillations en 43".

Quatrième expérience. — Fil de fer n° 7, tendu par le poids de 2 livres, fait 20 oscillations en 85".

La *cinquième expérience* ne peut pas se comparer avec la *sixième*.

Septième expérience. — Fil de laiton n° 12, tendu par le poids de $\frac{1}{2}$ livre, fait 20 oscillations en 220".

Huitième expérience. — Fil de laiton n° 12, tendu par le poids de 2 livres, fait 20 oscillations en 442".

Neuvième expérience — Fil de laiton n° 7, chargé du poids de $\frac{1}{2}$ livre, fait 20 oscillations en 57".

Dixième expérience. — Fil de laiton n° 7, chargé du poids de 2 livres, fait 20 oscillations en 110°.

La *onzième* et la *douzième expérience* ne peuvent pas être comparées entre elles.

Il résulte donc de toutes ces expériences qu'avec le même fil de métal un poids de 2 livres fait sensiblement ses oscillations dans un temps double de celui où un poids de $\frac{1}{2}$ livre fait ses oscillations; que par conséquent la durée de ces oscillations est comme la racine des poids; qu'enfin la tension, plus ou moins grande, n'influe pas sensiblement sur la réaction de la force de torsion.

Cependant, par beaucoup d'expériences faites avec de très grandes tensions relativement à la force du métal, il paraît que les grandes tensions diminuent ou altèrent un peu la force de torsion. On sent en effet qu'à mesure que la tension augmente le fil s'allonge, son diamètre diminue, ce qui doit ralentir la durée des oscillations.

Nous n'avons pas pu comparer les fils de fer ou de laiton n° 1 sous les tensions de $\frac{1}{2}$ livre et de 2 livres, parce que, comme nous l'avons dit dans le détail des expériences, la tension de $\frac{1}{2}$ livre n'est pas suffisante pour redresser ces fils.

XII.

De la force de torsion relativement aux longueurs des fils.

Nous venons de trouver, dans l'article qui précède, que le plus ou moins de tension des fils n'influait que d'une manière insensible sur la force de torsion. Nous allons actuellement chercher, d'après les mêmes expériences, de combien, à angle égal de torsion, la longueur du fil de suspension augmente ou diminue cette force. Mais il est clair que, à mesure que l'on augmente la longueur du fil de métal, on peut faire faire, dans la même proportion, un plus grand nombre de révolutions au cylindre, sans changer le degré de torsion; ainsi, la force de réaction de torsion doit être, pour un même nombre de révolutions, en raison inverse de la longueur du fil. Voyons si ce raisonnement s'accorde avec l'expérience.

La formule du n° 7 nous donne

$$T = \left(\frac{M a^2}{2 n}\right)^{\frac{1}{2}} \pi,$$

ou pour le même poids T proportionnel à $\frac{1}{\sqrt{n}}$. Ainsi, si n est en raison inverse des longueurs, comme la théorie l'annonce, T sera comme les racines des longueurs des fils de suspension. Comparons avec l'expérience.

Nous trouvons, *dixième expérience,* que le fil de laiton n° 7. de 9 pouces de longueur, étant tendu par le poids de 2 livres, fait 20 oscillations en 110ˢ.

Nous trouvons, *treizième expérience,* que le même fil de laiton n° 7, de 36 pouces de longueur, tendu par le poids de 2 livres, fait 20 oscillations en 222ˢ.

Ainsi les longueurs des fils sont entre elles :: 1 : 4, tandis que les temps des oscillations des fils sont :: 1 : 2 ; ainsi l'expérience prouve que les temps d'un même nombre d'oscillations sont, pour les mêmes fils tendus par les mêmes poids, comme la racine des longueurs de ces fils, ainsi que la théorie l'avait annoncé.

Nous avons fait beaucoup d'expériences du même genre que les précédentes, qui ont toutes très exactement confirmé cette loi. Nous n'avons pas cru nécessaire d'en grossir ce Mémoire.

XIII.

De la force de torsion relativement à la grosseur des fils

Nous venons de déterminer les lois de la force de torsion relativement à la tension et à la longueur des fils ; il ne nous reste qu'à les déterminer relativement à la grosseur des mêmes fils.

Nous avons, dans les six premières expériences, trois fils de fer de différentes grosseurs et de même longueur ; et dans les six expériences suivantes, trois fils de laiton de même longueur et de grosseurs différentes ; mais, comme nous avons le poids d'une longueur de 6 pieds de chacun de ces fils, il est facile d'en conclure le rapport de leur diamètre. Voici ce que le raisonnement doit faire prévoir : le *momentum* de la réaction de torsion doit augmenter, avec la grosseur des fils, de trois manières. Prenons pour exemple

deux fils de même nature et de même longueur, que le diamètre de
l'un soit double de celui de l'autre, il est clair que, dans celui qui
a un diamètre double, il y a quatre fois plus de parties tendues par
la torsion que dans celui qui a un diamètre simple; et que l'ex-
tension moyenne de toutes ces parties sera proportionnelle au diamètre du fil, de même que le bras moyen du levier relativement à
l'axe de rotation. Ainsi nous sommes portés à croire, d'après la
théorie, que la force de torsion de deux fils de métal, de la même
nature, de la même longueur, mais d'une grosseur différente, est
proportionnelle à la quatrième puissance de leur diamètre, ou pour
une même longueur au carré de leur poids. Comparons avec l'expérience.

Nous ne prendrons ici que les expériences où la tension est de
2 livres, pour pouvoir comparer tous les numéros, les fils du n° 1
n'étant pas assez exactement tendus par le poids de $\frac{1}{2}$ livre : nous
avons :

Fils de fer.

Deuxième expérience. — Le fil de fer n° 12, dont les 6 pieds de longueur pèsent 5 grains, donne 20 oscillations en 242′.

Quatrième expérience. — Le fil de fer n° 7, dont les 6 pieds de longueur
pèsent 14 grains, donne 20 oscillations en 85′.

Sixième expérience. — Le fil de fer n° 1, dont les 6 pieds pèsent 56
grains, donne 20 oscillations en 23′.

Fils de laiton.

Huitième expérience. — Le fil de laiton n° 12, dont les 6 pieds pèsent 5
grains, a donné 20 oscillations en 142′.

Dixième expérience. — Le fil de laiton n° 7, dont les 6 pieds pèsent
18 $\frac{1}{2}$ grains, donne 20 oscillations en 110′.

Douzième expérience. — Le fil de laiton n° 1, dont les 6 pieds pèsent
66 grains, donne 20 oscillations en 32′.

Pour déterminer, d'après ces expériences, la loi de la réaction
de la force de torsion, relativement au diamètre du fil de suspension, supposons que

$$T : T' :: D^m : D'^m :: \varphi^{\frac{m}{2}} : \varphi'^{\frac{m}{2}},$$

où l'on suppose que T et T' représentent le temps d'un certain
nombre d'oscillations pour un fil de métal, dont le diamètre est D

COULOMB. 6

et D', et le poids pour une même longueur φ et φ', m étant la puissance que l'on cherche à déterminer. De cette proportion, nous tirerons

$$m = \frac{\lambda(\log T - \log T')}{\log \varphi - \log \varphi'},$$

formule qu'il faut comparer avec l'expérience.

La deuxième expérience, comparée avec la quatrième, donne $m = -1,82$
La deuxième expérience, comparée avec la sixième, » $m = -1,95$
La huitième expérience, comparée avec la dixième, » $m = -2,01$
La huitième expérience, comparée avec la douzième, » $m = -2,02$

D'où il résulte que

$$T : T' :: \frac{1}{D^2} : \frac{1}{D'^2} :: \frac{1}{\varphi} : \frac{1}{\varphi'}.$$

Mais la formule du mouvement oscillatoire

$$T = \left(\frac{M a^2}{2 n}\right)^{\frac{1}{2}} \pi$$

donne, dans les expériences précédentes, à cause de l'égalité des poids de tension, n proportionnel à $\frac{1}{T^2}$; ainsi la force de torsion, pour des fils de même nature, de même longueur, mais de grosseur différente, est comme la quatrième puissance du diamètre, ainsi que la théorie l'avait annoncé.

XIV.

Résultat général.

Il résulte donc de toutes les expériences qui précèdent que le *momentum* de la force de torsion est, pour les fils du même métal, en raison composée de l'angle de torsion, de la quatrième puissance du diamètre, et inverse de la longueur du fil; en sorte que, si l'on nomme l la longueur du fil, D son diamètre, B l'angle de torsion, on aura, pour l'expression qui représente la force de torsion,

$$\frac{\mu B D^4}{l},$$

où μ est un coefficient constant qui dépend de la raideur naturelle

de chaque métal : cette quantité μ, invariable pour les fils de
même métal, peut se déterminer facilement par l'expérience,
comme on va le voir dans l'article suivant.

XV.

Valeur effective des quantités n et μ.

Nous avons vu, n° VII, que

$$n = \frac{P a^2}{2 \lambda},$$

où P est le poids d'un cylindre, *a* son rayon, λ la longueur du pendule isochrone, avec les oscillations du cylindre, qui sont produites par la force de torsion.

Appliquons cette formule à la *deuxième expérience*, où le fil
de fer n° **12**, est tendu par un poids de 2 livres, dont le rayon est
$9\frac{1}{7}$ lignes, et où 20 oscillations se font en 242".

Comme le pendule, qui bat les secondes à Paris, est de $440\frac{1}{2}$ lignes (99,37), le pendule isochrone, avec les oscillations du
cylindre, sera

$$440\frac{1}{2}\left(\frac{242}{20}\right)^2 ;$$

ainsi

$$n = \frac{2^{liv}\,(9\frac{1}{7})^2}{2.440\frac{1}{2}\left(\frac{242}{20}\right)^2} = \frac{1^{liv}}{715},$$

ainsi le *momentum* n B du fil de fer n° **12**, ayant 9 pouces de longueur, est égal à $\frac{1}{715}$ livre, multiplié par l'angle de torsion B, agissant à l'extrémité d'un levier d'une ligne de longueur.

[Soit 151,50 (C.G.S) pour ce fil, et 3691 pour un fil n° 12 de $0^m,01$
de longueur, et tordu d'un angle égal à 1; ou encore un couple 64,42
(C.G.S) est nécessaire pour tordre ce fil de longueur 1, de *un* degré.

Nous avons vu, dans les numéros qui précèdent, que pour le
même métal il résultait de la théorie et de l'expérience que les
forces de torsion étaient en raison inverse de la longueur des fils
de suspension et de la quatrième puissance du diamètre. Ainsi, il
est facile d'avoir une valeur déterminée de la force de torsion

d'un fil de fer, d'une longueur et d'une grosseur quelconques; en voici le calcul.

Le pied cube de fer, pesant à peu près 540 livres, et les 6 pieds de longueur du fil de fer n° 12 pesant 5 grains, le diamètre de ce fil de fer est très approchant de $\frac{1}{15}$ de ligne; ainsi le *momentum* de torsion d'un fil de fer, de $\frac{1}{15}$ de ligne de diamètre, est égal à $\frac{1}{713}$ livre, multiplié par l'angle de torsion, agissant à l'extrémité d'un levier d'une ligne de longueur.

On peut encore déduire des expériences de Coulomb le coefficient μ de Lamé (*rigidity* des auteurs anglais); en admettant 7,8 pour poids spéci-fique de son fil, on doit avoir $\mu = n \times \dfrac{2\mathrm{L}}{\pi \mathrm{R}^4} = 7,628.10^{11}$.

XVI.

Comparaison de la raideur de torsion de deux métaux différents.

On déduira facilement, de la théorie et des expériences qui précèdent, quel est, dans deux métaux différents, le fer, par exemple, et le cuivre jaune, le rapport de raideur de torsion : prenons le fil de fer n° 12, que nous comparerons avec le fil de laiton n° 12.

Nous venons de calculer à l'*article précédent* la quantité *n*, pour le fil de fer, et nous l'avons trouvée égale à $\frac{1}{713}$ livre, mul-tiplié par un levier d'une ligne. Mais, comme le fil de laiton, chargé du poids de 2 livres, fait 20 oscillations en 442ˢ, nous aurons, par la même formule pour le fil de laiton,

$$n' = \frac{1^{\mathrm{liv}}\left(9\frac{1}{2}\right)^2}{440\frac{1}{2}\left(\frac{442}{20}\right)^2};$$

ainsi

$$\frac{n}{n'} = \left(\frac{442}{242}\right)^2 = 3,34;$$

ainsi la raideur du fil de fer n° 12 est à la raideur du fil de laiton, n° 12 à peu près :: $3\frac{1}{3}$: 1.

Mais, comme il y a peu de différence entre la pesanteur spéci-fique du fer et du cuivre, qui, suivant M. Musschenbroek, sont

:: 77 : 83, on peut supposer que le fil de fer n° **12** et celui de cuivre, *même numéro*, ont à peu près le même diamètre; ainsi, pour les fils de fer et de cuivre du même diamètre, tout étant d'ailleurs égal, les raideurs de torsion sont :: $3\frac{1}{3}$: 1, c'est-à-dire qu'en tordant le fil de fer d'un cercle on aura la même réaction de torsion qu'en tordant le fil de cuivre de $3\frac{1}{3}$ cercles.

On conclut de ce chiffre, en supposant le poids spécifique du laiton 8,6, que le coefficient μ' du laiton $= \frac{1}{3,3\frac{1}{4}} \cdot \frac{8.6^3}{7.8^3} \cdot \mu = 2,78.10^{11}$, nombre notablement inférieur à ceux indiqués par sir W. Thomson, Wertheim et M. Everett, qui indiquent de $3,4$ à 4.10^{11}.

Si l'on veut ensuite comparer la raideur de torsion avec la force de cohésion, on remarquera que notre fil de fer portait, au moment de sa rupture, 60 onces, que celui de cuivre ne portait que 35 onces; ainsi, puisqu'ils ont à peu près le même diamètre, leur force de cohésion était approchant :: 60 : 35, dans le temps que leur force de torsion vient d'être trouvée :: $3\frac{1}{3}$: 1.

Ce dernier résultat ne doit cependant être regardé que comme un cas particulier et non comme un résultat général. Nous verrons, dans la deuxième Section de ce Mémoire, que la force des métaux varie suivant le degré d'écrouissement et de recuit, et que toutes les expériences dont on s'est servi jusqu'ici pour déterminer la force des métaux ne peuvent être regardées que comme des cas particuliers.

Mais ce que cette dernière observation semble indiquer, et ce que la pratique confirme, c'est que, si l'on veut soutenir un corps mobile sur la pointe d'un pivot, il y a de l'avantage à préférer un pivot d'acier ou de fer à un pivot de cuivre, puisque, sous le même degré de pression, le fer fléchit beaucoup moins que le cuivre; qu'ainsi le cercle de contact formé par la pointe du pivot, pressée par le corps qu'elle soutient, aura un moindre diamètre pour le fer que pour le cuivre, ce qui, tout étant d'ailleurs égal, diminue le *momentum* du frottement qu'il faut vaincre pour faire tourner un corps sur la pointe d'un pivot : nous aurons occasion par la suite de revenir sur cet article.

Par quelques expériences et par un calcul semblable à celui qui précède, nous avons trouvé qu'en suspendant un cylindre à un fil

de soie, formé de plusieurs brins réunis à l'eau bouillante, et assez
fort pour porter jusqu'à 6o onces, ce fil de soie avait 18 à 20 fois
moins de raideur de torsion que le fil de fer qui portait ce même
poids au moment de sa rupture.

XVII.

Usage des expériences et de la théorie qui précède.

D'après la théorie qui précède et les expériences sur lesquelles
elle est fondée, on pourra mesurer des forces très petites, qui
exigent une précision que les moyens ordinaires ne peuvent pas
fournir : nous allons en présenter un exemple.

XVIII.

Balance pour mesurer le frottement des fluides
contre les solides.

La formule qui exprime la résistance des fluides contre un corps
en mouvement paraît composée de plusieurs termes, dont les uns
dépendent du choc des fluides contre le corps solide, et dont les
autres sont dus au frottement du fluide : parmi les termes dus au
frottement, il y en a un qui dépend de l'adhérence, et que l'on croit
constant; mais ce terme est si petit que, confondu dans les expériences avec les autres quantités qui dépendent du choc, il est très
difficile de l'évaluer : on peut voir les expériences que M. Newton
a faites pour découvrir cette quantité constante. (*Livre II des
Principes mathématiques de la Philosophie naturelle, Scolie
du vingt-cinquième théorème.*)

La force de torsion donne un moyen facile de déterminer par
l'expérience cette adhérence.

Dans un vase ADBE (*fig.* 3), rempli du fluide dont on veut déterminer l'adhérence, on suspend, au moyen d'un fil de cuivre,
un cylindre *abcd*, de cuivre ou de plomb; on place dessus le vase
un cercle A'F'B', divisé en degrés; ce cercle se trouve au niveau
de l'extrémité *d* d'un index *id* attaché au cylindre.

Lorsque l'on fera tourner le cylindre autour de son axe vertical,
sans le déranger de son aplomb, on pourra observer, au moyen du

Pl. II.

Mém. de l'Ac. R. des Sc. An. 1784. P. g. 063. Pl. I

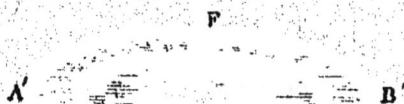

Fig. 3.

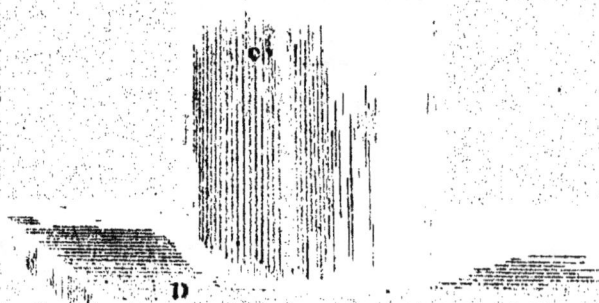

Fig. 4.

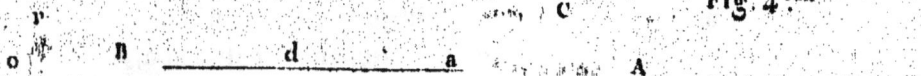

Fac-simile de la Planche originale *V.*

petit index, de combien chaque oscillation est altérée ; et, comme
la force de torsion du fil qui produit ces oscillations est connue
par les expériences qui précèdent; que l'on peut aussi connaître
l'altération due à l'imperfection de l'élasticité, en faisant osciller le cylindre dans le vide ou même dans l'air, on peut espérer, par ce moyen, de trouver la quantité constante due à l'adhérence.

Exemple et expérience.

J'ai suspendu dans un vase plein d'eau, à un fil de cuivre
n° 12, de 29 pouces de longueur, le cylindre de plomb pesant
deux livres, qui nous a servi dans les expériences précédentes :
le cercle AB, sur lequel on observait les oscillations, avait
44 lignes de diamètre; on a attendu, avant de commencer les
observations, que les amplitudes des oscillations fussent diminuées au point que l'extrémité d de l'index ne parcourût sur
le cercle qu'un arc d'une ligne et demie, répondant à peu près à
3°55'; et, en observant la marche de l'index avec une loupe, on
a aperçu distinctement 14 oscillations avant que le mouvement
fût éteint.

Résultat de cette expérience.

Si la diminution successive de chaque oscillation est supposée
constante, et qu'elle soit attribuée en entier à l'adhérence du fluide
contre la surface du cylindre de plomb, on aura (n° VIII).

$$(A - S') = \left(\frac{2\mu}{n}\right),$$

où $(A - S')$ est la diminution de chaque oscillation, $n(A - S')$ le
momentum de la force de torsion, et μ le *momentum* de la force
retardatrice due à l'adhérence.

Mais comme, d'après les observations des oscillations, l'arc
parcouru était diminué de $1\frac{1}{2}$ ligne en 14 oscillations et que le
rayon du cercle sur lequel s'observait cette diminution était de
22 lignes, en supposant cette diminution constante, on aura l'angle
$(A - S)$, dont l'amplitude diminue à chaque oscillation égal
à $\dfrac{3}{2.22.14}$.

Mais nous avons trouvé (n° XVI) que, pour un fil de laiton de

9 pouces de longueur n° 12,

$$n = \frac{t^{\text{liv}} \cdot (9\frac{1}{2})^2}{110\frac{1}{2} \cdot \left(\frac{112}{20}\right)^2};$$

et, comme nous avons aussi trouvé que les forces de torsion sont proportionnelles à la longueur des fils de suspension, on aura pour notre fil de 29 pouces de longueur

$$\mu = \frac{1}{3,155,000} \text{ livre} \times 1 \text{ ligne,}$$

c'est-à-dire que le *momentum* de la force retardatrice constante μ est à peu près égal à un trois millionième de livre, suspendu à un levier d'une ligne : quantité qui aurait été inappréciable par tout autre moyen que celui que nous venons d'employer.

Pour avoir actuellement la valeur de l'adhérence d'après cette expérience, il faut remarquer que la hauteur du cylindre de plomb submergée par l'eau du vase était de 24 lignes, et que le diamètre de ce cylindre était de 19 lignes. Ainsi, en prenant $\frac{22}{7}$ pour le rapport de la circonférence au diamètre, la surface du cylindre submergée était égale à $\frac{22}{7} . 19 . 24$; et, comme le mouvement se fait ici autour de l'axe du cylindre, dont le rayon est $9\frac{1}{2}$ lignes, si δ est l'adhérence, le *momentum* de l'adhérence autour de l'axe de rotation sera

$$\delta \frac{22}{7}(19)^2 . 12.$$

Il faut encore ajouter à cette quantité le *momentum* de l'adhérence du cercle qui forme la base du cylindre plongé dans l'eau, dont le *momentum* égale

$$\delta \frac{22}{7} 19 \frac{19}{4} \frac{2}{3} \frac{19}{2},$$

en sorte que le *momentum* total de résistance du fluide contre le cylindre sera

$$\delta \frac{22}{7}(19)^2 \left(12 + \frac{19}{12}\right) = \delta \frac{22}{7}(19)^2 \left(\frac{163}{12}\right).$$

Mais l'expérience nous a fait trouver ce même *momentum* égal à

$$\frac{t^{\text{liv}}}{3,155,000} . t^{\text{li}}.$$

ainsi

$$\delta = \frac{1^{liv}}{3155000}\frac{7.12}{22.163.(19)^2},$$

pour une ligne carrée ; et pour un pied carré l'adhérence sera

$$\delta(144)^2 = \frac{1^{liv}}{2315000},$$

(soit $1,91.10^{-3}$ dyne par centimètre carré),

en sorte que la résistance constante due à l'adhérence de l'eau pour
une surface de 255 pieds ne peut pas être évaluée à plus d'un
grain ; ainsi il y a peu de cas où cette altération constante, si elle a
lieu, ne puisse être négligée dans l'évaluation du frottement de l'eau.
Nous n'avons fait aucun essai sur les autres fluides.

En donnant au cylindre des oscillations de deux ou trois cercles
d'amplitude, et comparant les diminutions successives des amplitudes des oscillations avec les formules du mouvement oscillatoire
altéré, j'ai cru apercevoir que dans les très petites vitesses ce
frottement est comme les vitesses, et dans les grandes vitesses,
comme le carré ; mais ces expériences demandent un travail exprès,
et à être faites dans différents fluides.

XIX.

Depuis la lecture de ce Mémoire, j'ai construit, d'après la théorie
de la réaction de torsion que je viens d'expliquer, une balance
électrique et une balance magnétique ; mais, comme ces deux
instruments, ainsi que les résultats relatifs aux lois électriques et
magnétiques qu'ils ont donnés, seront décrits dans les Volumes
suivants de nos Mémoires, je crois qu'il suffit ici de les annoncer.

XX.

SECONDE SECTION.

*De l'altération de la force élastique dans les torsions des fils
de métal. Théorie de la cohérence et de l'élasticité.*

Lorsque l'on tord les fils de fer ou de laiton, tendus, comme dans
les expériences qui précèdent, par un poids, on observe deux
choses : si l'angle de torsion n'est pas considérable, relativement à

la longueur du fil de suspension, dans le moment où l'on lâche le poids, il revient à peu près à la position qu'il avait avant la torsion du fil de métal, c'est-à-dire que le fil de suspension se détord de toute la quantité dont il a été tordu ; mais si l'angle de torsion que l'on aura donné au fil de suspension est très grand, pour lors ce fil ne se détord que d'une certaine quantité, et le centre de réaction de torsion s'avancera de toute la quantité dont le fil ne sera pas détordu. C'est donc d'après ces deux considérations qu'il faut diriger les expériences que nous devons faire dans cette section, ce qui demande deux suites d'expériences ; la première, pour déterminer, par la diminution des oscillations, de combien la force élastique de torsion est altérée dans le mouvement oscillatoire, quoique le centre de réaction de torsion ne soit pas déplacé ; la seconde, pour déterminer le déplacement de ce centre de réaction lorsque l'angle de torsion est assez grand pour que ce déplacement ait lieu.

XXI.

Première expérience.

Fil de fer n° 1, longueur 6 pouces 6 lignes (17,96).

On a pris un fil de fer de 6 pouces 6 lignes de longueur, il a été chargé d'un poids de 2 livres, le même qui a servi dans les expériences de la section précédente. On a cherché, en faisant tourner ce cylindre autour de son axe pour tordre le fil de suspension, à déterminer de combien de degrés l'amplitude diminuait à chaque oscillation, et l'on a trouvé :

	Angle de torsion.	Perte de 10° en
Premier essai..............	90°	$3\frac{1}{2}$ oscillations
Deuxième essai............	45	$10\frac{1}{2}$
Troisième essai...........	$22\frac{1}{2}$	23
Quatrième essai...........	$11\frac{1}{4}$	46

Remarque sur cette expérience.

Les diminutions des amplitudes des oscillations ont été très incertaines, lorsque l'angle primitif de torsion a été de plus de 90° ; on a même observé que pour lors, en faisant tourner le cylindre autour de son axe, il ne revient pas à sa première position et que la position respective des parties constitutives du fil a été altérée, et, par conséquent, que son centre de réaction de torsion est resté déplacé : voici ce que l'expérience fournit sur ce déplacement.

XXII.

Suite de la première expérience.

Dans cette partie de la première expérience, on a cherché le déplacement du centre de torsion, suivant le degré de torsion que l'on a donné au fil de suspension.

	Torsion.	Déplacement de l'index du centre de torsion.
Premier essai................	½ C	8°
Deuxième essai..............	1	5o
Troisième essai.............	2	3 io
Quatrième essai.............	3	1 C + 3oo
Cinquième essai.............	4	2 + 29o
Sixième essai................	5	3 + 28o
Septième essai..............	6	4 + 26o
Huitième essai..............	10	8 + 2 jo

Neuvième essai. — Ayant voulu continuer à tordre toujours dans le même sens de quinze nouveaux cercles, le fil a cassé au quatorzième. Après cette expérience, ce fil était droit et très raide, il s'était séparé, suivant sa longueur, en deux parties ; examinée à la loupe, cette séparation était très sensible et il avait exactement la figure d'une corde formée de deux torons.

XXIII.

Remarque sur cette expérience.

Cette première expérience et sa suite paraissent annoncer qu'au-dessous de 45° les altérations sont à peu près proportionnelles aux amplitudes des angles de torsion, comme on le voit par les deuxième, troisième et quatrième essais de l'expérience première ; qu'au-dessus de 45° les altérations augmentent dans un rapport beaucoup plus grand ; que le centre de réaction de torsion ne commence à se déplacer que lorsque l'angle de torsion est à peu près d'une demi-circonférence ; que ce déplacement croît à mesure qu'on tord le fil ; qu'il est assez irrégulier jusqu'à 1 C + 10° ; que, passé ce terme de torsion, la réaction de torsion reste à peu près la même pour tous les angles de torsion; ainsi, par exemple, en tordant dans le quatrième essai de trois cercles, le centre de réaction de torsion se déplace d'un cercle + 300°, en sorte que la réaction de torsion n'a ramené le cylindre que d'un cercle + 60°. Dans le septième essai, nous voyons que, après avoir déjà éprouvé dans les essais antérieurs un déplacement de plus de 8 cercles, 6 nouveaux cercles de torsion déplacent le centre de réaction de torsion de 4C + 260°, en sorte que, pour plus de 14 cercles de torsion, la réaction de torsion n'est encore que de 1C + 100°; ainsi elle ne diffère que d'un dixième de la réaction de torsion pour 3 cercles de torsion que le quatrième essai nous a donnée de 1C + 60° ; les expériences qui vont suivre éclairciront cette remarque.

XXIV.

Deuxième expérience.

Fil de fer n° 7, longueur 6 pouces 6 lignes.

On a cherché, dans la première partie de cette expérience, de combien les amplitudes des oscillations diminuaient à chaque oscillation, lorsque le centre de torsion n'était pas encore déplacé.

	Angle de torsion.	Perte de 10° en
Premier essai	180°	3 $\frac{1}{2}$ oscillations
Deuxième essai	90	12
Troisième essai	45	27
Quatrième essai	22 $\frac{1}{2}$	57

Suite de la deuxième expérience.

Dans cette deuxième partie de la même expérience, on a cherché le déplacement du centre de torsion.

	Torsion.	Déplacement du centre de réaction de torsion.
Premier essai	3 cercles	300°
Deuxième essai	4	1C + 180
Troisième essai	6	3 + 90
Quatrième essai	8	5 + 90
Cinquième essai	12	9 + 40
Sixième essai	20	16 + 310
Septième essai	30	26 + 180
Huitième essai	50	46 + 20

Neuvième essai... Au dix-septième cercle de torsion le fil a cassé.

XXV.

Troisième expérience.

Fil de fer n° 12, longueur 6 pouces 6 lignes.

La première partie de cette expérience a été faite sous le même point de vue que la première partie des deux expériences qui précèdent.

	Angle de torsion.	Perte de 10° en
Premier essai	360°	1 oscillations
Deuxième essai	180	2
Troisième essai	90	5
Quatrième essai	45	11
Cinquième essai	$22\frac{1}{2}$	25

Suite de la troisième expérience.

Déplacement du centre de torsion.

	Torsion.	Déplacement du centre de réaction de torsion.
Premier essai	4 cercles	300°
Deuxième essai	6	2C+ 40
Troisième essai	Aux six autres tours le fil a cassé.	

XXVI.

Quatrième expérience.

Fil de laiton n° 1, longueur 6 pouces 6 lignes.

Les expériences précédentes ont été continuées avec des fils de laiton employés aux expériences de la première section.

	Angle de torsion.	Perte de 8 en
Premier essai	180°	2 oscillations
Deuxième essai	90	6
Troisième essai	45	16
Quatrième essai	$22\frac{1}{2}$	40
Cinquième essai	$11\frac{3}{4}$	80

Suite de la quatrième expérience.

Déplacement du centre de torsion.

	Torsion.	Déplacement du centre de torsion.
Premier essai......................	2 cercles	160°
Deuxième essai....................	4	2 C + o
Troisième essai...................	6	3 + 300
Quatrième essai..................	10	7 + 300
Cinquième essai..................	20	17 + 340
Sixième essai....	Au vingt-huitième cercle de torsion le fil s'est rompu.	

Cinquième expérience.

Fil de laiton n° 7, longueur 6 pouces 6 lignes.

Diminution des amplitudes dans les oscillations.

	Angle de torsion.	Perte de 10° en
Premier essai................	360°	$2\frac{1}{2}$ oscillations
Deuxième essai..............	180	6
Troisième essai.............	90	13
Quatrième essai............	45	31
Cinquième essai............	$22\frac{1}{2}$	72

Suite de la cinquième expérience.

Déplacement du centre de torsion.

En tordant de 4 cercles, le centre s'est déplacé de 220°; mais en voulant tordre de 6 cercles le fil a cassé.

XXVII.

Dans le fil employé à cette dernière expérience, la torsion altère moins les oscillations et, par conséquent, la force élastique que dans toutes les autres; c'est ce qui résulte du grand nombre d'oscillations qui a lieu ici avant que le mouvement oscillatoire soit détruit; c'est ce qui résulte également de la rupture soudaine de ce fil, sans pouvoir déplacer d'un cercle son centre de réaction. J'ai généralement trouvé que les fils de laiton répandus dans le commerce, entre les n°s 5 et 8, étaient ceux dont l'élasticité de torsion était la moins imparfaite : en comparant les fils de fer et de laiton sous les *mêmes numéros*, on trouve également

que les fils de laiton ont une amplitude d'élasticité beaucoup
plus étendue que les fils de fer.

Au surplus, l'expérience présente beaucoup d'irrégularités dans
les résultats : deux bobines du même fil et du même numéro ne
donnent pas toujours le même déplacement au même angle de
torsion, ce qui ne peut être attribué qu'à la manière dont les fils
sont manufacturés, qu'à la plus ou moins grande pression qu'ils
éprouvent en passant sous la lèvre de la filière, qu'au recuit qu'on
leur fait éprouver pour réduire successivement le diamètre de numéro en numéro, du gros au petit.

XXVIII.

Première remarque.

Malgré l'incertitude qui règne dans les expériences des oscillations pour les étendues des amplitudes, il paraît qu'en dedans de
certaines limites ces altérations sont à peu près proportionnelles
à l'amplitude de l'oscillation, comme nous l'avons annoncé dans
les remarques sur la première expérience et comme toutes les
autres le confirment. La résistance de l'air ne peut altérer que
très peu, dans nos expériences, l'amplitude des oscillations; je
m'en suis assuré par le moyen suivant : le poids de 2 livres, qui a
servi aux expériences de cette section, avait 26 lignes de hauteur
et 19 lignes de diamètre ; j'ai formé avec un papier très léger une
surface cylindrique du même diamètre que ce poids, mais qui
avait 70 lignes de hauteur; je faisais entrer une partie du cylindre
de plomb dans mon enveloppe de papier et je formais ainsi un
cylindre de 78 lignes de hauteur ou trois fois plus long que le
premier, ce qui aurait dû tripler, dans le mouvement oscillatoire,
les altérations dues à la résistance de l'air; mais je n'ai jamais
trouvé que ces altérations fussent d'un dixième plus considérable dans ce second cas que dans le premier : le plus souvent elles
étaient égales; ainsi la résistance de l'air n'entre dans nos expériences que pour des quantités qu'on peut négliger.

XXIX.

Deuxième remarque.

Pour former une balance de torsion, il faut toujours choisir les fils qui ont l'élasticité la moins imparfaite; les fils de laiton sont de beaucoup préférables à ceux de fer : le choix de la grosseur dépend des forces qu'on veut mesurer. J'ai une balance magnétique qui sera décrite dans nos Mémoires, où je me suis servi alternativement d'un fil de laiton de 3 pieds de longueur, des n°ˢ 12 et 7; la force élastique de torsion est telle, qu'en tenant ces fils tordus de 8 cercles, pendant 30 heures, il n'y avait pas 1″ d'altération ou de déplacement dans le centre de torsion.

XXX.

Troisième remarque.

Dans tous les fils de métal, la réaction de l'élasticité n'a qu'une certaine étendue : l'isochronisme des oscillations nous apprend que dans les premiers degrés de torsion la force élastique est presque parfaite; mais au delà de l'angle de torsion qui sert, pour ainsi dire, de mesure à la force élastique, le centre de réaction de torsion se déplace presque en entier de tout l'angle de torsion qui excède celui de la réaction de l'élasticité. Cependant, comme on peut le remarquer dans les expériences qui précèdent, l'amplitude de la réaction élastique n'est pas une quantité constante pour tous les angles de torsion : elle croît à mesure que la torsion augmente; moins l'élasticité première dans le fil soumis à l'expérience a d'étendue, plus cet accroissement est grand. Un fil de laiton n° 1, de 6½ pouces de longueur, rougi au feu, pour lui faire perdre par le recuit la plus grande partie de son élasticité, ne donnait après cette opération, pour le premier cercle de torsion, que 50° de réaction d'élasticité; mais il avait acquis, après 90 cercles de torsion, une étendue d'élasticité de près de 500° dans cet intervalle; du deuxième au troisième cercle de torsion, la réaction de l'élasticité s'était accrue de 12°; du quarantième au quarante et unième cercle de torsion, la même réaction s'était accrue de 6°, et du quatre-vingt-dixième au quatre-vingt-onzième cercle de torsion, à peu près de 1°, en sorte que l'accroissement de la réaction élastique, après que le centre de réaction a été déplacé d'un certain angle, était à peu près en raison inverse de l'angle de déplacement. Il faut avertir qu'après ces 90 cercles de torsion j'ai voulu tordre de 50 autres cercles le même fil, mais qu'il s'est rompu au quarante-neuvième, en sorte que ce fil, avant de se rompre, pouvait être tordu de 140 cercles. Si l'on compare ce résultat avec la suite de la première expérience où le même fil n° 1 n'avait pas été recuit, on trouvera qu'après 25 cercles de torsion la réaction de l'élasticité était de 480°, qu'en tordant de 15 nouveaux cercles le fil s'est cassé; ce dernier fil ne pouvait donc éprouver, sans se rompre, que 40 cercles de torsion. En suivant dans cette expérience la marche de la réaction élastique, on en déduira qu'au point de la rupture cette réaction était à peu près égale à celle du fil recuit dans le même point de rupture; d'où il paraîtrait que l'on est en droit de conclure que par la seule torsion l'on peut donner à un fil recuit toute l'élasticité dont il peut être susceptible et que l'écrouissement ne peut rien y ajouter; en sorte que réciproquement, si, en passant à la filière ou par un autre moyen quelconque, on avait pu donner à notre fil de laiton un écrouissement tel que sa réaction d'élasticité eût été de 520°, qui me paraît être celle de nos deux fils au moment de la rupture, pour lors la réaction élastique eût été portée à son *maximum* par cette première opération : il n'y aurait plus eu de déplacement possible dans le centre de réaction de torsion; mais toutes les fois que l'on aurait fait éprouver à ce fil une torsion de plus de 520°, il se serait rompu.

XXXI.

Quatrième remarque.

D'après les expériences qui précèdent, voici, à ce qu'il paraît, comment on peut expliquer l'élasticité et la cohérence des métaux. Les parties intégrantes du fil de fer ou de laiton, ou d'un métal quelconque, ont une élasticité que l'on peut regarder comme parfaite, c'est-à-dire que les forces nécessaires pour comprimer ou dilater ces parties intégrantes sont proportionnelles aux dilatations ou compressions qu'elles éprouvent; mais elles ne sont liées

entre elles que par la cohérence, quantité constante et absolument
différente de l'élasticité. Dans les premiers degrés de torsion, les
parties intégrantes changent de figure, s'allongent ou se com-
priment, sans que les points par où elles adhèrent entre elles
changent de place, parce que la force nécessaire pour produire ces
premiers degrés de torsion est moins considérable que la force
d'adhérence; mais, lorsque l'angle de torsion devient tel, que la
force avec laquelle ces parties sont comprimées ou dilatées est
égale à la cohérence qui unit ces parties intégrantes, pour lors
elles doivent ou se séparer ou glisser l'une sur l'autre. Ce glissement de parties a lieu dans tous les corps ductiles; mais, si par
ce glissement de parties les unes sur les autres le corps se com-
prime, l'étendue des points de contact augmente et l'étendue du
champ d'élasticité devient plus grand. Cependant, comme ces
parties intégrantes ont une figure déterminée, l'étendue des points
de contact ne peut augmenter que jusqu'à un certain degré, au delà
duquel ce corps se rompt; c'est ce qui explique les effets détaillés
dans le numéro qui précède. Ce qui prouve encore qu'il faut distinguer la cause de l'élasticité, de l'adhérence, c'est que l'on peut
faire varier la cohérence à volonté par le degré de recuit sans altérer pour cela l'élasticité. C'est ainsi que, lorsque je faisais recuire
à blanc mon fil de cuivre n° 1 des expériences précédentes, il perdait une grande partie de sa force de cohérence : avant d'être recuit, il portait au point de rupture 22 livres et, après le recuit, il
portait à peine 12 à 14 livres; mais, quoique l'adhérence fût
presque diminuée de moitié par le recuit et que l'amplitude d'élasticité fût presque diminuée dans la même proportion, cependant,
dans toute l'étendue de réaction élastique qui restait au fil recuit,
l'élasticité était la même, à angle égal de torsion, que dans le
même fil non recuit, puisque, en suspendant à l'un et à l'autre le
même poids, le temps d'un même nombre d'oscillations était
exactement égal dans les deux cas.

XXXII.

Un effet assez curieux du rapprochement des parties dans la torsion des fils de métal, c'est celui qui a lieu lorsqu'on tord un fil de
fer qui, par cette seule opération, acquiert par le rapprochement

des parties la qualité de prendre le magnétisme à un plus haut
degré qu'il ne l'avait auparavant. Voici ce que l'expérience m'a
appris à ce sujet : j'ai pris un fil de fer tel qu'on les trouve répandus
dans le commerce, de la grosseur de ceux qui servent pour les
petites sonnettes ; une longueur de 6 pouces pesait 57 grains (3,13);
ce fil de 6 pouces (16,24), aimanté et suspendu horizontalement
par un fil de soie détordu et très fin, faisait une oscillation en 18ˢ :
ce même fil de 6 pouces de longueur, tordu jusqu'au point de
rupture et aimanté comme la première fois à saturation, par la
méthode de la double touche, faisait 1 oscillation en 6ˢ; en sorte
que, le *momentum* de la force directrice pour deux aiguilles égales
et semblables étant comme l'inverse du carré du temps d'un même
nombre d'oscillations, le *momentum* magnétique de l'aiguille
tordue était neuf fois plus considérable que celui de l'aiguille
non tordue; j'aurai occasion de revenir sur cet article dans un
autre Mémoire.

XXXIII.

Pour confirmer toute la théorie qui précède relativement à la
cohérence et à l'élasticité, j'ai fait l'expérience suivante.

On a fixé (*fig.* 4), au moyen d'une agrafe CD avec une vis V,
une lame d'acier AB sur le bord d'une table très solide ; cette lame
était prise et serrée dans sa partie A*a* entre deux plaques de fer
E et F par la vis V : cette lame avait 11 lignes (2,48) de large et
demi-ligne d'épaisseur; depuis le point *a* jusqu'au point B où était
suspendu le poids P, il y avait 7 pouces (18,95) de distance; on
mesurait sur la règle verticale *r*g de combien le poids P faisait
baisser la lame AB à son extrémité B. Voici le détail des résultats
qui ont eu lieu suivant les différents poids dont la lame était
chargée.

On a fait rougir la lame à blanc et on lui a donné une trempe
très raide; ensuite on a attaché en B, à 7 pouces du point *a*, différents poids. L'extrémité B a baissé :

Avec un poids de ½ livre (245), de.......... 8 lignes (1,80)
Avec un poids de 1 livre (489), de.......... 15½   (3,49)
Avec un poids de 1½ livre (734), de........ 23   (5,19)

On a pris cette même lame et on l'a fait chauffer jusqu'à ce qu'elle eût pris la couleur violette et qu'elle fût revenue à la consistance d'un excellent ressort, et l'on a trouvé également qu'en la chargeant comme la première, l'extrémité B a baissé :

Avec un poids de ¼ livre, de .... 8 lignes

Avec un poids de 1 livre, de 15½

Avec un poids de 1½ livre, de 23

Enfin on a fait rougir cette même lame à blanc, on l'a laissé refroidir très lentement, et l'on a eu, en chargeant l'extrémité B, exactement les mêmes résultats que dans les deux expériences qui précèdent.

Il nous paraît que ces trois expériences prouvent d'une manière incontestable que, dans quelque état que se trouve la lame, les premiers degrés de sa force élastique ne sont nullement altérés, puisque, en tenant compte du bras de levier qui diminue à mesure que la lame est chargée, les mêmes poids la fléchissaient dans les trois états également et proportionnellement à la charge, que lorsqu'on ôtait ces poids elle reprenait exactement sa première position horizontale.

J'ai voulu voir ensuite quelle était la force de cette lame dans ces trois états différents, et dans le cas où le centre de flexion commencerait à se déplacer, quel serait le degré de flexion où la lame commencerait à être pliée sans revenir à sa première position. Voici le résultat de cette expérience.

J'avais fait tirer d'une planche de tôle d'acier d'Angleterre trois lames exactement semblables à celle de l'expérience qui précède; une de ces lames avait été trempée très raide, la seconde était revenue à la consistance d'un excellent ressort et la troisième avait été recuite à blanc et refroidie lentement. J'attachais (*fig.* 4) un peson en *d* à 2¼ pouces de distance du point *a*, et j'avais soin d'exercer la traction toujours perpendiculairement à la direction de la lame. Voici ce qu'on a observé.

La lame trempée très raide se rompait sous une traction de 6 livres; mais, sous quelque angle qu'elle fût fléchie au-dessous de celui de rupture, elle reprenait exactement sa première position. La lame revenue couleur violette, formant un excellent ressort, ne se rompait que sous une traction de 18 livres; elle se pliait jusqu'au point de rupture d'un angle à peu près proportionnel à l'angle de torsion, et sous quelque angle qu'elle fût fléchie avant celui de rupture, lorsqu'on la lâchait, elle reprenait sa première position. La lame recuite à blanc et refroidie lentement se pliait jusqu'à une traction de 5 à 6 livres, proportionnellement à cette force de traction, et d'un angle absolument égal sous la même force que dans l'état de trempe et de ressort; mais en tirant ensuite toujours perpendiculairement à la direction de la lame pour conserver le même levier, avec une force de 7 livres, on la pliait sous tous les angles sans qu'il fût besoin d'augmenter cette force; en la lâchant elle se relevait seulement de la quantité dont elle avait été primitivement fléchie par une traction de 6 livres, en sorte que l'angle de réaction de flexion se trouvait changé de tout l'angle dont on l'avait fléchi avec une force plus grande que 7 livres.

Ces dernières expériences nous ramènent aux mêmes résultats que celles qui ont précédé. Il est clair que, pour avoir une idée de ce qui arrive dans la flexion des métaux, il faut distinguer la force élastique des parties intégrantes de la force d'adhérence qui réunit ces parties entre elles; la force élastique dépend, comme nous l'avons déjà dit, de la compression ou dilatation que les parties intégrantes éprouvent et est toujours proportionnelle aux tractions. Ces parties intégrantes ne sont altérées ni par la trempe ni par le recuit, puisque nous venons de voir que, dans ces différents états, l'élasticité est la même sous les mêmes degrés de flexion; mais ces parties intégrantes ne sont liées entre elles que par un certain degré d'adhérence qui dépend probablement de leur figure et de la portion respective des différents fluides dont leurs pores sont remplis, ce qui varie suivant la trempe et le recuit. Dans l'acier trempé raide et dans les bons ressorts, les molécules intégrantes ne peuvent ni glisser l'une sur l'autre, ni éprouver le moindre déplacement, sans que le corps ne se rompe; mais dans les corps ductiles, dans les métaux recuits, ces parties peuvent glisser l'une sur l'autre et se déplacer, sans que l'adhérence en soit sensiblement altérée.

Ce que nous venons d'expliquer pour les métaux paraît pouvoir s'appliquer à tous les corps; leurs parties sont toujours d'une parfaite élasticité, mais les corps sont durs, mous ou fluides suivant l'adhérence de ces parties intégrantes. Si dans les corps durs elles peuvent glisser l'une sur l'autre sans que leur distance soit sensiblement altérée, le corps sera ductile ou malléable; mais si elles ne peuvent pas glisser l'une sur l'autre sans que leur distance respective soit sensiblement altérée, le corps se rompra lorsque la force avec laquelle le corps sera tiré ou comprimé sera égale à l'adhérence.

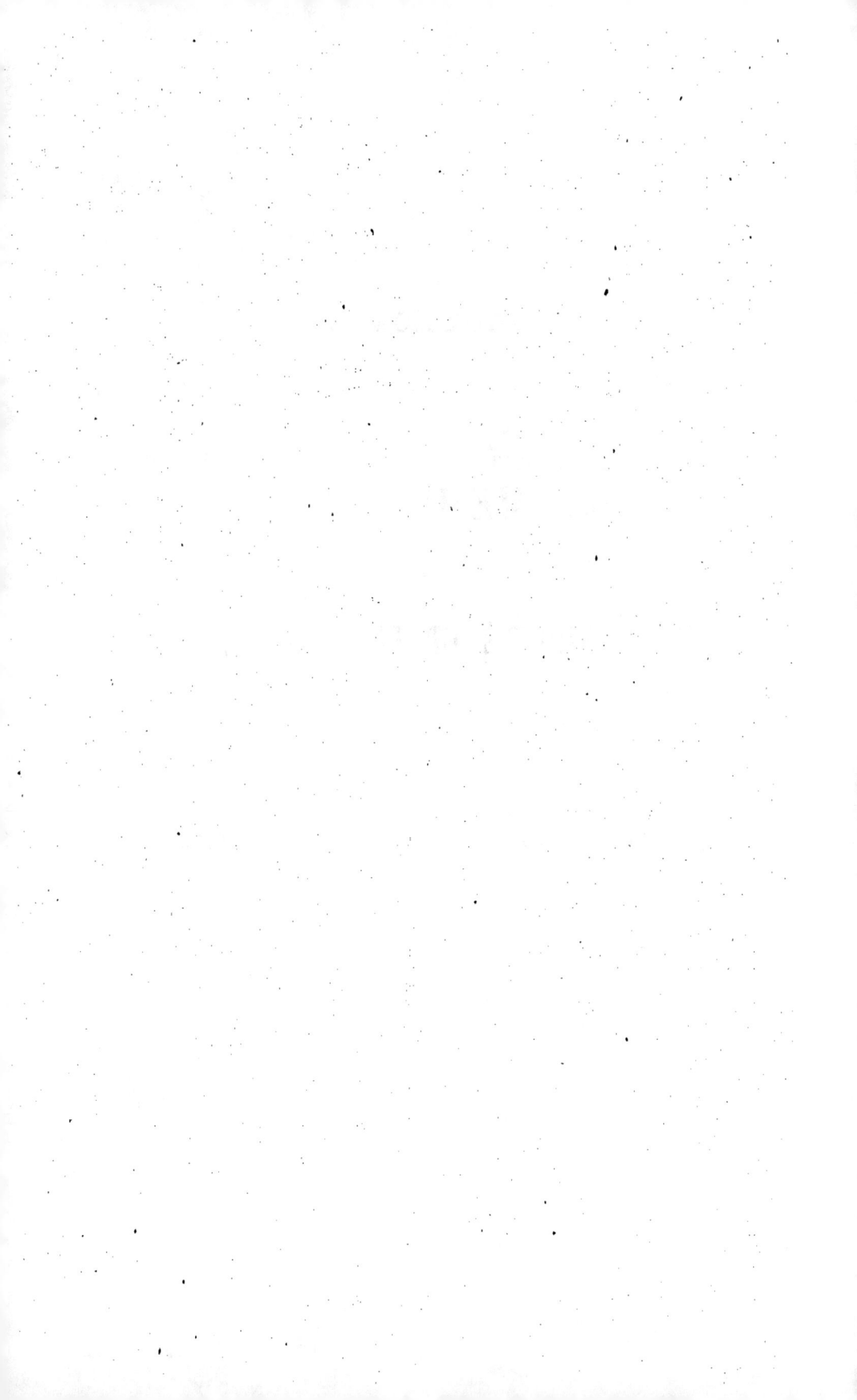

COULOB.

MÉMOIRES

sur

L'ÉLECTRICITÉ ET LE MAGNÉTISME.

1785-1789.

Extraits des *Mémoires de l'Académie Royale des Sciences.*

MÉMOIRES

sur

L'ÉLECTRICITÉ ET LE MAGNÉTISME.

PREMIER MÉMOIRE.

(1785)

CONSTRUCTION ET USAGE D'UNE BALANCE ÉLECTRIQUE, FONDÉE SUR
LA PROPRIÉTÉ QU'ONT LES FILS DE MÉTAL D'AVOIR UNE FORCE
DE TORSION PROPORTIONNELLE A L'ANGLE DE TORSION.

---

*Détermination expérimentale de la loi suivant laquelle les
éléments des corps électrisés du même genre d'électricité se
repoussent mutuellement.*

Dans un Mémoire donné à l'Académie en 1784, j'ai déterminé,
d'après l'expérience, les lois de la force de torsion d'un fil de
métal, et j'ai trouvé que cette force était, en raison composée de
l'angle de torsion, de la quatrième puissance du diamètre du fil de
suspension et de l'inverse de sa longueur, en multipliant le tout
par un coefficient constant qui dépend de la nature du métal et
qui est facile à déterminer par l'expérience.

J'ai fait voir dans le même Mémoire qu'au moyen de cette force
de torsion il était possible de mesurer avec précision des forces
très peu considérables, comme, par exemple, $\frac{1}{10000}$ de grain
($0^{dyne},005$). J'ai donné dans le même Mémoire une première application de cette théorie, en cherchant à évaluer la force constante
attribuée à l'adhérence dans la formule qui exprime le frottement
de la surface d'un corps solide en mouvement dans un fluide.

Je mets aujourd'hui sous les yeux de l'Académie une balance électrique construite d'après les mêmes principes; elle mesure avec la plus grande exactitude l'état et la force électrique d'un corps, quelque faible que soit le degré d'électricité.

Construction de la balance. (Pl. XIII.)

Quoique la pratique m'ait appris que, pour exécuter d'une manière commode plusieurs expériences électriques, il faut corriger quelques défauts dans la première balance de ce genre que j'ai fait faire, cependant, comme c'est jusqu'ici la seule dont je me sois servi, j'en vais donner la description, en avertissant que sa forme et sa grandeur peuvent et doivent être variées suivant la nature des expériences qu'on a dessein de faire. La *fig.* 1 représente en perspective cette balance dont voici le détail.

Sur un cylindre de verre ABCD, de 12 pouces (32,48) de diamètre et de 12 pouces de hauteur, on place un plateau de verre de 13 pouces de diamètre qui recouvre en entier le vaisseau de verre; ce plateau est percé de deux trous de 20 lignes (4,51) à peu près de diamètre, l'un au milieu en *f*, sur lequel s'élève un tuyau de verre de 24 pouces de hauteur; ce tuyau est cimenté sur le trou *f*, avec le ciment en usage dans les appareils électriques; à l'extrémité supérieure du tuyau, en *h*, est placé un micromètre de torsion qu'on voit en détail à la *fig.* 2. La partie supérieure n° 1 porte le bouton *b*, l'index *io* et la pince de suspension *q*; cette pièce entre dans le trou G de la pièce n° 2; cette pièce n° 2 est formée d'un cercle *ab* divisé sur son champ en 360° et d'un tuyau de cuivre Φ qui entre dans le tuyau H, n° 3, soudé à l'intérieur de l'extrémité supérieure du tuyau ou de la tige *fh* de verre de la *fig.* 1. La pince *q* (*fig.* 2, n° 1) a à peu près la forme de l'extrémité d'un porte-crayon solide qui peut se serrer au moyen de l'anneau *q*; c'est dans la pince de ce porte-crayon qu'est saisie l'extrémité d'un fil d'argent très fin; l'autre extrémité du fil d'argent est saisie (*fig.* 3) en P par la pince d'un cylindre P*o* de cuivre ou de fer, dont le diamètre n'a guère que 1 ligne (0,22), et dont l'extrémité P est fendue et forme une pince qui se serre par le moyen du coulant Φ. Ce petit cylindre est renflé et percé en C pour y faire glisser (*fig.* 1) l'aiguille *ag*; il faut que le poids de ce petit cylindre soit assez considérable pour tendre le fil d'argent sans le

Pl. III.

Mém. de l'Ac. R. des Sc. An. 1785. Pag. 576. Pl. XIII.

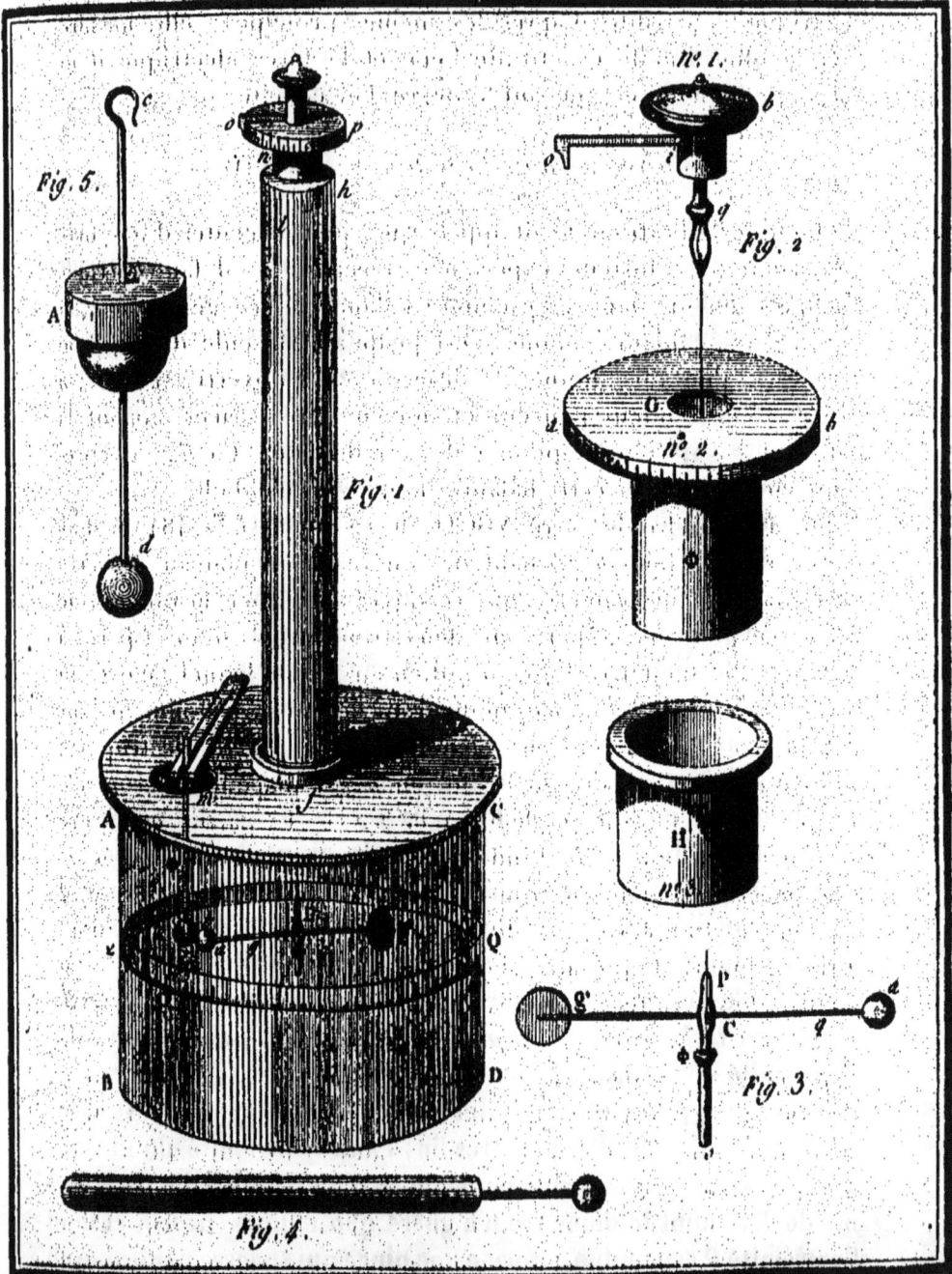

Fac-simile de la Planche originale XIII.

rompre. L'aiguille que l'on voit (*fig.* 1) en *ag*, suspendue horizontalement à la moitié à peu près de la hauteur du grand vase qui la renferme, est formée, ou d'un fil de soie enduit de cire d'Espagne ou d'une paille également enduite de cire d'Espagne et terminée depuis *q* jusqu'en *a* sur 18 lignes (4,06) de longueur, par un fil cylindrique de gomme-laque; à l'extrémité *a* de cette aiguille est une petite balle de sureau de 2 à 3 lignes de diamètre: en *g*, est un petit plan vertical de papier passé à la térébenthine, qui sert de contre-poids à la balle *a* et qui ralentit les oscillations.

Nous avons dit que le couvercle AC était percé d'un second trou en *m*; c'est dans ce second trou que l'on introduit un petit cylindre *m*Φ*t*, dont la partie inférieure Φ*t* est de gomme-laque; en *t*, est une balle également de sureau; autour du vase, à la hauteur de l'aiguille, on décrit un cercle *z*Q divisé en 360° : pour plus de simplicité je me sers d'une bande de papier divisée en 360° que je colle autour du vase, à la hauteur de l'aiguille.

Pour commencer à opérer avec cet instrument, je fais à peu près, en plaçant le couvercle, répondre le trou *m* à la première division, ou au point O du cercle *z*OQ tracé sur le vase. Je place l'index *oi* du micromètre sur le point *o* ou la première division de ce micromètre; je fais ensuite tourner tout le micromètre dans le tube vertical *fh*, jusqu'à ce que, en regardant par le fil vertical qui suspend l'aiguille et le centre de la balle, l'aiguille *ag* se trouve répondre à la première division du cercle *z*OQ. J'introduis ensuite par le trou *m* l'autre balle *t* suspendue au fil *m*Φ*t*, de manière qu'elle touche la balle *a* et qu'en regardant par le centre du fil de suspension et la balle *t* on rencontre la première division *o* du cercle *z*OQ. La balance est actuellement en état de se prêter à toutes les opérations; nous allons en donner pour exemple le moyen dont nous nous sommes servi pour déterminer la loi fondamentale suivant laquelle les corps électrisés se repoussent.

Loi fondamentale de l'électricité.

La force répulsive de deux petits globes électrisés de la même nature d'électricité est en raison inverse du carré de la distance du centre des deux globes.

Expérience.

On électrise (*fig.* 4) un petit conducteur qui n'est autre chose qu'une épingle à grosse tête, qui se trouve isolée en enfonçant sa pointe dans l'extrémité d'un bâton de cire d'Espagne ; on introduit cette épingle dans le trou *m* et on lui fait toucher la balle *t*, en contact avec la balle *a* : en retirant l'épingle, les deux balles se trouvent électrisées de la même nature d'électricité et elles se chassent mutuellement à une distance que l'on mesure, en regardant, par le fil de suspension et le centre de la balle *a*, la division correspondante du cercle *z*OQ ; tournant ensuite l'index du micromètre dans le sens *pno̎*, on tord le fil de suspension *l*P et l'on produit une force proportionnelle à l'angle de torsion qui tend à rapprocher la balle *a* de la balle *t*. On observe, par ce moyen, la distance à laquelle différents angles de torsion ramènent la balle *a* vers la balle *t* et, en comparant les forces de torsions avec les distances correspondantes des deux balles, on détermine la loi de répulsion.

Je présenterai seulement ici quelques essais qui sont faciles à répéter, et qui mettront tout de suite sous les yeux la loi de la répulsion.

Premier essai. — Ayant électrisé les deux balles avec la tête d'épingle, l'index du micromètre répondant à o, la balle *a* de l'aiguille s'est éloignée de la balle *t* de 36".

Deuxième essai. — Ayant tordu le fil de suspension au moyen du bouton *o* du micromètre de 126°, les deux balles se sont rapprochées et arrêtées à 18° de distance l'une de l'autre.

Troisième essai. — Ayant tordu le fil de suspension de 567", les deux balles se sont rapprochées à 8°3o'.

Explication et résultat de cette expérience.

Lorsque les balles ne sont pas encore électrisées, elles se touchent, et le centre de la balle *a*, suspendue à l'aiguille, n'est éloigné du point où la torsion du fil de suspension est nulle que de la moitié des diamètres de deux balles. Il faut être averti que le fil d'argent *l*P qui formait la suspension avait 28 pouces (75,80) de

longueur, et ce fil était si fin, que le pied de longueur de ce fil ne
pesait que $\frac{1}{16}$ de grain ($0^{gr},01$ par mètre). En calculant la force
qu'il fallait pour tordre ce fil, en agissant au point a, éloigné de
4 pouces (10,83) du fil lP ou du centre de suspension, j'ai trouvé,
par les formules expliquées dans un Mémoire sur les lois de la
force de torsion des fils de métal, imprimé dans le Volume de
l'*Académie pour* 1784, que pour tordre ce fil de 360° il ne fallait
employer au point a, en agissant avec le levier aP, de 4 pouces
(10,83) de longueur, qu'une force de $\frac{1}{340}$ de grain ($0^{dyne},153$) :
ainsi, comme les forces de torsion sont, comme il est prouvé dans
ce Mémoire, comme les angles de torsion, la moindre force répulsive entre les deux balles les éloignait sensiblement l'une de l'autre.

Nous trouvons dans notre première expérience, où l'index du
micromètre est sur le point o, que les balles sont éloignées de 36°,
ce qui produit en même temps une force de torsion de

$$36° = \tfrac{1}{3400} \text{ de grain } (0^{dyne},0153);$$

dans le second essai, la distance des balles est de 18°; mais, comme
l'on a tordu le micromètre de 126°, il en résulte qu'à une distance
de 18° la force répulsive était 144° : ainsi, à la moitié de la première
distance, la répulsion des balles est quadruple.

Dans le troisième essai on a tordu le fil de suspension de 567°,
et les deux balles ne se trouvent plus éloignées que de 8°,5. La torsion totale était, par conséquent, 576°, quadruple de celle du
deuxième essai, et il ne s'en fallait que de $\frac{1}{2}$ degré que la distance
des deux balles dans ce troisième essai ne fût réduite à la moitié
de celle où elle était au deuxième. Il résulte donc de ces trois essais que l'action répulsive, que les deux balles électrisées de la
même nature d'électricité exercent l'une sur l'autre, suit la raison
inverse du carré des distances.

La répulsion des deux boules est, dans le premier essai,

$$\frac{0^{dyne},0153}{\cos 18°} = 0^{dyne},016,$$

à une distance de $10,83 \times 2\sin 18° = 6,67$: la charge de chacune d'elles
est donc $6,67 \times \sqrt{0,016} = 0,84$ unités absolues (C.G.S.).

Première remarque.

En répétant l'expérience qui précède, on observera qu'en se servant d'un fil d'argent aussi fin que celui que nous avons employé, qui ne donne, pour la force de torsion d'un angle de 5°, que $\frac{1}{34000}$ de grain à peu près, quelque calme que soit l'air et quelques précautions que l'on prenne, on ne pourra répondre de la position naturelle de l'aiguille, lorsque la torsion est nulle, qu'à 2° ou 3° près. Ainsi, pour avoir un premier essai à comparer avec les suivants, il faut, après avoir électrisé les deux balles, tordre le fil de suspension de 30° à 40°, ce qui, réuni à la distance des deux balles observées, donnera une force de torsion assez considérable, pour que les 2° ou 3° d'incertitude dans la première position de l'aiguille, lorsque la torsion est nulle, ne produisent pas dans les résultats une erreur sensible. Il faut d'ailleurs être averti que le fil d'argent dont je me suis servi dans cette expérience est si fin qu'il casse au moindre ébranlement : j'ai trouvé dans la suite qu'il était plus commode d'employer dans les expériences un fil de suspension d'un diamètre presque double, quoique sa flexibilité de torsion fût de quatorze à quinze fois moins grande que celle du premier. Il faut avoir soin, avant de faire usage de ce fil d'argent, de le tenir pendant deux ou trois jours tendu par un poids qui soit à peu près la moitié de celui qu'il peut porter sans se rompre ; il faut encore avertir qu'en employant ce dernier fil d'argent, il ne faut jamais le tordre au delà de 300°, parce que, passé ce terme de torsion, il commence à s'écrouir et ne réagit plus, ainsi que nous l'avons prouvé dans le Mémoire déjà cité, imprimé en 1784, qu'avec une force moindre que l'angle de torsion.

Deuxième remarque.

L'électricité des deux balles diminue un peu pendant le temps que dure l'expérience ; j'ai éprouvé que le jour où j'ai fait les essais qui précèdent les balles électrisées se trouvant par leur répulsion à 30° de distance l'une de l'autre, sous un angle de torsion de 50°, elles se sont rapprochées d'un degré dans trois minutes ; mais, comme je n'ai employé que deux minutes à faire les trois essais qui précèdent, on peut, dans ces expériences, né-

COULOMB.   8

gliger l'erreur qui résulte de la perte de l'électricité. Si l'on désire une plus grande précision ou lorsque l'air est humide et que l'électricité se perd rapidement, on doit, par une première observation, déterminer la loi de la diminution de l'action électrique des deux balles dans chaque minute, et se servir ensuite de cette première observation pour corriger les résultats des expériences qu'on voudra faire ce jour-là.

Troisième remarque.

La distance des deux balles, lorsqu'elles sont éloignées l'une de l'autre par leur action répulsive réciproque, n'est pas précisément mesurée par l'angle qu'elles forment, mais par la corde de l'arc qui joint leur centre; de même que le levier à l'extrémité duquel s'exerce l'action n'est pas mesuré par la moitié de la longueur de l'aiguille, ou par le rayon, mais par le cosinus de la moitié de l'angle formé par la distance des deux balles, ces deux quantités, dont l'une est plus petite que l'arc et diminue par conséquent la distance mesurée par cet arc, dans le temps que l'autre diminue le levier, se compensent en quelque façon, et, dans les expériences du genre de celles dont nous sommes occupés, on peut sans erreur sensible s'en tenir à l'évaluation que nous avons donnée, si la distance des deux balles ne passe pas 25° à 30°; dans les autres cas, il faut en faire le calcul rigoureusement.

Quatrième remarque.

Comme l'expérience prouve que, dans une chambre bien fermée, on peut déterminer avec le premier fil d'argent, à 2° ou 3° près, la position de l'aiguille quand la torsion est nulle, ce qui donne, d'après le calcul des forces de torsion proportionnelle à l'angle de torsion, une force tout au plus de $\frac{1}{40000}$ de grain (0,0013), les plus faibles degrés de l'électricité se mesureront facilement avec cette balance. Pour cette opération on fait passer (*fig.* 5) à travers un bouchon de cire d'Espagne un petit fil de cuivre *cd*, terminé en *c* par un crochet, et en *d* par une petite balle de sureau dorée, et l'on met le bouchon A dans le trou *m* de la balance (*fig.* 1), de manière que le centre de la balle *d* vue par le fil de suspension répond au point *o* du cercle *z*OQ; en approchant ensuite un corps électrisé du crochet c, quelque faible que soit l'électricité de ce corps, la balle a se séparant de la balle d donne des signes de l'électricité, et la distance des deux balles en mesure la force d'après le principe de la raison inverse du carré des distances.

Mais je dois prévenir que, depuis ces premières expériences, j'ai fait exécuter différents petits électromètres, d'après les mêmes principes de la force de torsion, en me servant pour le fil de suspension d'un fil de soie, tel qu'il sort du cocon, ou d'un poil de chèvre d'Angora. Un de ces électromètres, qui a à peu près la même forme que la balance électrique décrite dans ce Mémoire, est beaucoup plus petit; il n'a que 5 à 6 pouces de diamètre, une ligne de 1 pouce (2,71); l'aiguille est un petit fil de gomme-laque de 12 lignes (2,71) de longueur, terminé en a par un petit cercle très léger de clinquant. L'aiguille et le clinquant pèsent à peu près $\frac{1}{5}$ de grain (0^{gr},013); le fil de suspension, tel qu'il sort du cocon, ayant 4 pouces de longueur, a une flexibilité telle, qu'en agissant avec un bras de levier de 1 pouce (2,71), il ne faut que $\frac{1}{50000}$ de grain (0^{dyne},0009) pour le tordre d'un cercle entier ou de 360° : en présentant dans cet électromètre au crochet C de la *fig.* 5 un bâton ordinaire de cire d'Espagne, électrisé par frottement à 3 pieds (0^m,97) de distance de ce crochet, l'aiguille est chassée à plus de 90°. Nous décrirons plus en détail dans la suite cet électromètre, lorsque nous voudrons déterminer la nature et le degré d'électricité de différents corps, qui, en frottant l'un contre l'autre, prennent un degré d'électricité très faible.

Dans les conditions où Coulomb a opéré, si l'on néglige l'action des charges induites sur le verre de la cage, qui se trouvait environ à 0^m,05 du centre des boules, l'influence de la distribution de l'électricité à la surface des balles est peu de chose; l'action réciproque de deux sphères égales chargées de quantités égales d'électricité est, en effet, $\frac{e^2}{c^2}\left(1 - 4\frac{a^3}{c^3}\right)$ si a est leur rayon, c la distance de leurs centres; formule qui donne des résultats exacts à $\frac{3}{1000}$ près, dès que la distance des sphères est égale à leur rayon; dans les expériences citées par Coulomb, $\frac{a}{c}$ est toujours inférieur à $\frac{1}{6}$.

DEUXIÈME MÉMOIRE.

(1785)

OU L'ON DÉTERMINE SUIVANT QUELLES LOIS LE FLUIDE MAGNÉTIQUE AINSI QUE LE FLUIDE ÉLECTRIQUE AGISSENT SOIT PAR RÉPULSION, SOIT PAR ATTRACTION.

———

La balance électrique que j'ai présentée à l'Académie, au mois de juin 1785, mesurant avec exactitude et d'une manière simple et directe la répulsion de deux balles qui ont une électricité de même nature, il a été facile de prouver, en se servant de cette balance, que l'action répulsive de deux balles électrisées de la même nature d'électricité et placées à différentes distances était très exactement en raison inverse du carré des distances ; mais, lorsque j'ai voulu me servir du même moyen pour déterminer la force attractive des deux balles chargées d'une électricité de différente nature, j'ai rencontré, en me servant de cette balance pour mesurer l'attraction des deux balles, un inconvénient dans la pratique, qui n'a pas lieu dans l'opération pour mesurer la répulsion. La difficulté pratique tient à ce que, lorsque les deux balles se rapprochent en s'attirant, la force d'attraction qui croît, comme nous allons bientôt le voir, dans le rapport de la raison inverse du carré des distances, croît souvent dans un plus grand rapport que la force de torsion qui croît seulement comme l'angle de torsion ; en sorte que ce n'est qu'après avoir manqué beaucoup d'expériences que l'on vient à bout d'empêcher les balles qui s'attirent de se toucher, à moins d'opposer un obstacle idio-électrique au mouvement de l'aiguille ; mais, comme notre balance est souvent destinée à mesurer des actions de moins de $\frac{1}{1000}$ de grain, la cohérence de l'aiguille avec cet obstacle trouble les résultats et oblige à un tâtonnement pendant lequel une partie de l'électricité se perd.

La *fig.* 1 (Pl. XIV) et le calcul qui va suivre vont faire sentir en

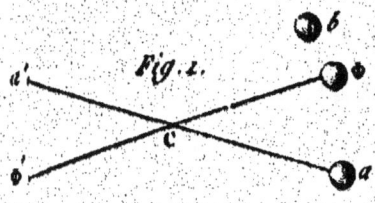

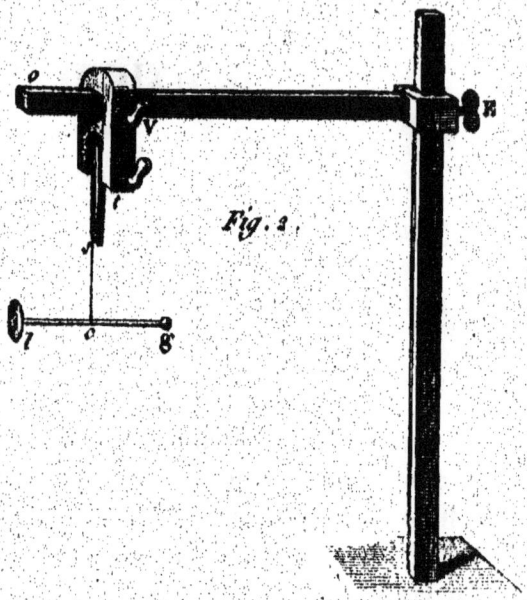

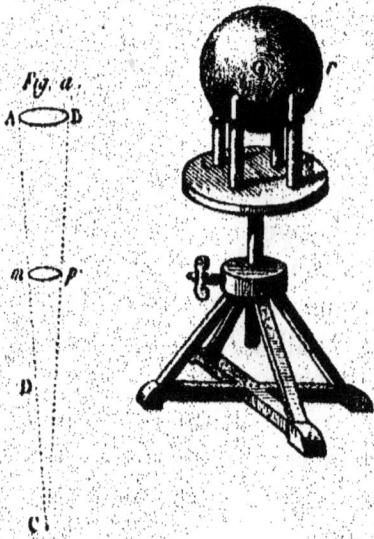

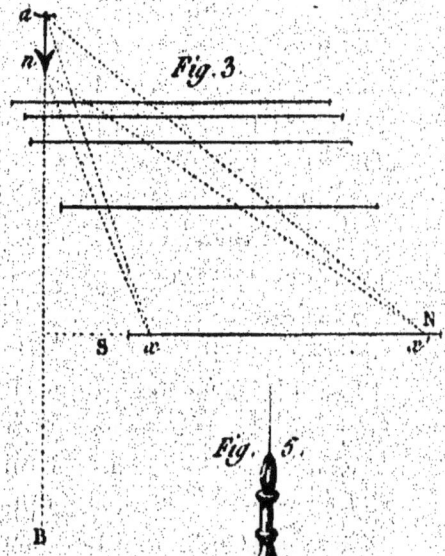

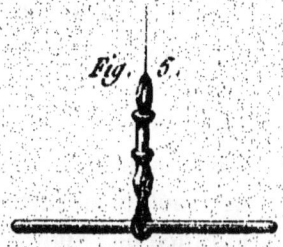

Pl. IV.

Mém. de l'Ac. R. des Sc. Ans. 85. P. 610. Pl. XIV.

Fig. 1.

Fig. 2.

Fig. a.

Fig. 3.

Fig. 4.

Fig. 5.

Y. le Couax sc.

quoi consistent les difficultés de l'opération et montreront en même
temps les limites dans lesquelles il faut renfermer les expériences
pour en assurer le succès.

Que *aca'* soit la position naturelle de l'aiguille lorsque le fil de
suspension n'est pas encore tordu; *a* représente la balle de sureau attachée à l'aiguille *aa'* de nature idio-électrique; *b* est la
balle suspendue dans le trou de la balance. Que l'on électrise les
deux balles, l'une de l'électricité que l'on nomme *positive*, l'autre
de l'électricité que l'on nomme *négative*, elles s'attireront mutuellement; la balle *a* de l'aiguille tendant à s'approcher du
globe *b* prendra la position Φ*c*Φ'; cette position sera telle, que
la force de réaction de torsion représentée par *ac*Φ, angle dont
le fil de suspension aura été tordu, sera égale à la force attractive des deux balles; et si cette force attractive était proportionnelle à la raison inverse du carré des distances, comme nous
l'avons trouvée pour la force répulsive, dans notre premier Mémoire, on aurait, en faisant *ab* = *a*, *a*Φ = *x*, D = le produit de
la masse électrique des deux balles, et les arcs *a* et *x* assez petits
pour qu'ils puissent mesurer la distance des deux balles (autrement il faudrait prendre la corde de cet arc pour la distance, et le
cosinus de sa moitié pour le bras de levier); on aurait, dis-je,
d'après ces suppositions, pour l'équilibre entre l'attraction des
deux balles et la réaction de la torsion, la formule

$$nx = \frac{D}{(a-x)^2},$$

ou

$$D = nx(a-x)^2;$$

d'où il résulte que, lorsque *x* = *a* ou o, la valeur de D sera nulle,
qu'ainsi il y a un point Φ entre *a* et *b* où la quantité D est un
maximum; le calcul donne pour ce point *x* = $\frac{1}{3}$*a*. En substituant
cette valeur de *x* dans la formule qui représente D, dans le cas
d'équilibre, on aura D = $\frac{4}{27}na^3$; et, par conséquent, toutes les fois
que D sera plus grand que $\frac{4}{27}n.a^3$, il n'y aura pas entre *a* et *b*
de position Φ où l'aiguille puisse rester en équilibre et les balles
se toucheront nécessairement; mais il faut observer que, dans la
pratique, quoique D soit plus petit que $\frac{4}{27}na^3$, les balles se
joignent souvent, parce que la flexibilité des suspensions de l'ai-

guille permet à l'aiguille d'osciller, et que, passé ⅓a, la force d'attraction augmente dans un plus grand rapport que la force de torsion; en sorte que, lorsque la balle Φ arrive, par l'amplitude de son oscillation, à une distance x, où D est plus grand que $nx.(a-x)^2$, les deux balles continuent à s'approcher jusqu'à ce qu'elles se touchent.

C'est en me conduisant d'après cette théorie que je suis parvenu à mettre en équilibre, à différentes distances, la force attractive des deux balles électrisées, avec la force de torsion de mon micromètre; en comparant ensuite les différentes expériences, j'en ai conclu que la force attractive des deux balles électrisées, l'une de l'électricité que l'on nomme *positive*, l'autre de celle que l'on nomme *négative*, était en raison inverse du carré des distances du centre de ces deux balles, même rapport déjà trouvé pour la force répulsive.

Pour assurer ce résultat, j'ai tenté, pour le cas d'attraction, un autre moyen qui, quoique moins simple et moins direct que le premier, demande moins de soins et de précautions pour réussir; il a d'ailleurs l'avantage apparent de présenter des expériences faites avec des globes d'un très grand diamètre, au lieu que l'on ne peut opérer dans la balance qu'avec des globes peu considérables; mais cet avantage n'est qu'apparent et l'on verra par la suite, dans les différents Mémoires que je présenterai successivement à l'Académie, qu'avec des balles de 2 ou 3 lignes de diamètre et au moyen de la balance, telle que nous l'avons décrite dans notre premier Mémoire, on peut non seulement mesurer la masse totale du fluide électrique contenue dans un corps d'une figure quelconque, mais encore la densité électrique de chaque partie de corps.

Deuxième méthode expérimentale pour déterminer la loi suivant laquelle un globe de 1 ou 2 pieds de diamètre attire un petit corps électrisé d'une électricité de nature différente de la sienne.

La méthode que nous allons suivre est analogue à celle que nous avons employée dans le septième Volume des *Savants étrangers* pour déterminer la force magnétique d'une lame d'acier, re-

lativement à sa longueur, son épaisseur et sa largeur. Elle consiste à suspendre une aiguille horizontalement, dont l'extrémité
seulement soit électrisée, et qui, présentée à une certaine distance
d'un globe électrisé, d'une nature différente d'électricité, est attirée et oscille en vertu de l'action de ce globe : on détermine ensuite par le calcul, d'après le nombre des oscillations dans un
temps donné, la force attractive à différentes distances, comme on
détermine la force de la gravité par les oscillations du pendule
ordinaire.

Voici quelques observations qui nous ont dirigé dans les expériences qui vont suivre. Un fil de soie, tel qu'il sort du cocon, et
qui peut porter jusqu'à 80 grains (0^{gr},424) sans se rompre, a une
flexibilité de torsion telle, que si, à un pareil fil de 3 pouces (8,12)
de longueur, on suspend horizontalement dans le vide une petite
plaque circulaire, dont le poids et le diamètre soient connus, on
trouvera par le temps des oscillations de la petite plaque, d'après
les formules expliquées dans un Mémoire sur la force de torsion,
imprimé dans le Volume de l'*Académie pour* 1784, qu'en agissant avec un levier de 7 à 8 lignes (1,8) pour tordre la soie autour
de son axe de suspension il ne faudra, pour un cercle entier de
torsion, employer le plus souvent qu'une force d'un soixantième
de millième de grain (0^d,0009); et si le fil de suspension a une
longueur double ou de 6 pouces, il ne faudra que $\frac{1}{120000}$ de grain.
Ainsi, en suspendant horizontalement une aiguille à cette soie,
lorsque l'aiguille sera parvenue à l'état de repos ou que la soie
sera entièrement détordue, si, par le moyen d'une force quelconque, on fait faire des oscillations à cette aiguille, dont l'amplitude ne s'éloigne que de 20° à 30° de la ligne où la torsion est
nulle, la force de torsion ne pourra influer que d'une manière insensible sur la durée des oscillations, quand même la force qui produirait les oscillations ne serait que de $\frac{1}{100}$ de grain (0^d,52).
D'après cette première donnée, voici comment on s'y est pris pour
déterminer la loi de l'attraction électrique.

On suspend (*fig.* 2) une aiguille *lg* de gomme-laque, à un fil
de soie *sc* de 7 à 8 pouces de longueur, d'un seul brin, tel qu'il
sort du cocon; à l'extrémité *l* on fixe perpendiculairement à ce fil
un petit cercle de 8 à 10 lignes (1,8 à 2,2) de diamètre, mais très
léger et tiré d'une feuille de papier doré; le fil de soie est attaché

en *s*, à l'extrémité inférieure d'une petite baguette *st*, séchée au four et enduite de gomme-laque ou de cire d'Espagne; cette baguette est saisie en *t* par une poupée à pince qui coule le long de la règle *oE* et s'arrête à volonté au moyen de la vis *v*.

G est un globe de cuivre ou de carton, couvert d'étain, porté par quatre piliers de verre enduits de cire d'Espagne, et surmontés chacun, pour rendre l'isolement plus parfait, de quatre bâtons de cire d'Espagne de 3 à 4 pouces de longueur. Ces quatre piliers sont fixés par leur partie inférieure à un plateau que l'on place sur une petite tablette à coulisse, qui peut, ainsi que l'indique la figure, s'arrêter à la hauteur la plus commode pour l'expérience; la règle EO peut aussi, au moyen de la vis E, s'arrêter à la hauteur convenable.

Tout étant ainsi préparé, on place le globe G de manière que son diamètre horizontal G*r* réponde au centre de la plaque *l*, qui en est éloignée de quelques pouces. On donne une étincelle électrique au globe au moyen de la bouteille de Leyde, on présente un corps conducteur à la plaque *l*, et l'action du globe électrisé sur le fluide électrique de la plaque non électrisée donne à cette plaque une électricité de différente nature de celle du globe, en sorte que, en retirant le corps conducteur, le globe et la plaque agissent l'un sur l'autre par attraction.

Expérience.

Le globe G avait 1 pied (32,48) de diamètre, la plaque *l* avait 7 lignes (1,58), l'aiguille de gomme-laque *lg* 15 lignes (3,38) de longueur; le fil de suspension *sc* était une soie telle qu'elle sort du cocon, de 8 lignes (1,80) de longueur ; lorsque la poupée était au point O, la plaque *l* touchait le globe en *r* et, à mesure que l'on éloignait la poupée vers E, la plaque s'éloignait du centre du globe de la quantité donnée par les divisions 0, 3, 6, 9, 12 pouces, et le globe étant électrisé d'une électricité appelée *électricité positive*, la plaque de l'électricité négative par le procédé indiqué, on a eu :

Premier essai. — La plaque *l*, placée à 3 pouces (8,12) de distance de la surface du globe ou à 9 pouces (24,36) de son centre, a donné 15 oscillations en 20⁵.

Deuxième essai. — La plaque *l* éloignée de 18 pouces (48,72) du centre du globe, on a eu 15 oscillations en 40".

Troisième essai. — La plaque *l* éloignée de 24 pouces (64,97) du centre du globe, on a eu 15 oscillations en 60".

Explication et résultat de cette expérience.

Quand tous les points d'une surface sphérique agissent par une force attractive ou répulsive en raison inverse du carré des distances sur un point placé à une distance quelconque de cette surface, on sait que l'action est la même que si toute la surface sphérique était concentrée au centre de la sphère.

Mais, comme dans notre expérience la plaque *l* n'a que 7 lignes de diamètre et que dans les essais sa moindre distance au centre de la sphère a été de 9 pouces, on peut, sans erreur sensible, supposer toutes les lignes qui vont du centre de la sphère à un point de la plaque, parallèles et égales; et, par conséquent, l'action totale de la plaque peut être supposée réunie à son centre ainsi que l'action du globe; en sorte que, dans les petites oscillations de l'aiguille, l'action qui fait osciller l'aiguille sera une quantité constante pour une distance donnée et agira suivant la direction qui joint les deux centres. Ainsi, si l'on nomme φ la force, T le temps d'un certain nombre d'oscillations, on aura T proportionnel à $\frac{1}{\sqrt{\varphi}}$; mais, si *d* est la distance G*l* du centre du globe au centre de la plaque, et que les forces attractives soient proportionnelles à l'inverse du carré des distances ou à $\frac{1}{d^2}$, il en résultera que T sera proportionnel à *d* ou à la distance; en sorte que, en faisant dans nos essais varier la distance, le temps d'un même nombre d'oscillations a dû être comme la distance du centre de la plaque au centre du globe. Comparons cette théorie avec l'expérience.

	Distance des centres.	Durée de 15 oscillations.
Premier essai.........	9°	20"
Deuxième essai........	18	41
Troisième essai.......	24	60

Les distances sont ici comme les nombres 3, 6, 8.
Les temps d'un même nombre d'oscillations :: 20, 41, 60.
Par la théorie, ils auraient dû être :: 20, 40, 54.

Ainsi, dans ces trois essais, la différence entre la théorie et l'expérience est de $\frac{1}{10}$ pour le dernier essai comparé au premier et presque nulle pour le deuxième comparé au premier; mais il faut remarquer qu'il a fallu à peu près quatre minutes pour faire les trois essais; que, quoique l'électricité tint assez longtemps le jour de cette expérience, elle perdait cependant $\frac{1}{40}$ d'action par minute. Nous verrons, dans un Mémoire qui suivra celui que je présente aujourd'hui, que lorsque la densité électrique n'est pas très forte, l'action électrique de deux corps électrisés diminue dans un temps donné, exactement comme la densité électrique ou comme l'intensité de l'action; ainsi, puisque nos essais ont duré quatre minutes et que l'action électrique perdait $\frac{1}{40}$ par minute, du premier au dernier essai, l'action due à l'intensité de la densité électrique, indépendante de la distance, a dû être diminuée à peu près de $\frac{1}{10}$; par conséquent, pour avoir le temps de la durée corrigée des 15 oscillations dans le dernier essai, il faut faire $\sqrt{10} : \sqrt{9} :: 60^s :$ la quantité cherchée, que l'on trouvera de 57 secondes, qui ne diffère que de $\frac{1}{20}$ du nombre 60 secondes trouvé par l'expérience.

Nous voici donc parvenus, par une méthode absolument différente de la première, à un résultat semblable; ainsi nous pouvons en conclure que l'attraction réciproque du fluide électrique appelé *positif*, sur le fluide électrique nommé ordinairement *négatif*, est en raison inverse du carré des distances; de même que nous avons trouvé, dans notre premier Mémoire, que l'action réciproque d'un fluide électrique de même nature est en raison inverse du carré des distances.

Coulomb ne donne pas de renseignements suffisants pour que l'on puisse apprécier les charges du globe et du disque de papier doré; mais il est clair que l'expérience ne peut réussir, dans ces conditions, que si la charge du disque est très petite par rapport à celle du globe. En considérant le disque comme un point, l'attraction du globe sur le disque est

$$\frac{e\mathrm{M}}{d^2}\left[1 + \frac{e}{\mathrm{M}}\frac{\mathrm{R}^3}{d}\frac{(2d^2 - \mathrm{R}^2)}{(d^2 - \mathrm{R}^2)^2}\right];$$

les variations du facteur entre parenthèses ne sont négligeables que si e (charge du disque) est une fraction très faible de M (charge du globe).

Première observation.

On sent qu'il est très facile, en employant la méthode qui précède, d'avoir, au moyen des oscillations de l'aiguille électrique,
les lois de la force répulsive, ainsi que nous venons de déterminer
celle de la force attractive. En effet, si l'on fait toucher la plaque
au globe électrisé, elle prendra une électricité de la même nature
que celle du globe, et sera repoussée, en sorte que l'aiguille oscillera, en vertu de cette répulsion, dans une position absolument
opposée à la première, et le nombre des oscillations, dans un
temps donné, comparé avec la distance du centre de la plaque
au centre du globe, fera connaître la force répulsive, par le même
calcul que nous venons de suivre pour avoir la force attractive;
cependant nous devons dire que toutes les expériences où l'on
veut faire agir le fluide électrique par sa force répulsive s'exécutent, comme nous le verrons dans la suite, d'une manière plus
simple, plus exacte et plus commode, au moyen de la balance que
nous avons décrite dans notre premier Mémoire.

Seconde observation.

Si l'on voulait se servir de la même méthode pour déterminer
la quantité d'électricité qui se partage entre un globe électrisé et
un corps conducteur d'une figure quelconque, mis en contact avec
ce globe, voici comment on pourrait s'y prendre : après avoir électrisé le globe, et déterminé, dans ce premier état, au moyen des
oscillations, son action électrique sur la plaque de l'aiguille, pour
une distance donnée, on ferait tout de suite toucher le globe par
le corps conducteur qui doit prendre une portion de l'électricité
du globe; et, en séparant le corps du globe, on déterminerait de
nouveau, par les oscillations de l'aiguille, la quantité d'électricité
qui reste au globe; et la différence de cette quantité avec celle que
le globe avait avant le contact mesurera celle qu'a prise le corps
mis en contact. Il est inutile d'avertir que de pareilles expériences
ne peuvent bien réussir que dans les jours très secs, où les corps
isolés perdent lentement leur électricité; qu'il faut avoir égard à
cette diminution d'électricité dans la réduction des expériences
qui se succèdent; qu'il faut éviter qu'il ne se forme aucun courant

d'air dans la chambre où l'on opère, et éloigner tout corps conducteur au moins à 3 pieds du corps électrisé, et même de l'aiguille : mais nous répétons que, lorsque nous déterminerons dans
la suite, par l'expérience et par la théorie, la manière dont le fluide
électrique se distribue dans les différentes parties du corps, on
verra que toutes ces expériences réussissent beaucoup mieux avec
la balance électrique que par la méthode des oscillations que nous
venons d'expliquer.

Expériences pour déterminer la loi suivant laquelle le fluide
magnétique agit, soit par attraction, soit par répulsion.

Les corps aimantés agissant l'un sur l'autre par attraction et
par répulsion à des distances finies, ainsi que les corps électrisés,
le fluide magnétique paraît avoir, si ce n'est par sa nature, au
moins par cette propriété, de l'analogie avec le fluide électrique;
et, d'après cette analogie, on peut présumer que ces deux fluides
agissent suivant les mêmes lois : dans tous les autres phénomènes
d'attraction ou de répulsion que nous présente la Nature, soit dans
la cohérence des corps, soit dans leur élasticité, soit dans les affinités chimiques, les forces d'attraction et de répulsion ne paraissent s'exercer qu'à de très petites distances; d'où il semblerait
résulter qu'elles ne suivent pas les mêmes lois que l'électricité et
le magnétisme. En effet, la théorie et le calcul de l'attraction et
répulsion des éléments des corps nous apprennent que toutes les
fois que les molécules élémentaires des corps s'attirent ou se repoussent par des forces qui diminuent dans le rapport, ou dans un
rapport moindre que le cube des distances, par exemple, comme
les distances, les corps peuvent agir l'un sur l'autre à des distances
finies; mais que dans le cas où l'action des molécules diminue
dans le rapport, ou dans un plus grand rapport que le cube des
distances, pour lors les corps ne peuvent agir l'un sur l'autre qu'à
des distances infiniment petites (¹).

_____

(¹) *De l'action attractive et répulsive des corps suivant la loi des distances.*
La figure *a* représente un cône ou une petite pyramide très aiguë dont toutes
les parties attirent le point C, suivant la raison inverse ($n + 2$) des distances.

Soit $x = cp$ l'action de la zone circulaire pm sur le point C sera $\frac{m\,d.x.x^2}{x^{2+n}}$, dont

Nous aurons peut-être lieu de revenir sur cet objet, dans la suite de nos Mémoires sur l'électricité.

Nous avons employé dans cette nouvelle recherche deux méthodes, pour déterminer par l'expérience suivant quelle loi le fluide magnétique agit. La première de ces méthodes consiste à suspendre une aiguille aimantée, à lui présenter dans son méridien magnétique une autre aiguille aimantée, placée convenablement, et à déterminer par le calcul et l'observation, à différentes distances, avec quelle force le fluide magnétique d'une des aiguilles agit sur le fluide magnétique de l'autre. Dans la deuxième méthode, on se sert d'une balance magnétique, à peu près semblable à notre balance électrique, décrite dans le premier Mémoire; mais, avant de rapporter le détail de nos expériences, il faut rappeler quelques propriétés connues des aiguilles aimantées, qui nous seront utiles.

---

l'intégrale sera $\frac{m}{1-n}(k + x^{1-n})$; pour avoir k, il faut supposer la pyramide tronquée, ou que l'action s'évanouit en D lorsque $x = CD = A$, ce qui donne pour l'intégration complète $\frac{m}{1-n}(-A^{1-n} + x^{1-n})$, où il faut remarquer que lorsque A est égal à o si n est plus grand que 1, A^{1-n} sera égal à $\frac{1}{0}$, ou infini; si n est plus petit que l'unité, pour lors (A^{1-n}) sera égal à o; ou, si l'on veut, toute la force attractive sera $= \frac{ma^{1-n}}{1-n}$.

C'est-à-dire que, dans le cas où n est plus grand que l'unité, ou lorsque la répulsion ou l'attraction diminue dans un rapport égal ou plus grand que le cube des distances, la valeur de la constante est infinie relativement à la valeur de la variable qui exprime la plus ou moins grande étendue du cône; et qu'ainsi l'attraction ou répulsion n'a lieu que dans le point de contact, et que celle des parties éloignées est infiniment petite relativement à celle du contact; mais, dans le cas où n est plus petit que l'unité, c'est-à-dire toutes les fois que l'action décroît dans un rapport moindre que le cube des distances, pour lors l'action des parties éloignées influe sur l'attraction totale qui est nulle pour une pyramide infiniment petite et proportionnelle a x^{1-n}, pour la pyramide dont la longueur est x.

Il paraît résulter de ce calcul que la cohésion, l'élasticité et toutes les affinités chimiques où les éléments des corps ne paraissent avoir d'action que très près du point de contact, et où l'attraction élective paraît dépendre de la figure de ces éléments, ne peuvent agir entre elles que dans un rapport très approché de la raison inverse du cube des distances. Peut-être au surplus toutes les affinités chimiques dépendent-elles de deux actions, l'une répulsive, l'autre attractive, analogues à celles que nous trouvons dans l'électricité et le magnétisme.

Une aiguille, depuis o jusqu'à 24 pouces (64,97) de longueur, de bon acier, fortement trempée, aimantée par la méthode de la double touche, telle que M. OEpinus l'a décrite et pratiquée d'après son excellente théorie du magnétisme et de l'électricité, prend un pôle à chaque extrémité; son centre aimantaire se place à peu près vers son milieu.

Dans deux aiguilles aimantées, les pôles du même nom se repoussent, et les pôles d'un nom différent s'attirent. Cette attraction ou répulsion augmente à mesure que la distance où l'on présente les extrémités des aiguilles l'une à l'autre diminue.

Si l'on suspend horizontalement une aiguille aimantée, en sorte qu'elle puisse tourner librement autour de son centre, elle se placera toujours dans la même direction, que l'on appelle son *méridien magnétique;* ce méridien formera un angle avec le méridien du monde; cet angle variera un peu dans le courant de la journée, suivant l'heure du jour, par une espèce de mouvement périodique; il variera tous les ans, par un autre mouvement probablement également périodique, mais dont la durée, pour chaque point de la Terre, nous est encore inconnue.

Si une aiguille, ainsi suspendue horizontalement, est mise en oscillation, elle s'éloignera également des deux côtés de son méridien magnétique; et elle y sera toujours ramenée, par une force facile à déterminer, si l'on observe la durée des oscillations et que l'on connaisse la figure et le poids de l'aiguille. (*Voyez* le septième Volume des *Savants étrangers, Mémoires de l'Académie.*)

Préparation aux expériences.

J'ai pris un fil d'excellent acier, tiré à la filière; il avait 25 pouces (67,68) de longueur, et 1 ½ ligne (0,33) de diamètre; je l'ai aimanté par la méthode de la double touche : son centre magnétique s'est trouvé à peu près vers son milieu. J'ai ensuite suspendu, au moyen d'un fil de soie, tel qu'il sort du cocon, de 3 lignes (0,68) de longueur, une aiguille aimantée de 3 pouces (8,12) de longueur; et lorsque cette aiguille s'est arrêtée, j'ai tracé son méridien magnétique, que j'ai prolongé jusqu'à 2 pieds de distance du centre de suspension. J'ai ensuite élevé (*fig.* 3) des perpendiculaires sur ce méridien magnétique; j'ai placé mon fil d'acier le long de ces perpendiculaires, et je l'ai fait glisser jusqu'à ce que l'ai-

guille *na* reprit la direction de son méridien magnétique, comme
elle y était placée naturellement avant que le fil d'acier lui fût présenté; et j'ai observé ensuite, suivant que mon fil aimanté était
plus ou moins éloigné de l'aiguille suspendue, de combien l'extrémité de ce fil dépassait, ou était en deçà du méridien magnétique,
lorsque l'aiguille s'arrêtait sur son méridien.

Première expérience.

Distance du fil à l'extrémité de l'aiguille.	L'extrémité dépasse le méridien magnétique de
1^p	10^{lig} (2,25)
2	9 (2,03)
4	8 (1,80)
8	4 (0,90)
16	42 (12,18)

Deuxième expérience.

On a suspendu horizontalement une aiguille aimantée de
2 pouces de longueur par son centre : libre et sollicitée seulement
par la force magnétique du globe de la Terre, elle faisait 34 oscillations en 60 secondes. On s'est encore servi du même fil aimanté
de l'expérience qui précède, qui avait 25 pouces de longueur:
mais, au lieu de le placer horizontalement et perpendiculairement
au méridien magnétique, comme tout à l'heure, on l'a placé verticalement dans ce méridien à 2 pouces (5,4) de distance de l'extrémité de l'aiguille suspendue. Le pôle sud du fil vertical répondant
au pôle nord de l'aiguille, et ensuite en le faisant baisser verti-
lement, toujours à la distance de 2 pouces de l'extrémité de l'aiguille, on a compté le nombre d'oscillations que faisait l'aiguille
dans 60 secondes, suivant que l'extrémité du fil d'acier était plus
ou moins baissée au-dessous du niveau de l'aiguille ; voici le résultat de cette expérience :

L'extrémité du fil au niveau de l'aiguille	120 oscillations en 60'
L'extrémité baissée de 6^{lig}	122 » 60
» 1^p	122 » 60
» 2	115 » 60
» 3	112 » 60
» 4	98 » 60
» 8	30 » 60

Troisième expérience.

On a suspendu une aiguille de 4 lignes (0,90) de longueur à la place de la première; le fil d'acier a été placé à 3 pouces (8,12) de l'extrémité de cette aiguille, verticalement, comme dans l'expérience qui précède, dont on a suivi tous les procédés. L'aiguille libre, n'étant sollicitée que par la force magnétique de la Terre, fait 53 oscillations par 60 secondes.

L'extrémité du fil d'acier au niveau de l'aiguille...	152 oscillations en		60ˢ
En dessous de 1ᵖ..........................	152	»	60
» 2	148	»	60
» 4	120	»	60
» 8	58	»	60

Explication et résultat de ces trois expériences.

Les trois expériences qui précèdent prouvent que le centre d'action de chaque moitié de notre fil est placé à très peu de distance de l'extrémité de ce fil; en sorte que, dans notre fil d'acier de 25 pouces de longueur, on peut, sans erreur sensible, supposer tout le fluide magnétique condensé vers l'extrémité de ce fil, sur 2 ou 3 pouces de longueur. En effet, dans la première expérience, le fil d'acier est placé horizontalement et perpendiculairement à la direction du méridien magnétique où se trouve l'aiguille suspendue; cette aiguille est sollicitée par deux forces, la force magnétique du globe de la Terre, qui la retient dans le méridien, et la force magnétique des différents points du fil d'acier aimanté; mais puisque, dans notre première expérience, l'aiguille se trouve, à tous les essais, placée sur son méridien magnétique, il en résulte que toutes les forces magnétiques du fil d'acier de 25 pouces de longueur, agissant sur l'aiguille, sont en équilibre entre elles : ainsi, dans les trois premiers essais, où les distances sont 1, 2 et 4 pouces, les forces magnétiques des 8 à 10 dernières lignes de l'extrémité de l'aiguille, qui dépassent le méridien, sont en équilibre avec les forces de tout le reste de l'aiguille; en sorte qu'il paraît que l'on peut à peu près supposer que la moitié du fluide magnétique, dont la moitié de l'aiguille est chargée, est concentrée vers les dix dernières lignes de son extrémité.

Les deuxième et troisième expériences donnent le même résultat. Dans ces deux expériences, le fil d'acier est placé verticalement dans le méridien magnétique de l'aiguille ; par conséquent, l'action de la partie supérieure du fil étant très oblique à l'aiguille suspendue, et agissant d'ailleurs à une grande distance, ne doit que peu influer sur les oscillations de l'aiguille ; mais on voit dans ces deux expériences que le plus grand nombre des oscillations de l'aiguille suspendue avait lieu lorsque l'extrémité du fil était baissée d'un peu moins de 1 pouce au-dessous du niveau de l'aiguille suspendue : ainsi la force moyenne de la moitié inférieure du fil d'acier avait la résultante à 8 ou 10 lignes au-dessus de son extrémité, comme nous venons de le trouver par la première expérience, d'où il résulte que dans le fil d'acier de 25 pouces de longueur que nous avons employé, et qui avait été aimanté par la méthode de la double touche, on peut, sans erreur sensible, supposer que le fluide magnétique est concentré à 10 lignes de son extrémité. Ce premier résultat était nécessaire avant de chercher à déterminer la loi suivant laquelle l'attraction et la répulsion ont lieu relativement à la distance : on verra, dans un autre Mémoire, que la concentration du fluide magnétique vers l'extrémité des aiguilles aimantées par la méthode de la double touche est une suite nécessaire de cette manière d'aimanter.

Le fluide magnétique agit par attraction ou répulsion, suivant la raison composée directe de la densité du fluide et la raison inverse du carré des distances de ses molécules.

La première partie de cette proposition n'a pas besoin d'être prouvée ; venons à la seconde.

Nous venons de voir que le fluide magnétique de notre fil d'acier de 25 pouces de long était concentré aux extrémités, sur une longueur de 2 ou 3 pouces ; que le centre d'action de chaque moitié de cette aiguille était à peu près à 10 lignes (2,25) de ses extrémités : ainsi, en éloignant de quelques pouces notre fil d'acier d'une aiguille très courte, et dans laquelle, comme nous le verrons dans la suite, le fluide magnétique peut être supposé concentré à 1 ou 2 lignes des extrémités, on peut calculer l'action réciproque du fil sur l'aiguille et de l'aiguille sur le fil, en supposant le fluide magnétique dans le fil d'acier réuni à 10 lignes des extrémités, et dans une aiguille de 1 pouce de longueur à 1 ou 2 lignes des extrémités. Ces réflexions nous ont dirigé dans l'expérience qui va suivre.

Quatrième expérience.

On a suspendu un fil d'acier pesant 70 grains (3,72), de 1 pouce de longueur, aimanté par la méthode de la double touche, à un fil de soie de 3 lignes (0,68) de longueur, formé d'un seul brin, tel qu'il sort du cocon; on l'a laissé s'arrêter sur le méridien magnétique; on a placé ensuite verticalement dans ce méridien, à différentes distances, le fil d'acier de 25 pouces de longueur, de manière que son extrémité fût toujours de 10 lignes au-dessous du niveau de l'aiguille suspendue : à chaque essai on changeait la distance et, en faisant osciller l'aiguille suspendue, on comptait le nombre d'oscillations qu'elle faisait dans un même nombre de secondes. Il est résulté de ces expériences :

L'aiguille libre oscille en vertu de l'action du globe de la Terre, à raison de 15 oscillations en 60°.

Le fil placé à 4 pouces du milieu de l'aiguille, celle-ci oscille à raison de 41 oscillations en 60°.

Le fil placé à 8 pouces du milieu, l'aiguille oscille à raison de 24 oscillations en 60°.

Le fil placé à 16 pouces du milieu, l'aiguille oscille à raison de 17 oscillations en 60°.

Explication et résultat de cette expérience.

Lorsqu'un pendule est suspendu librement et sollicité par des forces placées dans une direction donnée, qui le font osciller, les forces sont mesurées par la raison inverse du carré du temps d'un même nombre d'oscillations ou, ce qui revient au même, par la raison directe du carré du nombre d'oscillations faites dans un même temps.

Mais, dans l'expérience qui précède, l'aiguille oscille en vertu de deux puissances différentes : l'une est la force magnétique de la Terre, l'autre est l'action de tous les points du fil sur les points de l'aiguille. Dans notre expérience, toutes les forces sont dans le plan du méridien magnétique, et, l'aiguille étant suspendue horizontalement, la véritable force qui la fait osciller dépend de la partie de toutes ces forces, décomposée suivant une direction horizontale.

Mais nous avons vu, dans les trois expériences qui précèdent, que le fluide magnétique, étant concentré aux extrémités de notre fil, peut être supposé réuni à 10 lignes de l'extrémité de ce fil; et comme l'aiguille suspendue a 1 pouce de longueur, que l'extrémité boréale est attirée à une distance de 3,5 pouces, et que l'extrémité australe est repoussée par le pôle inférieur de l'aiguille, dont la distance est de 4,5 pouces, on peut supposer, sans erreur sensible, que la distance moyenne à laquelle le pôle inférieur du fil d'acier exerce son action sur les deux pôles de l'aiguille est de 4 pouces : conséquemment, si l'action du fluide magnétique était comme la raison inverse du carré des distances, l'action du pôle inférieur du fil d'acier sur l'aiguille serait proportionnelle à $\frac{1}{4^2}$, $\frac{1}{8^2}$, $\frac{1}{16^2}$ ou à 1, $\frac{1}{4}$, $\frac{1}{16}$.

Mais, puisque les forces horizontales qui font osciller l'aiguille sont proportionnelles au carré du nombre d'oscillations faites dans un même temps, et qu'en vertu de la seule force magnétique du globe de la Terre l'aiguille libre fait 15 oscillations en 60", cette dernière force sera mesurée par le carré de ces 15 oscillations ou par 15^2. Dans le deuxième essai, les forces réunies du globe de la Terre et du fil d'acier font faire à l'aiguille 41 oscillations en 30"; ainsi ces deux forces réunies sont mesurées par 41^2, et la force seule due à l'action du fil d'acier aimanté est, par conséquent, mesurée par la différence de ces deux carrés; ainsi elle est proportionnelle à $\overline{41}^2 - \overline{15}^2$. Nous aurons donc, pour l'action du fil sur l'aiguille :

Distance.	Force dépendante de l'action aimantaire du fil d'acier.
4ᵖ	$\overline{41}^2 - \overline{15}^2 = 1456$
8	$\overline{24}^2 - \overline{15}^2 = 351$
16	$\overline{17}^2 - \overline{15}^2 = 64$

Les deuxième et troisième essais, où les distances sont comme 1 : 2, donnent très approchant, pour les forces, la raison inverse du carré des distances. Le quatrième essai donne un nombre un peu trop petit; mais il faut remarquer que, dans ce quatrième essai, la distance du pôle inférieur du fil d'acier au centre de l'aiguille est de 16 pouces, et que la distance du pôle supérieur au centre de cette même aiguille est à peu près $\sqrt{16^2 + 23^2}$; ainsi, l'action du pôle inférieur étant représentée par $\frac{1}{(16)^2}$, l'action horizontale du pôle supérieur sera $\frac{16}{(16^2+23^2)^{\frac{3}{2}}}$; en sorte que l'action du pôle inférieur est à celle du pôle supérieur à peu près :: 100 : 19; d'où il résulte que, les oscillations de l'aiguille étant produites par l'action de ces deux pôles et celle du pôle supérieur agissant dans un sens opposé à celle du pôle inférieur, le carré des oscillations que produirait l'action seule du pôle inférieur du fil aimanté est diminué de $\frac{19}{100}$, par l'action opposée de la partie supérieure du même fil; ainsi, pour avoir l'action seule de la partie inférieure du fil, il faut, en supposant x la véritable valeur de cette force, faire $(x - \frac{19}{100}x) = 64$, d'où $x = 79$. Substituons dans le résultat du quatrième essai cette quantité, nous trouverons :

Distance.	Force.
4ᵖ	1456
8	351
16	79

et ces forces sont très approchant, comme les nombres 16, 4, 1 ou comme la raison inverse du carré des distances.

J'ai répété plusieurs fois cette expérience en suspendant des aiguilles de 2 et 3 pouces de longueur, et j'ai toujours trouvé que, en faisant les corrections nécessaires que je viens d'expliquer, l'action, soit répulsive, soit attractive du fluide magnétique, était comme l'inverse du carré des distances.

Première remarque.

On a pu s'apercevoir, dans le courant de cette expérience, que nous supposons que notre fil était aimanté par la méthode de la double touche; si l'on présente alternativement à une même distance son pôle boréal et son pôle austral à l'extrémité d'une aiguille aimantée par la méthode de la double touche, le pôle boréal du fil aimanté attirera le pôle austral de l'aiguille exactement avec la même force que le pôle austral de ce fil repoussera le pôle austral de l'aiguille, et *vice versa* pour le pôle boréal de l'aiguille. Cette

propriété qui, comme nous le verrons dans la suite, est une conséquence nécessaire de la théorie du magnétisme, sera d'ailleurs prouvée par l'expérience en se servant de la balance magnétique, dont nous allons tout à l'heure donner la description
et les usages.

Deuxième remarque.

La loi de la raison inverse du carré des distances étant une fois
donnée, il serait facile de déterminer par le calcul si, dans la première expérience où le fil aimanté est placé horizontalement et
perpendiculairement au méridien magnétique, et où l'on trouve,
dans le dernier essai, qu'il faut éloigner à peu près de 42 lignes
l'extrémité du fil du méridien de l'aiguille, le calcul donnerait,
pour la direction de la résultante de toutes les actions de chaque
moitié de ce fil, une ligne qui passerait à 9 ou 10 lignes de l'extrémité de ce fil. Nous allons présenter le calcul qui déterminera
cette direction, d'après le dernier essai de la première expérience
où l'aiguille a 3 pouces de longueur, et où le fil d'acier aimanté
ayant 25 pouces de longueur est placé horizontalement et perpendiculairement au méridien magnétique à 16 pouces de distance de
l'extrémité de l'aiguille.

Soient, dans la *fig.* 3, x le point où passe cette résultante pour
le pôle qui est placé le plus près de la ligne méridienne de l'aiguille; x' le point où l'on suppose à l'autre extrémité de ce fil
tout le fluide magnétique concentré : quant au fluide magnétique
de l'aiguille suspendue, quoique son centre d'action soit à 2 ou
3 lignes de ses extrémités, on peut le supposer à ses extrémités
parce que chaque pôle du fil agit sur les deux pôles de cette aiguille; et que si, par cette supposition, on fait le pôle n de l'aiguille trop près de 2 ou 3 lignes du pôle s du fil d'acier, on fait
en même temps le pôle a de l'aiguille trop éloigné du pôle s de la
même quantité; ainsi l'erreur de la supposition se trouve à peu
près compensée.

Mais nous trouvons par l'expérience que la distance de l'extrémité du fil à la ligne méridienne de l'aiguille est, dans le dernier essai, de 3,5 pouces. Ainsi, en faisant $x = \mathrm{S}x = \mathrm{N}x'$, distance
de l'extrémité du fil au centre d'action, nous aurons les formules
suivantes pour la force que les centres d'action du fil exercent

sur chaque extrémité de l'aiguille, dans une direction perpendiculaire à l'aiguille :

Action du pôle S sur le pôle n . . . . $\dfrac{3.5 + x}{[(16)^2 + (3,5 + x)^2]^{\frac{3}{2}}}$

Action du pôle S sur le pôle a . . . . $\dfrac{3,5 + x}{[(19)^2 + (3,5 + x)^2]^{\frac{3}{2}}}$

Action du pôle N sur le pôle n . . . . $\dfrac{28,5 - x}{[(16)^2 + (28,5 - x)^2]^{\frac{3}{2}}}$

Action du pôle N sur le pôle a . . . . . . $\dfrac{28.5 - x}{[(19)^2 + (28,5 - x)^2]^{\frac{3}{2}}}$.

Mais comme, dans cette expérience, l'aiguille d'acier est placée sur son méridien magnétique et que chacune des forces qui précèdent agit perpendiculairement à cette aiguille avec le même bras de levier pour la faire tourner autour de son point de suspension, il en résulte que toutes ces forces sont en équilibre entre elles ; d'où l'on tire l'équation

$$\frac{3,5 + x}{[(16)^2 + (3,5 + x)^2]^{\frac{3}{2}}} \; \frac{3,5 + x}{\left[19^2 + (3,5 + x)^2\right]^{\frac{3}{2}}}$$

$$= \frac{28,5 - x}{[(16)^2 + (28,5 - x)^2]^{\frac{3}{2}}} \; \frac{28,5 - x}{\left[19^2 + (28,5 - x)^2\right]^{\frac{3}{2}}}.$$

Mais, comme nous avons déjà vu que x doit être moindre que 1 pouce, nous pouvons, comme première approximation, le négliger dans le dénominateur de notre équation, dont les nombres sont très considérables, relativement à x, ou faire x égal à $\frac{1}{2}$ pouce, qui approche davantage de sa véritable valeur.

Ainsi, il résultera du calcul de la formule, pour la valeur $sx = x = \frac{50}{78}$ pouce, à peu près 9 lignes (2,63), comme dans les deux premiers essais.

Par un calcul semblable on trouvera que, lorsque l'extrémité du fil d'acier était éloignée de 8 pouces de l'extrémité de l'aiguille suspendue, la distance du point x au méridien était à peu près de 12,5 lignes ; mais, comme l'expérience donne pour lors 4 lignes de distance du méridien à l'extrémité de l'aiguille, il en résulte que, dans cet essai, il faut retrancher 4 lignes pour avoir la distance du centre d'action à l'extrémité de l'aiguille. Ainsi le calcul donne encore ici 8,5 lignes pour la distance du centre d'action aux extrémités de l'aiguille.

Dans le troisième essai, où la distance de l'extrémité de l'aiguille au fil d'acier est de 4 pouces, le calcul donnera à peu près 2 lignes pour la distance, depuis le centre d'action jusqu'à la méridienne ; mais nous trouvons par l'expérience que, dans cet essai, l'extrémité du fil dépassait le méridien de 8 lignes ; ainsi, dans cet essai, le calcul donne le centre d'action des extrémités du fil d'acier à 10 lignes de ses extrémités.

Ainsi, il résulte de l'expérience et du calcul que, toutes les fois que des fils d'acier de 25 pouces de longueur agissent l'un sur l'autre, on peut supposer les centres d'action ou, ce qui revient au même, tout le fluide magnétique réuni à 9 ou 10 lignes des extrémités de ces fils, et calculer d'après cette supposition : dans les aiguilles très courtes, le centre d'action est plus proche des extrémités ; nous aurons lieu, dans la suite, de déterminer la loi de cette diminution relative à la longueur des aiguilles, lorsque nous donnerons la manière la plus avantageuse d'aimanter les aiguilles et de former les aimants artificiels.

Nous déterminerons en même temps la courbe qui, dans un fil d'acier aimanté, représente la densité du fluide magnétique depuis son extrémité jusqu'à son milieu où est placé son centre aimantaire ; mais il est aisé de prévoir d'avance, d'après les expériences qui précèdent, que le lieu géométrique de cette densité ne peut pas être une ligne droite, comme l'ont cru quelques auteurs.

Deuxième méthode de déterminer la loi d'attraction et de répulsion du fluide magnétique.

Après avoir trouvé, par les expériences qui précèdent, que dans une aiguille de 23 pouces de longueur, et à plus forte raison dans des aiguilles plus courtes, le fluide magnétique peut être supposé concentré dans les 2 ou 3 derniers pouces vers leurs extrémités, et que, dans les aiguilles de 20 à 25 pouces, le centre d'action peut être supposé à 9 ou 10 lignes de chaque extrémité, il a été facile de construire une balance magnétique, d'après les mêmes principes qui m'ont servi pour construire la balance électrique, que j'ai décrite dans mon premier Mémoire. Mais je dois observer que la forme et les détails des mesures de la balance magnétique, que je vais donner, peuvent et doivent être changés à mesure que la pratique le prescrira. Je n'ai cherché, dans ce premier essai, qu'à donner à cette balance une forme simple, peu coûteuse et qui fût cependant à peu près suffisante pour les expériences que j'avais dessein de faire.

Description de la balance magnétique.

J'ai fait faire (*fig.* 4) une boîte carrée, de 3 pieds (97,45) de côté, et 18 pouces (48,73) de hauteur ; les planches ne sont fixées entre elles qu'avec des tenons, des mortaises et des chevilles de bois. A 9 pouces au-dessus du fond, est placé un cercle horizontal, de bois bien sec, ou de cuivre rouge, de 2 pieds 10 pouces (92,03) de diamètre, divisé à l'ordinaire en 360°. Sur cette boîte, est placée une traverse AB qui porte à son milieu une tige creuse *id*, de 30 pouces (81,21) de longueur, terminée en *d* par un micromètre de torsion, semblable à celui que nous avons décrit pour la balance électrique. La pince de ce micromètre saisit l'extrémité d'un fil de cuivre jaune, numéroté 12 dans le commerce, dont les 6 pieds pèsent 5 grains (0^{gr},1365 par mètre), et dont nous avons déterminé la force, dans le Mémoire sur les forces de torsion des fils de métal, imprimé dans le *Volume de l'Académie pour* 1784. La partie inférieure de ce fil est prise par une double pince, ayant la figure d'un porte-crayon, représenté (*fig.* 5) ; cette double pince est fendue, comme l'indique la figure, dans presque toute sa longueur, pour former pince à ses deux extrémités, qui s'ouvrent et se ferment au moyen de deux coulants. L'extrémité inférieure saisit un anneau de plomb ou de cuivre ; cet anneau est destiné à porter l'aiguille d'acier aimantée, que l'on veut mettre en expérience.

Avant de commencer les expériences avec cette balance, il faut que, lorsque la torsion est nulle, l'aiguille aimantée se place naturellement sur son méridien magnétique ; c'est ce qu'il est facile d'obtenir, en plaçant d'abord dans l'anneau suspendu au porte-crayon un fil de cuivre rouge, de mêmes dimensions que le fil d'acier aimanté que l'on compte soumettre à l'expérience ; lais-

sant ensuite l'index du micromètre fixement sur la première division de ce micromètre, on fait tourner tout le micromètre [dont le
tuyau, comme on l'a vu pour la balance électrique, peut glisser et
tourner dans celui qui forme la tige *id* (*fig.* 4)], jusqu'à ce que
l'aiguille de cuivre s'arrête naturellement sur la direction du méridien magnétique, qu'on a tracée d'avance.

La boîte doit être placée sur ce méridien magnétique, de manière que la direction de ce méridien réponde aux divisions
0-180 du cercle horizontal, que nous avons dit être élevé dans la
boîte à 9 pouces au-dessus de son fond.

Après cette préparation, on substitue l'aiguille d'acier aimantée à
l'aiguille de cuivre, et l'on est en état de commencer les opérations.

Nous ne donnerons ici que les expériences et les résultats qui
nous sont absolument nécessaires pour déterminer la loi suivant
laquelle le fluide magnétique agit, lorsque les molécules aimantaires sont placées à différentes distances l'une de l'autre.

PREMIER RÉSULTAT. — *La force résultante de toutes les forces
aimantaires que le globe de la Terre exerce sur chaque point
d'une aiguille aimantée est une quantité constante, dont
la direction, parallèle au méridien magnétique, passe toujours par le même point de l'aiguille, dans quelque situation que cette aiguille soit placée par rapport à ce méridien.*

J'avais déjà tâché de prouver ce principe dans un Mémoire sur
les aiguilles aimantées, imprimé dans le VIIᵉ volume des *Savants
étrangers;* mais les expériences que j'ai rapportées alors pour-
raient être sujettes à quelques contestations; celle qui va suivre
est directe, et me paraît décisive.

Expérience.

J'ai suspendu horizontalement dans la balance un fil d'acier
aimanté, ayant 22 pouces (59,56) de longueur, et $1\frac{1}{4}$ ligne (0,27)
de diamètre. D'après la disposition de notre balance, cette aiguille
s'est placée dans sa direction magnétique, son extrémité nord répondant au point o du grand cercle de 2 pieds 10 pouces de diamètre, la torsion du fil étant nulle et l'index du micromètre étant

sur le point o, ou sur la première division de ce micromètre.

Au moyen du bouton qui porte l'index du micromètre, on a tordu le fil de cuivre de suspension de différents angles, ce qui a forcé l'aiguille de s'éloigner de son méridien magnétique : à chaque opération, on a observé l'angle dont elle était éloignée de ce méridien et la force de torsion qu'il fallait employer pour produire cet angle, et l'on a eu les résultats suivants :

Torsion du fil de suspension.	Arrêt de l'aiguille.
cercle	o
1 = 360	10,30′ de son méridien.
2	21.15′ »
3	33 »
4	46 »
5	63.30′ »
5 ½	85 »

Résultat et explication de cette expérience.

Notre aiguille aimantée est ici suspendue par un fil de cuivre, numéroté 12 dans le commerce; nous avons vu, dans un Mémoire imprimé dans le Volume de 1784, que, pour un même fil de suspension, la force de torsion est proportionnelle à l'angle de torsion; ainsi, dans le premier essai, la force de torsion est de 360° — 10°30′, et dans le second 720° — 21°15′.

Si nous comparons, d'après cette expérience, la force de torsion avec l'angle dont l'aiguille s'éloigne de son méridien, à chaque essai nous trouverons, très exactement, que le sinus de l'angle formé par le méridien magnétique et la direction de l'aiguille dans les essais successifs sont proportionnels à l'angle de torsion; d'où il suit, comme nous l'avons vu dans le VIIᵉ volume des *Savants étrangers*, que la force résultante de l'action magnétique du globe de la Terre est une force constante dirigée parallèlement au méridien magnétique et passant toujours à égale distance de l'extrémité de l'aiguille, dans quelque position que cette aiguille soit placée, relativement à son méridien. Voici le calcul comparé à l'expérience.

Soient

A l'angle de torsion d'un essai quelconque, qui doit servir de terme de comparaison;

B l'angle dont l'aiguille s'éloigne de son méridien à cet essai ;

A' l'angle de torsion trouvé dans un autre essai ;

B' l'angle dont l'aiguille s'éloigne de son méridien à cet essai.

Nous aurons généralement, d'après la théorie,

$$A : A' :: \sin B : \sin B',$$

d'où

$$\log A' = \log A + \log \sin B' - \log \sin B.$$

Prenons le deuxième essai pour terme de comparaison ; en corrigeant l'angle de torsion de l'angle dont l'aiguille s'éloigne de son méridien, cet angle sera 699°, et son logarithme sera

$$2,8444;$$

l'angle B étant de 21° 15', log sin B sera

$$9,5592.$$

En comparant ces deux quantités, d'après la formule, avec l'angle dont l'aiguille est éloignée de son méridien dans les autres essais, nous trouverons que :

Les 2ᵉ et 3ᵉ essais comparés, donnent, par la théorie, pour la force de torsion du 3ᵉ essai.. 1052°

L'expérience donne pour la force de torsion du 3ᵉ essai......... 1647

Différence.. 5

Erreur de l'expérience... $\frac{1}{210}$

Les 2ᵉ et 4ᵉ essais comparés donnent, par la théorie, pour la force de torsion... 1388

L'expérience donne pour la force de torsion du 3ᵉ essai......... 1394

Différence.. 6

Erreur de l'expérience... $\frac{1}{231}$

Les 2ᵉ et 5ᵉ essais comparés donnent, par la théorie, pour la force de torsion 1726

L'expérience donne pour la force de torsion au 5ᵉ essai .... 1736 $\frac{1}{2}$

Différence.. 10 $\frac{1}{2}$

Erreur de l'expérience... $\frac{1}{165}$

Les 2° et 6° essais comparés donnent, par la théorie, pour la force
de torsion.. 1921

L'expérience donne au 5° essai............................... 1895

Différence.. 66

Erreur de l'expérience....................................... $-\frac{1}{73}$

On trouve donc le plus grand accord entre la théorie et l'expérience, ce qui prouve, en même temps, la vérité de la théorie
et l'exactitude de la méthode; exactitude que l'on ne peut attribuer qu'à la simplicité du moyen, car la boîte et toutes les parties
qui forment la balance avaient été exécutées sans beaucoup de
soin.

Première remarque.

Cette propriété établie d'une manière qui me paraît incontestable, il sera facile, au moyen de notre balance, de comparer tout
de suite et sans calcul la force de différentes aiguilles aimantées,
soit entre elles, soit avec le *momentum* d'un poids qui agirait à
l'extrémité d'un levier donné.

Il ne s'agit, pour cette opération, que de suspendre horizontalement l'une après l'autre, dans notre balance, les différentes aiguilles que l'on voudra comparer, de manière qu'elles se placent
librement sur le méridien magnétique, lorsque la torsion du fil de
suspension est nulle; on tordra ensuite le fil de suspension au
moyen du micromètre, de manière que les aiguilles suspendues
forment, dans tous les essais, un même angle avec le méridien
magnétique, et l'on conclura de cette expérience que, puisque
l'angle formé avec le méridien magnétique est constant, le *momentum* de la force avec laquelle chaque aiguille est ramenée à
son méridien par l'action magnétique de la Terre est proportionnel à l'angle de torsion qu'aura donné l'expérience.

Nous aurons lieu, dans un autre Mémoire, de revenir en détail
sur cet objet, ainsi que sur beaucoup d'autres, relatifs au magnétisme.

*Usage de la balance magnétique, pour déterminer la loi sui-
vant laquelle les parties aimantaires agissent l'une sur
l'autre à différentes distances.*

On a aimanté un fil de bon acier, tiré à la filière, de 24 pouces
(64,97) de longueur, et 1½ ligne (0,34) de diamètre; on l'a suspendu horizontalement dans notre balance magnétique; on a cherché d'abord avec quelle force le magnétisme de la Terre ramenait
cette aiguille à son méridien, et l'on a trouvé qu'en tordant le fil
de suspension de 2 cercles — 40°, l'aiguille s'arrêterait à 20° de
son méridien magnétique, en sorte que, pour les angles de 20° à
24° et au-dessous, les sinus étant à peu près proportionnels aux
arcs, il fallait, pour éloigner l'aiguille de 1° de son méridien magnétique, une force de torsion très approchante de 35°.

On a placé ensuite un autre fil aimanté des mêmes dimensions,
verticalement dans le méridien magnétique, à 11 pouces 2 lignes
(30,22) du centre de suspension de la première aiguille, en bais-
sant l'extrémité de ce fil à peu près de 1 pouce au-dessous du niveau de l'aiguille suspendue horizontalement; en sorte que, si les
deux aiguilles, l'une suspendue horizontalement, l'autre placée
fixement verticalement dans le méridien de la première, s'étaient
touchées, elles se seraient rencontrées à 1 pouce de leurs extrémités; mais, comme c'étaient les pôles nord, ou du même nom de
chaque aiguille, qui étaient opposés, elles se sont chassées mutuellement, et l'aiguille horizontale, suspendue dans la balance, a été
repoussée de la direction de son méridien, et ne s'est arrêtée que
lorsque la force de répulsion des pôles opposés a été en équilibre
avec la force directrice du globe de la Terre. Voici le résultat des
différents essais.

Expérience.

Premier essai. — L'aiguille, suspendue horizontalement sans
tordre le fil de suspension, a été chassée et s'est arrêtée à 24° de
son méridien magnétique.

Deuxième essai. — Ayant tordu de 3 cercles, l'aiguille s'est
arrêtée à 17° de son méridien magnétique.

Troisième essai. — Ayant tordu de 8 cercles, l'aiguille s'est arrêtée à 12° de son méridien magnétique.

Explication et résultat de cette expérience.

Nous avons dit que l'aiguille libre et uniquement sollicitée par l'action magnétique du globe de la Terre était retenue à 20° de son méridien par une force de torsion de 2 cercles — 20°; ainsi, lorsque l'aiguille formait un angle de 20° avec son méridien magnétique, la force qui la rappelait vers ce méridien était de 700°; et par conséquent, comme, dans le premier essai, elle s'arrêtait à 24° de son méridien, elle y était ramenée avec une force de 840°; mais comme, par la répulsion des aiguilles, le fil de suspension était tordu de 24°, la répulsion totale était de 864°.

Dans le deuxième essai, l'aiguille s'arrêtait à 17° de son méridien magnétique; ainsi, elle était ramenée à ce méridien par l'action aimantaire de la Terre, avec une force de 595°. Mais la torsion qui la retenait à cette distance était 3 cercles + 17°. Ainsi, comme cette force de torsion agissait dans le même sens que la force aimantaire de la Terre, l'action des deux pôles de l'aiguille était mesurée par 1692°.

Dans le troisième essai, l'aiguille n'est qu'à 12° de son méridien magnétique. Ainsi l'action du globe de la Terre n'est mesurée que par une force de 420°. Mais nous trouvons dans cet essai que, pour ramener l'aiguille à cette distance de 12°, il avait fallu tordre le fil de suspension de 8 cercles + 12° = 2892°. Ainsi, la force répulsive des deux aiguilles, placées à 12° de distance, est mesurée, dans ce dernier essai, par une torsion de

$$2892° + 420° = 3312°.$$

Ainsi, dans nos expériences, où les distances sont 24°, 17°, 12°, la raison inverse du carré des distances est mesurée par les nombres $\frac{1}{576}$, $\frac{1}{289}$, $\frac{1}{144}$, qui est très approchant, comme $\frac{1}{4}$, $\frac{1}{2}$, 1. Mais les expériences donnent pour les forces répulsives correspondantes

$$864, \quad 1692, \quad 3312,$$

qui sont aussi, très approchant, comme les nombres $\frac{1}{4}$, $\frac{1}{2}$, 1. Ainsi, en supposant, comme nous l'avons vu plus haut, qu'il était permis de le faire, tout le fluide magnétique concentré à 10 lignes de

l'extrémité de nos aiguilles de 24 pouces de longueur, il en résulte que l'action répulsive du fluide magnétique est en raison inverse du carré des distances.

Nous avons pu négliger, dans cette opération, l'action des
autres pôles des aiguilles; car, puisque l'action est en raison inverse du carré des distances, que les aiguilles ont 2 pieds de longueur, ces autres pôles se trouvant toujours à une distance au
moins quatre fois plus grande que les premiers, et agissant d'ailleurs très obliquement à la longueur des aiguilles, leur action ne
peut pas altérer d'une manière bien sensible notre résultat. Mais,
s'il y avait moins de différence entre la distance des différents
pôles de l'aiguille que dans l'expérience qui précède, il faudrait,
dans le calcul, avoir égard à l'action réciproque de tous les pôles
et à la longueur du levier sur lequel chacune de ces actions
s'exerce. Ce calcul n'aurait pas plus de difficulté que celui que
nous avons fait plus haut pour déterminer le centre d'action des
extrémités des aiguilles, ou le point, vers ces extrémités, dans
lequel il est permis de supposer le fluide magnétique concentré.

On peut encore, au moyen de la balance magnétique que nous
venons de décrire, prouver d'une manière incontestable que le
fluide magnétique dans les fils d'acier aimantés par la méthode
de la double touche est concentré vers les extrémités de ces
fils.

Voici le précis de l'opération qui mène à ce résultat. Ayant
placé dans le méridien magnétique de notre balance une règle
verticale de 2 lignes (o,451) d'épaisseur répondant à l'extrémité
de l'aiguille suspendue, on fait glisser verticalement le long de
cette règle le fil d'acier aimanté, de manière que les pôles du
même nom se répondent, la règle étant entre deux. Comme les
deux extrémités ou les deux pôles des fils d'acier et de l'aiguille
se chassent, on tord, au moyen du micromètre, le fil de suspension, jusqu'à ce que l'on ait ramené l'aiguille horizontale en contact avec la règle, en sorte qu'il ne reste que l'épaisseur de la
règle ou 2 lignes de distance entre les points les plus rapprochés
des deux aiguilles; mais, comme le fil d'acier que nous plaçons
derrière la règle est vertical, tous les points des deux aiguilles
qui se trouvent à 4 ou 5 lignes de distance du recroisement n'ont
l'une sur l'autre, pour se chasser mutuellement, qu'une force très

faible, à cause de leur distance et de l'obliquité de leur action; en
sorte que la force de torsion qu'il faut employer pour tenir l'aiguille suspendue horizontalement en contact de la règle est proportionnelle à la densité des 2 ou 3 lignes de longueur du fluide
aimantaire qui avoisinent les points des deux aiguilles, qui ne sont
qu'à 2 lignes de distance l'un de l'autre. Ainsi, en faisant glisser
verticalement notre fil d'acier le long de la règle, nous présente-
rons à cette petite distance de 2 lignes de l'aiguille tous les points
de ce fil, et la force de torsion de la suspension pour tenir l'aiguille suspendue horizontalement en contact avec la règle sera
proportionnelle à la densité du fluide magnétique du point du fil
vertical qui, dans chaque essai, se trouvera à 2 lignes de distance
de l'aiguille. Si l'on tente cette expérience, on trouvera que, s'il
faut une torsion de 8 cercles lorsque le point de recoupement est
à 2 lignes de l'extrémité du fil, il ne faut que 2 ou 3 cercles de torsion à 1 pouce et tout au plus un demi-cercle de torsion à 2 pouces;
et que lorsque le fil d'acier vertical a son extrémité baissée de
3 pouces au-dessous de l'extrémité de l'aiguille suspendue horizontalement, la répulsion est presque nulle. On trouvera la même
chose pour l'attraction des pôles du même nom, mais il faut
avertir que, pour compter sur le résultat d'une pareille expérience,
il ne faut employer que des aiguilles fortement trempées et d'excellent acier et ne pas leur donner un trop fort degré de magnétisme; autrement, comme dans cette opération le point de recroisement des deux aiguilles n'a que 2 lignes de distance, si la force du
fluide magnétique est telle que le fluide puisse se déplacer dans
les parties des aiguilles qui s'avoisinent, les résultats ne seront
plus comparables. On verra, dans un autre Mémoire, que la force
coercitive qui empêche le fluide magnétique une fois concentré
par l'opération de la double touche de se déplacer est une quantité constante qui varie suivant la nature et la trempe de l'acier;
mais que, lorsqu'un point d'une aiguille est aimanté à saturation,
cette force coercitive, que l'on peut comparer au frottement dans
la mécanique, fait équilibre avec la résultante de toutes les forces,
soit répulsives, soit attractives de tout le fluide magnétique répandu dans l'aiguille, la force de chaque point étant en raison
composée de la directe des densités et de l'inverse du carré des
distances.

COULOMB.

Récapitulation des objets contenus dans ce Mémoire.

Des recherches qui précèdent il résultera :

1° Que l'action, soit répulsive, soit attractive de deux globes électrisés et, par conséquent, de deux molécules électriques, est en raison composée des densités du fluide électrique des deux molécules électrisées et inverse du carré des distances ;

2° Que dans une aiguille de 20 à 25 pouces de longueur, aimantée par la méthode de la double touche, le fluide magnétique peut être supposé concentré à 10 lignes des extrémités de l'aiguille ;

3° Que lorsqu'une aiguille est aimantée, dans quelque position où elle soit placée sur un plan horizontal, relativement à son méridien magnétique, elle est toujours ramenée à ce méridien par une force constante parallèle au méridien, et dont la résultante passe toujours par le même point de l'aiguille suspendue ;

4° Que la force attractive et répulsive du fluide magnétique est exactement, ainsi que dans le fluide électrique, en raison composée de la directe des densités, et inverse du carré des distances des molécules magnétiques.

TROISIÈME MÉMOIRE.

(1785)

DE LA QUANTITÉ D'ÉLECTRICITÉ QU'UN CORPS ISOLÉ PERD DANS UN TEMPS DONNÉ, SOIT PAR LE CONTACT DE L'AIR PLUS OU MOINS HUMIDE, SOIT LE LONG DES SOUTIENS PLUS OU MOINS IDIO-ÉLECTRIQUES.

Lorsqu'un corps conducteur électrisé est isolé par des soutiens idio-électriques, l'expérience apprend que l'électricité de ce corps décroît et s'anéantit assez rapidement. L'objet de ce Mémoire est de déterminer suivant quelles lois se fait ce décroissement : la connaissance de cette loi est absolument nécessaire pour pouvoir soumettre par la suite au calcul les autres phénomènes de l'électricité; parce que les expériences destinées à évaluer ces phénomènes, ne pouvant s'exécuter dans un même instant, ne peuvent être comparées entre elles sans connaître l'altération qu'elles éprouvent dans le temps qui s'écoule de l'une à l'autre.

Deux causes paraissent principalement concourir à faire perdre l'électricité des corps : la première, c'est qu'il est probable qu'il n'y a dans la nature aucun soutien parfaitement isolant, c'est-à-dire qu'il n'y a aucun corps entièrement impénétrable à l'électricité lorsqu'elle est portée à un très grand degré d'intensité; que d'ailleurs, quand même ce corps existerait, l'air étant toujours chargé d'un certain degré d'humidité, cette humidité s'attache à la surface des corps idio-électriques en plus ou moins grande quantité, suivant que l'air est plus ou moins humide et que le corps idio-électrique, par sa nature, a une plus grande ou une moindre affinité avec l'eau que n'en ont les parties de l'air; en sorte qu'il arrive souvent que les parties aqueuses répandues sur la surface du corps idio-électrique qui sert de soutien à un corps électrisé sont plus rapprochées l'une de l'autre qu'elles ne le sont dans l'air

environnant; et comme ces parties aqueuses sont conductrices de
l'électricité, dans ce cas, lorsque les corps idio-électriques qui
servent de soutiens n'ont pas une longueur suffisante, l'électricité
se perd plus facilement le long de la surface du corps idio-électrique qui sert de soutien que par le contact de l'air.

La seconde cause, c'est que, le corps électrisé étant enveloppé
par l'air atmosphérique, cet air, composé de différents éléments,
est plus ou moins idio-électrique, soit par la nature de ces éléments, soit par leur affinité avec les molécules aqueuses; affinité
qui varie encore suivant le degré de chaleur, en sorte que l'air
peut être regardé comme composé d'une infinité d'éléments en
partie idio-électriques, en partie conducteurs. Mais, comme un
corps conducteur se charge toujours d'une partie de l'électricité
du corps qui le touche, et que, chargé de cette électricité, il est
repoussé par ce corps, il en résulte que chaque molécule de l'air
qui touche un corps électrisé se charge de l'électricité de ce corps
plus ou moins rapidement, suivant que la densité électrique du
corps est plus ou moins grande, et que l'air est plus ou moins chargé
d'humidité ou de parties conductrices de l'électricité; dès l'instant
qu'une molécule de l'air est chargée d'électricité, elle est chassée
du corps électrisé et remplacée par une autre qui s'électrise, et
est chassée à son tour; chacune de ces molécules emportant une
partie de l'électricité du corps électrisé qu'elles enveloppent, la
densité électrique diminue plus ou moins rapidement, suivant
l'état de l'atmosphère. L'explication que nous venons de donner
sur la manière dont l'électricité se perd par le contact de l'air,
dont les molécules infiniment petites se meuvent avec beaucoup
de facilité, n'est pas applicable à la manière dont l'expérience apprend que l'électricité se perd le long des surfaces des soutiens
devenus idio-électriques imparfaits par le contact de l'air humide;
parce que, dans ce second cas, les parties aqueuses contractent
un assez grand degré d'adhérence avec la surface de ces soutiens;
que cette adhérence est quelquefois plus grande que l'action répulsive que le corps électrisé exerce sur la molécule aqueuse à
laquelle il a transmis une partie de son électricité; d'où il arrive,
et ce résultat est confirmé par l'expérience, que lorsque la molécule humide, la plus proche du corps électrisé, est chargée d'électricité, cette électricité passe en partie à la molécule suivante,

sans que cette molécule se déplace, et de là de molécule en molécule jusqu'à une certaine distance du corps : ainsi la densité de
chaque molécule diminuera à mesure qu'elle sera plus éloignée
du corps électrisé, parce que, ces molécules aqueuses étant séparées par un petit intervalle idio-électrique, il faut un certain degré de force pour que l'électricité puisse passer d'une molécule à
l'autre. La résistance que ce petit intervalle idio-électrique oppose
à l'écoulement du fluide électrique paraît ne pouvoir être représentée que par une quantité constante pour un intervalle constant,
et doit, par conséquent, être proportionnelle à la différence de
l'action de deux molécules consécutives. Nous verrons tout à
l'heure, que le calcul et les expériences qui déterminent la loi
de la densité du fluide électrique le long des soutiens idio-
électriques imparfaits s'accordent avec le raisonnement qui précède.

Les recherches qui vont suivre doivent donc avoir deux objets:
le premier, de déterminer suivant quelle loi l'électricité se perd
par le contact de l'air; le deuxième, de déterminer suivant quelle
loi cette même électricité se perd le long de la surface des soutiens
idio-électriques; mais comme, dans toutes les expériences que l'on
peut faire, les corps conducteurs chargés d'électricité sont toujours soutenus par des corps idio-électriques, ces expériences
doivent naturellement toujours présenter un résultat composé de
la perte de l'électricité par le contact de l'air et de la perte de
l'électricité le long de la surface du soutien idio-électrique, à
moins que l'on ne parvienne à soutenir le corps par un support
idio-électrique dont la surface soit proportionnellement moins
chargée d'humidité ou des parties conductrices que les molécules
de l'air environnant; car pour lors, en diminuant beaucoup la surface du contact du corps électrisé et de son soutien, la diminution de l'électricité du corps serait due en entier au contact de
l'air. D'après ce raisonnement, j'ai essayé, pour servir de soutien
au corps électrisé, plusieurs matières idio-électriques, et j'ai
trouvé que, lorsque la densité électrique du corps soutenu n'était
pas très considérable, un petit cylindre de cire d'Espagne ou de
gomme-laque, d'une demi-ligne de diamètre et de 18 à 20 lignes
de longueur, suffisait presque toujours pour isoler parfaitement une
balle de sureau de 5 à 6 lignes de diamètre; j'ai également trouvé

que, lorsque l'air était sec, un fil de soie très fin passé dans la cire
d'Espagne bouillante et ne formant ensuite qu'un petit cylindre
tout au plus de $\frac{1}{7}$ de ligne de diamètre remplissait le même
objet, pourvu que l'on donnât à ce fil une longueur de 5 à
6 pouces. Un fil de verre, tiré à la lampe d'émailleur, de 5 ou
6 pouces de longueur, n'isole la balle que dans des jours très secs
et lorsqu'elle est chargée d'un très faible degré d'électricité;
il en est de même d'un cheveu ou d'une soie qui ne sont pas
enduits de cire d'Espagne, ou, ce qui vaut encore mieux, de
gomme-laque pure.

PREMIÈRE PARTIE.

*Expérience pour déterminer la perte de l'électricité
par le contact de l'air.*

J'ai donné, dans mon premier Mémoire sur l'électricité, la
description de la balance dont je me sers dans toutes les expériences électriques. On peut se rappeler, en jetant les yeux sur
la figure de cette balance, qu'une aiguille horizontale formée par
un fil de soie enduit de cire d'Espagne ou même par une paille
terminée par un petit cylindre de gomme-laque, porte une petite
balle de sureau de 4 ou 5 lignes de diamètre à son extrémité; que
cette aiguille est suspendue horizontalement par un fil d'argent
de 28 pouces (75,80) de longueur, et qu'en agissant avec un levier
de 4 pouces (10,83) pour tordre ce fil de suspension autour de
son axe, il ne faut employer qu'une force de $\frac{1}{340}$ grain ($0^d,153$)
pour le tordre de 360°; que les forces de torsion sont généralement proportionnelles à l'angle de torsion, en sorte que, par
exemple, pour tordre notre fil de 36° ou pour faire varier l'aiguille de 36°, il ne faut employer que $\frac{1}{3400}$ de grain. On doit encore se rappeler que la force de torsion de ce fil de suspension se
mesure d'une manière bien simple, au moyen d'un micromètre
placé au haut de la tige de notre balance, et qu'en présentant à la
balle de l'aiguille une seconde balle de la même grosseur isolée
comme celle de l'aiguille, leur action réciproque, lorsqu'elles sont
chargées d'une électricité de même nature, tend à les éloigner
l'une de l'autre; qu'en tordant le fil de suspension au moyen du
micromètre, il est facile de mesurer cette action, que nous avons

trouvée, dans ce Mémoire, exactement comme l'inverse du carré de la distance des deux balles.

Pour déterminer, au moyen de cette même balance, la loi suivant laquelle un corps électrisé perd son électricité dans un temps donné, voici la méthode qui m'a paru la plus simple et la plus exacte.

Je suspends à un fil de soie très fin, enduit de cire d'Espagne et terminé par un petit cylindre de gomme-laque de 18 à 20 lignes (4 à 4,5) de longueur, une petite balle de sureau semblable à celle de l'aiguille; je l'introduis par le trou du couvercle de ma balance, comme je l'ai fait dans mon premier Mémoire, et je la place de la même manière.

Au moyen d'une épingle à grosse tête que je charge d'électricité et qui est isolée comme dans le premier Mémoire, j'électrise également les deux balles, ce qui est très facile en les faisant toucher l'une à l'autre; lorsque ces balles sont électrisées, elles se repoussent mutuellement et l'aiguille ne s'arrête que lorsque la distance des deux balles est telle que la force de torsion est égale à la force répulsive : un exemple fera mieux entendre l'opération que toute autre explication.

Je suppose que la balle de l'aiguille soit chassée à 40°; en tordant le fil de suspension, je la ramène à une moindre distance, à 20° par exemple, ce que je suppose avoir encore obtenu en tordant le fil de suspension de 140°. J'observe l'instant où cette balle répond très précisément à 20° : comme l'électricité se perd, les balles se rapprocheront quelques minutes après l'opération; ainsi, pour pouvoir les observer toujours à la première distance de 20°, je détors, au moyen de l'index, le fil de suspension de 30°, et la force de torsion étant diminuée de ces 30°, les balles se chassent à un peu plus de 20°. J'attends l'instant où la balle de l'aiguille arrive à 20°, et je tiens compte très exactement du temps écoulé entre les deux opérations; je suppose que ce temps soit trois minutes; il résultera de cette opération qu'à la première observation, la distance des balles étant 20, la force répulsive avait pour mesure 140° + 20°; que trois minutes après la force répulsive, à la même distance de 20°, n'était plus que 110° + 20°, c'est-à-dire qu'elle était diminuée de 30° ou de 10° par minute : ainsi, comme la force moyenne entre les deux observations était mesurée par 145°, et

qu'elle diminue de 30° en trois minutes ou de 10° par minute,
la force électrique des deux balles diminuait de $\frac{10}{145}$ par minute.

C'est d'après cette méthode que j'ai formé le premier Tableau
qui représente les observations faites le 28 mai, le 29 mai, le
22 juin et le 2 juillet; j'ai choisi ces quatre observations parmi
une infinité d'autres, parce que l'hygromètre annonçait ces quatre
jours des différences considérables dans le degré d'humidité de
l'air, et que le degré de chaleur était à peu près le même.

Observations sur le Tableau suivant.

Dans ce Tableau, la première colonne représente l'instant de
l'observation; la deuxième, la distance des deux balles; la troisième, le degré de torsion donné par le micromètre; la quatrième,
la durée du temps écoulé entre deux observations consécutives;
la cinquième, la perte de la force électrique dans le temps écoulé
entre deux observations; la sixième, la force moyenne de répulsion entre deux observations consécutives, mesurée par la torsion
moyenne, indiquée par le micromètre, plus par la distance de
deux balles; enfin, la septième colonne indique le rapport de la
force électrique perdue dans 1^m à la force totale.

On voit, d'après cette septième colonne, que le rapport de la
force électrique perdue à la force totale a été représenté, le même
jour ou dans le même état de l'humidité de l'air, par une quantité
constante; que ce rapport n'a varié qu'à mesure que l'hygromètre
a annoncé une variation dans l'humidité de l'air, d'où il résulte
que, pour un même état de l'air, la perte de l'électricité est toujours proportionnelle à la densité électrique.

La loi de la perte de la densité électrique étant déterminée par
les expériences qui précèdent, il est facile d'avoir par le calcul
l'état électrique des deux balles après un temps donné; prenons
pour exemple la première expérience de notre Table où nous
avons vu que l'action électrique des deux balles, dont l'électricité
primitive était la même, diminuait de $\frac{1}{41}$ partie à chaque minute.
Puisque la densité électrique décroît, ainsi que nous venons de le
voir, proportionnellement aux densités, nous avons

$$\left(\frac{d\delta}{\delta}\right) = m\,dt,$$

où δ représente la densité de chaque balle; mais, puisque cette densité décroît, comme on le verra dans l'article suivant, de $\frac{1}{82}$ par minute, si $dl = 1^m$, on aura

$$m = \left(\frac{1}{82}\right).$$

Ainsi, dans cette expérience,

$$-\frac{d\delta}{\delta} = \left(\frac{dl}{82}\right);$$

multipliant par le module μ du système logarithmique, on aura

$$-\mu\frac{d\delta}{\delta} = \left(\frac{\mu dl}{82}\right),$$

dont l'intégrale donne

$$\frac{\mu l}{82} = \log\left(\frac{D}{\delta}\right),$$

D représentant la densité primitive du fluide électrique de chaque balle et, par conséquent,

$$\frac{2\mu l}{82} = \frac{\mu}{41} l = \log\left(\frac{D^2}{\delta^2}\right);$$

mais la distance étant constante, D^2 est proportionnel à l'action primitive et δ^2 est proportionnel à l'action, lorsque le temps $= l$; ainsi, en se servant des Tables ordinaires, puisque le module $\mu = 0,4343$, on aura

$$\frac{0,4343}{41} l = \log\left(\frac{D^2}{\delta^2}\right).$$

Si l'on cherche, d'après cette formule, la valeur de δ dans cette première expérience, on trouvera qu'au premier essai $D^2 = 150$, qu'au sixième essai $\delta^2 = 50$; ainsi,

$$\frac{0,4343}{41} l = \log\frac{150}{50} = \log 3$$

et, par conséquent,

$$l = \left(\frac{41 \log 3}{0,4343}\right) = 45^m.$$

Le premier essai a commencé à $6^h 32^m 30^s$; le sixième essai n'a eu lieu qu'à $7^h 17^m$: ce qui donne $44^m 30^s$, au lieu de 45^m trouvées par l'expérience.

PREMIÈRE TABLE POUR DÉTERMINER LA QUANTITÉ D'ÉLECTRICITÉ PERDUE PENDANT UNE MINUTE PAR LE CONTACT DE L'AIR.

Heures.	Distance des balles.	Torsion du micromètre.	Temps écoulé entre deux observations consécutives.	Force électrique perdue entre deux observations.	Force moyenne entre deux observations.	Rapport de la force perdue par minute a la force.
Première expérience le 28 mai. Hygromètre, 75°; thermomètre, 15°½; baromètre, 28"3¹.						
Premier essai............ 6ʰ32ᵐ30ˢ	Xatin. 30	120	5ᵐ45ˢ	20	140	$\frac{1}{40}$
Deuxième essai.......... 6.38.15	»	100	6.15	20	120	$\frac{1}{38}$
Troisième essai......... 6.44.30	»	80	8.30	20	100	$\frac{1}{42}$
Quatrième essai........ 6.53.0	»	60	10	20	80	$\frac{1}{40}$
Cinquième essai........ 7.3.0	»	40	14	20	60	$\frac{1}{42}$
Sixième essai........... 7.17.0	»	20				
Seconde expérience le 29 mai. Hygromètre, 69°; thermomètre, 15°½; baromètre, 28"4¹.						
Premier essai............ 5.45.30	30	130	7.30	20	150	$\frac{1}{56}$
Deuxième essai.......... 5.53.0	»	110	9.30	20	130	$\frac{1}{61}$
Troisième essai......... 6.2.30	»	90	9.45	20	110	$\frac{1}{54}$
Quatrième essai........ 6.12.15	»	70	20.45	30	75	$\frac{1}{18}$
Cinquième essai........ 6.33.30	»	40	18	20	60	$\frac{1}{34}$
Sixième essai........... 6.51.0	»	20				
Troisième expérience le 22 juin. Hygromètre, 87°; thermomètre, 15°¾; baromètre, 27"11¹.						
Premier essai............ 11.53.45	20	80	3	20	90	$\frac{1}{13,5}$
Deuxième essai.......... 11.56.45	»	60	3	20	70	$\frac{1}{11}$
Troisième essai......... 11.59.45	»	40	5.15	20	50	$\frac{1}{13,5}$
Quatrième essai........ 12.5.0	»	20	11.15	25	28	$\frac{1}{13,5}$
Cinquième essai........ 12.16.15	»	5				
Quatrième expérience le 2 juillet. Hygromètre, 80°; thermomètre, 15°¾; baromètre, 28"2¹.						
Premier essai............ 7.43.40	20	80	5.20	20	90	$\frac{1}{17}$
Deuxième essai.......... 7.49.0	»	60	8.20	20	70	$\frac{1}{14}$
Troisième essai......... 7.57.20	»	40	12	20	50	$\frac{1}{30}$
Quatrième essai........ 8.9.15	»	20	8.15	10	35	$\frac{1}{19}$
Cinquième essai........ 8.17.30	»	10				

Deuxième remarque.

Le rapport donné dans la septième colonne de la Table représente exactement la portion de la force perdue dans une minute par le corps électrisé à la force totale, mais ce rapport est double de celui de la perte de la densité de chaque corps à la densité totale; il est facile de s'en convaincre par les réflexions suivantes.

Nous avons vu, dans nos deux premiers Mémoires, que lorsque deux globes électrisés agissaient l'un sur l'autre, leur action réciproque était en raison composée des densités électriques et de l'inverse du carré des distances de ces deux globes. Ainsi, puisque dans nos expériences les deux balles sont égales et qu'elles ont au premier instant reçu une égale dose d'électricité, leur action réciproque, en nommant δ la densité électrique et u la distance des deux balles, sera proportionnelle à $\left(\frac{\delta^2}{u^2}\right)$, et la variation de cette action dans l'instant dt sera également proportionnelle à $\frac{2\delta\,d\delta}{u^2}$; ainsi le rapport de cette variation d'action à l'action sera égal à $\left(\frac{2\,d\delta}{\delta}\right)$. Mais $\left(\frac{d\delta}{\delta}\right)$ est le rapport de la perte de la densité de chaque balle à sa densité et, par conséquent, elle a pour mesure la moitié du rapport donné par la perte de l'action à l'action donnée dans nos expériences; ainsi, le 28 juin, notre Tableau donnant moyennement $\frac{1}{44}$ pour le rapport de la force électrique perdue dans une minute à la force totale, il en résulte que, ce même jour, la densité électrique des balles diminuait de $\frac{1}{82}$ partie par minute.

Par une suite d'expériences du même genre, j'ai également trouvé que, quoique les balles eussent des grosseurs très différentes, que la masse d'électricité et la densité électrique de chaque balle fussent très différentes, le rapport de la force perdue dans une minute à la force totale restait toujours une quantité constante; en sorte, par exemple, que, quoique le 28 juin je présentasse à la balle de l'aiguille une balle double de grosseur, et que je donnasse à cette balle une densité électrique plus grande ou plus petite que celle de l'aiguille, la perte de la force électrique par minute était toujours $\frac{1}{44}$ partie de la force totale. Pour peu que l'on y fasse attention, on verra que, si dans un temps donné la densité décroît proportionnellement à son intensité, le résultat que donne l'ex-

périence est une suite nécessaire de la théorie; car l'action des
deux balles dont la grosseur et la densité sont différentes étant
représentée par $m\left(\dfrac{D\delta}{a^2}\right)$, où m est un coefficient constant dépendant de la surface des balles, où D et δ représentent les densités
et a la distance, la variation de la force répulsive divisée par
cette force aura pour mesure

$$\left(\frac{d\mathrm{D}}{\mathrm{D}}\right)\cdots\left(\frac{d\delta}{\delta}\right),$$

quantité qui sera toujours une quantité constante, quelle que soit
la valeur de δ, de D et de m, pourvu que, pour un même instant
dt, $\dfrac{d\mathrm{D}}{\mathrm{D}}=\dfrac{d\delta}{\delta}=$ une quantité constante.

Mais une remarque fournie par l'expérience, et qui me paraît
mériter la plus grande attention, c'est que, quelque figure qu'ait
un corps électrisé et quelle que soit sa grosseur, le décroissement
de la densité électrique, relativement à cette densité, a dans tous
les cas pour mesure à peu près une quantité constante lorsque l'air
est sec et que le degré d'électricité n'est pas très considérable.
J'ai fait cette expérience avec un globe de 1 pied de diamètre,
avec des cylindres de toutes les grosseurs et de toutes les longueurs; j'ai substitué à la place des balles, dans ma balance électrique, des cercles de papier ou de métal; j'ai même, un jour très
sec, armé une des balles d'un petit fil de cuivre de 10 lignes de
longueur et de $\frac{1}{4}$ ligne de diamètre, et, en observant le décroissement de l'électricité, j'ai trouvé, le jour où j'ai fait cette expérience, que la densité électrique décroissait dans tous ces corps,
quelques figures qu'ils eussent, de $\frac{1}{100}$ partie par minute : mais il
faut seulement prévenir que les corps de différentes figures ne donnent cette égalité de décroissement dans la densité électrique que
lorsque cette densité est diminuée à un certain point; que dans
toutes les figures anguleuses, lorsqu'on leur communique une
électricité très forte, elles perdent rapidement une portion de cette
électricité, suivant des lois que nous déterminerons en parlant de
l'électricité des pointes; mais lorsque l'électricité est diminuée à
un certain point, pour lors, quelle que soit la densité électrique,
son rapport avec le décroissement pendant l'instant dt sera une
quantité constante.

Une seconde observation que l'expérience m'a fait faire, c'est que la nature du corps n'influe nullement sur la loi du décroissement de l'électricité; ainsi, le 28 juin, où nous voyons par notre Tableau que l'électricité décroissait de $\frac{1}{82}$ par minute par des balles de sureau, elle décroissait de la même quantité pour une balle de cuivre et, ce qui paraîtra plus extraordinaire, pour une balle de nature idio-électrique formée avec de la cire d'Espagne et que l'on avait chargée d'électricité, en la faisant toucher à un corps fortement électrisé. Nous aurons lieu dans la suite de revenir sur tous ces résultats, lorsque nous aurons déterminé par l'expérience et le calcul les lois des autres phénomènes électriques.

Troisième remarque.

Si l'on veut actuellement chercher, d'après le Tableau qui représente le décroissement de l'électricité dans une minute, la correspondance entre l'état plus ou moins humide de l'air et ce décroissement d'électricité, on formera la petite Table suivante :

Hygromètre.	Quantité d'eau que 1 pied cube d'air tient en dissolution.	Électricité perdue à chaque minute.
Le 29 mai... 69	6,197 grains	$\frac{1}{60}$
Le 28 mai... 75	7,295	$\frac{1}{11}$
Le 2 juillet.. 80	8,045	$\frac{1}{20}$
Le 22 juin .. 87	9,221	$\frac{1}{14}$

(Soit $0^{gr},08$, $1^{gr},28$, $1^{gr},42$, $1^{gr},26$, par mètre cube.)

Dans ce Tableau, la première colonne marque le jour où l'expérience a été faite; la deuxième, l'état de l'hygromètre de M. de Saussure; la troisième, la quantité d'eau que l'air tient en dissolution par pied cube lorsque le thermomètre est entre 15 et 16°, évaluée d'après une petite Table du Chap. X, p. 173, de l'*Hygrométrie* de M. de Saussure, qui exprime pour tous les degrés du thermomètre la quantité d'eau que l'air tient en dissolution relativement au degré marqué par l'hygromètre de cet auteur.

Si, d'après cette Table, l'on cherche par le calcul à déterminer une loi entre le décroissement de l'électricité et la quantité d'eau contenue dans 1 pied cube d'air, lorsque le thermomètre est entre 15° et 16°, point où il se trouvait dans le temps des quatre expé-

0

riences, en nommant m la puissance qui exprime ce rapport et en comparant la première expérience avec les trois autres, on aura :

Première et deuxième expérience $\frac{60}{41} = \left(\frac{7,197}{6,180}\right)^m$, d'où $m = 2,76$;

Première et troisième   » $\frac{60}{29} = \left(\frac{8,045}{6,180}\right)^m$, d'où $m = 2,76$;

Première et quatrième   » $\frac{60}{14} = \left(\frac{9,221}{6,180}\right)^m$, d'où $m = 3,04$;

et la quantité moyenne donne $m = 3,04$.

En sorte qu'il paraîtrait que le décroissement de la force ou, ce qui revient au même, de la densité électrique, est proportionnel au cube du poids de l'eau contenue dans 1^{vol} d'air.

Mais ce résultat dépendant de plusieurs éléments, qui ne sont peut-être pas encore déterminés d'une manière assez sûre, a besoin d'être confirmé par des recherches plus directes. C'est dans cette vue que j'avais imaginé, pour compléter mon travail, de renfermer des corps électrisés dans différentes espèces d'air, de donner à cet air différents degrés de densité et d'humidité, de chercher ensuite dans chaque état de ces airs la loi du décroissement de l'électricité; mais je me suis bientôt aperçu que cette opération demandait beaucoup de temps, de patience et des instruments que je n'avais pas, ou qui n'existent même pas encore pour mesurer avec exactitude le degré de pureté de chaque air et son degré d'humidité : j'ai été obligé, avec regret, de renoncer au moins pour le moment à un travail sur lequel je désire de pouvoir revenir dans la suite.

Quatrième remarque.

Dans les différents essais qui forment la Table générale de nos expériences, je me suis assuré que l'électricité se perdait uniquement par le contact de l'air et non le long des corps idio-électriques qui formaient les soutiens, par la méthode suivante.

Les balles renfermées dans la balance électrique étant soutenues par un seul fil de soie enduit de cire d'Espagne, terminé par un fil de gomme-laque de 18 lignes (4,06) de longueur, je cherchais la quantité d'électricité qui se perdait dans une minute et qui se trouve dans le Tableau des expériences; je faisais ensuite toucher la balle par quatre fils absolument semblables à celui qui servait de soutien, et je déterminais dans cet état le décroissement de l'électricité dans une minute que je trouvais le même que s'il n'y avait eu qu'un seul soutien : il est clair que, ayant dans cette expérience quatre soutiens au lieu d'un seul, si une partie sensible de l'électricité s'était perdue par les soutiens, le décroissement aurait été sensiblement plus grand lorsque la balle était touchée par quatre fils enduits de cire d'Espagne que lorsqu'elle était soutenue par un seul; et, puisque l'expérience a prouvé le contraire, il en résulte que l'électricité se perdait uniquement par le contact de l'air, et non le long des corps idio-électriques qui formaient les soutiens.

Cinquième remarque.

A mesure que le degré de chaleur indiqué par le thermomètre augmente, quoique l'hygromètre de M. de Saussure, qui a servi à la comparaison de nos expériences, reste au même degré, cependant la quantité d'eau qu'un volume d'air déterminé tient en dissolution augmente avec cette chaleur. Mais, comme il paraît que le décroissement plus ou moins prompt de l'électricité dépend de la quantité d'eau ou du nombre des parties conductrices qui se trouvent dans un même volume d'air, il doit en résulter que, pour le même degré hygrométrique, l'électricité doit se perdre plus promptement les jours chauds que les jours froids. C'est effectivement ce que l'expérience confirme toujours; mais il reste à chercher si à différents degrés de chaleur le décroissement de l'électricité dépend uniquement de la quantité d'eau tenue en dissolution dans un volume d'air déterminé.

Ici les expériences nous manquent : on trouve à la vérité, dans l'excellent essai d'hygrométrie de M. de Saussure (Chap. X, p. 181), une Table qui représente la correspondance des degrés de son hygromètre avec la quantité d'eau qu'un pied cube d'air tient en dissolution à chaque degré du thermomètre, mais M. de Saussure annonce qu'il ne répond pas de cette Table, qu'il n'a publiée que pour présenter un modèle de la réduction des expériences qu'il compte faire par la suite. Ainsi, tous les résultats que nous pourrions tirer en comparant, d'après cette Table, la perte électrique avec la quantité d'eau tenue en dissolution dans un pied cube d'eau à 1° de chaleur et d'hygromètre observé, ne seraient qu'hypothétiques. On peut seulement dire, en général, qu'il paraît qu'à mesure que le degré de chaleur augmente, l'électricité ne se perd pas aussi promptement qu'elle devrait se perdre, en calculant d'après cette Table la quantité d'eau que le pied cube d'air tient en dissolution; c'est-à-dire que, en admettant pour vraie la Table de M. de Saussure, un pied cube d'air tenant, par exemple, 6 grains d'eau en dissolution est plus idio-électrique ou moins conducteur de l'électricité à mesure que la chaleur augmente.

Sixième remarque.

Avant de finir cette première Partie de mon Mémoire, je dois encore avertir que, quoique le thermomètre, l'hygromètre et même le baromètre marquent à différents jours les mêmes degrés, le décroissement de l'électricité n'est cependant pas toujours le même : on ne peut, ce me semble, expliquer ces variétés par une autre cause que par la composition de l'air formé de différents éléments plus ou moins idio-électriques dont la densité, les proportions varient presque continuellement et qui ont des degrés d'affinités différents avec les vapeurs aqueuses. La seule observation qui m'a paru assez générale, c'est que, lorsque le temps change subitement et que l'hygromètre varie sensiblement dans quelques heures de l'humidité au sec, la perte de l'électricité relativement à sa densité reste pendant quelque temps plus grande qu'elle ne devrait l'être d'après ce degré de sécheresse indiqué par l'hygromètre, et *vice versa*, lorsque l'hygromètre passe subitement du sec à l'humide. Ainsi, par exemple, si dans douze ou quinze heures l'hygromètre passe de l'humide au sec de 8° ou 10° et qu'il se fixe ensuite à ce degré de sécheresse pendant plusieurs jours, on observera souvent que, si la densité électrique décroît le premier jour après cette marche de l'hygromètre, de $\frac{1}{90}$ par minute, quelques jours après, quoique la sécheresse indiquée par l'hygromètre reste invariable, la densité électrique ne décroît plus que de $\frac{1}{160}$ partie par minute. La cause de ce phénomène ne dépendrait-elle pas de ce que les vapeurs aqueuses, après avoir séjourné un certain temps dans l'air, y contractent une adhérence de plus en plus grande, et que le cheveu de l'hygromètre n'attire que les parties aqueuses qui sont encore libres et qui ont un plus faible degré d'adhérence avec l'air que les premières; d'où il résulterait que, dans les variations subites, l'hygromètre annoncerait seulement la quantité des parties *aqueuses* libres dans l'air et non la quantité absolue de ces parties. Ce qui paraîtrait venir à l'appui de cette opinion, c'est que l'état de diminutions électriques se fixe presque toujours au bout de quelques heures, relativement à l'hygromètre, lorsque la variation prompte de sécheresse ou d'humidité a lieu avec un vent violent et que ce n'est qu'avec un temps calme que l'on éprouve quelquefois le contraire. Il se pourrait cependant que ce phénomène fût uniquement produit par l'humidité ou la sécheresse des corps qui avoisinent l'aiguille.

Cette remarque, ainsi que la troisième, dépendant, comme nous l'avons dit, de plusieurs éléments hygrométriques qui sont encore incertains, les résultats ne sont qu'hypothétiques et il ne faut pas les confondre avec les principaux points de ce Mémoire qui paraissent avoir pour base une suite d'expériences suivies.

DEUXIÈME PARTIE.

De la quantité d'électricité qui se perd le long des soutiens idio-électriques imparfaits.

Nous avons vu, dans la première Partie de ce Mémoire, que, lorsque l'électricité se perd par le contact de l'air, le décroissement momentané de l'électricité était très exactement proportionnel à la densité électrique du corps électrisé. On peut se rappeler que, pour nous diriger dans les expériences propres à mener à ce résultat, nous avons dû chercher à isoler le corps électrisé sur un soutien le plus idio-électrique possible.

Pour suivre la même méthode, il faudrait, dans la recherche actuelle, soutenir les corps par des isoloirs dont l'idio-électricité fût tellement imparfaite que la perte de l'électricité le long de ces soutiens fût dans un rapport très grand avec la quantité d'électricité que le corps perd par le contact de l'air. Mais on sent que plus ce rapport sera grand, plus l'électricité du corps électrisé se perdra rapidement. Et comme, dans la pratique des expériences, dès l'instant que, dans notre balance électrique, la balle soutenue par l'aiguille est électrisée, l'aiguille oscille pendant quelques minutes, qu'elle oscille également toutes les fois qu'on touche au micromètre, pour augmenter ou diminuer la torsion du fil de suspension, on voit que si l'électricité se perdait très rapidement, à chaque observation l'électricité se trouverait presque entièrement anéantie avant que l'aiguille s'arrêtât et qu'on pût déterminer sa position d'une manière précise : cet inconvénient pratique nous a donc obligé à nous servir de soutiens qui eussent assez de forces idio-électriques pour pouvoir, sans électriser à chaque fois les balles, faire plusieurs observations consécutives; il est facile ensuite, par le calcul, de déterminer, dans ces expériences, la partie de l'électricité perdue par le contact de l'air, et celle perdue le long du soutien.

La deuxième Table a été formée sur le même modèle que la première, ainsi que l'indiquent les titres : mais la balle introduite dans le trou de la balance, et qui est destinée à chasser la balle de l'aiguille, au lieu d'être isolée, comme dans les expériences de cette première partie, par un petit cylindre de gomme-laque de 15 à 18 lignes de longueur, est soutenue par un fil de soie d'un seul brin, tel qu'il sort du cocon; ce fil a 15 pouces de longueur.

Les deux expériences de cette deuxième Table ont été faites comme celles de la première, le 28 et le 29 mai. La première Table détermine la quantité d'électricité que le contact de l'air faisait perdre : ainsi, en comparant le résultat de cette première Table avec celui de la deuxième, il sera facile de déterminer la quantité d'électricité perdue à chaque instant le long des soutiens.

Mais une remarque bien importante que nous offre cette seconde Table, c'est que le décroissement de l'électricité, d'abord beaucoup plus prompt lorsque la densité est considérable qu'il ne devrait l'être s'il était uniquement produit par le contact de l'air, parvient dans l'une et l'autre expérience de la deuxième Table, lorsque la densité électrique de la balle soutenue par le fil de soie est réduite, à un certain degré, à être précisément la même que lorsque l'idio-électricité de l'isoloir est parfaite, ou pour mieux dire, lorsque la perte de l'électricité est entièrement due au contact de l'air, comme dans la première Table.

SECONDE TABLE POUR DÉTERMINER LA PERTE DE L'ÉLECTRICITÉ LE LONG DES SOUTIENS IDIO-ÉLECTRIQUES IMPARFAITS.

Heures.	Distance des balles.	Torsion du micromètre.	Temps écoulé entre deux observations consécutives.	Force électrique perdue entre deux observations.	Force moyenne entre deux observations.	Rapport de la force perdue par minute à la force.

Première expérience le 28 mai.

Heures.	Distance des balles.	Torsion du micromètre.	Temps écoulé entre deux observations consécutives.	Force électrique perdue entre deux observations.	Force moyenne entre deux observations.	Rapport de la force perdue par minute à la force.
Premier essai.......... 10ʰ 0ᵐ 0ˢ Matin.	30	150				
Deuxième essai........ 10. 2.30	"	120	2ᵐ30ˢ	30	165	$\frac{1}{14}$
Troisième essai........ 10. 8. 0	"	80	5.30	40	130	$\frac{1}{18}$
Quatrième essai 10.13. 0	"	60	5	20	100	$\frac{1}{23}$
Cinquième essai 10.29.30	"	20	16.30	40	70	$\frac{1}{29}$
Sixième essai.......... 10.50.30	"	0	21	20	40	$\frac{1}{42}$
Septième essai.......... 11. 7. 0	"	10	16.30	10	25	$\frac{1}{41}$

Seconde expérience le 29 mai.

Heures.	Distance des balles.	Torsion du micromètre.	Temps écoulé entre deux observations consécutives.	Force électrique perdue entre deux observations.	Force moyenne entre deux observations.	Rapport de la force perdue par minute à la force.
Premier essai.......... 7.34. 0	30	150				
Deuxième essai........ 7.36.40	"	130	2.40	20	170	$\frac{1}{23}$
Troisième essai........ 7.41.30	"	110	4.50	20	150	$\frac{1}{29}$
Quatrième essai 7.48.20	"	90	6.50	20	130	$\frac{1}{44}$
Cinquième essai 7.55.45	"	70	7.25	20	110	$\frac{1}{43}$
Sixième essai.......... 8. 7.30	"	50	11.45	20	90	$\frac{1}{53}$
Septième essai........ 8.25. 0	"	30	17.30	20	70	$\frac{1}{61}$
Huitième essai.......... 8.42.30	"	15	17.30	15	50	$\frac{1}{58}$
Neuvième essai........ 9. 5. 0	"	1	22.30	14	38	$\frac{1}{66}$

Il résulte certainement de cette observation que notre fil de soie de 15 pouces de longueur isole parfaitement, lorsque l'action réciproque des deux balles est mesurée dans la première expérience de notre seconde Table, par une force de torsion de 40° et au-dessous, puisque pour lors la perte électrique n'est que de $\frac{1}{12}$ par minute, la même qui avait été trouvée pour le même jour dans la première Table, et qui était, ainsi qu'il est prouvé dans la première Partie de ce Mémoire, uniquement due au contact de l'air. Il résulte également de cette même observation que, dans la deuxième expérience de notre seconde Table, le fil de soie de 15 pouces de longueur isolait parfaitement, lorsque l'action répulsive des deux balles était de 70° et au-dessous, puisque alors la perte de l'action électrique n'était que de $\frac{1}{60}$, ainsi que nous l'avions trouvé le même jour dans la première Table. Actuellement, puisque les forces répulsives sont mesurées, pour une distance constante, par le produit des densités des deux balles égales, nous allons chercher à connaître le rapport entre la densité primitive et les degrés de densités de la balle soutenue par le fil de soie, lorsque ce fil de soie commence à isoler parfaitement cette balle.

Détermination de la densité électrique de la balle soutenue par le fil de soie, lorsque ce fil commence à isoler parfaitement.

Une application du calcul développé dans la première Partie de ce Mémoire et comparé avec le résultat de la première expérience de notre seconde Table suffira pour faire connaître la méthode que nous devons suivre dans cette recherche. Dans la première expérience de notre seconde Table qui a commencé à 10ʰ, nous avons donné une égale quantité de fluide électrique aux deux balles, puisque ces balles sont égales et que l'on a eu soin de les faire toucher après qu'elles ont été électrisées. La balle soutenue par l'aiguille étant isolée au moyen de la gomme-laque perdait ce jour-là $\frac{1}{82}$ partie de son fluide électrique par minute, et perdait ce fluide uniquement par le contact de l'air. La balle soutenue par le fil de soie perdait son électricité par le contact de l'air et le long de son soutien idio-électrique imparfait : ce n'est qu'à peu près vers 10ʰ 50ᵐ que le fil de soie a commencé à isoler parfaitement cette seconde balle, et pour lors l'action répulsive des deux

balles avait pour mesure 40°; mais à 10ʰ, au commencement de
l'expérience, l'action répulsive des deux balles chargées l'une et
l'autre d'une égale quantité de fluide électrique avait pour mesure
180°, ainsi que l'indique le premier essai de cette expérience :
ainsi la densité électrique de chaque balle était, à 10ʰ, proportionnelle à $\sqrt{180}$, puisque l'action, pour une distance constante, est
toujours proportionnelle au produit des densités et que les densités, au premier essai, étaient égales. Mais nous avons vu dans la
première Partie de ce Mémoire que le décroissement de l'électri-
cité, dans le contact de l'air, était exprimé par la formule $\frac{d\delta}{\delta} = m\,dt$,
où m, dans notre première expérience, $= \left(\frac{1}{82}\right)$; cette formule intégrée donne

$$\log\left(\frac{D}{\delta}\right) = \frac{0,4343}{82}\,t,$$

où D est la densité primitive de la balle, δ sa densité au bout d'un
temps t, 0,4343 le module du système logarithmique décimal des
Tables ordinaires : ainsi l'on aura

$$\log\delta = \log D - \frac{0,4343}{82}\,t;$$

ainsi, si nous cherchons ce qu'est devenue la densité D après 5o^m,
lorsque le fil de soie commence à isoler parfaitement, nous trouvons pour la balle de l'aiguille soutenue par la gomme-laque, et
isolée parfaitement pendant toute l'expérience, en supposant
D = $\sqrt{180}$ et $\log\delta = 1,1276 - 0,2648 = 0,8628$. Ainsi δ ou la
densité de la balle de l'aiguille, à 10ʰ5o^m, ayant été mesurée au
commencement de l'expérience par $\sqrt{180} = 13,4$, était mesurée
6o^m après par le nombre 7,3; mais, puisque l'action des deux balles
est toujours proportionnelle au produit de la densité, si l'on suppose s la densité de la balle soutenue par le fil de soie, lorsque ce
fil isole parfaitement ou que l'action des deux balles a pour mesure
40°, on aura

$$7,3 \times s = 40° \quad \text{ou} \quad s = 5,5;$$

d'où l'on conclut que la densité électrique de la balle soutenue par
le fil de soie de 15 pouces de longueur a pour mesure 5,5 lorsque
ce fil commence à isoler parfaitement, les deux balles étant à 3o°
de distance l'une de l'autre. D'après ce calcul, en comparant plusieurs expériences, j'ai trouvé qu'un petit cylindre de gomme-

laque de 18 lignes de longueur ne cessait d'isoler parfaitement, que lorsque la balle était chargée d'une densité électrique à peu près triple de celle de notre fil de soie ; c'est-à-dire qu'en prenant le nombre 5,5 pour la densité électrique de la balle, soutenue par notre fil de soie de 15 pouces de longueur, lorsqu'il commence à isoler parfaitement, il faudrait tripler à peu près cette densité pour avoir celle où un petit cylindre de gomme-laque de 18 lignes commence à isoler parfaitement et il cesse d'isoler lorsque la densité est plus forte : d'après cette théorie, il sera facile de déterminer quand on le voudra, par l'expérience, le degré d'idio-électricité des différents corps dont on est dans l'usage de se servir pour isoler les corps électrisés. Les tentatives que j'ai faites à ce sujet ne sont pas assez nombreuses pour en publier encore les résultats : on sent au surplus que ces résultats varient pour un même corps avec la chaleur et l'humidité de l'air, et que chaque jour donne un rapport différent.

Après avoir trouvé que, dans les soutiens idio-électriques imparfaits, il y avait toujours un certain degré de densité électrique, au-dessous duquel ces soutiens isolent parfaitement, j'ai cherché, par les méthodes que je viens d'expliquer, quel était le rapport entre cette densité électrique et la longueur des soutiens ; et l'expérience m'a appris que le degré de densité électrique où une soie, un cheveu, et tout corps cylindrique très fin dont l'idio-électricité était imparfaite, commence à isoler, était, pour le même état de l'air, proportionnel à la racine de la longueur ; en sorte, par exemple, que si une soie de 1 pied de longueur commence à isoler le corps parfaitement, lorsque sa densité est D, un fil de 4 pieds commencera à isoler lorsque sa densité sera 2D.

Ce que l'expérience nous apprend ici se trouve conforme à la théorie, en supposant, comme nous l'avons prouvé, dans nos deux premiers Mémoires, que l'action du fluide électrique suit la raison inverse du carré des distances, et que l'imperfection de l'idio-électricité des corps dépend de la distance idio-électrique, à laquelle se trouvent les molécules conductrices qui entrent dans la composition du soutien idio-électrique imparfait ou qui sont répandues le long de la surface ; que, par conséquent, pour que le fluide électrique passe d'une molécule conductrice à l'autre, il faut qu'il traverse un petit espace idio-électrique plus ou moins grand, suivant la nature du corps; que cet espace à traverser oppose une résistance constante pour le même corps, parce que ces molécules conductrices sont distribuées uniformément ou à une même distance l'une de l'autre. Ces suppositions admises, pour appliquer la théorie, on observera que, dans un fil très fin, conducteur, le fluide électrique se distribuerait uniformément dans toute sa longueur; que si ce fil a un certain degré d'idio-électricité et que le fluide y soit répandu suivant une loi quelconque, l'action qu'éprouverait chaque point dépendrait seulement de la densité électrique de la molécule en contact avec ce point et que l'action du reste du fil peut être regardée comme nulle. Voici la démonstration de ces deux propositions : fi représente un fil dont toutes les parties agissent l'une sur l'autre, suivant la raison inverse du

Fig. 1.

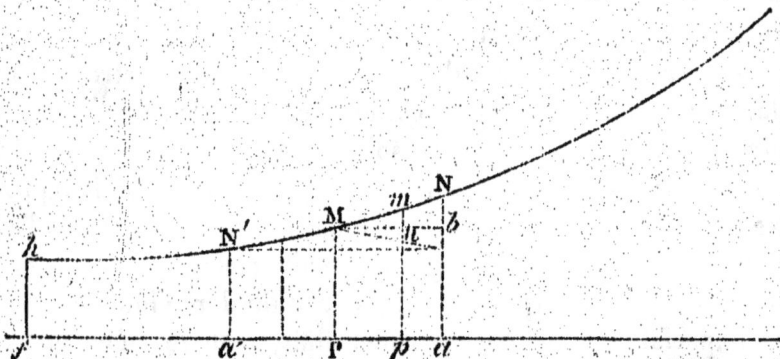

carré des distances, la courbe hMh' représente la densité électrique de chaque point du fil; sur la longueur de ce fil, je prends deux portions Pa et Pa', égales, finies, mais assez petites pour que, dans la pratique, MNb puisse être regardé comme un triangle.

Soit $Mn = Pp = x$, $\dfrac{bN}{MN} = a$, nm sera $= ax$, et l'action qu'éprouvera le point M dont la densité est D, de la part du petit élément dx placé en p, sera

$$\frac{Dax.dx}{x^2} = Da\left(\frac{dx}{x}\right);$$

intégrant cette quantité et supposant qu'elle s'évanouisse quand $x = A$, on aura, pour l'action de toute la partie Pp, $Da \log\left(\dfrac{x'}{A}\right)$, quantité qui sera une quantité finie tant que A sera une quantité finie, mais qui deviendra infinie quand A = o : d'où résulte que l'action qu'éprouve le point P dépend uniquement de l'incrément de la densité dans l'élément qui touche le point P et que la densité du reste de la ligne n'y influe pas ; d'où résulte également que si cette action dépend d'un fluide qui peut se mouvoir librement le long du fil, ou si ce fil est conducteur parfait, le fluide qui agit en raison inverse du carré des distances se répandra uniformément tout du long de ce fil : nous déterminerons dans la suite la densité électrique de l'extrémité de ce fil.

Appliquons le résultat qui précède à la question actuelle : le globe en C est soutenu au moyen du fil de soie AB, dont l'idio-électricité est imparfaite, c'est-à-dire dont chaque élément

Fig. 2.

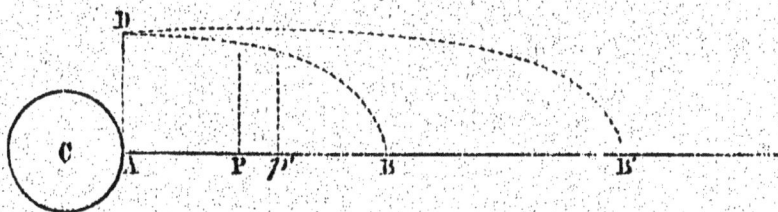

oppose une résistance constante A à l'écoulement de ce fluide ; soit A′ la masse électrique du globe, réunie à son centre ; soit δ la densité électrique en p, on aura pour l'action totale avec laquelle le point p est repoussé par le fluide électrique $\dfrac{A'\delta}{(R+x)^2} - \dfrac{\delta\,d\delta}{dx}$, quantité égale à la résistance idio-électrique B du fil que nous avons vue devoir être une quantité constante. On prend $d\delta$ négativement parce que δ décroît à mesure que x augmente ; mais nous prouverons, dans le Mémoire qui suivra celui-ci, que l'action du petit globe C électrisé sur le point P est incomparablement plus petite que l'action de l'élément dx multiplié par l'incrément de δ ; ainsi l'on peut, sans erreur sensible, négliger le premier terme $\dfrac{A\delta}{(R+x)^2}$, et l'équation se réduira à $-\dfrac{\delta\,d\delta}{dx} = B$ qui, intégrée, donne $K - \dfrac{\delta^2}{2} = Bx$. Mais, lorsque $x = o$, δ devient D égal à la densité du globe : ainsi nous aurons l'équation générale

$$D^2 - \delta^2 = 2Bx;$$

et si, dans cette équation, on fait $\delta = 0$, elle donnera la longueur x, où le fil commence à isoler parfaitement, et l'on aura pour lors

$$x = \frac{D^2}{B} :$$

ainsi les longueurs de différents fils de soie ou de soutiens quelconques idio-électriques imparfaits sont entre eux comme le carré des densités, lorsqu'ils commencent à isoler parfaitement, ainsi que nous l'avions trouvé par l'expérience ; il est facile de voir, d'après la formule, que la courbe qui représente dans notre figure la densité de l'électricité pour chaque point de fil de soie est une parabole dont l'axe est BA dont le sommet est en B, point où la densité est nulle et dont la concavité est tournée du côté de la balle ; car, puisque nous avons

$$(D^2 - \delta^2) = Bx,$$

que $AB = \left(\frac{D^2}{B}\right)$, on aura

$$Bp = \left(\frac{D^2}{B} - x\right) = z \quad \text{ou} \quad x = \left(\frac{D^2}{B} - z\right);$$

substituant cette valeur de x, dans notre équation, on aura

$$\delta^2 = Bz,$$

équation à la parabole, dont le sommet est en B, l'axe Bp, et dont le paramètre est B, quantité qui croît avec l'idio-électricité du soutien.

En réfléchissant sur la théorie que nous venons de présenter, il est facile de voir que la formule qui précède détermine la disposition du fluide électrique le long du soutien idio-électrique imparfait, en supposant qu'on a communiqué, comme nous l'avons fait dans nos expériences, une certaine dose de fluide électrique au globe soutenu par la soie ; parce que pour lors ce fluide se communiquant de proche en proche le long du soutien idio-électrique se répandra jusqu'au point B, de manière que la répulsion du fluide soit dans tous les points exactement en équilibre avec le *maximum* de résistance que la force coercitive du soutien idio-électrique peut opposer à l'écoulement de ce fluide. Mais il faut bien remarquer que, comme ce *maximum* de résistance est une force coercitive et non active qu'on peut comparer à la résistance

d'un frottement, toute action répulsive du fluide électrique
moindre que le *maximum* de cette résistance ne troublera point
l'état de stabilité de ce fluide répandu suivant une loi quelconque
le long du soutien; en sorte que, si la ligne AD qui représente
dans la figure ci-jointe la densité du globe reste constante, qu'on
prolonge d'une quantité quelconque BB' l'axe AB, et que l'on
décrive une courbe de densité DB', quelle qu'elle soit, pourvu que
tous les points $\frac{\delta\,d\delta}{dx}$ soit plus petit que B, le fluide électrique répandu le long de la ligne AB' conservera son état de stabilité
sans couler d'un point à un autre; d'où l'on conclut qu'il y a toujours une infinité de courbes de densité DB' qui satisfont également à l'état de stabilité du fluide électrique répandu le long d'un
soutien idio-électrique imparfait et que la recherche générale de
la disposition du fluide électrique dans un corps idio-électrique
imparfait est un problème indéterminé qui, pour devenir déterminé, a besoin d'être soumis à quelques conditions particulières.
Ainsi, dans la courbe ADB que nous avons trouvée, article qui
précède, représentée par la formule $(D^2 - \delta^2) = Bx$, nous avions
pour condition que le *maximum* de la résistance idio-électrique
était dans tous les points égal à la répulsion électrique; cette
courbe est en outre le cas particulier du problème général indéterminé où l'axe AB est un minimum. En effet, puisque dans
toutes les autres courbes de densité il faut que $\frac{\delta\,d\delta}{dx}$ soit plus petit
que B, si dans la courbe DB on faisait varier un seul élément,
pour que l'état de stabilité ne fût pas troublé en laissant $d\delta$ constant, il faudrait nécessairement, pour que $\frac{\delta\,d\delta}{dx}$ fût plus petit que
B, augmenter la quantité dx et allonger l'axe de la courbe.

Il résulte encore de la théorie que nous venons d'expliquer
que, dans tous les corps conducteurs où le fluide électrique se
répand librement, la détermination de la densité du fluide électrique, pour un point quelconque, est un problème déterminé;
mais que, pour les corps idio-électriques imparfaits, le problème
est indéterminé, une de ses limites étant cependant fixée par
l'état du fluide électrique lorsqu'il est disposé dans le corps idio-
électrique imparfait, de manière que, dans tous les points, l'action
de ce fluide soit exactement en équilibre avec le maximum de

résistance que la force coercitive idio-électrique oppose, pour empêcher le fluide de couler d'un point à un autre.

Il est inutile d'avertir que, d'après la théorie et les expériences qui précèdent, il faut dans plusieurs cas prendre beaucoup de précautions lorsque l'on veut avoir la force électrique d'un petit corps isolé par un soutien idio-électrique imparfait, et qu'il arrive souvent d'après plusieurs expériences, surtout lorsque les premières ont été faites avec un degré de densité électrique très considérable, le soutien idio-électrique se trouve chargé d'une certaine quantité d'électricité, dont il se dépouille difficilement, qui influe sensiblement ensuite sur les résultats; qu'à chaque expérience, il faut en même temps que l'on dépouille de son électricité le corps porté sur le soutien, en dépouiller, autant qu'il est possible, le soutien idio-électrique lui-même; qu'il faut changer de soutien à chaque expérience, lorsque la densité électrique que l'on communique est un peu forte; qu'enfin il faut toujours *être sûr* que le soutien a une force de résistance idio-électrique assez grande pour que, dans toutes les expériences, la quantité d'électricité dont il se chargera soit beaucoup plus petite que celle du corps conducteur dont on veut déterminer l'action.

Il est facile d'entrevoir que la théorie qui précède peut être applicable au magnétisme; que dans une aiguille d'acier, par exemple, la disposition du fluide magnétique, pour tous les états de stabilité, est un problème indéterminé, qui ne devient déterminé que par les conditions à remplir. Ainsi, par exemple, si l'on demande la meilleure manière d'aimanter une aiguille d'inclinaison ou de déclinaison, le problème à résoudre consiste à donner au fluide magnétique de cette aiguille, parmi toutes les dispositions dont il est susceptible sans troubler son état de stabilité, celle où le *momentum* de la force directrice aimantaire du globe de la Terre sur cette aiguille est un maximum.

Les conclusions de Coulomb ne paraissent pas justifiées par les expériences plus récentes; il résulterait de celles-ci que la perte due à l'atmosphère elle-même est très faible, quel que soit son degré d'humidité.

En restant dans les conditions générales où Coulomb s'est placé, avec de faibles charges, la loi énoncée par lui peut être considérée comme évidente; mais le coefficient de déperdition varie avec la forme du corps étudié et sa position par rapport aux corps voisins. Ce serait donc à tort que l'on appliquerait à un corps soustrait à toute influence extérieure le coefficient mesuré le même jour dans la balance.

Il est évident aussi que, dans la méthode de Coulomb, la manière variable avec l'état hygrométrique dont les charges induites sur la cage se modifient avec le temps joue un rôle important et que cette cause subsiste, indépendamment des supports, dans les expériences où Coulomb croyait avoir éliminé tout ce qui n'était pas déperdition par l'air seul.

QUATRIÈME MÉMOIRE.

(1786)

OU L'ON DÉMONTRE DEUX PRINCIPALES PROPRIÉTÉS DU FLUIDE ÉLECTRIQUE :

LA PREMIÈRE, QUE CE FLUIDE NE SE RÉPAND DANS AUCUN CORPS PAR UNE AFFINITÉ CHIMIQUE OU PAR UNE ATTRACTION ÉLECTIVE, MAIS QU'IL SE PARTAGE ENTRE DIFFÉRENTS CORPS MIS EN CONTACT UNIQUEMENT PAR SON ACTION RÉPULSIVE ;

LA SECONDE, QUE DANS LES CORPS CONDUCTEURS, LE FLUIDE PARVENU A L'ÉTAT DE STABILITÉ EST RÉPANDU SUR LA SURFACE DU CORPS, ET NE PÉNÈTRE PAS DANS L'INTÉRIEUR.

I.

Nous avons déterminé, dans les trois Mémoires qui précèdent, la loi de répulsion du fluide électrique de même nature, et celle d'attraction des deux fluides électriques de différentes natures, et nous avons prouvé, par des expériences très simples et qui paraissent décisives, que cette action était très exactement en raison inverse du carré des distances. Nous avons également prouvé, par des expériences du même genre, que l'action, soit répulsive, soit attractive du fluide magnétique, suivait la même loi. Dans le troisième Mémoire, nous avons déterminé suivant quelle loi la densité électrique d'un corps décroissait, soit par le contact de l'air plus ou moins humide, soit le long des soutiens idio-électriques lorsqu'ils n'ont pas une longueur suffisante ; ce qui dépend principalement, ainsi que nous l'avons vu, du plus ou moins d'idio-électricité de ces soutiens, de leur plus ou moins d'affinité avec les vapeurs aqueuses, de l'état de l'air, de la densité du fluide électrique du corps isolé et de la grosseur de ce corps.

II.

Nous nous servirons ici de la balance décrite dans notre premier Mémoire, imprimé dans le Volume de 1785. Tout le changement que nous y avons fait, c'est de substituer à la bande de papier collée autour du cylindre qui renferme l'aiguille, et qui, divisée en degrés, sert à déterminer la distance des deux balles, un cercle de bois posé sur quatre piliers, dont le diamètre est à peu près double de celui du cylindre : on place ce cercle de manière que son centre se trouve dans l'aplomb du fil qui suspend l'aiguille, et que la première division de ce cercle réponde à l'alignement du fil de suspension et du centre de la balle soutenue par l'aiguille, lorsque l'aiguille s'arrête naturellement et que l'index du micromètre répond aussi à la première division du cercle du micromètre.

Nous devons cependant avertir que, depuis la lecture du Mémoire que nous citons et qui contient la description de cette balance, nous en avons construit plusieurs autres d'une forme différente : la plus grande est carrée, elle a 32 pouces (86,62) de côté, 20 pouces (54,14) de hauteur, elle est fermée sur les côtés par quatre glaces fixées par un enduit idio-électrique dans des châssis très légers de bois passés au four, enduits à chaud d'un vernis formé de gomme-laque et de térébenthine. Au-dessus de la boîte est une traverse qui porte un cylindre vertical de verre de 15 pouces (40,60), surmonté d'un micromètre; un cercle placé en dehors de cette boîte sert à mesurer la distance des balles. Dans cette balance, on peut faire des expériences avec des globes électrisés de 4 à 5 pouces de diamètre : dans la première balance, dont le cylindre n'a que 1 pied de diamètre, on ne pouvait employer que des globes tout au plus de 1 pouce de diamètre. Mais il faut remarquer qu'il y a ici beaucoup de cas où les expériences en petit sont plus décisives que celles en grand, parce que l'attraction ou la répulsion du fluide électrique étant pour chaque élément en raison inverse du carré des distances, pour que les résultats soient simples, il faut presque toujours que la distance des corps dont on veut mesurer l'action réciproque soit beaucoup plus grande que les dimensions particulières de ces corps.

III.

PREMIER PRINCIPE.

Le fluide électrique se répand dans tous les corps conducteurs suivant leur figure, sans que ce fluide paraisse avoir de l'affinité ou une attraction élective pour un corps préférablement à un autre.

Première expérience.

J'ai suspendu dans le trou de la balance, à la hauteur de la balle de l'aiguille, une petite balle de cuivre de 8 lignes (1,804) de diamètre, soutenue par un petit cylindre de gomme-laque. Le centre de cette balle était placé de manière qu'il répondait à l'alignement du fil de suspension et à la première division du cercle placé en dehors de la balance. La balle de l'aiguille qui touchait contre la balle de cuivre se trouvait par là éloignée de la position où la torsion est nulle, de la somme des demi-diamètres des deux balles en contact.

On a électrisé les deux balles par le procédé décrit dans le premier Mémoire; l'aiguille a été chassée à peu près vers 48°. Au moyen du bouton du micromètre on a tordu le fil de suspension de 120° pour ramener la balle de l'aiguille vers celle de cuivre, et l'on a attendu que l'aiguille cessât d'osciller; elle s'est arrêtée à 28°: dans cet état, j'ai fait tout de suite toucher la balle de cuivre de 8 lignes de diamètre par une balle de sureau exactement de la même grosseur, soutenue par un petit cylindre de gomme-laque. En retirant la balle de sureau, l'aiguille s'est rapprochée de la balle de cuivre et, pour la ramener à la première distance de 28°, j'ai été obligé de détordre le fil; en sorte que le micromètre, avant le contact, marquait 120°, qu'après le contact il ne marquait plus que 44°.

Deuxième expérience.

Au lieu de la balle de cuivre, j'ai suspendu dans le trou de la balance, au moyen d'un petit cylindre de gomme-laque, un cercle de fer de 10 lignes de diamètre, dont le plan vertical passait par le point zéro du cercle extérieur à la balance qui sert à mesurer la distance des balles et par le fil de suspension de l'aiguille. Ayant ensuite, comme dans l'expérience précédente, électrisé la balle de l'aiguille et le plan de fer, la balle de l'aiguille a été chassée; j'ai tordu le fil de suspension pour ramener l'aiguille vers le plan de fer et, au moyen de 110° de torsion, l'aiguille s'est arrêtée à 30° de ce plan. J'ai fait toucher tout de suite le cercle de fer par un petit cercle de papier qui était exactement du même diamètre et, après avoir retiré le cercle de papier, j'ai trouvé que, pour que l'aiguille s'arrêtât sur 30°, il fallait réduire la torsion à un peu moins de 40°.

IV.

Résultat des deux expériences.

Dans la première expérience, la balle de cuivre, avant le contact de la balle de sureau, chassait l'aiguille à 28°, le micromètre marquant 120°; ainsi la force de torsion était pour lors de 148°. Après que la balle de sureau a eu touché la balle de cuivre, cette dernière a repoussé l'aiguille à 28°, le micromètre marquant seulement 44°, en sorte que la force de torsion totale égale à la force répulsive des deux balles était de 72°; mais il y a eu à peu près une minute d'intervalle entre les deux observations, et la force électrique diminuait de $\frac{1}{50}$ par minute le jour de cette expérience; ainsi la force totale de torsion aurait été à peu près de 73°30', si l'électricité n'eût pas diminué de $\frac{1}{50}$. Cette quantité ne diffère que de 0"30' ou de $\frac{1}{147}$ de 74", moitié de la première force de torsion 148" qui mesure la répulsion électrique avant le contact; ainsi, puisque dans les deux observations la distance des deux balles est exactement la même, et que l'action est en raison inverse du carré des distances et directe des densités du fluide électrique, il en résulte que la balle de sureau a pris exactement la moitié du fluide électrique de la balle de cuivre: ainsi la balle de métal n'a pas une affinité ou une attraction pour le fluide électrique plus grande que celle du sureau.

Dans la seconde expérience où le cercle de fer était touché par un cercle de papier exactement du même diamètre, le fluide électrique s'est encore partagé également entre les deux cercles. On a fait ces expériences avec des balles de différentes matières, on les a répétées dans la grande balance avec des globes de 5 ou 6 pouces et l'on a toujours eu les mêmes résultats.

V.

Première remarque.

Il faut observer que, lorsque deux corps égaux et semblables mis en contact sont parfaitement conducteurs, comme tous les métaux, il ne faut qu'un seul instant inappréciable pour que l'électricité se partage également entre les deux corps. Mais, lorsqu'un des deux est conducteur imparfait, tel par exemple que notre plan de papier, il faut souvent plusieurs secondes avant que le cercle de papier ait pris exactement la moitié du fluide électrique du cercle de métal, ce qui dépend non seulement de la qualité plus ou moins conductrice des deux corps, mais encore de leur étendue réciproque et de la manière dont ils sont mis en contact. Dans le Mémoire qui précède, nous avons déjà tâché d'expliquer comment la force coercitive des soutiens idio-électriques imparfaits ne permet au fluide électrique de s'étendre et de pénétrer que jusqu'à une certaine distance du corps conducteur chargé d'électricité.

VI.

Seconde remarque.

Il faut encore observer, en répétant la seconde expérience, de placer dans le contact les deux cercles symétriquement, en sorte, par exemple, que le limbe de l'un ne touche pas, en formant un angle, un point de la surface de l'autre, car pour lors le fluide électrique se partagerait d'une manière inégale entre les deux cercles : dans l'expérience précédente, je fais toucher le limbe d'un des cercles par le limbe de l'autre en ayant soin de la tenir dans le même plan.

VII.

DEUXIÈME PRINCIPE.

Dans un corps conducteur chargé d'électricité, le fluide élec-
trique se répand sur la surface des corps, mais ne pénètre
pas dans l'intérieur des corps.

Les expériences destinées à prouver cette proposition exigent
des électromètres beaucoup plus sensibles que tous ceux qui en
font usage. Voici celui dont je me sers : on tire, en faisant chauffer à une bougie, un fil de gomme-laque de la grosseur à peu
près d'un fort cheveu ; on lui donne 10 à 12 lignes de longueur ;
une de ses extrémités est attachée au haut d'une petite épingle
sans tête, suspendue à un fil de soie, tel que le donne le ver à
soie ; à l'autre extrémité du fil de gomme-laque, on fixe un petit
cercle de clinquant de 2 lignes à peu près de diamètre : on suspend
ce petit électromètre dans un cylindre de verre ; sa sensibilité est
telle, qu'une force de $\frac{1}{10000}$ de grain ($0^d,0009$) chasse l'aiguille à
plus de 90°. Je donne à cet électromètre un faible degré d'électricité de la nature de celle que je veux communiquer au corps
qui doit être soumis aux expériences, et je le suspends dans un
cylindre de verre pour le mettre à l'abri des courants d'air ; cela
fait, je place un corps solide d'une figure quelconque, percé de
plusieurs trous qui ont peu de profondeur, sur un support idio-
électrique qui l'isole. Le corps que je vais soumettre aux expériences est un cylindre de bois solide, de 4 pouces (10,83) de
diamètre, percé de plusieurs trous de 4 lignes (0,90) de diamètre
et de 4 lignes de profondeur.

VIII.

Expérience.

Je pose ce cylindre sur un support idio-électrique ; au moyen
de la bouteille de Leyde ou du plateau métallique d'un électrophore, je lui donne une ou plusieurs étincelles électriques. J'isole,
à l'extrémité d'un petit cylindre de gomme-laque de 1 ligne (0,226)
de diamètre, un petit cercle de papier doré de 1 $\frac{1}{2}$ ligne (0,338)
de diamètre.

Premier essai. — Le clinquant de l'électromètre étant électrisé, je fais toucher la surface du cylindre électrisé par le petit cercle de papier doré, je le présente à l'électromètre; l'aiguille de cet électromètre est chassée avec force.

Deuxième essai. — Mais, si j'introduis le petit cercle de papier dans un des trous du cylindre et que je lui fasse toucher le fond d'un de ces trous, que je le présente ensuite au clinquant soutenu à l'extrémité de l'aiguille de l'électromètre, cette aiguille ne donnera aucun signe d'électricité.

IX.

Explication et résultat de cette expérience.

Je fais toucher, dans le premier essai, le petit plan de papier doré à la surface du cylindre; comme ce plan n'a que $\frac{1}{18}$ de ligne d'épaisseur, il devient une partie de la surface de ce cylindre et prend, par conséquent, une quantité de fluide électrique égale à celle que contient une partie de la surface égale à ce petit cercle. Dans cet essai, le petit cercle se trouve chargé d'une quantité d'électricité qui est non seulement sensible à notre petit électromètre, mais dont on peut mesurer exactement l'intensité au moyen de notre balance électrique.

Dans le deuxième essai, nous faisons toucher le petit cercle de papier doré, au fond d'un des trous du cylindre, 4 lignes à peu près au-dessous de la surface ou à 20 lignes de son axe; en retirant avec soin ce petit cercle sans qu'il touche au bord du trou, nous trouvons, en le présentant à l'aiguille de l'électromètre, ou qu'il ne donne aucun signe d'électricité, ou qu'il donne des signes très faibles d'électricité contraire à celle du cylindre : il est donc clair que dans cette expérience il n'y a point de fluide électrique dans l'intérieur du corps, même très près de sa surface.

Les signes d'électricité contraire, que l'on aperçoit seulement quelquefois, tiennent à ce que, lorsque le petit cylindre de gomme-laque est introduit dans les trous, l'action électrique de la surface du corps électrisé donne, en dehors de ce corps, au fil de gomme-laque, une petite électricité d'une nature différente de la sienne, parce que ce petit fil de gomme-laque se trouve isolé dans sa sphère d'activité. La preuve que tout se passe ainsi, que ce petit degré d'électricité existe dans le fil de gomme-laque et non dans le petit cercle de papier doré qui a été mis en contact avec un point intérieur du corps, c'est que, si l'on touche ce cercle, on ne détruit pas cette petite électricité qui est toujours très faible lorsque la gomme-laque est pure et que l'air n'est pas très humide.

X.

Cette propriété du fluide électrique de se répandre sur la surface des corps conducteurs et de ne point pénétrer dans l'intérieur de ces corps lorsque ce fluide est parvenu à l'état d'équilibre est une conséquence de la loi de répulsion de ses éléments en raison inverse du carré des distances, loi que nous avons trouvée dans notre premier Mémoire ; mais, comme c'est l'expérience et non la théorie qui nous a conduit, nous avons cru devoir suivre la même marche dans l'exposé de nos recherches ; voyons actuellement comment la théorie généralise le résultat annoncé par l'expérience.

XI.

THÉORÈME.

Toutes les fois qu'un fluide renfermé dans un corps où il peut se mouvoir librement agit par répulsion dans toutes ses parties élémentaires, avec une force moindre que la raison inverse du cube des distances, telle que serait, par exemple, l'inverse de la quatrième puissance, pour lors l'action de toutes les masses de ce fluide qui sont placées à une distance finie d'un de ses éléments est nulle relativement à l'action des points de contact ; c'est ce que nous avons prouvé dans une Note de notre second Mémoire imprimé dans le Volume de l'Académie, 1785. Ainsi, le fluide qui doit son électricité à cette loi de répulsion se répandra uniformément dans le corps ; mais toutes les fois que l'action répulsive des éléments du fluide qui produit son élasticité est plus grande que l'inverse du cube, telle, par exemple, que nous l'avons trouvée pour l'électricité en raison inverse du carré des distances ; pour lors, l'action des masses du fluide électrique placées à une distance finie d'un des éléments de ce fluide n'étant pas infini-

ment petite relativement à l'action élémentaire des points en
contact, tout le fluide doit se porter à la surface du corps et
il ne doit point en rester dans son intérieur.

Démonstration.

Dans un corps d'une figure quelconque A*a*B, que je suppose
rempli de fluide dont les parties élémentaires agissent l'une sur
l'autre en raison inverse du carré des distances, j'élève à un point *a*
une normale *ab* infiniment petite et, par le point *b*, je fais passer

Fig. 3.

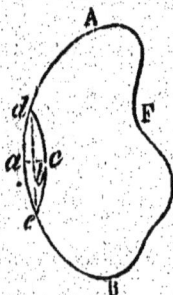

un plan perpendiculaire à cette normale qui divise les corps en
deux parties, l'une infiniment petite *daeb*, l'autre finie *d*AFB*eb*.
Ainsi, en décomposant, suivant *ab*, toutes les forces avec lesquelles la partie infiniment petite *dabe* agit sur le point *b*, elle
doit faire équilibre à l'action résultante, suivant *ba*, de toute la
masse du fluide répandu dans le corps *d*AFB*e*. Imaginons actuellement sur le plan *dbe*, de l'autre côté de *a*, une petite calotte
dce exactement égale à la calotte *dae*, en prolongeant *ab* jusqu'en *c*, *cb* sera égal à *ab*. Mais, si le fluide est répandu dans
tout le corps, pour que la loi de continuité existe, il faut, puisque
ac peut être diminué à l'infini, que la densité du fluide au point *c*
soit égale à celle du point *a* ou au moins n'en diffère que d'une
quantité que l'on peut diminuer à l'infini. Ainsi, la seule petite
masse de fluide électrique contenue dans la calotte *dcbe* doit
faire équilibre à celle contenue dans la calotte *daeb*; d'où il résulte que l'action de toute la masse de fluide qui serait contenue
dans le reste du corps doit être nulle; ce qui ne peut avoir lieu
lorsque l'action des masses placées à une distance finie d'un point

du fluide n'est pas infiniment petite relativement à l'action d'un élément du corps en contact avec ce point, à moins que la densité de ces masses ne soit nulle. D'où résulte que, dans l'état de stabilité du fluide électrique, tout ce fluide se portera à la surface du corps et qu'il n'y en aura point dans l'intérieur.

La première partie du théorème, que le fluide doit se répandre uniformément dans le corps lorsque l'action des éléments en contact est infinie relativement à l'action des masses finies qui sont à une distance finie de ces mêmes éléments, n'a pas besoin de démonstration.

XII.

Nous verrons, dans un des Mémoires qui suivront celui-ci, quelle est la densité électrique de chaque point de la surface d'un corps, d'une figure donnée, et quel est l'état des particules idio-électriques de l'air immédiatement en contact avec ces surfaces.

CINQUIÈME MÉMOIRE.

(1787)

SUR LA MANIÈRE DONT LE FLUIDE ÉLECTRIQUE SE PARTAGE ENTRE DEUX CORPS CONDUCTEURS MIS EN CONTACT, ET DE LA DISTRIBUTION DE CE FLUIDE SUR LES DIFFÉRENTES PARTIES DE LA SURFACE DE CES CORPS.

I.

Nous avons vu dans notre quatrième Mémoire sur l'électricité, imprimé dans le Volume de l'Académie de 1786, que le fluide électrique se répandait également dans tous les corps, pourvu qu'ils fussent de nature conductrice; ainsi un globe de métal étant touché par un globe de bois d'un égal diamètre, l'électricité se partage également entre les deux globes; l'expérience a donné ce résultat d'une manière incontestable.

Nous avons également vu dans le même Mémoire que le fluide électrique dans l'état de stabilité se répandait uniquement sur la surface des corps sans pénétrer d'une manière sensible dans l'intérieur de ces corps. L'expérience a fait connaître cette loi, et la théorie a prouvé qu'elle était une suite de l'action répulsive ou attractive des molécules du fluide en raison inverse du carré des distances.

Nous allons actuellement chercher dans quels rapports le fluide électrique se partage entre deux corps inégaux de la même figure, ou d'une figure différente, lorsque l'on met ces deux corps en contact, et quelle est la densité de ce fluide dans les différents points de la surface de chacun de ces corps, densité qui varie pour chaque point suivant la figure du corps. Mais, comme nous nous sommes souvent servi dans les expériences qui vont suivre, pour mesurer l'électricité, d'une balance de torsion plus grande que

celle qui est décrite dans notre premier Mémoire, il est nécessaire
d'en donner ici la figure et la description.

La *fig.* 1, n° 1, représente cette nouvelle balance; la caisse AB
est carrée et formée par quatre glaces de 2 pieds de longueur sur
15 à 16 pouces de hauteur; elle se pose sur une table séchée et
enduite de vernis idio-électrique. Cette boîte est couverte par
plusieurs morceaux de glaces mobiles et formant une échancrure
vers *c* pour qu'on puisse y introduire le globe *a*, soutenu par un
petit cylindre *ac* de gomme-laque; ce cylindre est terminé par un
petit bâton cylindrique séché au four et enduit de gomme-laque,
qui passe par un trou du soutien *cd*, dans lequel il est arrêté par
une vis; ce soutien, destiné à introduire le globe *a* dans la balance,
se voit plus en détail *fig.* 3 : le châssis 1, 2, 3, 5 sert à porter le
tuyau vertical 6, 7. Ce tuyau, de 12 à 15 pouces de hauteur, est de
verre; à l'extrémité de ce tuyau en 7 est placé le micromètre de
torsion qui se voit en détail *fig.* 2, n°ˢ 1 et 2.

Le cercle, 3, 4, o, qui tient au châssis, forme une demi-circonférence ayant à peu près 4 pieds de diamètre; il est divisé en 90° à
partir de son milieu o; son centre répond à l'aplomb 7, 8, qui
soutient la pince 8, 9; à cette pince est attaché horizontalement
un fil de gomme-laque 8*b*, terminé en *b* par un petit plan de
papier doré.

La *fig.* 1, n° 2, représente une balance du même genre, mais
encore plus simple; elle a pour base (*fig.* 1, n° 3) un cadre de bois
séché au four, dans lequel on voit en *a* et *b* deux mortaises qui
soutiennent le châssis vertical. On a tracé sur ce cadre une rainure
1, 2, 3, 4 qui doit recevoir les quatre glaces verticales qui forment
la boîte de la balance de torsion; 5, 6, 7, 8 représentent le vide du
cadre que l'on ferme soit avec une glace, soit avec un petit cadre
garni en taffetas enduit d'un vernis idio-électrique.

A la place du cercle 3, 4, o de la *fig.* 1, n° 1, on colle sur une
des glaces (*fig.* 1, n° 2) une bande de papier 1, 2 divisée en degrés,
depuis son point du milieu o jusqu'à ses extrémités, suivant la
tangente d'un cercle qui a son centre dans l'aplomb *fk*. Les quatre
verres qui forment la boîte sont garnis tout autour avec des rubans de soie qui y sont collés, et auxquels on a attaché d'autres
petits rubans pour pouvoir lier entre eux ces verres et les démonter
à volonté. Le tuyau de verre *ef*, garni d'une petite boîte de bois

Pl. V.

Mém. de l'Ac. R. des Sc. An. 1 8 . Page 466. Pl. VIII

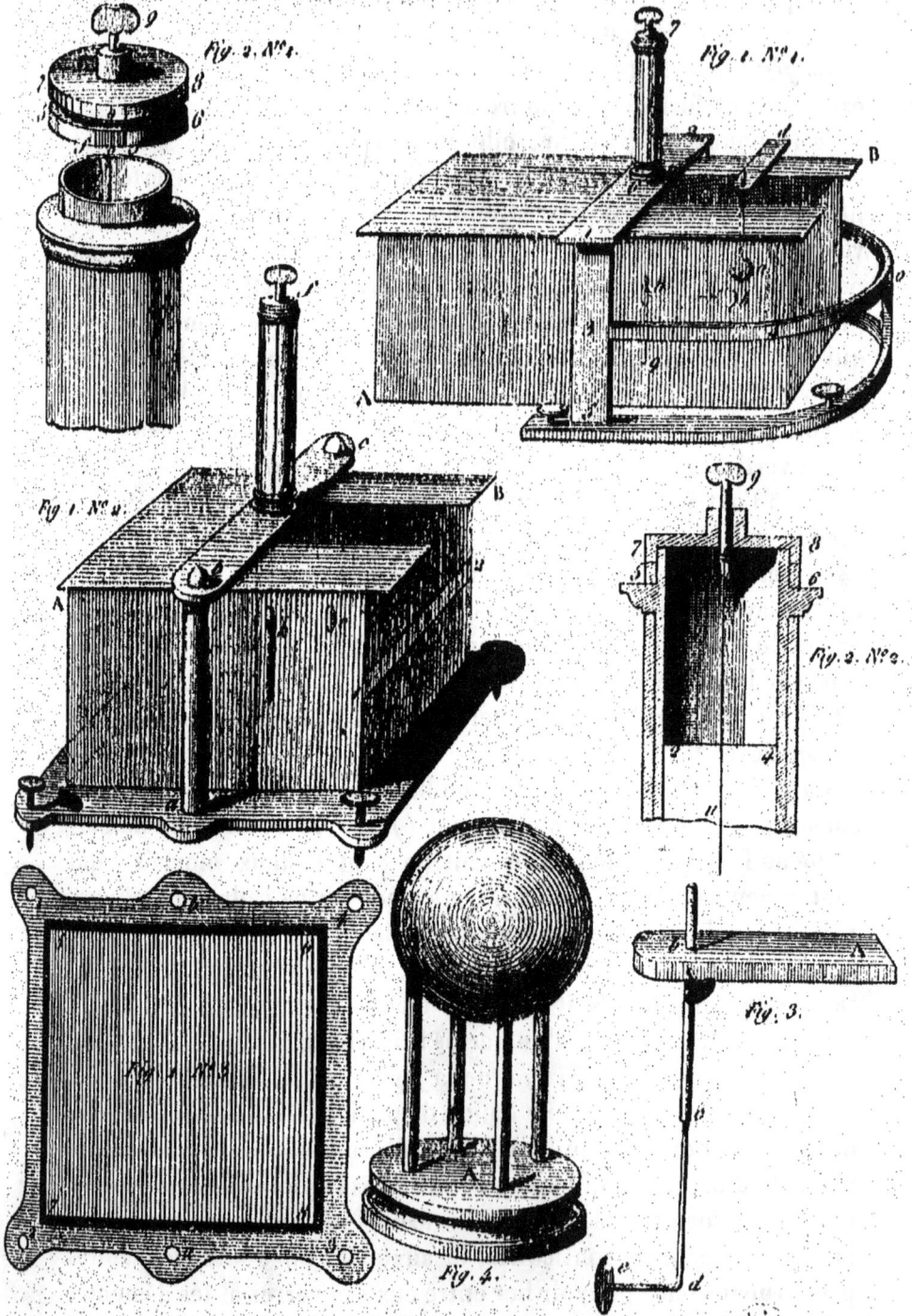

Fig. 2. Nº 1.

Fig. 1. Nº 1.

Fig. 1. Nº 2.

Fig. 2. Nº 2.

Fig. 3.

Fig. 4.

Fac-simile de la Planche originale *VIII.*

en *c*, se monte à vis sur la traverse *bc*, ainsi que toutes les parties
de la machine.

La *fig.* 2, n° 1, représente en perspective les différentes parties
du micromètre de cuivre placé au haut du tuyau. La *fig.* 2, n° 2, représente une coupe verticale de ce micromètre; il est composé de
plusieurs pièces : 1° d'un tuyau de cuivre 1, 2, 3, 4 dans lequel entre
d'abord l'anneau 5, 6 qui repose sur un bourrelet de ce tuyau; cet
anneau n'a qu'une simple division *of*, répondant et divisée en 5°.
Le cercle 7, 8, qui forme le chapeau du micromètre, est divisé
de 5° en 5° sur toute sa circonférence. Dans ce chapeau entre
(*fig.* 2, n° 2) la tige 9, 10 qui pince en 10 le fil de suspension 10,
11; cette pince peut tourner à frottement assez fort dans un anneau du chapeau et sert à diriger à peu près vers le point *o* l'aiguille *ke* (*fig.* 1, n° 2). Quand on veut mettre la balance en état
d'opérer, on observe, en alignant par le fil de suspension et par
le plan *c* de papier doré attaché verticalement, à quelle distance
du point *o* répond l'aiguille; si elle répondait, par exemple, à 5° en
tournant le chapeau de 5°, on sera sûr de coïncider la direction
de l'aiguille au point *o* ; on ramène ensuite le point *o* (*fig.* 2, n° 1)
du cercle 5, 6 sur lequel nous avons dit qu'il y avait une division
of de 5° au point *o* du chapeau 7, 8 divisé de 5° en 5°; pour lors
l'anneau 5, 6 et le chapeau 7, 8, qui sont placés (*fig.* 2, n° 2) à une
distance très petite l'un de l'autre, et seulement suffisante pour
ne pas se toucher, peuvent se mouvoir indépendamment l'un de
l'autre; ainsi le point *o* restant immobile dans le cercle 5, 6 dans
le temps que l'on tourne le chapeau 7, 8, l'angle de torsion du fil
de suspension sera mesuré par l'angle de rotation du chapeau,
plus par la distance de l'aiguille au point *o*, lorsque le plan *b* de
cette aiguille (*fig.* 1, n° 1) sera électrisé et repoussé par le globe *a*
également électrisé. Nous nous servons dans cette balance, pour
suspendre l'aiguille, d'un fil de cuivre numéroté 12 dans le commerce. Nous avons fait voir en 1784, dans les *Mémoires de l'Académie*, que cette espèce de fil avait un très grand degré d'élasticité,
et il serait préférable dans les petites expériences au fil d'argent,
si l'on pouvait le tirer aussi fin.

II.

Nous avons employé deux méthodes pour déterminer la manière dont le fluide électrique se partage entre deux corps mis en contact.

La première consiste à placer le corps électrisé dans la balance électrique, après avoir électrisé de la même nature d'électricité le petit cercle de papier doré placé à l'extrémité de l'aiguille. On ramène ensuite, au moyen du micromètre de torsion, l'aiguille qui est repoussée par l'action électrique à une distance quelconque du corps électrisé; l'angle de torsion donné par le micromètre, plus la distance de l'aiguille au point o, mesurera, à cette distance des deux corps, l'action répulsive qu'ils exercent l'un sur l'autre. On fait ensuite toucher le corps électrisé placé dans la balance au corps avec lequel on veut qu'il partage son électricité; et en détordant, au moyen du micromètre, le fil de suspension, on ramène l'aiguille à la distance du corps placé dans la balance qui avait été observée à la première opération. L'angle de torsion mesuré au micromètre, plus la distance de l'aiguille au point o, mesurera la quantité d'électricité qui a été laissée au corps placé dans la balance par le corps qu'on lui a mis en contact. En effet, la distance est la même entre l'aiguille et le globe électrisé dans la première et la deuxième observation, mais l'action de chaque élément du fluide électrique est, ainsi que nous l'avons prouvé dans les Mémoires qui précèdent, en raison inverse du carré des distances et directe des densités : ainsi, comme ici les distances sont les mêmes dans les deux opérations, l'action répulsive mesurée par l'angle de torsion sera proportionnelle à la quantité de fluide électrique.

Dans cette opération, à moins que le temps ne soit très sec, il faut avoir égard à la quantité de l'électricité qui se perd dans l'intervalle des observations.

III.

La méthode qui précède nous donne en masse le rapport des quantités d'électricité partagées entre les deux corps; mais lorsque je veux avoir la densité électrique dans chaque point d'un corps conducteur, voici la méthode que je suis.

On se sert de la petite balance décrite en 1785 dans les *Mémoires de l'Académie* ou bien on substitue un fil d'argent très fin dans la balance (*fig.* 2, n° 1) au fil de cuivre qui soutient l'aiguille *ke*. La force de torsion du fil d'argent dont je me sers n'est guère que le trentième de celle du fil de cuivre numéroté 12 dans le commerce.

On tire ensuite (*fig.* 3) un fil de gomme-laque *cde* en faisant fondre à la bougie un petit morceau de gomme-laque très pure; ce fil de gomme-laque, de la grosseur à peu'près d'un gros crin, forme un angle en *d*; on attache en *e* verticalement un plan *e* de papier doré.

Après avoir électrisé le plan de l'aiguille par les moyens indiqués en 1785, on électrise le corps et l'on fait ensuite toucher le plan de papier *e*, soutenu par le fil de gomme-laque et la pince *b*A, au point du corps dont on veut avoir la densité; on place ensuite ce petit plan'dans la balance, en ayant soin, dans les observations que l'on veut comparer, de le mettre toujours au même point, ce qui est facile, en fixant des points de repère sur le couvercle de la balance, pour poser toujours très exactement *b*A dans le même endroit. Comme le petit plan *e* n'a ordinairement que 5 ou 6 lignes (1,13 à 1,35) de diamètre et que $\frac{1}{18}$ de ligne (0,0125) d'épaisseur, il se confond dans le contact avec la surface qu'il touche; ainsi, dans le contact, il prend ou la densité du point de la surface qu'il touche, ou au moins une densité proportionnelle à celle de ce point; ainsi, en le faisant toucher successivement à différents points du corps, et le présentant après chaque contact à l'aiguille, ramenant toujours l'aiguille au même point, on aura le rapport des densités des différents points touchés.

Dans la comparaison des observations qui se succèdent, il faut avoir égard à la perte de l'électricité par le contact de l'air; mais on supplée facilement à cette correction, si l'on compare toujours deux points par trois opérations faites à des intervalles de temps à peu près égaux; voici la méthode dont je me sers pour comparer deux points. Je touche d'abord un des points, et j'en détermine la densité en plaçant dans la balance le petit plan de papier qui a touché; je touche dans la seconde opération le point dont je veux comparer la densité à celle du premier, j'en détermine la densité; je touche à la troisième opération le premier point dont j'ai déterminé la densité à la première opération; j'en détermine de nouveau la densité que je trouve moindre qu'à la première opération, parce que l'électricité a été diminuée dans l'intervalle par le contact de l'air ; mais, en prenant une quantité moyenne entre les deux densités trouvées à la première et à la troisième observation, j'ai la mesure de sa valeur au moment de la seconde observation, moment où j'ai déterminé la densité du second point que je veux comparer au premier.

Dans cette seconde méthode, qui est, en général, la plus commode, la plus simple et peut-être la plus exacte pour comparer la densité électrique des différents points d'un même ou de différents corps, qui n'exige d'ailleurs que des balances de torsion d'un petit volume, il se présente quelquefois une difficulté pratique qui troublerait tous les résultats, si l'on n'en était pas prévenu ; c'est que les fils de gomme-laque ne sont pas parfaitement impénétrables à l'électricité, qu'ils le sont moins les jours humides que les jours très secs ; qu'ils le sont encore plus ou moins suivant la nature de la gomme-laque : la moins claire est généralement plus impénétrable à l'électricité que l'autre. Cette première, tirée en fil de la grosseur d'un gros crin, doit encore être éprouvée en la faisant toucher par sa pointe e où l'on veut attacher (*fig.* 3) le petit plan e à un corps électrisé ; on la présente ensuite à l'aiguille de la balance également électrisée. Si l'extrémité de ce fil paraît chasser l'aiguille sensiblement, il faut le rejeter et n'employer que les fils de gomme-laque qui, après avoir touché un corps électrisé, n'ont aucune action sensible sur l'aiguille de la balance. On sent que le motif de cette observation tient à ce que, lorsque l'électricité a pénétré le fil de gomme-laque, il ne s'en dépouille ensuite que très difficilement : ainsi, dans la comparaison de deux opérations successives où le petit plan de papier doré aura d'abord touché un point électrisé fortement, si dans une seconde opération on fait toucher ce plan à un point faiblement électrisé, le fil de gomme-laque conservera une partie de la première électricité dont il aura été pénétré, et l'action sera plus grande que celle qui serait seulement due à la densité communiquée dans le deuxième contact au plan de papier doré. Ainsi toutes les fois que l'on peut employer de grandes surfaces pour mesurer la densité des différents points d'un corps, il faut les préférer ; on en verra plusieurs exemples dans la suite de ce Mémoire.

IV.

PREMIÈRE SECTION.

De la manière dont le fluide électrique se partage entre deux globes de différents diamètres mis en contact.

Première expérience.

On a placé dans la grande balance (*fig.* 1, n° 1), dont l'aiguille est soutenue par un fil de cuivre numéroté 12 dans le commerce, un globe électrisé de 6 pouces 3 lignes (16,92) de circonférence; on a observé la force de torsion qu'il fallait employer pour ramener l'aiguille à 30° de distance de ce globe; on a fait tout de suite toucher ce premier globe à un autre globe de 24 pouces (64,97) de circonférence et, en ramenant l'aiguille au même point, on a de nouveau observé la force de torsion. Voici le résultat de cette expérience :

Premier essai. — Le globe placé dans la balance chassait l'aiguille à 36° avant le contact, avec une force de torsion de 145°.

Le même globe, après son contact avec le gros globe, chassait l'aiguille à 30° avec une force de torsion de 12°.

Deuxième essai. — Le même globe, avant le contact, chassait l'aiguille à une distance de 30° avec une force de 145°.

Après le contact, avec une force de 12°.

Troisième essai. — Avant le contact l'aiguille était chassée à 26° avec une force de 259°.

Après le contact, avec une force de 21°.

Quatrième essai. — Avant le contact, l'aiguille était chassée à 22° avec une force de torsion de 255°.

Après le contact, avec une force de 21°.

Cinquième essai. — Avant le contact, le globe chassait l'aiguille à 18° avec une force de 231°.

Après le contact, avec une force de 19°.

Résultat de cette expérience.

Les deux globes mis en contact ayant l'un 6¼ pouces de circonférence, l'autre 24 pouces, le rapport de leur surface est à peu près :: 14,8 : 1,0; mais chaque essai a été exécuté dans moins de

1 minute, et l'électricité ne diminuait que de $\frac{1}{40}$ par minute le jour de cette expérience. Pour pouvoir comparer à présent la quantité d'électricité qu'a conservée le petit globe après le contact avec celle qu'il a perdue ou, ce qui revient au même, qu'il a communiquée au gros globe par le contact, il faut observer, comme nous l'avons déjà dit plus haut, que dans chaque essai la distance du centre du globe placé dans la balance et du plan de papier doré fixé verticalement à l'extrémité de l'aiguille de la balance est la même dans les deux observations avant et après le contact; qu'ainsi, l'action du globe étant mesurée par l'inverse du carré des distances de ce centre et la raison directe des quantités d'électricité répandue sur la surface du globe, puisque la distance est la même dans les deux observations consécutives de chaque essai, l'action du globe sur le plan de l'aiguille sera proportionnelle aux quantités d'électricité que contient le globe avant et après le contact; mais, cette action étant proportionnelle à l'angle de torsion, il en résulte que la quantité d'électricité, que contient le petit globe avant et après le contact, est proportionnelle à l'angle de torsion.

Dans le premier essai, la force de torsion pour une distance de 30° entre l'extrémité de l'aiguille et le centre du globe est, avant le contact, de 145°; elle est réduite à 12° après le contact: ainsi, pour avoir la quantité d'électricité qu'a prise le gros globe, il faut retrancher 12° de 145°. Il en résultera que dans le contact le globe de 24 pouces de circonférence a pris une masse d'électricité mesurée par 133° et n'en a laissé au petit globe qu'une mesurée par 12°: ainsi les quantités de l'électricité partagées entre ces deux globes sont très approchantes :: 11,1 : 1,0.

En suivant le même procédé, on trouvera ce rapport presque exactement le même pour tous les autres essais.

Mais les surfaces des deux globes mis en contact sont entre elles dans le rapport de 14,8 à 1,0; ainsi les deux globes mis en contact ne se chargent pas de fluide électrique dans un rapport aussi grand que leurs surfaces. Si, d'après cette expérience, on veut déterminer le rapport de la densité du fluide électrique qui se répand après le contact uniformément sur la surface des deux globes, sans pénétrer dans l'intérieur des deux globes, ainsi que nous l'avons prouvé dans notre quatrième Mémoire, il faut diviser le rapport des surfaces des deux globes par le rapport des quantités d'élec-

tricité qu'ils contiennent; ainsi le rapport des surfaces étant
:: 14,8 : 1,o et celui des quantités de fluide électrique :: 11,1 : 1,0,
la densité moyenne du fluide électrique répandu après le contact
sur la surface du petit globe sera à celle du gros globe

$$:: 14,8 : 11,1.$$

Pour le prouver, soient S la surface du gros globe, Q la quantité
de fluide électrique répandue sur sa surface après le contact, D la
densité de ce fluide.

Soient S' la surface du petit globe, Q' sa densité de fluide électrique, D' sa densité, on aura

$$D' = \frac{Q'}{S'} \quad \text{et} \quad D = \frac{Q}{S};$$

ainsi,

$$\frac{D'}{D} = \frac{Q'S}{S'Q}.$$

Dans notre expérience,

$$\frac{Q'}{Q} = \frac{1,0}{11,1} \quad \text{et} \quad \frac{S}{S'} = \frac{14,8}{1,0};$$

ainsi

$$\frac{D'}{D} = \frac{14,8}{11,1} = 1,33.$$

Nous négligeons ici la quantité d'électricité perdue à chaque
essai d'une observation à l'autre; elle n'était guère que de $\frac{1}{50}$ le
jour où cette expérience a été faite, parce que chaque observation
ne durait que cinquante secondes et que l'électricité des globes ne
diminuait pas tout à fait de $\frac{1}{40}$ par minute ([1]).

V.

Deuxième expérience.

On a voulu comparer dans cette expérience la quantité d'électricité que prend un globe de 11 $\frac{1}{2}$ pouces (31,13) de tour, mis
en contact avec un globe de 6 $\frac{1}{4}$ pouces (16,92) de tour, placé dans

---

([1]) Des Tables calculées par M. Plana, dans le tome VII de la seconde série des
Mémoires de l'Académie de Turin, résulte, pour le rapport des densités, 1,31.

...

la balance au même point, avant et après le contact, comme dans l'expérience qui précède.

Premier essai. — Le globe de 6 ¼ pouces de circonférence électrisé et placé dans la balance chasse, avant le contact, le plan de l'aiguille à 27°, avec une force de torsion de 170°.

Après le contact, avec une force de 42°.

Deuxième essai. — Avant le contact, il chasse l'aiguille à 26°, avec une force de torsion de 169°.

Après le contact, avec une force de 41°.

VI.

Résultat de cette expérience.

Dans cette expérience, on compare deux globes dont les surfaces sont entre elles :: 3,36 : 1.

En calculant les deux essais, on trouve qu'après le contact la masse du fluide électrique du gros globe est à celle du petit,

Par le premier essai.......... :: 3,05 : 1,00
Par le deuxième essai.......... :: 3,12 : 1,00
                                      ———
                                      6,17

ce qui donne pour le rapport moyen 3,08 : 1,00.

Ainsi, par un calcul analogue à celui qui termine le *numéro précédent*, on trouvera la densité du petit globe à la densité du gros globe :: 3,36 : 3,17 :: 1,06 : 1.

Ainsi, dans cette expérience où les surfaces sont à peu près dans le rapport de 3 ⅓ à 1, les densités électriques diffèrent très peu entre elles (¹).

VII.

Lorsque le globe que l'on veut comparer est très petit relativement à celui avec lequel on le met en contact, pour lors la quantité de fluide électrique qui reste au petit globe après le contact

---

(¹) Le rapport des surfaces $\left(\frac{11,5}{6,25}\right)^2$ est de $(1,84)^2 = 3,3856$; le rapport des charges 3,085; le rapport des densités serait donc 1,10 et non 1,06. Les Tables de Plana donneraient 1,11.

est presque insensible; et, à moins que l'air ne soit très sec, que les soutiens ne soient très idio-électriques et que l'on n'ait chargé le petit globe, avant son contact, d'une électricité très dense, on ne peut évaluer qu'à peu près, par la méthode qui précède, suivant quels rapports le fluide électrique se partage entre les deux globes. Voici dans ce cas le moyen dont j'ai fait usage : j'électrise le gros globe placé (*fig.* 4) hors de la balance, sur un soutien idio-électrique; après avoir également électrisé le plan de l'aiguille, je fais toucher le petit globe au gros globe électrisé; je présente ce petit globe à l'aiguille de la balance et je rapproche cette aiguille du petit globe en tordant le fil de suspension que l'on choisit très fin et très sensible. Je détermine dans cette première observation la distance de l'aiguille au petit globe et la force de torsion qui la retient à cette distance. On sort ensuite le petit globe de la balance, on détruit son électricité en le touchant avec le doigt; on le fait ensuite toucher vingt fois de suite, plus ou moins, au gros globe, en détruisant l'électricité du petit globe après chaque contact, excepté au vingtième, où l'on replace le petit globe dans la balance, au même point où il était à la première observation. On ramène alors l'aiguille en tordant le fil de suspension à la même distance du globe que dans la première observation; on observe cet angle de torsion et l'on réduit l'observation en tenant compte, dans le résultat, de la quantité d'électricité qui se serait naturellement perdue par le seul contact de l'air, d'une observation à l'autre.

VIII.

Troisième expérience.

On a fait toucher le globe de 8 pouces (21,66), électrisé et placé hors de la balance sur l'isoloir (*fig.* 4), par un petit globe à peu près de 1 pouce. Les surfaces calculées d'après les mesures les plus précises que l'on ait pu prendre étaient à peu près :: 62 : 1; l'aiguille de la balance était suspendue avec un fil d'argent dont la force de torsion sous le même angle n'était guère que la soixantième partie de celle du fil de cuivre numéroté 12 dans le commerce.

Essai. — Le gros globe étant électrisé après un premier con-

tact, le petit globe placé dans la balance a chassé l'aiguille à 44°
de distance du centre de ce globe, avec une force de torsion de
244°.

Après vingt contacts, à chacun desquels on avait détruit l'électricité, excepté au dernier, l'aiguille a été chassée à 44° avec une
force de torsion de 126°.

Continuant la même expérience, après vingt nouveaux contacts, l'aiguille a été chassée à 44° avec une force de 66°.

Résultat de cette expérience.

La force de torsion est proportionnelle à la quantité de fluide
électrique dont était chargé le petit globe à chaque fois qu'on l'a
présenté dans la balance, puisqu'il a toujours été, au moment de
chaque observation, placé à la même distance de l'aiguille : cette
force était d'abord de 244°, qui se réduisait à 126° après vingt contacts; ainsi la diminution de l'électricité occasionnée par ces vingt
contacts était de 244 — 126 = 118.

Ainsi 118° représentent la perte occasionnée par les vingt contacts; ainsi, pour déterminer la quantité d'électricité que prenait
le petit globe dans un contact moyen, il faut diviser 118 par 20,
ce qui donnera approchant la quantité d'électricité que prenait le
petit globe à un contact moyen, c'est-à-dire à peu près vers le
dixième contact : mais, pour lors, la force de répulsion mesurée
dans la balance devait être à peu près moyenne entre celles des
deux observations, c'est-à-dire qu'elle devait être égale à

$$\frac{244 + 126}{2} = 185.$$

Ainsi le rapport entre la quantité d'électricité du gros globe et
celle du petit, après un contact, sera

$$:: 185 : \frac{118}{20} = 31,4;$$

mais il faut remarquer que d'une observation à l'autre, dans le
temps nécessaire pour les vingt contacts, l'électricité du gros globe
diminuait à peu près de $\frac{1}{8}$ ou de $\frac{1}{11}$; ainsi, puisque nous venons de
trouver la diminution occasionnée par chaque contact de $\frac{1}{31,4}$, il
en résulte que la diminution $\frac{1}{11}$ occasionnée par le contact de l'air

était à peu près équivalente à quatre contacts; ainsi, dans la réduction des observations, il faut compter sur vingt-quatre contacts au lieu de vingt, ce qui donnera, pour le rapport corrigé entre
les quantités d'électricité du gros globe et du petit globe,

$$185 : \frac{118}{24} :: 37,6 : 1,00.$$

Mais, puisque nous avons prouvé que l'électricité est répandue
uniquement sur la surface des corps et que le rapport des surfaces est :: 62 : 1, il résulte d'un calcul analogue à celui de
la fin du nº 4 que la densité du petit globe est à celle du gros
globe :: 62 : 37,6 :: 1,65 : 1,00.

IX.

Pour compléter cette recherche, j'ai fait toucher alternativement le globe de 8 pouces de diamètre par un globe de 1 pouce de
diamètre, et par un petit globe dont le diamètre, calculé d'après
son poids, n'était que de 2 lignes. En plaçant successivement ces
deux globes dans la balance, j'ai trouvé que la densité du fluide
électrique sur la surface du globe de 2 lignes de diamètre était
plus grande que sur la surface du globe de 1 pouce, mais qu'elle
n'était pas tout à fait double de celle sur la surface du globe de
8 pouces de diamètre. Dans cette expérience, le diamètre du globe
de 8 pouces est à celui de 2 lignes :: 48 : 1; les surfaces sont, par
conséquent, :: 2304 : 1; les densités sur les surfaces sont du petit
au grand :: 2 : 1; ainsi ce rapport 2 à 1 peut être regardé comme
la limite du rapport de la densité électrique moyenne de deux
globes que l'on sépare après les avoir mis en contact.

Dans la suite de ce Mémoire, nous verrons que, lorsque l'on
fait toucher la surface d'un globe par un très petit plan, ce petit
plan, au moment de sa séparation, prend une quantité d'électricité double de celle de la surface du globe qu'il vient de toucher.
Le plan de papier doré dont nous nous servons pour cette expérience n'a que $\frac{1}{18}$ de ligne d'épaisseur; il est facile de sentir et la
théorie démontrera par la suite l'analogie de ces deux effets.

X.

Remarque.

On pourrait calculer rigoureusement la quantité d'électricité qui se partage à chaque contact entre le globe de 8 pouces de diamètre et celui de 1 pouce que nous venons (nº 8) de déterminer par approximation en prenant des quantités moyennes.

Que A soit la quantité d'électricité que contient à sa surface le globe de 8 pouces de diamètre, que le globe de 1 pouce, au moment du contact, lui enlève une portion $\frac{A}{n}$, la quantité de fluide électrique qui restera au gros globe après le premier contact sera

$$\left(A - \frac{A}{n}\right) = \frac{n-1}{n} A ;$$

au second contact elle sera

$$\left(\frac{n-1}{n}\right)^2 A,$$

et au vingtième contact elle sera

$$\left(\frac{n-1}{n}\right)^{20} A.$$

Mais nous venons de voir tout à l'heure qu'il fallait compter sur vingt-quatre contacts au lieu de vingt, à cause de la quantité d'électricité perdue par le contact de l'air d'une observation à l'autre; ainsi, si nous calculons tout de suite de la première à la troisième observation, il faut compter sur vingt-quatre contacts de la première à la seconde, et sur à peu près vingt-cinq de la seconde à la troisième, parce qu'elle a duré un peu plus que la première. Ainsi, de la première jusqu'à la fin de la troisième observation, il faut compter sur quarante-neuf contacts, et comme nous avons à la première observation A = 244, qui se réduit à 66 à la fin de la troisième observation, nous aurons l'équation

$$\left(\frac{n-1}{n}\right)^{49} \cdot 244 = 66$$

ou

$$\frac{n}{n-1} = \left(\frac{244}{66}\right)^{\frac{1}{49}} = 1,027;$$

ainsi

$$n = \frac{1027}{27} = 38,04.$$

Mais il faut remarquer que la quantité de fluide électrique du gros globe étant A a été réduite par le contact à $A\frac{n-1}{n}$, dans le temps que le petit globe a pris une portion $\frac{A}{n}$; ainsi les quantités de fluide électrique partagées entre les deux globes sont entre elles :: $n-1:1 :: 37,04:1$; et les surfaces étant :: $62:1$, la densité du fluide électrique sur la surface du petit globe sera à la densité du fluide électrique sur la surface du gros globe :: $\frac{62,00}{37,04}:1$, :: $1,67:1$. Nous avions trouvé par approximation pour ce rapport $1,65:1$, qui n'en diffère pas sensiblement.

XI.

Résultat général.

En prenant une valeur moyenne entre les résultats de beaucoup d'expériences faites ou par la méthode précédente, ou en faisant toucher alternativement les deux globes par un petit plan circulaire de 5 lignes, ainsi que nous l'avons expliqué (n° 3), nous avons formé la Table suivante, qui représente la manière dont le fluide électrique se partage entre deux globes de différents diamètres :

Rapport des		Rapport de la densité entre le petit et le gros globe	
rayons.	surfaces.	observé par Coulomb.	calculé par Poisson [1].
1	1	1	1
2	4	1,08	1,16
4	16	1,30	1,32
8	64	1,65	1,44
∞	∞	2,00	1,65

Il faut observer que cette Table indique seulement le rapport des densités du fluide électrique lorsque, après avoir séparé les

---

[1] *Mémoires de l'Institut*, 1811, p. 60.

deux globes, le fluide électrique se répand uniformément sur leur surface : nous allons voir tout à l'heure que tout le temps que les globes sont réunis, il s'en faut de beaucoup que le fluide électrique se soit répandu uniformément.

XII.

De la densité du fluide électrique sur les différents points de deux globes en contact.

Après avoir comparé entre eux deux globes de différents diamètres pour déterminer la quantité d'électricité qu'ils prennent lorsqu'on les met en contact, j'ai cherché à déterminer suivant quelle loi le fluide électrique se distribue, dans le temps du contact, sur les différents points des globes ; je me suis servi ici de la petite balance électrique où l'aiguille est suspendue par un fil d'argent très flexible : cette balance est décrite dans mon premier Mémoire sur l'électricité, imprimé dans le Volume de l'Académie pour 1784. On emploie, pour déterminer la densité électrique des différents points des globes, un petit plan circulaire de papier doré *e* (*fig.* 3), de 4 à 5 lignes de diamètre, soutenu par un fil de gomme-laque *cde*, fixé à un cylindre *cb* de verre ou de bois séché au four et enduit d'un vernis idio-électrique. Ce cylindre entre et se fixe avec une vis dans le trou *b* de la pince A*b*, qui se place sur le couvercle de la balance. Toute l'opération, lorsque l'on veut comparer deux points, consiste à faire toucher le plan *e* contre le premier point ; on présente ensuite ce plan dans la balance à celui de l'aiguille que l'on a eu soin d'électriser auparavant ; on ramène l'aiguille à une distance donnée de ce plan en tordant le fil de suspension ; on observe avec soin le point où répond l'aiguille et l'angle de torsion du fil mesuré par le micromètre plus par la distance de l'aiguille au point o où la torsion est nulle. On touche ensuite le second point que l'on veut comparer avec le même plan *e* et, en le plaçant dans la balance, on ramène l'aiguille par le micromètre à la même distance que dans la première observation : on tient compte de l'angle de torsion ; on retouche pour lors le premier point observé et, en ramenant l'aiguille toujours à la même distance, on a la variation de l'électricité de la première à la troisième expérience. Ainsi, si l'on a soin de mettre entre chaque observation la même durée de temps, il suffit, pour comparer la densité du premier point au second, de prendre pour le premier point une quantité moyenne entre les forces de torsion trouvées à la première et à la troisième observation ; cette quantité moyenne donnera la densité du premier point au moment de la seconde observation : ainsi, en la comparant avec la force de torsion trouvée à la seconde observation, on aura le rapport de la densité électrique des premier et second points.

XIII.

Quatrième expérience.

Les deux globes sont égaux et ont chacun 8 pouces de diamètre ; on compare le point placé à 90° du contact avec les points placés à 30°, à 60° et à 180°.

Premier essai. — Le point placé à 30° du contact des deux

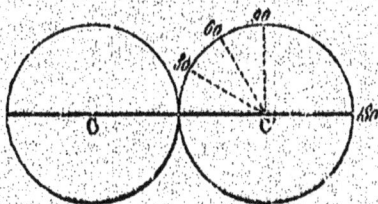

globes comparé avec le point placé à 90° (*fig.* 1).

Ayant touché l'un des globes avec le petit plan de papier doré, à 30° du contact, l'aiguille a été observée à 20° de distance du petit plan placé dans la balance ; la force de torsion ou la force répulsive qui chassait l'aiguille était de 7°.

Touché à 90, la force répulsive est de.......... 31°
» 30, » de.......... 6
» 90, » de.......... 27

Deuxième essai. — On compare le point placé à 60° du contact avec celui qui est à 90° ; la distance de l'aiguille au petit plan *e*, lorsqu'on le pose dans la balance, est toujours de 22°.

Touché à 60, la force répulsive est de.......... 21°
» 90, » de.......... 23
» 60, » de.......... 17
» 90, » de.......... 21

Troisième essai. — On compare le point placé à 90° du contact avec celui placé à 180°. L'aiguille et le plan *e*, placés dans la
balance, sont à 25° l'un de l'autre.

Touché à	90,	la force répulsive est de	. . . .	20
»	180,	»	de	19
»	90,	»	de	17
»	180,	»	de	18

Quatrième essai. — Lorsque l'on touche l'un des globes à
20° du point de contact et au-dessous et que l'on présente ensuite le petit plan *e* qui a touché dans la balance, on remarque
pour lors que l'action est nulle ou au moins insensible sur
l'aiguille, en sorte que l'on peut, dans les deux globes en contact, regarder l'électricité comme nulle depuis le point de contact jusqu'au 20° degré de ce point.

XIV.

Cinquième expérience.

On met en contact deux globes dont l'un a 8 pouces de diamètre et l'autre 4 pouces, et l'on cherche à déterminer comment
le fluide électrique se distribue sur la surface des deux globes, en
comparant, comme dans l'expérience qui précède, le point à 90°
du contact avec tous les autres.

Premier essai, petit globe. — En comparant sur le petit globe
le point à 30° du contact avec celui à 90°, la densité au point 30
était presque insensible, et l'on ne peut pas l'évaluer au delà de
la dix-huitième partie de celle de 90°.

Deuxième essai, petit globe. — On compare le point placé à
90° avec celui de 60°.

Touché à	60,	la force répulsive est de	. . . .	18
»	90,	»	de	28
»	60,	»	de	15
»	90,	»	de	24

Troisième essai, petit globe. — On compare le point à 90°
avec celui à 180°.

Touché à   90°, la force répulsive est de . . . .   21°
»   180,   »   de   28
»   90,   »   de   20
»   180,   »   de   26

Quatrième essai, gros globe. — En touchant le gros globe à 30° du contact et à 90°.

Touché à   30°, la force répulsive est de . . . .   16°
»   90,   »   de   18
»   30,   »   de   14
»   90,   »   de   15

Cinquième essai, gros globe. — La densité est sensiblement la même à 90° et à 180° du point de contact; elle est presque insensible jusqu'à 6° ou 7° de ce point. En touchant alternativement le point à 90° des deux globes, on trouve la densité du petit globe plus grande que celle du gros globe dans ces points, dans le rapport de 1,25 à 1.

XV.

Sixième expérience.

On a mis en contact un globe de 8 pouces et un globe de 2 pouces.

Premier essai, petit globe. — Touché à 90° et à 180°.

Touché à   90°, la force répulsive est de . . . .   27$^{\prime\prime}$
»   180,   »   de   35
»   90,   »   de   22
»   180,   »   de   29
»   90,   »   de   19

XVI.

Résultat des trois expériences qui précèdent.

Il sera facile, d'après ces expériences, de déterminer par le calcul le rapport des densités sur les différents points des globes en contact : prenons pour exemple l'expérience quatrième, où les deux globes sont égaux. Nous trouvons (*premier essai*) qu'à la première observation la force répulsive du point à 30° est représentée par 7°; à la troisième observation, elle est représentée par 6°. Ainsi la force moyenne au moyen de la deuxième observation, où l'on a déterminé la densité du point à 90° du contact, était 6°30'; mais, dans le même moment, la densité ou la force répulsive du point à 90° du contact a été trouvée de 31° : ainsi, divisant 31° par 6°30', on trouvera, pour exprimer le rapport de la densité à 90°, avec celle à 30°, le nombre 4,77.

En comparant par la même méthode la deuxième, la troisième et la quatrième observation, on aura pour le même rapport 4,83.

Si l'on prend une valeur moyenne entre ces deux résultats, qui diffèrent cependant très peu l'un de l'autre, nous aurons pour le rapport moyen 4,80.

Par la même méthode on trouvera, d'après le deuxième essai, pour le rapport moyen de la densité électrique des points à 60° et à 90° du point de contact, 1,25.

Dans le troisième essai de la même expérience pour les points à 90° et à 180°, on trouvera le rapport moyen des densités mesuré par 0,95.

Ainsi la densité est très petite jusqu'à 30°; elle augmente rapidement jusqu'à 60°, peu de 60° à 90°, et elle est presque uniforme de 90° jusqu'à 180°.

D'après le même calcul, on trouvera (*cinquième expérience*) que, lorsque l'un des globes n'a que moitié du diamètre de l'autre, la densité est presque nulle dans le petit globe jusqu'à 30°.

Que le point à 90°, comparé avec celui de 60°, donne pour le rapport moyen des densités à peu près 1,70.

Que le point à 90°, comparé avec le point à 180°, donne pour le rapport des densités la quantité 0,75, en sorte qu'elle augmente de 60° à 90° dans le rapport de 10 à 17, et de 90° à 180° dans celui de 75 à 100.

Le même calcul donnera (*sixième expérience*) que, lorsqu'on a mis deux globes en contact, dont les diamètres sont comme 4 à 1, la densité du petit globe depuis 90° jusqu'à 180° augmente dans le rapport de 100 à 1,43.

Le Tableau suivant résume les chiffres de Coulomb et les valeurs calculées par Poisson.

Rapport des rayons.	Distance angulaire du point observé au point de contact.	Densités	
		observées.	calculées.
1............	30°	0,21	0,171
	60	0,80	0,746
	90	1	1
	180	1,05	1,14
2............	60	0,59	0,556
	90	1	1
	180	1,33	1,35
3............	90	1	1
	180	1,43	1,67

XVII.

Il résulte de ces trois expériences que, plus les deux globes sont inégaux, plus la densité varie sur le petit globe, depuis le point de contact jusqu'à 180° de ce point, et plus elle approche de l'uniformité sur le gros globe, croissant rapidement depuis le point de contact, où elle est nulle, jusqu'à 7° à 8° de ce point, et étant uniforme sur le reste du globe. Ainsi, par exemple, lorsqu'on a mis un globe de 8 pouces en contact avec un globe de 2 pouces, on a trouvé que la densité était insensible dans le petit globe, depuis le point de contact jusqu'à 30° de ce point; qu'à 45° du point de contact elle était à peu près le quart de celle à 90°; et que depuis 90° jusqu'à 180° elle croissait dans le rapport de 10 à 14; dans le globe de 8 pouces, au contraire, la densité était nulle jusqu'à 4° ou 5° du point de contact; elle croissait ensuite rapidement, et depuis 30° jusqu'à 180° elle était presque uniforme. Nous allons voir dans la seconde Section de ce Mémoire que ces résultats sont indiqués par la théorie, en calculant l'action, soit répulsive, soit attractive du fluide électrique, d'après la loi de la raison inverse du carré des distances.

XVIII.

Essai théorique pour déterminer la distribution du fluide électrique sur la surface de deux globes en contact, et pour déterminer leur densité moyenne, lorsque, les deux globes étant séparés, ils cessent d'agir l'un sur l'autre.

Les expériences rapportées dans la première Section de ce Mémoire ont été faites avant d'avoir tenté de calculer, d'après la théorie, la distribution du fluide électrique sur la surface des deux globes en contact. Lorsque j'ai voulu essayer de calculer cette distribution d'après la loi de la raison inverse du carré des distances, j'ai vu qu'il me manquait quelques faits auxquels le calcul pût s'appliquer directement ; j'ai donc été obligé de rapporter dans cette seconde Section, à mesure que j'en ai eu besoin, le résultat de plusieurs nouvelles expériences faites d'après les procédés indiqués dans la première Section.

Nous avons vu, dans notre quatrième Mémoire (Volume de 1786), que, lorsqu'un corps conducteur était chargé d'électricité, le fluide électrique ne pénétrait pas dans l'intérieur du corps, mais qu'il se distribuait seulement sur sa surface ; de là il résulte que, lorsqu'on fait toucher un corps solide à une surface de la même figure que le corps, quelque peu d'épaisseur qu'ait cette surface, elle prendra, mise en contact avec le corps par des points homologues, la moitié de l'électricité de ce corps.

Ce dernier phénomène avait déjà été aperçu par plusieurs auteurs, en se servant des électromètres ordinaires ; on peut le vérifier d'une manière exacte en plaçant, un jour très sec, un corps solide dans notre grande balance, sur un support très idio-électrique ; si l'on fait toucher ce corps, après l'avoir électrisé, par une surface qui ait exactement la même figure, en ayant soin de mettre en contact les deux corps dans une position homologue, et qu'on observe, en ramenant l'aiguille au même point, la torsion du micromètre avant et après le contact, on trouvera que la surface a ôté au corps solide exactement la moitié de son électricité. Si l'air était impénétrable à l'électricité, si la surface du corps le mieux poli n'était pas un assemblage de petites aspérités formant

entre leurs molécules des vides probablement infiniment plus
grands que le volume des petits solides, le fluide électrique
n'aurait sur le corps, ainsi que la théorie l'indique, qu'une épaisseur infiniment mince; mais, comme il n'y a point, dans l'ordre
physique, de surface parfaite, comme l'air n'est pas impénétrable
à l'électricité, le fluide électrique, dans sa distribution, forme
autour des corps une couche d'une certaine épaisseur, que nous
chercherons à déterminer dans un autre Mémoire, épaisseur qui
varie suivant la densité du fluide électrique et suivant l'état de
l'air, mais qui, en général, est trop petite, surtout dans les jours
très secs, pour qu'il soit nécessaire d'y avoir égard dans toutes les
questions où l'on cherche à déterminer la distribution du fluide
électrique sur les surfaces non anguleuses.

XIX.

Pour avoir une première idée de la manière dont le fluide électrique se distribue entre les différents globes, plaçons trois globes
en contact en ligne droite; l'axe Aa (*fig.* 2) passant par les points
de contact, supposons les deux globes des extrémités égaux. De
quelque manière que le fluide électrique se distribue entre les
trois globes, puisque les deux globes A et a sont semblables et
semblablement posés, relativement au globe x, il est clair qu'ils
contiendront tous les deux une égale quantité de fluide électrique:

Fig. 2.

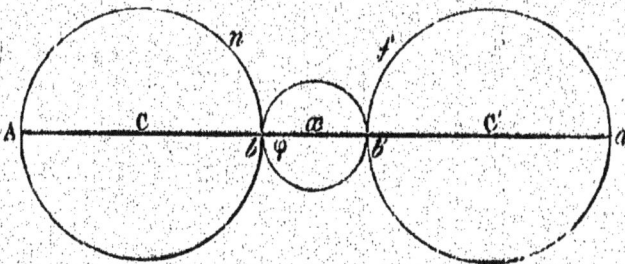

ce fluide électrique, comme la théorie l'indique, sera inégalement
répandu sur la surface du système des trois corps; il sera comprimé
vers les points de la surface qui avoisinent A et a, et nul vers les
points de contact b et b'.

Mais supposons que le fluide électrique de chaque globe soit uniformément répandu sur la surface de ces globes, et qu'il ne puisse s'échapper que par le point de contact; il devra, dans cette supposition, y avoir un rapport entre la densité des globes des extrémités C et C′ et du globe x du centre, tel qu'il y ait équilibre entre l'action du fluide électrique du globe C sur le point de contact dans la direction Cb, et des deux autres globes C′ et x dans la direction opposée;

Que R soit le rayon des globes A et a;

Que r soit le rayon du globe du milieu, dont le centre est en x;

Que D représente la densité du fluide électrique que nous supposons uniformément répandu sur les deux globes A et a;

Que δ représente la densité du fluide uniformément répandu sur la surface du globe du milieu, dont le centre est x.

L'action du globe A sur le point de contact b qui est placé à la surface de ce corps sera égale à D.

L'action contraire du globe a sur le même point b, qui est éloigné de sa surface de la quantité $2r$, sera égale à

$$2DR^2 : (R+2r)^2;$$

l'action du globe x sur le point b, qui est à sa surface, sera égale à δ: ainsi, pour que le fluide électrique ne passe pas d'un globe dans un autre, et qu'il y ait équilibre au point de contact, il faut que l'action du globe C suivant Cb soit égale à l'action des deux autres globes sur le point b dans la direction opposée; ainsi on aura la formule

$$D\left[1-\frac{2R^2}{(R+2r)^2}\right]=\delta.$$

En examinant cette formule, on trouve que la densité δ du fluide électrique du globe du centre est négative, si $\frac{2R^2}{(R+2r)^2}$ est plus grand que l'unité; qu'elle est nulle lorsque cette quantité est égale à l'unité, c'est-à-dire que $\delta=0$ lorsque

$$R+2r=R\sqrt{2}=1,41R,$$

ou lorsque R = 5r; qu'enfin δ sera positif toutes les fois que R sera plus petit que 5r.

Quoique cette première formule ne soit pas fondée sur une théorie rigoureuse, mais seulement approchée, il est bon de voir combien elle s'éloigne de la vérité, en la comparant avec l'expérience.

XX.

Septième expérience.

Les détails dans lesquels nous sommes entré en rendant compte des expériences qui précèdent indiquent suffisamment les corrections et les précautions qu'il faut employer; pour ne pas grossir inutilement ce Mémoire, nous supprimerons dans la suite les détails des expériences, à moins que nous ne soyons obligés à quelques opérations nouvelles non encore indiquées.

Lorsque j'ai placé entre les deux corps A et *a* électrisés un petit globe dont le diamètre était moindre que la sixième partie des diamètres des globes A et *a*, et que je présentais ensuite ce petit globe à une balance de torsion très sensible, le petit globe ne me donnait aucun signe d'électricité; mais quelque petit que fût ce globe, je ne trouvais pas qu'il eût pris une électricité négative, comme la théorie l'indiquait.

XXI.

Explication de cette expérience.

La différence qui se trouve ici entre l'expérience et la théorie vient de ce que, lorsque le globe intermédiaire est très petit, l'action des gros globes l'un sur l'autre est très considérable; que dans le point de contact, ainsi que dans les parties qui avoisinent ce point, la densité électrique des gros globes est presque nulle : ainsi, si, pour déterminer l'action du globe C' sur le point *b*, nous divisons la surface en deux parties, l'une formée d'un petit cercle dont le diamètre est à peu près *b'f*, sur lequel la densité est nulle ou très petite; l'autre, du reste de la surface du globe, où nous supposerons la densité uniforme et égale à D, l'action du globe *a* sur le point *b* ne sera plus mesurée par $\frac{2DR^2}{(R+2r^4)}$, qui représente l'action entière de la surface d'un globe couvert de fluide électrique, dont la densité serait D, mais seulement par cette quantité, diminuée de l'action de la surface, dont le diamètre est $b'f$, surface qui peut être prise pour un plan circulaire, si $b'f$ n'est pas fort étendu. A présent, si nous déterminons l'action d'une surface circulaire BC (*fig.* 3), dont tous les points agissent sur le

Fig. 3.

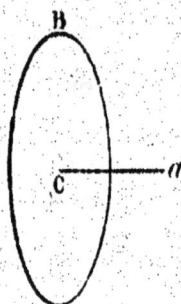

point a, dans la direction ca, avec une force en raison inverse du carré des distances, on trouvera, en nommant CB ... R', ca ... a, D la densité de la surface, pour l'action de cercle sur le point a,

$$D\left[1 - \frac{a}{(a^2 + R'^2)^{\frac{1}{2}}}\right]\,^{(1)}.$$

Ainsi l'action du globe C' sur le point b, sera

$$\frac{2DR^2}{(R+2r)^2} - D + \frac{Da}{(a^2 + R'^2)^{\frac{1}{2}}};$$

l'équation qui exprime l'équilibre d'action pour le point b donnera par conséquent

$$D\left[2 - \frac{2R^2}{(R+2r)^2} - \frac{a}{(a^2 + R'^2)^{\frac{1}{2}}}\right] = \delta,$$

dans le cas où le petit globe a un diamètre très petit relativement à ceux des extrémités; comme $a = 2r$, si $2r$ s'évanouit relativement à R, on aura δ très petit, et non pas négatif; ainsi, quelque petit que soit le globe x, placé entre les globes A et a, son électricité sera ou nulle ou insensible, mais jamais négative, en supposant les deux globes A et a électrisés positivement : ainsi la théorie et l'expérience sont ici d'accord.

---

(1) Coulomb néglige ici, comme plus haut, le facteur 2π.

XXII.

Trois globes égaux en contact sur une ligne droite.

Huitième expérience.

J'ai mis en contact trois globes égaux de 2 pouces de diamètre, placés en ligne droite; un de ces corps, soutenu par la pince (*fig.* 4), se posait successivement entre les deux corps C et C' et à l'extrémité de ces deux corps que l'on réunissait; à chaque opération on le présentait dans la grande balance, en ramenant l'aiguille toujours à la même distance du globe : on a trouvé que, lorsque le globe était placé entre les deux autres, il prenait une quantité d'électricité moindre que celle qu'il prenait lorsqu'il était placé aux extrémités dans le rapport de 1 à 1,34. Ce résultat est une valeur moyenne de plus de vingt opérations faites successivement à des intervalles de temps égaux, pour pouvoir tenir compte de la quantité d'électricité perdue d'une observation à l'autre.

XXIII.

Explication de cette expérience.

Si nous reprenons la formule du § XVI,

$$D\left[1 - \frac{2R^2}{(R+2r)^2}\right] = \delta,$$

où δ représente la densité du globe placé entre les deux autres, et D celle du globe des extrémités; puisque $R = r$, nous aurons

$$\delta = D(1 - \tfrac{2}{9}) = \tfrac{7}{9}D,$$

d'où

$$D = 1,29\delta;$$

mais l'expérience vient de nous donner

$$D = 1,34\delta,$$

qui ne diffère, comme on voit, que de $\frac{1}{27}$ du rapport donné par la théorie. On voit qu'ici l'action du globe C' sur le point b est très approchante de

$$\frac{2R^2}{(R+2r)^2},$$

parce que l'action d'un petit cercle $b'f$ dont la densité est nulle a, comme nous l'avons vu (§§ XXI), pour expression

$$D\left[1 - \frac{2R}{(4R^2 + b'f^2)^{\frac{1}{2}}}\right],$$

quantité qui s'évanouit ici, parce que $b'f$ est beaucoup plus petit que $2R$.

XXIV.

Toute la théorie qui précède va être confirmée par une expérience qui me paraît propre à jeter du jour sur cette matière.

Nous venons de voir, dans les articles qui précèdent, que, lorsque deux globes étaient en contact, quel que fût le diamètre de ces deux globes, la densité dans le point de contact et dans les points qui l'avoisinent était nulle et non négative si les deux globes étaient électrisés positivement. Mais, dès l'instant que l'on sépare les deux globes, si l'un des globes est plus petit que l'autre et si la distance des deux globes est peu considérable, on trouvera que le point a du petit globe, qui a été en contact avec le point A du gros globe, devient négatif jusqu'à ce que ces deux globes soient éloignés à une certaine distance à laquelle l'électricité du point a est nulle; que le même point a devient ensuite positif, lorsque l'on continue à éloigner les deux globes.

XXV.

Neuvième expérience.

On a isolé un globe C de 11 pouces de diamètre; on a également isolé un globe C' d'un plus petit diamètre; on électrisait ces globes et on les faisait toucher; on éloignait ensuite le petit globe C' peu à peu et, au moyen d'un petit grain de plomb a, suspendu à un fil de gomme-laque, ou d'un petit cercle de papier doré, comme dans la *fig.* 4, que l'on faisait toucher au point a, et que l'on présentait ensuite dans la petite balance ou à un petit électromètre à fil de soie très sensible, tel qu'il a été décrit dans notre quatrième Mémoire; on déterminait la nature de l'électricité du point a à différentes distances A a.

Premier essai. — Le globe C ayant 11 pouces de diamètre et le globe C′ 8 pouces, les deux globes ayant été électrisés positivement et mis en contact, le point A du gros globe a toujours donné des signes d'électricité positive, quelle que fût la distance Aa; mais le point a du globe C′ a donné des signes d'électricité négative jusqu'à 1 pouce de distance; à 1 pouce, l'électricité de ce point a était nulle; elle était positive au delà.

Deuxième essai. — Le globe C ayant toujours 11 pouces de diamètre et le globe C′ 4 pouces, jusqu'à 2 pouces de distance le

Fig. 4.

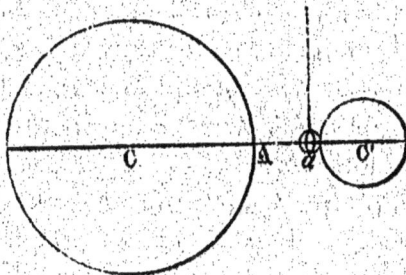

point a du petit globe a donné des signes d'électricité négative; à 2 pouces, l'électricité de ce point était nulle; l'électricité du point A est toujours positive.

Troisième essai. — Le globe C ayant toujours 11 pouces de diamètre, lorsque le petit globe C′ avait 2 pouces, 1 pouce et au-dessous, l'électricité du point a était négative jusqu'à ce qu'on éloignât le petit globe à 2 pouces 5 lignes du gros globe; à cette distance de 2 pouces 5 lignes elle était nulle, positive lorsque la distance Aa était de plus de 2 pouces 5 lignes.

XXVI.

Remarque sur cette expérience.

Lorsqu'une surface sphérique, couverte uniformément d'un fluide électrique dont la densité est D, agit sur un point placé dans la surface du globe, son action sur ce point est égale à D; mais, lorsque ce même fluide agit sur un point placé en dehors de la même surface de la quantité a, son action sur ce point, si le rayon du globe est R, sera $\dfrac{2DR^2}{(R+a)^2}$.

Si à présent on suppose le petit globe C′ en contact avec le gros globe C, si le globe C′ est très petit relativement au globe C, le fluide électrique du gros globe restera toujours presque uniformément répandu sur le gros globe, parce que le petit globe n'aura d'action que vers le point de contact et vers ceux qui l'avoisinent : c'est ce qu'il est facile de sentir d'après la théorie. Ainsi l'action du gros globe sur le point de contact sera encore assez exactement représentée par D; mais, quoique la densité moyenne du petit globe en contact se trouve plus grande que celle du gros globe, comme il doit y avoir équilibre au point de contact lorsque le gros et le petit globe se touchent, l'action du petit globe sur le point de contact a cependant pour mesure la quantité D, comme le gros globe. Mais que l'on sépare le petit globe du gros et qu'on l'éloigne d'une petite quantité $Aa = a$, l'action du petit globe sur le point A du gros globe sera presque nulle dans le temps que l'action du gros globe C′ sur le point a sera

$$\frac{2R^2}{(R+a)^2};$$

ainsi l'action du petit globe sur le point a restant D, comme dans le contact, on aura, pour déterminer la densité δ du point a, l'équation

$$\frac{2DR^2}{(R+a)^2} + \delta = D \quad \text{ou} \quad \delta = D\left[1 - \frac{2R^2}{(R+a)^2}\right];$$

ainsi, si $\frac{2R^2}{(R+a)^2}$ est plus grand que l'unité, δ sera négatif; si cette quantité est égale à l'unité, δ sera nul; il sera positif si $\frac{2R^2}{(R+a)^2}$ est plus petit que l'unité.

Nous pouvons donc déterminer la distance Aa lorsque la densité du point $a = 0$, en faisant $\frac{2R^2}{(R+a)^2} = 1$; d'où résulte

$$(R+a) = R\sqrt{2} = 1,415R \quad \text{et} \quad a = 0,415R.$$

Mais nous venons de voir dans notre expérience que, lorsqu'un petit globe de 1 pouce, par exemple, a été mis en contact avec notre globe de 11 pouces, il faut l'éloigner de 2 pouces 5 lignes du globe A, pour que l'électricité du point a cesse d'être négative et soit nulle, qu'elle est positive au delà de cette distance : ici

$$R = 5^{po} 6^{u} = 66^{u}, \quad a = 2^{po} 5^{u} = 29^{u},$$

ainsi

$$\frac{a}{R} = \frac{29}{66} = 0,439;$$

qui diffère très peu, comme on le voit, de ce qui est indiqué par la théorie.

Il est facile de voir, d'après les réflexions sur lesquelles le calcul qui précède est fondé, qu'à mesure que les deux globes approchent de l'égalité, la distance Aa, où la densité du point a est nulle, doit diminuer, parce que pour lors l'action du petit globe sur le point A, à la distance Aa, ne laisse que peu de densité au fluide électrique du point A et des points qui l'avoisinent; ainsi l'action du gros globe A sur le point a est pour lors moindre que $\frac{2DR^2}{(R+a)^2}$; c'est par la même raison que le fluide électrique du gros globe n'est jamais négatif en A, quelle que soit la distance Aa.

Poisson a appliqué le calcul à l'expérience faite sur les globes de 11 pouces et de 4 pouces, et il trouve que la densité minimum sur la petite sphère est seulement les 0,037 de sa densité moyenne, lorsqu'elle a été éloignée de 2 pouces de la plus grande.

M. Plana a calculé le rapport y de la distance où la densité minimum est nulle au rayon de la grande sphère, en fonction du rapport x des rayons des deux sphères. Lorsque x diminue de 1 à 0, y croît rapidement d'abord, de 0 jusqu'à un maximum égal à 0,54 qu'il atteint pour $x = 0,5$, puis décroît en tendant vers la limite 0,355, qu'il atteindrait pour $x = 0$.

XXVII.

Il paraît que l'on peut conclure des expériences et des observations qui précèdent que le fluide électrique est presque en entier distribué sur la surface des corps conducteurs électrisés, et qu'il ne forme pas autour de ces corps une atmosphère très étendue, ainsi que l'ont pensé plusieurs auteurs. Cette conséquence peut même être confirmée par une expérience qui paraît à peu près décisive; la voici. Si l'on place un globe conducteur dans la balance, qu'on l'électrise et qu'on le fasse toucher alternativement par deux fils de cuivre de la même grosseur et longueur, mais dont l'un soit enveloppé sur toute sa longueur, excepté à l'extrémité destinée à toucher le globe d'une couche de gomme-laque très pure, de 5 ou 6 lignes d'épaisseur, on trouvera, par un procédé et un calcul analogues à ceux des articles de la première Section, que l'un et l'autre fils de cuivre prennent, mis en contact avec le globe par leur extrémité, une égale quantité d'électricité.

Mais on sait que le fluide électrique ne peut pas pénétrer à travers une couche de gomme-laque; ainsi, lorsqu'on met en contact le fil couvert de gomme-laque et qu'on le présente par son extrémité au globe, le fluide électrique ne peut se distribuer que sur la surface de ce fil; conséquemment, puisque, soit que le fil soit couvert de gomme-laque ou non, il prend la même quantité d'électricité, la moitié, par exemple, de celle du globe, il doit exercer dans les deux cas, sur un point quelconque, le point de contact, par exemple, la même action : d'où il résulte que, soit que le fil de cuivre soit enveloppé de gomme-laque ou non, le fluide électrique s'y distribue de la même manière et en même quantité.

Cependant, il faut prévenir que, comme l'air n'est pas d'une parfaite idio-électricité, comme il est chargé de parties humides conductrices, le fluide électrique d'un corps électrisé doit pénétrer plus ou moins dans les couches d'air qui l'enveloppent; mais, dans les jours très secs, les expériences qui précèdent prouvent que ce fluide ne pénètre pas les couches d'air à une assez grande profondeur ni en assez grande quantité pour qu'il soit nécessaire d'y avoir égard dans la plus grande partie des calculs. Nous reviendrons sur cet objet dans un autre Mémoire destiné à déterminer l'état d'un corps idio-électrique en contact avec un corps conducteur électrisé; mais nous ne pouvons nous occuper de cet objet avec quelque espérance de succès, que lorsque nous aurons déterminé exactement, par l'expérience, la manière dont le fluide électrique se distribue sur les surfaces, soit planes, soit courbes, et sur des corps de différentes figures; cette recherche formera la seconde Partie de ce Mémoire.

XXVIII.

Détermination de la densité du fluide électrique, depuis le point de contact jusqu'à 180° de ce point, dans deux globes électrisés qui se touchent.

Supposons les deux globes en contact par le point A, l'un et l'autre électrisés et portés sur des isoloirs idio-électriques, tels que celui de la *fig.* 5. Puisque nous avons démontré, dans notre quatrième Mémoire, que, dans les corps conducteurs, le fluide électrique était uniquement distribué sur la surface et ne pénétrait pas dans l'intérieur de ces corps, on peut supposer chaque

Fig. 5.

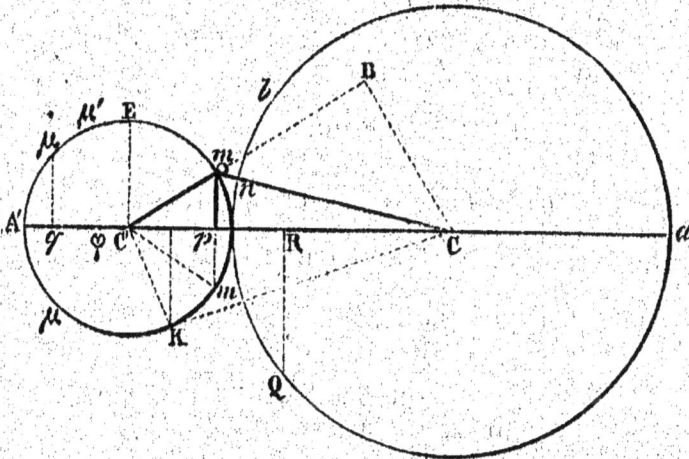

globe couvert d'une infinité de petits globules conducteurs chargés d'électricité; ainsi l'action électrique de chacun de ces globules sur le point du globe où il est en contact sera contrebalancée par l'action de tous les autres globules qui couvrent les deux corps.

Si la densité du gros globe dont le centre est en C était D, et que cette densité fût uniformément répandue sur tout le globe, son action sur un point m du globe C' serait exprimée par

$$2D\left(\frac{Ca}{Cm}\right)^2,$$

et cette action décomposée dans la direction mB, rayon du petit globe, sera

$$\frac{2D(CA)^2 \, m\,B}{(Cm)^3}.$$

Si la densité du fluide électrique était de même uniformément répandue sur le petit globe et égale à D′, son action sur le point m serait D′. Ainsi, si l'on met en contact avec le petit globe dont le centre est C′ un petit globule m qui se charge d'électricité, la densité électrique de ce petit globule doit être telle qu'à son point de contact il y ait équilibre entre l'action du petit globe C′ agissant suivant C′m et celle du globe C agissant suivant Bm, jointe à celle du globule m agissant dans la même direction; ainsi, si l'on nomme δ la densité moyenne du petit globule en m, on aura

$$D' = \delta + \frac{2 D (CA)^2 m B}{(Cm)^3} \quad \text{ou} \quad \delta = D' - \frac{2 D CA^2 m B}{(Cm)^3}.$$

Si l'on fait, pour avoir cette équation sous une forme analytique, CA $= R$, C′A $= r$, AP $= x$, les deux triangles semblables CC′B, C′pm donneront

$$\frac{C'm}{C'p} = \frac{CC'}{BC'}.$$

Ainsi

$$B m = BC' - C'A = R - \frac{R + r}{r} x,$$

$$(Cm)^2 = R^2 + 2(R + r)x;$$

en substituant, dans la formule, les valeurs de Bm et de Cm, elle devient

$$\delta = D' - \frac{2 D R^2 \left(R - \frac{R + r}{r} x \right)}{\left[R^2 + 2(R + r)x \right]^{\frac{3}{2}}}.$$

Si dans cette équation on fait l'angle AC′$m = \alpha$, on aura

$$x = r(1 - \cos \alpha)$$

et, par conséquent,

$$\delta = D' - \frac{2 D R^2 [R - (R + r)(1 - \cos \alpha)]}{[R^2 + 2(R + r)r(1 - \cos \alpha)]^{\frac{3}{2}}}.$$

XXIX.

Si les deux globes sont égaux, pour lors D $=$ D′, R $= r$, et la formule précédente se réduit à

$$\delta = D \left[1 + \frac{2 - 4 \cos \alpha}{(5 - 4 \cos \alpha)^{\frac{3}{2}}} \right].$$

Nous avons déterminé dans la première Section de ce Mémoire (§ XIII et XV) la densité électrique de deux globes égaux et en contact, depuis 30° du point de contact jusqu'à 180° de ce point; ainsi nous pouvons comparer notre formule à cette expérience et à son résultat.

1° Si l'on calcule la densité δ d'après notre formule, nous la trouverons négative jusque vers 23°; l'expérience la donne insensible jusqu'à ce point: nous avons donné la raison de cette différence (§ XX);

2° Si l'on calcule pour un point à 30° du contact des deux globes, on trouvera $\delta = 0,23 D$;

3° A 60° du point de contact, $\delta = D$;

4° A 90° du point de contact, $\delta = 1,18 D$;

5° A 180° du point de contact, $\delta = 1,22 D$.

Pour avoir la quantité δ d'après l'expérience, nous avons comparé (§ XV) la densité du point à 90° du contact avec celle de tous les autres points; ainsi il faut faire la même comparaison dans les résultats donnés par la théorie; l'expérience nous a donné (§ XV):

La densité du fluide électrique à 90° du point de contact
est à celle à 30°,.. :: 4,80 : 1,00

Si nous faisons la même comparaison, d'après notre formule, nous la trouverons.. :: 5,13 : 1,00

Le point à 90°, comparé à celui à 60°, l'expérience donne
les densités,.. :: 1,25 : 1,00

Le calcul théorique.. :: 1,18 : 1,00

Le point à 90°, comparé à celui à 180°, l'expérience donne
les densités.. :: 0,95 : 1,00

La théorie.. :: 0,97 : 1,00

On trouve ici une conformité entre les résultats de l'expérience et ceux de la théorie, qu'on pouvait à peine espérer.

Poisson donne, pour ces trois rapports, 5,80; 1,34; 0,88.

XXX.

Dixième expérience.

Pour rendre la comparaison de la théorie et de l'expérience plus directe et plus facile dans la détermination de la quantité d'électricité que prennent deux globes de différents diamètres mis en contact, voici le résultat de quelques nouvelles expériences que j'ai cru utile d'ajouter à celles qui précèdent.

J'ai mis en contact deux globes de différents diamètres, je les ai électrisés; j'ai touché ensuite le point A' à 180° du point de contact, avec un petit cercle de papier doré de 5 lignes (1,13) de diamètre (isolé, comme il est représenté à la *fig.* 4, par un fil de gomme-laque); je présentais ce petit plan dans la balance à fil d'argent très fin, je séparais ensuite les deux globes C et C', et je touchais avec le même plan le gros globe C. Je présentais de nouveau ce petit plan dans la balance; la comparaison de la force avec laquelle l'aiguille était chassée dans la première et la seconde observation donnait le rapport des densités du point A' lorsque les deux globes sont en contact, et de la densité moyenne sur le gros globe C lorsque ces globes sont séparés.

J'ai formé, d'après les différents résultats que m'a donnés cette expérience, une Table pour deux globes de différents diamètres : dans cette Table R est le rayon du gros globe, *r* celui du petit; D est la densité moyenne du gros globe séparé du petit globe; δ est la densité du point A', extrémité de l'axe du petit globe en contact avec le gros globe.

$\dfrac{R}{r}$.	$\dfrac{\delta}{D}$ observé.	$\dfrac{\delta}{D}$ calculé. (Poisson.)
1	1,27	1,32
2	1,55	1,83
4	2,35	2,48
8	3,18	3,09
∞	4	4,27

XXXI.

Observations sur l'expérience qui précède.

Si nous voulons déterminer, d'après la théorie, la quantité δ pour le point A', il faut, pour avoir une première approximation, supposer le fluide électrique de chaque globe uniformément répandu sur ce globe; en nommant δ la densité du point A' ou d'un petit globule placé en A', D la densité moyenne du gros globe C, D' celle du petit globe, on aura l'équation

$$\delta = D' + \frac{2DR^2}{(R + 2r)^2},$$

Dans cette équation, la densité moyenne D' du petit globe est nécessairement plus grande que la densité D du gros globe, ainsi qu'il est facile de le voir par la théorie. Mais supposons pour première approximation D = D'; on formera, d'après la formule

$$\delta = D \left[1 + \frac{2 R^2}{(R + 2r)^2} \right],$$

qui exprime la valeur de la densité au point A', comparée avec la densité moyenne du gros globe, la Table suivante :

$\frac{R}{r}$	$\frac{\delta}{D}$
1	1,22
2	1,50
4	1,89
8	2,28
∞	3,00

La comparaison de ce résultat avec celui fourni par l'expérience dans le *numéro précédent* montre que ce n'est que lorsque R est plus grand que 2r que la théorie et le calcul commencent à différer, la théorie donnant une valeur approchée lorsque R est plus grand que 2r, moindre que celle fournie par l'expérience. Mais, si l'on remarque que dans notre Table, calculée d'après la formule, nous avons supposé la densité D' du petit globe égale à celle du gros globe et que, par l'action du gros globe, le fluide du petit globe doit être condensé vers le point A' du gros globe ; que cependant ce fluide, par son action en raison inverse du carré des distances, doit faire équilibre au point de contact avec l'action du fluide répandu presque uniformément sur le gros globe, on verra que la densité moyenne du fluide électrique doit être plus grande sur le petit globe que sur le grand ; qu'ainsi D' est plus grand que D et, par conséquent, que le résultat donné dans la Table par le calcul exige une correction qui augmente la valeur de δ, ce qui est conforme à l'expérience. Nous trouverons dans les articles qui vont suivre des méthodes pour approcher davantage de la véritable valeur de δ.

XXXII.

Détermination par approximation du rapport suivant lequel l'électricité se partage entre deux globes de différents diamètres mis en contact.

Premier exemple : Si R = ∞ r.

Comme nous ne pouvons déterminer que par approximation la manière dont le fluide électrique se partage entre deux globes, il sera plus facile de saisir l'esprit des méthodes que nous avons suivies, en les appliquant à des exemples particuliers qu'en les généralisant. Dans cet exemple, l'un des globes est infiniment grand relativement à l'autre; mais, d'après cette supposition, il est facile de concevoir que la formule dont nous nous sommes servi (§ **XXV**) pour déterminer la densité sur tous les points du petit globe doit approcher de la vérité; car, supposant le petit globe à une très petite distance du gros globe, le fluide électrique dont sera chargé le gros globe se portera sur le petit globe jusqu'à ce qu'il y ait équilibre sur tous les points de la surface entre l'action du gros globe et l'action de tous les points électrisés à la surface du petit globe : l'action du petit globe sur le gros globe étant proportionnelle à la densité moyenne multipliée par sa surface sera infiniment petite pour tout autre point de contact; ainsi l'action du gros globe sur chaque point du petit sera à peu près la même pour tout autre point que le point de contact, que si tout le fluide électrique du gros globe était à son centre. Prenons actuellement D′ pour la densité moyenne du petit globe, quantité qui doit être variable lorsque l'on cherche l'action du petit globe sur chacun des points de sa surface, mais que nous pouvons supposer constante dans une première approximation, pourvu que l'on détermine sa valeur d'après les conditions d'équilibre au point de contact : puisque nous supposons dans cet exemple le rayon r très petit relativement à R, la formule

$$\delta = D' - \frac{2DR^3\left[R - \frac{(R+r)x}{r}\right]}{[R^2 + 2(R+r)x]^{\frac{3}{2}}},$$

se réduit à

$$\delta = D' - \frac{2D(r-x)}{r}.$$

A présent, il faut que l'action qu'exerce tout le fluide du gros globe sur le point de contact A, dans la direction CA, soit égale à l'action sur le même point de tout le fluide répandu sur la surface du petit globe : mais comme, d'après notre formule, δ représente la densité du fluide sur le point m ; que la densité δ est la même pour tous les points de la zone superficielle mm, perpendiculaire à l'axe Ap, l'action de cette zone, décomposée dans la direction pA, sera sur le point A

$$\frac{\delta\,dx}{2\sqrt{2r}\sqrt{x}} = \frac{dx}{2\sqrt{2r}\sqrt{x}}\left(D' - 2D + \frac{2Dx}{r}\right).$$

En prenant pour D′ la densité moyenne du petit globe sur chaque point de sa surface, et la supposant constante, l'intégrale de cette quantité donnera pour l'action du petit globe sur le point A

$$\frac{1}{2\sqrt{2r}}\left[(2D' - 4D)\sqrt{x} + \frac{4}{3}D\frac{x^{\frac{3}{2}}}{r}\right],$$

quantité qui doit s'évanouir quand $x = 0$ et se compléter quand $x = 2r$, ce qui donnera pour l'action entière du petit globe sur le point de contact A

$$D' - \tfrac{4}{3}D.$$

Mais il faut remarquer que, dans le contact des deux globes, le fluide électrique étant dans un état de stabilité, il doit y avoir équilibre au point de contact, entre l'action du petit et l'action du gros globe. Comme la densité du gros globe est à peu près uniforme sur tous les points de sa surface, l'action du gros globe sur le point de contact A sera D ; ainsi on aura l'équation

$$D' - \tfrac{4}{3}D = D \quad \text{ou} \quad D' = 1,67\,D,$$

quantité plus petite que celle qui a été trouvée par l'expérience, qui nous a donné (§ XI), lorsque R $= \infty\, r$, D′ $= 2$D. Avant de chercher une valeur plus approchée de D′, déterminons par approximation la densité en A′, extrémité de l'axe. Pour y parvenir, il faut remarquer que, puisque D′ représente l'action qu'exerce le fluide électrique sur un point quelconque de sa surface, cette quantité D' ne peut pas être constante, ainsi que nous venons de le supposer pour une première approximation, mais elle doit varier en augmentant depuis le point de contact A jusqu'à l'extrémité de l'axe en A'. Dans le point de contact, cette action du petit globe doit faire équilibre à l'action du gros globe; ainsi elle doit être équivalente à D; au point A', elle doit être déterminée par l'action de toute la surface du petit globe sur ce point. Pour avoir une action approchée du petit globe sur ce point, il faut la calculer d'après la densité $\delta = D' - 2D - \frac{2Dx}{r}$; en faisant

$$A'q = z = (2r - x),$$

l'action de la petite zone μ^2 sur le point A' sera

$$\frac{\delta\,dz}{2\sqrt{2r}\sqrt{z}} = \frac{dz}{2\sqrt{2r}\sqrt{z}}\left(D' - 2D - \frac{2Dz}{r}\right),$$

qui intégrée et complétée donnera, pour l'action entière du petit globe sur le point A, $D' + \frac{2}{3}D$. Mettons à la place de D' sa valeur approchée que nous venons de trouver, $1,666\,D$, et nous aurons pour l'action approchée du petit globe sur le point A, $2,33\,D$; ainsi l'action du petit globe sur tous les points de sa superficie varie en croissant depuis le point A jusqu'au point A', de manière qu'au point de contact A elle est égale à D et qu'à l'extrémité de l'axe en A, elle est $2,33\,D$.

Pour avoir, d'après la quantité d'action que le petit globe exerce sur le point A', la densité du fluide électrique dans ce point, il faut supposer que l'on touche avec un petit plan isolé alternativement le point A' et un point du gros globe C. Il est clair qu'au point A' la densité des petits globules doit être telle qu'il y ait équilibre entre l'action d'un petit globule en A' et celle des deux globes; ainsi, en nommant δ la densité du petit globule, on doit avoir

$$\delta = 2D + 2,33\,D = 4,33\,D;$$

l'expérience a paru effectivement nous indiquer (§ XXIX) que, lorsque r était infiniment plus petit que R, la densité du petit globe à l'extrémité de son axe en A' était un peu plus grande que $4D$, D exprimant la densité moyenne du gros globe.

Revenons à déterminer d'une manière plus exacte la densité moyenne D' du petit globe que nous avons trouvée par une première approximation, égale à $1,67\mathrm{D}$ et que l'expérience (§ XI) nous a appris être égale à $2\mathrm{D}$.

Puisque l'action du petit globe sur chaque point de sa surface varie en croissant depuis le point A jusqu'au point A'; qu'au point A, elle est à peu près égale à D ou à la quantité moyenne $\dfrac{\mathrm{D}'}{1,67}$; qu'au point A', elle est $\dfrac{2,33\,\mathrm{D}'}{1,67}$, lorsque l'on a voulu déterminer la valeur de δ, il fallait, au lieu de faire D' constant, le faire variable. Ainsi, en supposant que l'action du petit globe soit représentée par

$$\mathrm{D}'\left(a + \frac{b\,x}{2\,r}\right);$$

cette action doit être telle que, lorsque $x = 0$,

$$\mathrm{D}'a = \frac{\mathrm{D}'}{1,67},$$

et que, lorsque $x = 2r$,

$$\mathrm{D}'\left(\frac{1,00}{1,67} + b\right) = \frac{2,33\,\mathrm{D}}{1,67} \quad\text{ou}\quad b = \frac{1,33}{1,67};$$

ce qui donnera, pour la densité δ approchée de chaque point m du petit globe,

$$\delta = \mathrm{D}'a - 2\mathrm{D} + \frac{b\,\mathrm{D}' + 4\mathrm{D}}{2\,r}\,x;$$

et l'action d'une petite zone superficielle mm, sur le point de contact A, sera

$$\frac{\mathrm{D}x}{2\sqrt{2r}\sqrt{x}}\left[(\mathrm{D}'a - 2\mathrm{D}) + \left(\frac{\mathrm{D}' + 4\mathrm{D}}{2\,r}\right)x\right],$$

dont l'intégrale

$$\frac{\mathrm{D}x}{2\sqrt{2r}}\left[2x^{\frac{1}{2}}(\mathrm{D}'a - 2\mathrm{D}) + \frac{2}{3}x^{\frac{3}{2}}\left(\frac{b\,\mathrm{D}' + 4\mathrm{D}}{2\,r}\right)\right];$$

quantité qui doit s'évanouir quand $x = 0$ et se compléter quand $x = 2r$. Ainsi l'action entière du petit globe sur le point de contact A sera

$$\mathrm{D}'a - 2\mathrm{D} + \frac{b\,\mathrm{D}' + 4\mathrm{D}}{3};$$

mais, comme l'action du petit globe doit faire équilibre au point de contact, avec l'action du gros globe qui est égale à D, densité du fluide de ce gros globe, on aura

$$D'\left(a+\frac{b}{3}\right) = \frac{5}{3}D \quad \text{ou} \quad D' = 1,93\,D.$$

Pour avoir à présent la densité moyenne du fluide électrique du petit globe, lorsque, en l'ôtant du contact avec le gros globe, il se répandra uniformément sur la surface de ce petit globe, il faut avoir la quantité de fluide électrique répandue sur le petit globe, et la diviser par la surface de ce globe; ainsi il faut reprendre l'équation

$$\delta = D'a - 2D + (bD' + \tfrac{1}{3}D)\frac{a^2}{2r},$$

la multiplier par $r\,dx$, qui exprime la surface élémentaire du globe, intégrer cette quantité pour la surface entière, ce qui donnera

$$(D'a - 2D)2r^2 + (bD' + \tfrac{1}{3}D)\frac{r^2}{2},$$

et diviser par la surface du petit globe $2r^2$, ce qui donnera pour la densité moyenne

$$D'\left(\frac{2a+b}{2}\right),$$

d'où

$$D' = 1,93\,D,$$

quantité, comme on voit, qui ne diffère de $2,00\,D$, trouvée par l'expérience, que d'une quantité trop petite pour pouvoir être appréciée dans des recherches de ce genre.

XXXII.

Seconde méthode d'approximation.

Nous allons nous servir ici d'une méthode d'approximation différente de la précédente, mais qui peut s'appliquer à toutes les valeurs de $\frac{R}{r}$.

Soient D la densité moyenne du gros globe, D' l'action moyenne du petit globe sur chaque point de sa surface que nous voulons déterminer. Nous avons vu que, lorsque les deux globes étaient en contact, la densité était nulle au point de contact; si nous la déterminons à présent pour deux autres points, l'un à 90° du point de contact, l'autre à 180° de ce point, nous trouverons, en nommant toujours R le rayon du gros globe et r le rayon du petit globe, que la densité δ du petit globe au point E à 90° du contact est, d'après notre formule (§ XXVII),

$$\delta = D' + \frac{2DR^2 r}{[(R+r)^2 + r^2]^{\frac{3}{2}}},$$

et que la densité δ et A', extrémité de l'axe, est,

$$D' + \frac{2DR^2}{(R+2r)^2}.$$

Ainsi, si l'on suppose la densité δ qui croît depuis le point A jusqu'au point A', représentée par

$$D'\left[\frac{ax}{2r} + \frac{bx^2}{(2r)^2}\right],$$

il faut que cette quantité soit o quand $x = 0$, qu'elle soit

$$D' + \frac{2DR^2 r}{[(R+r)^2 + r^2]^{\frac{3}{2}}},$$

quand $x = r$, et qu'elle soit

$$D' + \frac{2DR^2 r}{(R+2r)^2},$$

quand $x = 2r$.

Faisons, pour simplifier le calcul,

$$\frac{2R^2 r}{[(R+r)^2 + r^2]^{\frac{3}{2}}} = A$$

et

$$\frac{2R^2}{(R+2r)^2} = B.$$

On déterminera a et b par les deux équations

$$D'\left(\frac{a}{2} + \frac{b}{4}\right) = D' + AD,$$

et

$$D'(a+b) = D' + BD.$$

d'où résultera

$$a = 3 + (4A - B)\frac{D}{D'}$$

et

$$b = -2 + 2(B - 2A)\frac{D}{D'}.$$

Pour déterminer D', reprenons l'équation

$$\delta = D'\left[a\,\frac{x}{2\,r} + b\,\frac{x^2}{(2\,r)^2}\right],$$

et nous aurons, pour l'action superficielle d'une zone mm sur le point de contact A,

$$\frac{D'\,dx}{2\sqrt{2\,r}\sqrt{x}}\left[\frac{a\,x}{2\,r} + \frac{b\,x^2}{(2\,r)^2}\right],$$

qui, intégrée et complétée, donnera, pour l'action entière du petit globe sur le point de contact A, la quantité

$$D'\left(\frac{a}{3} + \frac{b}{5}\right),$$

qui doit être égale à l'action du gros globe sur le même point de contact. Si ce globe est beaucoup plus gros que le petit, son action sera à peu près égale à D; ainsi, dans ce cas, on aura, pour déterminer le rapport $\frac{D'}{D}$, l'équation

$$\frac{D}{D'} = \frac{a}{3} + \frac{b}{5}.$$

XXXIII.

Pour avoir la densité moyenne du fluide répandu uniformément sur le petit globe après le contact, il faut la déterminer en divisant la quantité d'électricité du petit globe par sa surface, ce qui donnera pour cette densité

$$\int \frac{\delta\,dx\,r}{2\,r^2}.$$

En substituant à la place de δ sa valeur et en faisant l'opération, on trouvera

$$D'\left(\frac{a}{2} + \frac{b}{3}\right),$$

qui exprime la densité moyenne, c'est-à-dire la densité du fluide électrique, lorsque, après le contact, on séparera le petit globe du gros globe et que, le gros globe cessant d'agir sur le petit globe, le fluide électrique se répandra uniformément sur la surface du petit globe.

XXXIV.

Second exemple : $R = 4r$.

Appliquons les formules qui précèdent à un exemple dont nous avons eu le résultat par les expériences rapportées, sous la forme de Table, au § XI ; en supposant l'action du gros globe sur le point de contact $= D$.

Comme $R = 4r$, on trouve

$$A = 0,24 \quad \text{et} \quad B = 0,89;$$

ainsi

$$a = 3,00 + 0,07 \frac{D}{D'} \quad \text{et} \quad b = -2,00 + 0,82 \frac{D}{D'};$$

d'où résulte

$$\frac{D'}{D} = 1,36.$$

Substituant à présent les valeurs de a, de b et de D, dans la formule $D'\left(\frac{a}{2} + \frac{b}{3}\right)$, qui exprime la densité moyenne, on trouvera cette densité égale à $1,42 D$, qui est un peu plus grande que la quantité $1,30$, qui a été donnée (§ XI) par les expériences ; mais il faut remarquer que nous avons supposé l'action D du gros globe C égale à sa densité moyenne, comme si le fluide électrique était répandu uniformément sur ce globe ; or, comme il est un peu repoussé par l'action du petit globe, son action sur le point de contact sera moindre que la densité moyenne. Ainsi, dans la comparaison de la densité moyenne du petit et du gros globe, on a dû avoir, d'après cette observation, un rapport un peu plus petit que celui que nous venons de trouver, ce qui, comme l'on voit, est conforme à l'expérience.

Pour avoir, d'après la densité moyenne D', la densité du point A' à l'extrémité de l'axe d'un petit globe, il faut, comme nous l'avons déjà dit, que l'action d'un petit globule que l'on placerait en A′ fît équilibre à son point de contact à l'action des deux globes C et C′, ce qui donnerait

$$\delta = 1,42\,D + o,89\,D = 2,31\,D,$$

quantité que nous avons trouvée par l'expérience (§ XXXII) 2,35 D, qui n'en diffère pas sensiblement.

Si l'on voulait avoir quelque chose de plus précis, il faudrait faire pour le gros globe un calcul analogue à celui que nous avons fait pour le petit globe, pour en déterminer l'action sur le point de contact A et mettre en équation les deux actions.

SIXIÈME MÉMOIRE.

(1788)

SUITE DES RECHERCHES SUR LA DISTRIBUTION DU FLUIDE ÉLECTRIQUE
ENTRE PLUSIEURS CORPS CONDUCTEURS. — DÉTERMINATION DE LA
DENSITÉ ÉLECTRIQUE DANS LES DIFFÉRENTS POINTS DE LA SUR-
FACE DE CES CORPS.

I.

Dans notre *cinquième Mémoire*, dont celui-ci est la suite, nous
avons tâché de déterminer la manière dont le fluide électrique se
partage entre deux globes de différents diamètres mis en contact,
et entre trois globes du même diamètre. Nous avons en même
temps déterminé par l'expérience, ainsi que par la théorie, la densité électrique de chaque point de la surface de ces globes lorsqu'ils
sont en contact. Nous allons actuellement chercher :

1º Comment l'électricité se distribue entre un nombre quelconque de globes égaux mis en contact, de manière que tous les
centres soient en ligne droite ;

2º Comment le fluide électrique se distribue sur les différentes
parties d'un cylindre électrisé ;

3º Comment il se distribue entre un gros globe et une file de
petits globes en contact avec ce gros globe ;

4º Dans quel rapport le fluide électrique se partage entre un
gros globe et des cylindres de différents diamètres et de différentes
longueurs, mis successivement en contact avec le globe.

II.

Détermination de la distribution du fluide électrique
des six globes égaux mis en contact.

J'ai formé une ligne de six globes de 2 pouces de diamètre qui
peuvent se séparer à volonté, dont un, C, est soutenu par un

petit cylindre de gomme laque et peut se placer soit dans la balance électrique, soit dans la file des globes. Après avoir, d'après les méthodes indiquées dans le Volume de 1787, électrisé le petit plan de papier qui termine l'aiguille de la balance, j'électrise les six globes qui sont posés sur des supports idio-électriques : je place ensuite alternativement le globe C le premier et le deuxième de la file et à chaque essai je le présente dans la balance à l'aiguille, que j'ai soin de ramener à la même distance du centre du globe C; je fais ensuite la même opération en plaçant le globe alternativement le premier et le troisième dans la file; par ces deux opérations, je détermine les rapports entre les quantités d'électricité que contiennent le premier, le deuxième et le troisième globe dans la file.

Première expérience.

Le globe C placé le premier dans la file, comparé avec le même globe placé le deuxième dans la file.

Dans chaque essai, lorsque le globe C, après avoir été tiré de la file, était placé dans la balance, on ramenait l'aiguille, par la force de torsion, à 30° du centre du globe C.

Premier essai. — Le globe C placé en 2, ou le deuxième dans la file, et présenté ensuite dans la balance, a chassé l'aiguille, qui a été ramenée à 30° du centre de ce globe par une force de torsion, tout compris, de.. 44°

Deuxième essai. — Placé le premier dans la file..................... 64

Troisième essai. — Placé le deuxième...................... 40

Quatrième essai. — Placé le premier...................... 54

Cinquième essai. — Placé le deuxième...................... 34

Deuxième expérience.

Le globe C placé le premier dans la file comparé avec le même globe placé le troisième dans la file.

Premier essai. — Le globe C placé le troisième dans la file; le reste comme dans l'expérience qui précède; la force de torsion est de. 81°

Deuxième essai. — Placé le premier dans la file..................... 111

Troisième essai. — Placé le troisième...................... 61

Quatrième essai. — Placé le premier...................... 85

Cinquième essai. — Placé le troisième...................... 51

III.

Résultat des deux expériences qui précèdent.

Les cinq essais dans chaque expérience ont été faits à des intervalles de temps à peu près égaux, pour qu'en prenant une moyenne entre le premier et le troisième essai, par exemple, cette moyenne pût se comparer avec le deuxième essai, la différence entre le résultat donné par l'expérience entre le premier et le troisième essai provenant de la diminution de l'électricité, qui est occasionnée dans cet intervalle de temps par le contact de l'air, comme nous l'avons déjà observé dans les Mémoires qui précèdent.

Dans la première expérience, en prenant une valeur moyenne entre le premier et le troisième essai comparé au deuxième, on trouvera que la quantité d'électricité que contient le premier globe est à celle que contient le deuxième globe

$$:: 64 : 42 \quad \text{ou} \quad :: 1,52 : 1,00.$$

Une moyenne entre le deuxième et quatrième essai, comparé au troisième, donnera ce rapport :: 1,47 : 1,00.

Une moyenne entre le troisième et cinquième, comparé au quatrième, donnera ce rapport :: 1,46 : 1,00.

Ainsi, en prenant une valeur moyenne entre ces trois résultats, on trouvera que dans notre file de six globes, la quantité d'électricité du premier globe est à celle du deuxième comme 1,48 est à 1,00.

Un calcul analogue entre le premier et le troisième globe donnera, d'après les essais de la deuxième expérience, que la quantité d'électricité que contient le premier globe dans la file des six globes est à celle que contient le troisième globe :: 1,56 : 1,00; en sorte que la masse du fluide électrique diminue à peu près de $\frac{1}{3}$ du premier au deuxième globe, et seulement de $\frac{1}{15}$ du deuxième au troisième.

IV.

Application de la théorie à cette expérience.

Il faut se ressouvenir dans tous les articles de ce Mémoire relatifs à la théorie :

1° Que le fluide électrique agit en raison inverse du carré des distances de ses parties;

2° Qu'il se distribue sur la surface des corps, mais qu'il ne pénètre pas au moins d'une manière sensible dans l'intérieur des corps. Nous avons prouvé la première proposition dans notre premier Mémoire, Volume de 1785; la deuxième, dans le quatrième Mémoire, imprimé en 1786. On peut la confirmer par une nouvelle expérience qui paraît décisive : voici en quoi elle consiste. On isole un corps conducteur que l'on électrise; on lui forme ensuite une enveloppe coupée en deux parties, qui laisse, en se réunissant, un peu de jeu entre elle et le corps. Que cette enveloppe ait ou non la même figure que le corps, peu importe au succès de l'expérience. Si l'on électrise le corps placé sur un isoloir et qu'on le renferme entre ces deux parties de l'enveloppe, soutenues par deux bâtons idio-électriques, en retirant les deux enveloppes, on trouvera, au moyen de nos petits électromètres à suspension de soie, que toute l'électricité du corps a passé aux enveloppes et que le corps, ou n'en conserve point, ou n'en conserve qu'une partie insensible.

Ces deux propositions étant admises pour déterminer par approximation la quantité moyenne d'électricité que contient chaque globe dans notre file de six globes, je suppose, pour avoir une première approximation, que la masse électrique de chacun des globes est répandue uniformément sur la surface de ces globes, mais qu'elle est différente pour chaque globe, de manière que l'action électrique de tous les globes sur chaque point de contact soit en équilibre. Dans cette supposition, l'action d'une surface sphérique dont tous les points ont la même densité D, agissant sur un point de la surface dont la masse électrique serait μ, serait représentée par $2\pi D \mu$. Mais, si la même surface sphérique, dont le rayon est R, agit sur un point éloigné de la surface de la quantité a, l'action sur ce point sera représentée par $4\pi D \mu R^2 : (R + a)^2$: ainsi, en calculant dans notre expérience l'action des six globes sur les points de contact a du globe extrême (1) et du globe (2) et a' du globe (2) et du globe (3), on aura, en nommant δ_1 la densité moyenne du fluide électrique sur le globe 1; δ_2 la densité moyenne sur le globe 2; δ_3 celle sur le globe 3, les deux équations suivantes :

Première équation.

Équilibre en a........ $\delta_1 = \delta_2 + \dfrac{2\delta_3}{3^2} + \dfrac{2\delta_3}{5^2} + \dfrac{2\delta_2}{7^2} + \dfrac{2\delta_1}{9^2}$.

Deuxième équation.

Équilibre en a'...... $\dfrac{2}{3^2}\delta_1 = -\delta_2 + \delta_3 + \dfrac{2\delta_1}{3^2} + \dfrac{2\delta_1}{5^2} + \dfrac{2\delta_1}{7^2}$,

qui se réduisent à

Première équation........ $0,08\,\delta_1 = 1,04\,\delta_2 + 0,29\,\delta_3$;
Deuxième équation........ $0,18\,\delta_1 = -0,92\,\delta_2 + 1,22\,\delta_3$;

d'où l'on tire

$$\delta_1 = 1,33\,\delta_2, \quad \delta_1 = 1,42\,\delta_3.$$

Nous avons trouvé, par l'expérience,

$$\delta_1 = 1,48\,\delta_2 \quad \text{et} \quad \delta_1 = 1,56\,\delta_3;$$

ainsi l'expérience donne le rapport de la densité moyenne du fluide électrique du premier globe aux deux autres, de $\frac{1}{10}$ à peu près plus grand que la théorie. Nous avions déjà eu ce résultat dans le Mémoire qui précède, pour trois globes égaux mis en ligne droite.

Il est facile de voir à quoi tient en plus grande partie la différence des résultats entre le calcul que nous venons de donner et l'expérience; dans le calcul qui précède, nous avons supposé que la densité électrique est uniformément répandue sur chaque globe; mais dans la réalité cette densité est nulle ou au moins insensible à tous les points de contact des globes, comme nous l'avons prouvé, Volume de 1787, p. 437 et suiv. Dans le globe 2, ainsi que dans tous les autres, excepté le premier et le dernier de la file, la densité électrique croît depuis le point de contact jusque vers l'équateur où est son maximum. Dans le premier et le dernier globe de la file, cette densité croît depuis le point de contact jusqu'au pôle opposé.

Coulomb examine ensuite ce que deviendraient ces équations s'il avait supposé l'électricité concentrée sur les équateurs des sphères autres que les sphères extrêmes, en admettant de plus que l'action de ces dernières est la moyenne entre l'action qu'elles exerceraient si toute l'électricité était concentrée au pôle ou extrémité de l'axe commun de toutes les sphères, et celle qu'elles exerceraient si l'électricité était concentrée sur leur équateur; ce qui le conduit à $\delta_3 = 1,75\delta_1$. La distribution réelle étant intermédiaire entre les distributions hypothétiques qui mènent aux solutions $\delta_3 = 1,75\delta_1$ et $\delta_3 = 1,42\delta_1$, il estime que la valeur moyenne

$$\delta_3 = 1,58\delta_1$$

doit être à peu près exacte; elle s'écarte en effet peu de l'expérience

$$\delta_3 = 1,50\delta_1.$$

V.

Troisième expérience.

De la manière dont le fluide électrique se distribue entre douze globes égaux de 2 pouces de diamètre, mis en contact sur la même ligne.

Les détails dans lesquels nous sommes entrés en expliquant l'expérience précédente suffisent, je crois, pour faire entendre les procédés qu'il faut suivre; ainsi, pour ne pas grossir inutilement ce Mémoire, nous ne rapporterons dans toutes les expériences analogues que les résultats. Dans une ligne formée par douze globes de 2 pouces de diamètre, nous avons trouvé que la quantité de fluide électrique que contient le premier globe est à celle que contient le deuxième :: 1,50 : 1,00; en comparant le premier globe avec le sixième ou avec celui du milieu, nous avons trouvé que la quantité de fluide électrique que prend le premier globe est à celle que prend le sixième :: 1,70 : 1,00.

VI.

Quatrième expérience.

Distribution du fluide électrique entre vingt-quatre globes de 2 pouces de diamètre, mis en contact sur une même ligne.

En comparant toujours par la même méthode le premier globe avec le deuxième, j'ai trouvé que la quantité d'électricité que contenait le premier globe était à celle que contenait le deuxième :: 1,56 : 1,00; en comparant le premier et le douzième ou celui du milieu, j'ai trouvé que la quantité de l'électricité que contenait le premier globe de la file était à celle du globe du milieu :: 1,75 : 1,00.

Résultat des deux dernières expériences.

Il résulte de ces deux expériences que, quel que soit le nombre des globes mis en contact sur une ligne droite, la densité moyenne varie considérablement du premier au deuxième globe, mais qu'ensuite elle varie très lentement du deuxième jusqu'à celui du milieu : dans la quatrième expérience, nous avions une ligne formée de vingt-quatre globes. La densité moyenne du premier au deuxième globe a diminué dans le rapport de 1,56 à 1,00 ; mais, du deuxième au douzième, elle n'a varié que dans le rapport de 1,75 à 1,56.

Coulomb applique encore à ces expériences les mêmes méthodes approximatives de calcul.

VII.

Cinquième expérience.

Distribution du fluide électrique sur la surface d'un cylindre.

On s'est servi, dans cette expérience, pour suspendre l'aiguille de la balance électrique, d'un fil d'argent doré, dont la force de torsion, sous le même angle de torsion, n'était que la vingtième partie de celle du fil de cuivre le plus fin, numéroté 12 dans le commerce, qui a servi dans les quatre expériences qui précèdent.

On a placé un cylindre de 2 pouces de diamètre et 30 pouces de longueur, terminé par deux demi-sphères, sur un support idio-électrique. On a fait toucher ce cylindre électrisé par un petit plan de papier doré soutenu par un fil de gomme laque que l'on introduisait ensuite dans la balance suivant les procédés déjà indiqués dans notre cinquième Mémoire, Volume de 1787, *Pl. I, fig.* 3. Il a résulté de cette expérience, en touchant alternativement un point pris au milieu de la surface du cylindre et un point pris à l'extrémité, que la densité au milieu du cylindre est à celle à l'extrémité comme 1,00 : 2,30.

En comparant un point au milieu du cylindre avec un point à 2 pouces de l'extrémité, on a trouvé la densité électrique au milieu du cylindre à celle à 2 pouces de l'extrémité, comme 1,00 : 1,25.

En comparant le point du milieu avec un point sur le grand

cercle de la demi-sphère qui termine le cylindre, à 1 pouce de son extrémité, on a trouvé les densités comme

1,00 : 1,80.

Résultat de cette expérience.

Il résulte de cette expérience que, sur les deux derniers pouces à l'extrémité du cylindre, la densité électrique est beaucoup plus considérable que vers le milieu du cylindre; mais qu'elle varie peu depuis le milieu du cylindre jusqu'à 2 pouces de son extrémité.

VIII.

Théorie de la distribution du fluide électrique sur la surface d'un cylindre isolé.

Lorsqu'un corps est chargé de fluide électrique et que ce fluide est en équilibre, il faut que, en divisant le corps en deux parties et calculant l'action de ces deux parties sur un point quelconque, cette action étant évaluée dans une même direction, il y ait équilibre. Ainsi il suffit, pour avoir les conditions d'équilibre du fluide électrique sur la surface d'un cylindre, de calculer les conditions d'équilibre relativement à l'axe de ce cylindre.

Coulomb applique de nouveau des méthodes approximatives, fondées sur les mêmes principes que ci-dessus, à la distribution sur les cylindres terminés par deux hémisphères.

X.

De la manière dont le fluide électrique se distribue entre un certain nombre de globes égaux mis en contact sur une même ligne terminée par un globe d'un plus grand diamètre.

Les expériences de cet article s'exécutent comme celles qui précèdent; on met sur des isoloirs idio-électriques la file des petits globes de 2 pouces de diamètre, ainsi que le globe de 8 pouces. Un de ces petits globes se place à différents endroits de la ligne et alternativement dans la balance.

XI.

Sixième expérience.

Distribution du fluide électrique entre trois globes en contact, l'un ayant 8 pouces de diamètre, et les deux autres 2 pouces de diamètre.

En suivant, dans cette expérience, les procédés des articles qui précèdent, j'ai trouvé qu'en ne plaçant que deux globes, 1 et 2, de 2 pouces de diamètre, dont les centres étaient placés en ligne avec celui du globe C de 8 pouces de diamètre, la quantité d'électricité dont se chargeait le globe 2, le plus éloigné du gros globe, était à celle du globe 1 en contact avec le globe C :: 2,54 : 1,00.

XII.

Théorie de cette expérience.

Le calcul approximatif donne, pour ce rapport, 2,35.

XIII.

Septième expérience.

Un globe de 8 pouces et quatre globes de 2 pouces en contact.

On a mis quatre globes de 2 pouces de diamètre 1, 2, 3, 4, en contact avec le globe C, de 8 pouces de diamètre, et l'on a cherché le rapport des quantités d'électricité que prenait un globe de 2 pouces placé successivement en 1 et en 4. Par un résultat moyen entre six observations alternatives, on a trouvé qu'en plaçant quatre petits globes de 2 pouces à la file en contact avec le globe C, la quantité du fluide électrique que prenait un petit globe de 2 pouces placé à l'extrémité de la file en 4 était à celle du globe 1 immédiatement en contact avec le globe de 8 pouces C :: 3,40 : 1,00.

XIV.

Théorie de cette expérience.

Le calcul approximatif donne, pour le rapport des densités des petits globes à celle du gros, les nombres : 0,60 pour le globe qui touche C, 1,06 pour le deuxième, 1,28 pour le troisième et 1,88 pour le quatrième ou dernier et, par suite, $\frac{1,88}{0,6} = 3,13$ pour le rapport que l'expérience donne égal à 3,10.

XV.

Huitième expérience.

Pour confirmer la théorie qui précède, j'ai tâché de déterminer d'une manière directe par l'expérience le rapport entre la densité du gros globe C de 8 pouces de diamètre et celle du petit globe 4 qui termine la ligne dans la supposition précédente de cinq globes en contact. Voici le procédé que j'ai suivi dans cette comparaison :

Je déterminais d'abord, comme dans l'expérience précédente, la densité du globe 4 placé à l'extrémité de la file ; je séparais ensuite le globe C de la file des quatre petits globes, sans en détruire l'électricité, et je faisais toucher le gros globe par le globe 4, que je présentais ensuite dans la balance électrique pour déterminer d'une manière directe la quantité d'électricité que ce globe 4, prenait par un contact immédiat avec le gros globe. D'après ce procédé, j'ai trouvé que le globe 4 placé à l'extrémité de la file des petits globes prenait une quantité d'électricité qui était à celle qu'il prenait lorsqu'on le mettait seul en contact immédiat avec le globe C isolé :: 1,60 : 1,00. Nous trouvons ce rapport par la théorie :: 1,88 : 1,00 ; mais la théorie, comme nous avons vu dans la supposition de la densité uniforme sur la surface de chaque globe, le donne nécessairement trop petit, et, d'après les réflexions et les expériences qui précèdent, la théorie corrigée aurait donné très approchant ce rapport :: 2,00 : 1,00. Pour évaluer le résultat de l'expérience, il faut à présent se ressouvenir, ainsi que nous l'avons vu dans le Mémoire qui précède, qu'un globe de 2 pouces mis en contact avec un globe de 8 pouces prend une densité moyenne plus grande que celle du globe de 8 pouces, dans le rapport de 1,30 à 1,00. Ainsi, pour avoir le véritable rapport entre la densité du globe 4 placé le dernier dans la file et celle du globe C, il faut multiplier 1,60 D, qui représente la densité qu'a prise le globe 4 en touchant le globe C, par 1,30, et l'on trouvera par expérience, entre la densité moyenne du petit globe 4 placé le dernier dans la file et entre la densité moyenne de la surface du globe de 8 pouces, le rapport

:: 2,08 : 1,00, presque exactement le même que celui qui vient d'être donné par la théorie.

XVI.

Neuvième expérience.

Un globe de 8 pouces de diamètre mis en contact avec une ligne de vingt-quatre petits globes de 2 pouces chacun de diamètre formant une longueur de 48 pouces.

Dans cette expérience, on compare les différents globes qui forment la ligne au vingt-quatrième, c'est-à-dire à celui qui termine la ligne.

Vingt-quatrième comparé au vingt-troisième.

En comparant le dernier à l'avant-dernier, c'est-à-dire le vingt-quatrième globe de 2 pouces au vingt-troisième, on a trouvé, par une moyenne entre six essais, que la quantité d'électricité ou la densité moyenne du fluide électrique sur la surface du vingt-quatrième globe était à celle du vingt-troisième comme 1,49 : 1,00.

Vingt-quatrième comparé au douzième.

En comparant le vingt-quatrième globe au douzième ou à celui placé au milieu de la ligne, on a trouvé la densité moyenne du vingt-quatrième à celle du douzième globe, comme 1,70 : 1,00.

Vingt-quatrième comparé au deuxième.

En comparant le vingt-quatrième avec le deuxième, on a trouvé que la quantité d'électricité moyenne du vingt-quatrième globe était à celle du deuxième comme 2,10 : 10.

Vingt-quatrième comparé au premier.

En comparant le vingt-quatrième globe à celui immédiatement en contact avec le globe de 8 pouces, on a trouvé la quantité moyenne d'électricité du vingt-quatrième globe à celle du premier, comme 3,72 : 1,00.

Le vingt-quatrième globe comparé au globe de 8 pouces.

Enfin, en comparant par la méthode corrigée, expliquée dans l'article qui précède, la densité moyenne de l'électricité du vingt-quatrième globe de 2 pouces avec celle du globe de 8 pouces, on a trouvé ce rapport, comme 2,16 : 1,00, qui ne diffère, comme on voit, que très peu de celui que nous avions trouvé à l'article qui précède, pour le quatrième globe qui terminait une ligne formée de quatre globes de 2 pouces en contact avec un globe de 8 pouces.

XVII.

Application du calcul aux expériences qui précèdent.

XVIII.

De la manière dont le fluide électrique se distribue entre un globe et des cylindres de différentes longueurs, mais de même diamètre.

Dixième expérience.

On a électrisé un globe de 8 pouces (21,66) de diamètre, on y a fait toucher une balle de 9 lignes (2,03) de diamètre, isolée et soutenue par un fil de gomme laque que l'on a introduit à l'ordinaire dans la balance; l'aiguille a été chassée à 28° avec une force de torsion, tout compris, de 154°.

On a fait tout de suite toucher ce globe de 8 pouces par un cylindre de 2 pouces de diamètre et de 30 pouces de longueur, et en retirant le cylindre on a fait toucher le globe par la petite balle de 9 lignes de diamètre que l'on a introduite de nouveau dans la balance; l'aiguille a été chassée à la même distance que la première fois avec une force, tout compris, de 68°.

XIX.

Résultat de cette expérience.

Le globe de 8 pouces avant le contact du cylindre a une quantité d'électricité que nous trouvons représentée par 154°; mais il faut remarquer que, dans l'intervalle des observations, la quantité d'électricité diminuait de $\frac{1}{10}$ par le contact de l'air; ainsi, pour comparer la première observation à la deuxième, il faut réduire à 150° la quantité d'électricité de la première observation. Mais nous trouvons que, par le contact du cylindre, ces 150° se réduisent à 68°; ainsi, par le contact, le cylindre a pris

82° de la masse électrique du globe et ne lui en a laissé que 68°, en sorte que la quantité du fluide électrique du cylindre à celle du globe est, après ce partage, :: 82 : 68; :: 1,21 : 1,00.

Pour avoir actuellement le rapport des densités moyennes du fluide électrique répandu sur la surface du cylindre à la densité du fluide électrique sur la surface du globe, on remarquera que, le globe ayant 8 pouces de diamètre et le cylindre 2 pouces de diamètre et 30 pouces de longueur, la surface du cylindre est à celle du globe :: 60 : 64; ainsi, les densités moyennes du fluide électrique répandu uniquement sur la surface des corps étant égales à la quantité de ce fluide divisée par la surface, la densité moyenne de ce fluide sur la surface du cylindre sera à celle sur la surface du globe :: $\frac{1,21}{60}$: $\frac{1,00}{64}$; :: 1,29 : 1,00.

Par une moyenne prise entre beaucoup d'autres expériences, on peut évaluer ce rapport :: 1,30 : 1,00.

XX.

Onzième expérience.

On a déterminé par la même méthode la quantité d'électricité que prenait un cylindre qui n'avait que la moitié ou même le tiers de la longueur du premier; et l'on a trouvé, en suivant les procédés de l'expérience précédente, que la densité moyenne d'un cylindre de 15 pouces et même de 10 pouces de longueur était à la densité moyenne du même fluide sur le globe de 8 pouces, à peu près dans le même rapport que nous venons de trouver pour le globe de 8 pouces lorsqu'il partage son fluide électrique avec un cylindre de 30 pouces de longueur.

Il faut seulement remarquer que, lorsque le globe est très gros relativement au cylindre et que ce cylindre a très peu de longueur, pour lors la densité moyenne du petit cylindre, relativement à celle du globe, sera beaucoup moins grande que lorsque le cylindre aura beaucoup de longueur; ainsi, par exemple, lorsque j'ai mis en contact avec un globe de 8 pouces un petit cylindre de 5 à 6 lignes de longueur et de 2 lignes (0,45) de diamètre, la densité moyenne du fluide électrique sur la surface de ce cylindre était à celle du globe à peu près dans le rapport de 2 à 1; mais, si je mettais en contact avec ce même globe un cylindre de 2 lignes de diamètre et de plus de 6 pouces de longueur, la densité moyenne du cylindre était à celle du globe de 8 pouces, à peu près :: 8 : 1. On verra dans la suite que la théorie s'accorde avec ce résultat.

XXI.

Remarque.

Il est facile de sentir que la théorie doit donner à peu près les résultats qui nous ont été fournis par les expériences qui précèdent; car, si l'on suppose que l'on mette successivement notre globe de 8 pouces en contact avec un cylindre de 3o pouces et ensuite avec un cylindre de 15 pouces, en électrisant ce globe à chaque fois, de manière qu'après le contact avec les deux cylindres il conserve, dans les deux cas, la même quantité d'électricité, il faudra, puisqu'il y a équilibre, que la quantité d'électricité et sa distribution sur le cylindre de 15 pouces soient telles, que son action sur le point de contact avec le globe soit la même que celle du cylindre de 3o pouces; mais, comme l'action est en raison inverse du carré des distances dans le cylindre de 3o pouces, toutes les parties placées au delà de 15 pouces se trouvent à une distance assez considérable du point de contact pour que leur action ne soit qu'une quantité très petite, relativement à l'action des 15 premiers pouces qui avoisinent le contact. Ainsi, pour conserver l'équilibre dans les deux suppositions, la quantité du fluide électrique du gros globe étant supposée la même, il faut que le fluide sur les premiers 15 pouces produise, dans les deux cas, à peu près la même action; ainsi il faut que le fluide électrique y soit à peu près en égale quantité et distribué à peu près de même; par conséquent le rapport de la densité moyenne entre le globe et les cylindres doit être à peu près le même dans les deux cas.

XXII.

De la manière dont le fluide électrique se partage entre un globe électrisé et des cylindres de différents diamètres, mais de même longueur.

Comme les expériences destinées à cet article s'exécutent exactement par les mêmes méthodes que celles qui précèdent, je ne rapporterai ici que les résultats.

Le globe de 8 pouces de diamètre, placé sur des supports idio-électriques, étant électrisé, on a fait toucher ce globe par trois différents cylindres de 30 pouces de longueur.

Le premier cylindre a 2 pouces de diamètre; le deuxième cylindre a 1 pouce de diamètre; le troisième cylindre a seulement 2 lignes de diamètre.

On détermine d'abord la quantité d'électricité du globe avant qu'il ait été touché par un cylindre; on détermine ensuite sa quantité d'électricité après qu'il a été touché par ce cylindre; la différence de ces deux quantités d'électricité donne celle que prend le cylindre dans le contact qui, comparée avec celle qui reste au globe, donne le rapport entre la quantité d'électricité du globe et la quantité d'électricité moyenne du cylindre après le contact; mais, comme le fluide électrique est répandu, comme nous l'avons prouvé, seulement sur la surface des corps, on aura la densité de ce fluide en divisant sa quantité par la surface du corps.

En suivant cette méthode de réduction, il est résulté de beaucoup d'expériences que la densité moyenne sur la surface d'un globe de 8 pouces étant représentée par le nombre 1,00 :

Celle d'un cylindre de 2 pouces de diamètre et 30 pouces de longueur serait représentée par 1,30;

Celle d'un cylindre d'un pouce de diamètre par 2,00;

Celle d'un cylindre de 2 lignes de diamètre par 9,00;

Dans ces résultats, le cylindre de 2 lignes de diamètre n'ayant que la douzième partie du diamètre du premier, la densité moyenne du fluide électrique qui couvre la surface est 7 à 8 fois plus considérable que celle du cylindre de 2 pouces de diamètre; d'où il résulte que cette augmentation de densité ne suit pas exactement le rapport des diamètres des cylindres, mais un rapport plus petit. Dans la pratique, il m'a paru que l'on aurait d'une manière suffisamment exacte les densités de différents cylindres, mis en contact avec un globe dont la densité électrique serait une quantité constante, en les supposant entre elles en raison inverse de la puissance $\frac{4}{5}$ du diamètre des cylindres; puissance qui varie et paraît s'approcher de l'unité, lorsque l'on compare entre eux des cylindres dont le diamètre est très petit relativement à celui du globe et qui est plus petite que l'unité, à mesure que les diamètres du cylindre augmentent relativement à celui du globe. Nous venons en effet de trouver que, la densité électrique d'un globe dont le diamètre est 4 fois plus considérable que celui d'un cylindre étant représentée par D, la densité moyenne du cylindre est égale à 1,30 D; mais on trouve, par des expériences analogues à celles dont nous venons de rapporter le résultat, que, lorsque le diamètre du globe est seulement deux fois plus grand que celui du cylindre, la densité moyenne du cylindre sera égale à 0,85 D; si enfin le diamètre du globe est égal à celui du cylindre, nous trouverons la densité électrique moyenne du cylindre égale à 0,60 D.

XXIII.

Première remarque.

Le raisonnement, indépendamment de tout calcul, annonce le résultat qui précède, c'est-à-dire que, d'après le raisonnement, on aperçoit que la densité moyenne de deux cylindres de différents diamètres ne doit pas suivre exactement l'inverse des diamètres, mais un rapport un peu plus petit.

Prenons deux cylindres égaux en longueur, dont les diamètres soient :: 2 : 1, et mettons-les successivement en contact avec un globe électrisé; supposons que la quantité d'électricité primitive de ce globe ait été telle qu'après le contact il ait conservé dans les deux cas la même quantité d'électricité : si l'on divise les cylindres en un grand nombre de parties égales en longueur, pour qu'il y ait équilibre aux points de contact du globe et des cylindres, il faut, puisque l'action du globe est la même dans les deux cas, que chaque partie correspondante, et de la même longueur dans les deux cylindres, ait la même force électrique pour faire équilibre à celle du globe. Mais il faut remarquer que, les deux cylindres étant en contact avec le globe par l'extrémité de leurs axes, le fluide électrique répandu sur la surface des deux cylindres agira, dans les parties qui avoisinent le globe, plus directement sur le point de l'axe en contact avec le globe dans un cylindre d'un petit diamètre que dans un cylindre d'un grand diamètre; ainsi il ne faudra pas, pour l'équilibre, précisément la même quantité du fluide électrique sur la surface d'un cylindre d'un petit diamètre que sur la surface d'un cylindre d'un plus grand diamètre; ainsi la densité sur la sur-

face du globe étant supposée la même après le contact des deux cylindres, la densité moyenne du fluide électrique sur la surface du
petit cylindre ne sera pas à celle d'un plus grand cylindre tout à
fait en raison inverse du diamètre des cylindres, et la variation
de ce rapport sera d'autant plus grande que le diamètre du cylindre
sera plus grand relativement à celui du globe.

XXIV.

Deuxième remarque.

Il se présente ici une observation très intéressante, c'est celle
de l'action des pointes, ou des cylindres d'un très petit diamètre
appliqués par leur extrémité à un corps électrisé. L'expérience apprend qu'un corps ainsi armé d'une pointe perd rapidement la
plus grande partie de son électricité. Les résultats qui précèdent
rendent raison de ce phénomène.

Nous trouvons en effet, par l'expérience, qu'un cylindre de
2 lignes de diamètre et de 30 pouces de longueur, mis en contact
avec un globe de 8 pouces, s'enveloppe d'un fluide électrique dont
la densité moyenne est 9 fois plus considérable que celle du globe.
Mais nous avons vu plus haut, § VII, quatrième expérience, que
lorsqu'un cylindre est électrisé et terminé par une demi-sphère du
même diamètre que le cylindre, la densité du fluide électrique à
l'extrémité de l'axe du cylindre était à celle sur le milieu du cylindre :: 2,30 : 1,00. Ce rapport doit même être plus grand, ainsi
que le raisonnement et l'expérience l'indiquent, lorsque ce cylindre a beaucoup de longueur et qu'une de ses extrémités est en
contact avec un gros globe; ainsi, en supposant le cylindre de
2 lignes de diamètre arrondi à son extrémité en demi-sphère, la densité électrique à l'extrémité de l'axe de ce cylindre serait à celle
sur la surface du globe, de 8 pouces, comme neuf fois 2,30 est à
1,00, comme 20,7 est à 1,0; mais, comme l'air est un corps d'une
idio-électricité imparfaite dont toutes les parties mobiles ne résis-
tent à la communication et à la pénétration du fluide électrique
qu'autant qu'elle n'est portée qu'à un très petit degré de densité,
il en résulte qu'en faisant toucher l'extrémité de notre cylindre de
2 lignes de diamètre, au globe de 8 pouces chargé d'électricité, le
fluide électrique doit s'échapper par l'extrémité du cylindre avec

d'autant plus de rapidité, que la densité électrique sera plus forte ;
et cette densité électrique étant encore très grande à l'extrémité
du cylindre, dans le temps qu'elle sera presque insensible sur
la surface du globe, le globe doit se dépouiller très promptement
de presque toute son électricité. Ceci ne contrarie en rien la loi
que nous avons trouvée dans notre troisième Mémoire, qui nous a
donné le décroissement successif de la densité des petits globes proportionnel à la densité, parce que, ainsi que nous l'avons dit pour
lors, cette loi n'a lieu que lorsque la densité électrique est peu
considérable.

XXV.

De la manière dont le fluide électrique se partage entre des globes de différents diamètres et un même cylindre.

En suivant dans les expériences et dans leur réduction les mêmes
méthodes que dans les articles qui précèdent, on trouvera que,
lorsque les globes sont d'un diamètre beaucoup plus grand que
celui du cylindre, comme par exemple huit fois et au delà, les
densités électriques des différents globes en contact avec le cylindre étant supposées égales à une même quantité D, les densités
du fluide électrique qui enveloppera le cylindre seront entre elles
comme le diamètre des globes ; en sorte, par exemple, que si l'on
prend notre globe de 8 pouces en contact avec un cylindre d'un
pouce, nous avons vu, au § XXII, que la densité du globe étant D,
celle du cylindre était à peu près 2D ; mais, si au lieu d'un globe
de 8 pouces on mettait en contact avec le même cylindre un globe
dont le diamètre serait de 24 pouces, et dont la densité du fluide
électrique répandu sur la surface de ce globe serait, comme dans
le premier cas, égale à D, la densité électrique moyenne du fluide
électrique qui envelopperait le cylindre serait à peu près égale
à 6D.

XXVI.

Résultat des expériences qui précèdent.

Si, d'après les expériences qui précèdent, on veut avoir le rapport entre la densité électrique du fluide répandu sur la surface
d'un globe et celle d'un cylindre d'un diamètre quelconque en con-

tact par son extrémité avec ce globe, il suffira d'observer que,
puisque pour un même globe et différents cylindres, d'après le
§ XXII, les densités électriques des différents cylindres seront entre
elles en raison inverse de la puissance $\frac{1}{8}$ des diamètres du cylindre,
puissance qui se rapproche beaucoup de l'unité, lorsque le globe
a un diamètre beaucoup plus grand que celui du cylindre, pour
différents globes et le même cylindre, si le diamètre des globes est
beaucoup plus grand que celui du cylindre, la densité du cylindre
suivra le rapport du diamètre des globes : en supposant D la densité du globe, R son rayon, δ la densité moyenne du cylindre, r son
rayon, on aura généralement

$$\delta = \frac{m\,DR}{r^{\frac{8}{7}}} \quad \text{ou} \quad \frac{m\,DR}{r}$$

lorsque R est beaucoup plus grand que r. Dans cette équation, m
est un coefficient constant, que l'on déterminera facilement par
l'expérience.

Si en effet on observe que, lorsque nous avons mis, § XXXIII,
un globe de 4 pouces de rayon en contact avec un cylindre de
30 pouces de longueur et de 2 lignes de diamètre, nous avons eu
pour la densité moyenne du fluide électrique qui enveloppe le cylindre

$$\delta = 9\,D,$$

on verra que dans cet exemple notre équation

$$\delta = \frac{m\,DR}{r};$$

en substituant à la place de $\frac{R}{r}$, le nombre 48 donnera

$$\delta = 48\,m\,D = 9\,D;$$

d'où résulte

$$m = \frac{9}{48}.$$

XXVII.

Application de ce résultat au cerf-volant électrique.

Lorsque par un temps orageux on élève un cerf-volant, dont la
corde est conductrice ou tressée avec un fil de métal, on sait

qu'au moment du passage d'un nuage chargé de fluide électrique dans la région où se trouve le cerf-volant, si l'extrémité inférieure de la corde est isolée, ou attachée à un corps idio-électrique, la corde du cerf-volant lance des étincelles électriques de tout côté, et ces étincelles se portent avec la plus grande violence et le plus grand danger sur tous les corps conducteurs qui avoisinent cette corde : il est facile de voir que ce phénomène résulte nécessairement des expériences qui précèdent et de la formule que l'on en a tirée.

Supposons, pour servir d'exemple, que le nuage chargé de fluide électrique a la forme d'un globe de mille pieds de rayon, que la corde du cerf-volant a une ligne de rayon ; que δ est la densité moyenne sur la surface de la corde : l'équation

$$\delta = \frac{m\,\mathrm{DR}}{r}$$

donnera ici

$$\delta = \frac{9}{48}\,1000 . 12^2\,\mathrm{D} = 27000\,\mathrm{D}.$$

Mais nous avons vu (§ VII, quatrième expérience) que la densité électrique, à l'extrémité d'un cylindre électrisé, terminé en demi-sphère, était à la densité moyenne du cylindre :: 2,30 : 100. Ainsi la densité électrique à l'extrémité de la corde serait égale à 62000 D, ou soixante-deux mille fois plus grande que la densité électrique du fluide qui est supposé envelopper le nuage. Il doit donc nécessairement arriver, comme il arrive effectivement, que le fluide électrique condensé à ce degré de densité le long de la corde du cerf-volant, étincelle de tout côté, surtout vers l'extrémité de cette corde ou vers son attache inférieure, et se porte avec violence à des distances souvent de plusieurs pieds sur tous les corps conducteurs qui avoisinent.

Les §§ XXVIII à XXXIX sont consacrés à des calculs approximatifs relatifs à la distribution sur les cylindres.

XXXIX.

De deux corps conducteurs placés à une distance assez grande
l'un et l'autre pour que l'électricité ne puisse pas se com-
muniquer à travers la couche d'air qui les sépare.

Dans les articles qui précèdent, nous avons déterminé la manière dont le fluide électrique se distribue entre deux corps conducteurs en contact; nous allons actuellement chercher l'état
électrique des différentes parties d'un corps non électrisé présenté
à un corps électrisé à une distance assez grande pour que l'électricité du corps électrisé ne puisse pas se communiquer au corps
non électrisé à travers la couche d'air qui les sépare. On sait depuis longtemps que, dans cette disposition, le corps non électrisé,
s'il est isolé, donnera, par la seule influence du corps électrisé, des
signes d'électricité contraire à celle du corps électrisé dans les
parties voisines de ce corps, et des signes de la même nature que
le corps électrisé dans les parties qui en sont le plus éloignées.
On sait encore que, si le corps non électrisé présenté à un corps
électrisé n'est pas isolé, il donnera sur tous les points de sa surface des signes d'électricité contraire à celle du corps électrisé.

L'évaluation de l'état électrique des différentes parties d'un
corps non électrisé, isolé ou non, mais présenté à quelque distance d'un corps électrisé, est l'objet de cette dernière partie de
mon Mémoire.

XL.

Des deux natures d'électricité.

Quelle que soit la cause de l'électricité, on en expliquera tous
les phénomènes, et le calcul se trouvera conforme aux résultats
des expériences, en supposant deux fluides électriques, les parties
du même fluide se repoussant en raison inverse du carré des distances, et attirant les parties de l'autre fluide dans la même raison
inverse du carré des distances. Cette loi a été trouvée par l'expérience pour l'attraction et la répulsion électriques, dans les premier et deuxième Mémoires sur l'électricité (Volume de l'Académie de 1785); d'après cette supposition, les deux fluides dans

les corps conducteurs tendent toujours à se réunir jusqu'à ce qu'il y ait équilibre, c'est-à-dire jusqu'à ce que, par leur réunion, les forces attractives et répulsives se compensent mutuellement. C'est l'état où se trouvent tous les corps dans leur état naturel ; mais si, par une opération quelconque, on faisait passer dans un corps conducteur isolé une quantité surabondante d'un des fluides électriques, il sera électrisé, c'est-à-dire qu'il repoussera les parties électriques de la même nature et attirera les parties électriques d'une autre nature que le fluide surabondant dont il est chargé. Si le corps conducteur électrisé est mis en contact avec un autre corps conducteur isolé, il partagera avec lui le fluide électrique surabondant dans les proportions indiquées dans ce Mémoire et ceux qui précèdent ; mais, si on le fait communiquer à un corps non isolé, il perdra dans un instant toute son électricité, puisqu'il la partagera avec le globe de la Terre dont les dimensions relativement à lui sont infinies.

M. Œpinus a supposé, dans la théorie de l'électricité, qu'il n'y avait qu'un seul fluide électrique dont les parties se repoussaient mutuellement et étaient attirées par les parties des corps avec la même force qu'elles se repoussaient. Mais, pour expliquer l'état des corps dans leur situation naturelle, ainsi que la répulsion dans les deux genres d'électricité, il est obligé de supposer que les molécules des corps se repoussent mutuellement avec la même force qu'elles attirent les molécules électriques, et que ces molécules électriques se repoussent entre elles. Il est facile de sentir que la supposition de M. Œpinus donne, quant au calcul, les mêmes résultats que celle des deux fluides. Je préfère celle des deux fluides qui a déjà été proposée par plusieurs physiciens, parce qu'il me paraît contradictoire d'admettre en même temps dans les parties des corps une force attractive en raison inverse du carré des distances, démontrée par la pesanteur universelle, et une force répulsive dans le même rapport inverse du carré des distances ; force qui serait nécessairement infiniment grande, relativement à l'action attractive d'où résulte la pesanteur.

La supposition des deux fluides est d'ailleurs conforme à toutes les découvertes modernes des chimistes et des physiciens, qui nous ont fait connaître différents gaz dont le mélange dans certaines proportions détruit tout à coup et en entier l'élasticité, effet qui ne peut avoir lieu sans quelque chose d'équivalent à une répulsion entre les parties du même gaz qui constitue leur état élastique, et à une attraction entre les parties des différents gaz qui leur fait perdre tout à coup leur élasticité.

Comme ces deux explications n'ont qu'un degré de probabilité plus ou moins grand, je préviens, pour mettre la théorie qui va suivre à l'abri de toute dispute systématique, que, dans la supposition des deux fluides électriques, je n'ai d'autre intention que de présenter avec le moins d'éléments possibles, les résultats du calcul et de l'expérience, et non d'indiquer les véritables causes de l'électricité. Je renverrai à la fin de mon travail sur l'électricité l'examen des principaux systèmes auxquels les phénomènes électriques ont donné naissance.

XLIII.

Dans les Mémoires qui précèdent, ainsi que dans les recherches qui vont suivre, j'ai fait souvent toucher différents points d'un corps électrisé, par un petit plan circulaire de papier doré isolé, que je plaçais ensuite dans la balance pour déterminer son action sur l'aiguille : dans les résultats, j'ai supposé que la densité électrique des points touchés était proportionnelle à celle que prenait le petit plan dans le contact avec le corps. Pour savoir si cette supposition peut être admise, il est nécessaire de déterminer suivant quel rapport le fluide électrique se partage entre un corps et un petit plan qui le touche.

Expérience.

Distribution d'un seul fluide électrique entre un globe et un plan circulaire d'une très petite épaisseur, qui touche le globe tangentiellement par le centre du cercle du plan.

J'ai placé un globe de 8 pouces de diamètre sur un isoloir décrit dans les Mémoires qui précèdent; je l'ai électrisé positivement ainsi que l'aiguille de la balance. Au moyen d'un petit globe de 1 pouce de diamètre que je faisais toucher au gros globe et que j'introduisais dans la balance, j'ai déterminé la densité électrique du globe de 8 pouces, que j'ai trouvée de 144°. J'ai fait toucher au globe un plan circulaire isolé de 16 pouces de diamètre et de $\frac{1}{4}$ de ligne d'épaisseur, j'ai retiré tout de suite le plan et, au moyen de mon petit globe de 1 pouce de diamètre, j'ai déterminé de nouveau la densité électrique qui restait au globe de 8 pouces : je l'ai trouvée égale à 47°.

XLIII.

Explication et résultat de cette expérience.

La densité primitive du fluide électrique ou, ce qui revient au même, la quantité de fluide électrique répandue sur la surface du globe, était, avant le contact du plan, représentée par 144°. Par le contact avec le plan, elle a été réduite à 47°; ainsi, dans le partage entre le globe et le plan, le globe en conserve 47 parties et le plan en prend 97 parties; ainsi la quantité de fluide se partage entre le plan et le globe, de manière que celle du plan est double de celle du globe. Si l'on calcule à présent la surface du globe de 8 pouces de diamètre, on la trouvera égale à une des deux surfaces du plan de 16 pouces de diamètre; ainsi, comme ce plan a deux surfaces, il paraît par cette expérience que le fluide électrique se distribue entre le plan et le globe proportionnellement aux surfaces.

J'ai trouvé par un très grand nombre d'expériences, faites avec des plans plus petits que le précédent, que ce résultat avait toujours lieu; c'est-à-dire que, quels que fussent le diamètre du globe et celui du plan, toutes les fois que le plan était mis en contact tangentiellement avec le globe, il partageait l'électricité du globe dans le rapport de la somme de l'étendue des deux surfaces du plan à celle du globe. L'expérience a surtout donné ce résultat d'une manière très exacte, lorsque le plan mis en contact avec le globe était d'un très petit diamètre, relativement à celui du globe; en sorte que, lorsque l'on touche, par exemple, le globe de 8 pouces de diamètre, avec un petit plan isolé de 6 lignes de diamètre, il prend à chacune de ces surfaces une densité électrique égale à celle de la surface du globe, c'est-à-dire que ce petit plan de 6 lignes de diamètre se charge d'une quantité d'électricité double de celle de la portion de surface du globe qu'il a touchée.

XLIV.

Théorie de cette expérience.

Le résultat de cette expérience est facile à expliquer par la théorie, au moins lorsque le plan qui touche est d'un petit diamètre relativement à celui du globe touché; c'est le seul cas où je m'arrête, parce que c'est le seul dont j'aurai besoin dans les expériences qui vont suivre.

Plaçons (*fig.* 8) un petit plan b à une distance ab du globe électrisé C, assez petite pour que la couche d'air interposée ne puisse pas empêcher le fluide électrique de passer du globe C au petit plan b. Ce plan étant très petit, l'action du globe sur le point b dans la direction ab sera égale à $2DR^a : (R + ab)^2$, D étant supposé représenter la densité électrique de la surface du globe et R son rayon. Comme ab est supposé très petit relativement au rayon R du globe, l'action du globe sur le point b est très approchant égale à $2D$; mais l'action d'un plan circulaire, dont le rayon est R' sur un point à une distance a du centre de ce plan, est égale à $\delta \left(1 - \frac{a}{\sqrt{R'^2 + a^2}} \right)$; et si a est une quantité infiniment petite, cette action se réduira à δ, δ étant la densité électrique de tous les points du plan. Ainsi, comme il doit y avoir équilibre au point b dans la direction ba entre l'action du plan et celle du globe, on aura l'équation $2D = \delta$; c'est-à-dire que la densité du plan ou que la quantité d'électricité qui passera au plan dans le moment qu'on le séparera du globe sera double de la quantité d'électricité que contient une portion de la surface du globe égale à ce plan, ce qui se trouve très exactement conforme à l'expérience.

(Coulomb a encore supprimé dans les formules ci-dessus le facteur 2π.)

XLV.

Remarque sur la théorie de l'article qui précède et sur l'expérience dont elle résulte.

Le résultat que nous venons de trouver par l'expérience et par la théorie, pour un petit plan mis en contact avec un globe, est gé-

Pl. VI.

Mem. de l'Ac. R. des Sc. An 1788. Page. 704. Pl. XXXI.

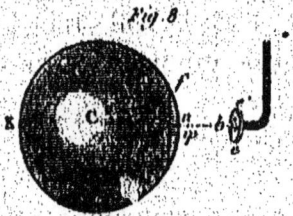

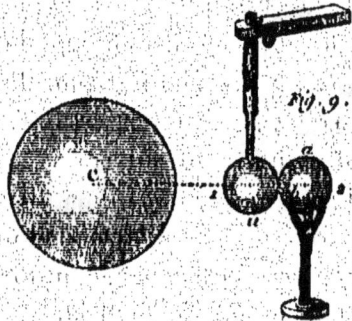

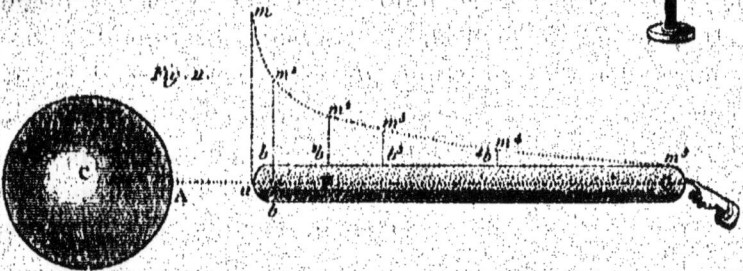

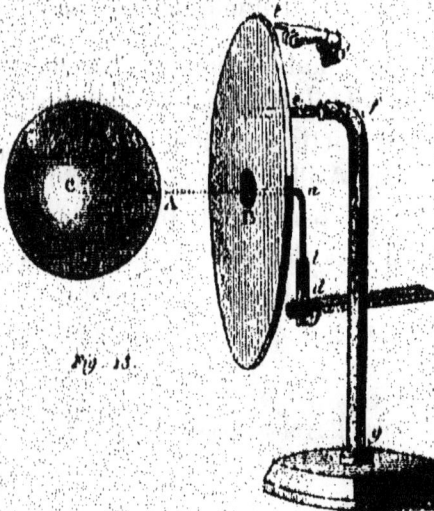

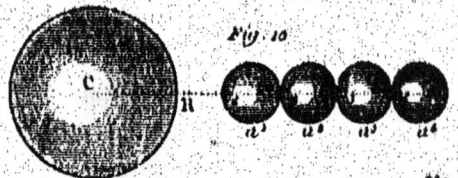

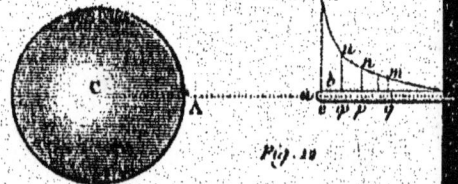

néral pour tous les corps terminés par une surface courbe, convexe, d'une figure quelconque. Quelle que soit en effet la figure du corps, l'expérience apprend qu'un petit plan mis en contact avec ces surfaces prend toujours, au moment qu'on le retire du contact, une quantité d'électricité double de celle de la portion de surface touchée. L'expérience donne encore ce même rapport double, en faisant toucher un plan très petit à un grand plan électrisé.

Ce résultat général des expériences pour un petit plan mis en contact avec un corps conducteur, terminé par une surface d'une figure quelconque, aurait pu, comme on va le voir, être prévu par le simple raisonnement; mais dans ce Mémoire, ainsi que dans les précédents, tous les phénomènes ont été donnés par l'expérience avant d'essayer d'y appliquer le calcul. Voici, en effet, ce qu'indique la théorie :

A la place du globe C (*Pl. VI, fig.* 8), supposons un corps d'une figure quelconque, que la petite surface représentée par faf' ait été touchée par le plan ebe'; on demande, après que le petit plan ebe' a été séparé de faf', sa densité électrique ou la quantité de fluide électrique qu'il contient relativement à celle que contient la portion égale de surface faf'. Prenons deux points φ et φ' à une distance infiniment petite du point a et de la surface faf', l'un en dedans, l'autre en dehors du corps C; soit δ la densité électrique du plan ff'; l'action de ce petit plan circulaire ff', décomposée suivant la direction $a\varphi$, et agissant sur le point φ ainsi que sur le point φ', sera par le calcul égale à δ, φa étant supposé infiniment petit relativement à ff'; mais l'action de ff' sur le point φ doit faire équilibre à l'action de toute la surface fKf'; ainsi l'action de toute cette surface sur le point φ sera aussi égale à δ. Cette action de toute la surface fKf' sera la même sur un point φ' placé en dehors du corps, puisque $\varphi\varphi'$ est supposé infiniment petit; ainsi le point φ' éprouvant en même temps l'action du corps fKf' et celle du plan ff', il éprouvera une répulsion égale à 2δ. Ainsi, si nous supposons que le petit plan ee' est assez proche du point a pour que l'électricité puisse passer du corps à ce petit plan à travers la couche d'air qui les sépare; et si l'on prend un point entre a et b à une distance infiniment petite de b, l'action de la petite surface circulaire be' sur ce point dans la direction ba sera, en

nommant D la densité électrique du plan *ebe'*, égale à D; ainsi,
en nommant δ la densité du petit plan *ff'*, on aura, pour l'action
de la surface entière du corps *faf'*K sur le point *b*, la quantité 2δ,
qui doit faire équilibre à l'action D du plan *ee'* sur le même point;
ainsi l'on aura généralement 2δ = D, c'est-à-dire que la quantité
d'électricité du petit plan *ee'*, quelle que soit la figure de la surface du corps *f*K*f'a*, sera égale à une quantité d'électricité double
de celle de la portion de surface *faf'*, avec laquelle le petit plan *ee'*
aura été mis en contact. Ainsi la théorie se trouve avoir un accord
parfait avec l'expérience.

Toute cette théorie est absolument inadmissible. Coulomb ne tient pas
compte de ce que, quand le disque et le globe se touchent, il n'y a pas
d'électricité au point de contact, fait qui lui était pourtant bien connu,
comme on l'a vu plus haut. Il est regrettable qu'il n'ait pas donné le détail
des expériences auxquelles il fait allusion à la fin du § XLIII, qui l'ont in-
duit en erreur. Plus le disque, ou plan d'épreuve, est mince, mieux il s'applique sur le corps, et plus la densité électrique, pendant le contact, s'approche de celle de la surface à laquelle il se substitue.

XLVI.

Comme dans les expériences qui précèdent et dans celles qui
vont suivre, nous avons principalement déterminé la densité de
chaque point des corps en les faisant toucher par un petit plan;
il est clair, d'après les expériences et la théorie que nous venons
d'expliquer, qu'en comparant pour la même distance les actions
de notre petit plan sur l'aiguille électrisée de notre balance, après
que ce petit plan a été successivement mis en contact avec différents points de la surface du corps, nous déterminons très exactement le rapport des densités électriques de deux points successivement touchés.

Nous allons actuellement passer à la recherche des conditions
d'équilibre dans des corps qui agissent l'un sur l'autre : ces corps
étant séparés par un intervalle assez grand pour que le fluide électrique ne puisse pas se communiquer de l'un à l'autre, à travers la
couche d'air qui les sépare.

XLVII.

Expérience.

Deux petits globes (*fig.* 9) isolés et non électrisés sont placés à une distance quelconque du gros globe C électrisé.

On isole (*fig.* 9) un globe électrisé C de 8 pouces de diamètre. On isole également deux petits globes de 2 pouces chacun de diamètre : l'un *a'* est porté sur un support idio-électrique formé d'un cylindre de verre, enduit et surmonté de quatre branches de gomme laque; l'autre petit globe *a* est porté par un soutien vertical, tel qu'il puisse être introduit dans la balance électrique. Nous avons décrit ce soutien dans les Mémoires qui précèdent. Ayant électrisé positivement l'aiguille de la balance ainsi que le globe C, le petit globe *a*, présenté dans la balance à une même distance de l'aiguille, a attiré l'aiguille, après avoir été placé en *a*, exactement avec la même force qu'il l'a repoussée lorsqu'il a été placé en *a'*.

Résultat de cette expérience.

Il est facile de voir que ce résultat s'accorde parfaitement avec le principe expliqué au § XLI; car, dans notre neuvième figure, le globe C étant électrisé positivement, une partie du fluide positif du globe *a* passe dans le globe *a'*; et *vice versa*, une partie du fluide négatif du globe *a'* passe dans le globe *a*. Mais, comme chacun des globes acquiert une proportion de fluide égale à celle dont l'autre se dépouille et que la quantité des deux fluides nécessaire pour la saturation, c'est-à-dire pour qu'il n'y ait aucune action électrique, subsiste dans les deux corps, que ces fluides ne sont que déplacés, il en résulte que l'action attractive du globe *a*, relativement à l'aiguille de la balance, doit être exactement égale à l'action répulsive du corps *a'*.

XLVIII.

Expérience.

Comparaison (*fig.* 9) de la densité électrique moyenne du globe placé en *a'* et de celle de la surface du globe C.

Cette expérience est destinée à déterminer, tout étant comme dans la neuvième figure, quelle est, pour une distance R, donnée, la quantité de fluide électrique positif surabondant dans le petit globe a', etc.

Pour faire cette expérience, le globe C ayant 8 pouces de diamètre, les globes a et a' 2 pouces, le premier globe a étant placé à 2 pouces du globe C, j'ai présenté le dernier globe a' dans la balance et j'ai déterminé son action répulsive, que j'ai trouvée de 21° pour une distance donnée. J'ai fait ensuite toucher le globe C par le globe a', et, l'introduisant de nouveau dans la balance, j'ai déterminé l'action du globe a' qui, à cause que la distance était la même que dans la première opération, se trouvait proportionnelle à la quantité d'électricité dont le petit globe a' s'était chargé dans le contact avec le globe C; j'ai trouvé que l'aiguille était chassée, dans cette deuxième expérience, avec une force de 66°.

XLIX.

Résultat et théorie de cette expérience.

La quantité de fluide électrique, surabondante en plus ou en moins dans un corps, étant proportionnelle à son action, lorsque l'on compare les actions à des distances égales, soit (*fig.* 9) δ la densité moyenne du fluide électrique répandu sur la surface du premier globe a, électricité qui sera négative dans notre expérience où le globe C est supposé électrisé positivement; soit δ' la densité électrique positive du globe a' qui, dans notre figure et notre expérience, se trouve électrisé positivement de la même quantité dont le globe a est électrisé négativement.

Si nous cherchons l'action des trois globes C, a, a' sur le point de contact b des deux petits globes, point où il doit y avoir équilibre, nous trouverons que, si les fluides électriques étaient répandus uniformément sur la surface des trois globes, on aurait, pour l'équilibre d'action au point b, l'équation

$$\frac{2\,\mathrm{D}.(\mathrm{C}\mathrm{R})^2}{(\mathrm{C}b)^2} = -\delta + \delta';$$

mais, comme la quantité de fluide électrique positif naturel, dont le globe a est dépouillé, est égale à la quantité du fluide surabondant du globe a, il en résulte que la somme des quantités de fluide des deux globes est égale à o; ainsi on a

$$\delta' + \delta = 0;$$

ainsi, substituant dans la première équation la valeur de δ, on aura

$$\frac{2\,D.(CR)^2}{(Cb)^2} = 2\delta'.$$

Il faut à présent remarquer que, dans la première équation, nous avons supposé que le fluide était uniformément répandu sur la surface de chaque globe, au lieu que ces fluides, ainsi que nous l'avons vu au commencement de ce Mémoire, n'ont nulle action ou sont réunis à saturation au point de contact b et sont séparés et portés à leur plus grand degré de densité aux points 1 et 2. Nous avons trouvé dans le même article que l'action corrigée du globe a sur le point b était mesurée par $0,60\delta'$ et non pas par δ'; il en est de même de celle du corps a; ainsi notre équation corrigée ([1]) nous donnera

$$\frac{2\,D(CR)^2}{(Cb)^2} = 1,20\delta'.$$

Dans notre expérience, $CR = 4$ pouces, $R_1 = 2$ pouces, le rayon du globe $a = 1$ pouce; ainsi on aura

$$0,50\,D = 1,20\delta', \quad \text{d'où} \quad D = 2,40\delta'.$$

Nous avons trouvé dans notre expérience que, la densité moyenne du petit globe a' étant mesurée par $21°$, celle du même petit globe, lorsqu'il a touché a, était mesurée par $66°$; mais nous avons vu dans

---

[1] Voici comment Coulomb parvient à ce résultat approximatif : Si une masse M d'électricité est répandue uniformément sur une sphère, la force exercée sur un point de cette couche est $\frac{M}{2R^2}$; si elle est concentrée sur le grand cercle dont ce point est le pôle, l'action est $\frac{M}{2R^2\sqrt{2}}$; et enfin, si elle est concentrée au pôle opposé, $\frac{M}{4R^2}$. Ces quantités sont entre elles comme $1, \frac{1}{\sqrt{2}}$ et $\frac{1}{2}$, et Coulomb admet que la distribution réelle produit une force moyenne entre $\frac{1}{\sqrt{2}}$ et $\frac{1}{2}$ de la force résultant d'une distribution uniforme : Il prend $0,60$ comme moyenne approximative entre $0,50$ et $0,707$.

notre cinquième Mémoire, Volume de 1787, p. 437 (¹), que, lorsqu'un globe de 1 pouce de rayon touchait un globe de 4 pouces de
rayon, la densité moyenne sur la surface du globe de 1 pouce était à
celle du globe de 4 pouces, à peu près comme 1,30 : 1,00; ainsi la
densité moyenne du petit globe, après le contact, étant représentée
par 66°, celle du gros globe le serait par 51° : mais il faut remarquer que, par le partage de l'électricité entre le gros globe et le petit
globe, au moment du contact, le gros globe perd à peu près $\frac{1}{12}$ de
son fluide électrique, qu'il perdait de plus dans l'intervalle des observations à peu près $\frac{1}{30}$: ainsi la densité du globe C, avant le contact, était à peu près mesurée par 57°. Or nous avions trouvé par
l'expérience la densité moyenne du globe a', placé comme dans la
figure, mesurée par 21° : ainsi la densité moyenne du fluide électrique positif de la surface du globe C est à celle sur la surface du globe
a' placé comme dans la neuvième figure :: 57 : 21 :: 2,70 : 1,00;
ainsi, d'après l'expérience, nous avons

$$\delta' = 2,70 D,$$

quantité que nous venons de trouver égale à 2,40 D par la théorie;
ainsi, la théorie et l'expérience diffèrent peu entre elles, et les
erreurs ne peuvent être attribuées qu'à l'imperfection des opérations.

I.

Quatrième expérience.

Comparaison (*fig.* 10) des densités électriques de quatre petits globes de 2 pouces
de diamètre non électrisés, placés sur un isoloir, à 2 pouces de distance d'un
globe C électrisé, de 8 pouces de diamètre.

La *fig.* 10 indique la position des globes. On a comparé, d'après
les procédés indiqués dans l'expérience qui précède, la densité
moyenne de l'électricité négative du globe a_1 avec la densité positive du globe a_1, et celle du globe a_1 avec celle du globe C, le
globe C étant électrisé positivement.

On a trouvé, en nommant δ_1 la densité moyenne du globe a_1,
δ_1 la densité moyenne du globe a_1, D celle du gros globe C, que

$$D = -1,50\delta_1 = 2,20\delta_1.$$

LI.

*Résultat des expériences destinées à déterminer l'état élec-
trique des différentes parties de la surface d'un cylindre
non isolé d'une très grande longueur, présenté par une de
ses extrémités à un gros globe électrisé isolé.*

Dans les résultats qui vont être présentés, je n'entrerai dans le
détail des expériences qu'autant que ces détails seront assez différents de ceux qui précèdent pour exiger une explication particulière.

On sait, et il suit des recherches qui précèdent, que, lorsque l'on
présente un cylindre non isolé à une distance d'un globe électrisé
assez grande pour que le fluide électrique du globe ne puisse pas
passer dans le cylindre, la surface du cylindre donne des signes
d'électricité contraire à celle du globe, et que la densité électrique
de chaque point du cylindre ou, ce qui revient au même, l'action
de chacun de ces points est d'autant plus grande, que le point du
cylindre est plus rapproché du globe électrisé; l'objet de cette
partie de mon Mémoire est de déterminer :

1° Pour un même cylindre placé à différentes distances du même
globe électrisé, la densité électrique de l'extrémité du cylindre la
plus proche du globe, la loi que suit cette densité; de comparer
cette densité, en la supposant proportionnelle à son degré d'action,
avec celle du globe électrisé que l'on suppose de même proportionnelle à son degré d'action;

2° En plaçant des cylindres non isolés de différents diamètres à
la même distance d'un globe électrisé, de déterminer suivant quel
rapport la densité de l'extrémité du cylindre augmente ou diminue
relativement aux diamètres de ces cylindres;

3° Suivant quelle loi la densité des différents points d'un même
cylindre placé à une distance donnée d'un globe électrisé diminue
relativement à la distance de ces points au centre du globe électrisé;

4° Enfin suivant quelle loi la densité de la surface des cylindres
augmente relativement au diamètre de différents globes, la densité
électrique des globes étant la même.

LII.

Premier résultat.

Un cylindre non isolé placé à différentes distances d'un globe électrisé.

Si l'on place le même cylindre non isolé, ou ce qui revient au même, isolé, mais d'une longueur infinie, de manière que l'axe du cylindre soit dans la direction du centre du globe électrisé, on trouvera par l'expérience, en faisant varier la distance du centre du globe à l'extrémité du cylindre la plus proche de ce globe, que la densité électrique de cette extrémité sera dans un rapport un peu au-dessous de la puissance $\frac{3}{2}$ de la raison inverse de la distance de cette extrémité au centre du globe. L'expérience qui a donné ce résultat s'est faite de deux manières : ou en touchant avec un petit plan isolé l'extrémité du cylindre et plaçant ensuite à l'ordinaire ce petit plan dans la balance électrique; ou en faisant toucher l'extrémité du cylindre avec un petit globe du même diamètre que le cylindre, que l'on introduit ensuite dans la balance.

LIII.

Deuxième résultat.

Densités électriques de l'extrémité de deux cylindres de différents diamètres non isolés, placés alternativement à la même distance du centre d'un globe électrisé.

En plaçant successivement deux cylindres de différents diamètres à la même distance d'un même globe électrisé, on a trouvé que les densités électriques de l'extrémité des deux cylindres étaient entre elles à peu près en raison inverse des diamètres de deux cylindres, pourvu cependant que les diamètres des cylindres fussent beaucoup plus petits que le diamètre du globe.

LIV.

Troisième résultat.

Rapport des densités électriques des différents points de la surface d'un même cylindre d'une grande longueur et non isolé, suivant que ces points sont plus éloignés de l'extrémité du cylindre ou du centre du globe électrisé.

En plaçant un cylindre à une distance donnée d'un globe électrisé, on trouve que la densité électrique des différents points de la surface de ce cylindre est en raison inverse du carré de la distance de ces points au centre du globe électrisé.

Cette loi n'est pas suivie vers l'extrémité du cylindre qui avoisine le globe sur une longueur égale à quatre ou cinq diamètres du cylindre ; on trouve par l'expérience que dans cette partie la densité électrique croît, en s'approchant de l'extrémité du cylindre, dans un rapport beaucoup plus grand que l'inverse du carré des distances ; et si, comme dans toutes les expériences que nous avons faites, le cylindre est terminé comme à la onzième figure, par une demi-sphère, on trouvera que la densité à l'extrémité de l'axe *a* point le plus proche du globe C, est à peu près double de celle du point *f*, qui n'est éloignée du point *a*, extrémité du cylindre, que d'une quantité *af*, égale au diamètre du cylindre, quelle que soit d'ailleurs la distance A*a*.

LV.

Quatrième résultat.

Un même cylindre non isolé, placé à la même distance du centre des deux globes électrisés de différents diamètres.

En supposant la densité électrique de deux globes la même, on trouvera par l'expérience que la densité des points du cylindre placés à la même distance du centre des deux globes sera comme le carré des rayons de ces globes. La théorie aurait annoncé *a priori* le résultat que l'expérience vient de donner ; car l'action d'une surface sphérique sur un point quelconque placé en dehors de la sphère est la même que si cette surface était réunie au centre de la sphère ; ainsi son action sur tous les points placés en dehors de la surface sera en raison directe de l'étendue de la surface multipliée par la densité électrique et en raison inverse du carré de la distance au point sur lequel s'exerce l'action. Or, comme le cylindre est le même et que chaque point du cylindre sur lequel on évalue l'action est supposé à la même distance du centre des deux globes, il en résulte que les densités électriques d'un même point du cylindre placé à la même distance du centre des deux globes électrisés doivent toujours être en raison directe composée de la densité électrique de la surface des globes et du carré des rayons des globes.

LVI.

Formule dérivée des résultats précédents.

Pour pouvoir, d'après les résultats qui précèdent, donner une formule qui indique tout de suite l'état électrique des différents points d'un cylindre non isolé, ou touché au point G par un corps non isolé, comme à la *fig.* 11, à une très grande distance du point *a*, on sent qu'il faut déterminer ce rapport par l'expérience pour un cas particulier, afin d'avoir un coefficient constant. Parmi les différentes expériences qui m'ont servi à fixer les quatre résultats qui précèdent, j'en vais choisir une qui me donnera ce coefficient.

Expérience.

J'ai isolé (*fig.* 11) le globe C de 8 pouces de diamètre; je l'ai électrisé; j'ai placé sur un isoloir à 2 ½ pouces de distance un cylindre *a*G de 1 pouce de diamètre : ce cylindre était terminé par une demi-sphère *bab*. J'ai touché alternativement à l'ordinaire, par un petit plan isolé, le point *a* de la demi-sphère et un point quelconque du globe C. Ayant électrisé l'aiguille de la balance de la même électricité que le globe, l'aiguille a été attirée par le petit plan lorsqu'il a eu touché en *a* l'extrémité du cylindre et repoussée lorsqu'il a eu touché le globe. En mesurant les forces pour une même distance, j'ai trouvé que la force attractive du petit plan, lorsqu'il avait touché le point *a*, était à la force répulsive du même plan, lorsqu'il avait touché le globe, comme 4,00 : 1,00.

Lorsque par la même méthode j'ai comparé le point *a* avec le point *f*, placé à une distance de 1 pouce de l'extrémité du cylindre, j'ai trouvé que la densité électrique du point *a* était à celle du point *f* comme 2,5 : 1,0; d'où il est facile de conclure que la densité électrique négative à 1 pouce de l'extrémité du cylindre sera à la densité électrique positive de la surface du globe à peu près comme 16 : 10.

LVII.

En réunissant à présent les quatre résultats qui précèdent, nous trouvons par l'expérience que les densités électriques de la demi-sphère qui termine différents cylindres présentés à un globe

électrisé sont d'une nature contraire à celle du globe, en raison
directe composée de la densité sur la surface du globe, du carré du
diamètre de ce globe, et en raison inverse composée de la puissance $\frac{3}{2}$ de la distance Ca (*fig.* 11) du centre du globe à l'extrémité du cylindre et du rayon du cylindre.

Ainsi, si D est la densité du fluide électrique positif, répandu
sur la surface d'un globe dont R est le rayon; si r est le rayon du
cylindre, si a est la distance entre le centre du globe (¹) et l'extrémité du cylindre, on aura pour exprimer δ, densité électrique négative de l'extrémité du cylindre, la formule

$$\delta = \frac{m\,DR^2}{r(R+a)^{\frac{3}{2}}},$$

dans laquelle on va déterminer la valeur de la constante m, d'après
l'expérience de l'article qui précède. Dans cette expérience

$$R = 4 \text{ pouces}, \quad r = \tfrac{1}{2}\text{ pouce}, \quad a = 2,5 \text{ pouces},$$

δ a été trouvé égal à $4D$; substituant ces quantités dans la formule, on aura

$$m = 2,07 \sqrt{1 \text{ pouce}},$$

et la formule générale sera

$$\delta = 2,07\,DR^2 : r(R+a)^{\frac{3}{2}},$$

dans laquelle il faut réduire en pouces les valeurs de a, de r et
de R.

LVIII.

*Application de la formule précédente à un exemple analogue
aux paratonnerres.*

Supposons qu'un nuage chargé de fluide électrique ait la forme
d'un globe de 1000 pieds de rayon et passe à 500 pieds au-dessus
de l'extrémité d'un cylindre de 1 pouce de diamètre; dans cet
exemple R = 1000 pieds, a = 500 pieds, $r = \tfrac{1}{2}$ pouce. Ces valeurs

(¹) C'est évidemment la distance entre la sphère et le cylindre que Coulomb
désigne par a.

substituées dans la formule donnent

$$\delta = \frac{2,07.12^2.(1000)^2}{\frac{1}{2}(1500)^{\frac{3}{2}} 12^{\frac{3}{2}}} = 278 \, D,$$

c'est-à-dire que la densité électrique de l'extrémité du cylindre, d'une nature contraire à celle du nuage, sera 278 fois plus grande que celle de la surface du nuage.

Mais, comme l'expérience nous a indiqué que, dans notre formule, $(R + a)$ était élevé à une puissance plus petite que $\frac{3}{2}$, la densité δ doit être plus grande que 278D. Pour s'en convaincre, il suffit de supposer que dans la formule $(R + a)$ est élevé à la puissance 1; pour lors on aura

$$m = 1,23;$$

la formule donnera

$$\delta = 1,23 \, DR^2 : r(R + a),$$

qui, appliquée à notre exemple, donnerait

$$\delta = 19680 \, D;$$

en sorte qu'une petite variation dans la puissance de $(R + a)$ en donnerait une très grande dans celle de δ.

Il résulte de cette observation que δ est plus grand que 278D; mais nous ne savons pas de combien, car les expériences d'où nous avons tiré les quatre résultats qui précèdent ont eu pour limites des globes de 1 pied de diamètre et au-dessous, et des cylindres depuis 4 lignes jusqu'à 2 pouces de diamètre; et pour plus de facilité dans les calculs, nous avons supposé que les résultats étaient représentés par une formule d'un seul terme, ce qui m'a paru donner des valeurs suffisamment approchées dans les limites où les expériences ont été faites. Il se pourrait cependant que cette formule ne pût pas s'étendre à des limites très éloignées de celles dans lesquelles les expériences sont renfermées; c'est ce qu'il sera facile de vérifier par les méthodes d'approximations théoriques qui vont terminer ce Mémoire et qui nous indiqueront, conformément à l'expérience, que la densité de l'extrémité du cylindre est plus grande pour les gros globes qui agissent sur l'extrémité d'un cylindre non isolé d'un petit diamètre, que celle donnée par la formule, et que par conséquent, dans notre exemple, la densité de l'extrémité du cylindre de 1 pouce de diamètre, présenté à 500 pieds d'un globe électrisé de 1000 pieds de rayon, est plus grande que 278 fois la densité électrique de la surface de ce globe.

LIX.

Application du résultat précédent à l'effet des paratonnerres.

De là il résulte que le nuage, ainsi que la couche d'air, très imparfaitement idio-électrique, interposée entre le nuage et l'extrémité du cylindre, étant composés de parties mobiles, celles de ces parties qui avoisinent l'extrémité du cylindre doivent s'y précipiter avec une très grande rapidité, y perdre leur électricité, se charger d'une forte électricité d'une nature contraire à celle du nuage, s'élancer ensuite vers le nuage en fuyant l'extrémité du cylindre et en détruisant l'électricité des parties du nuage qu'elles rencontrent. Mais, comme le diamètre du cylindre est très petit, son action, quoique très grande relativement aux points qui avoisinent la surface de la demi-sphère qui le termine, est très peu considérable relativement aux points qui sont à 30 ou 40 pieds de l'extrémité de ce cylindre. Ainsi, il doit arriver que l'extrémité du cylindre dépouillera les parties du nuage qui l'avoisinent, sans explosion électrique, et que tous les corps qui seront en dessous de l'extrémité de ce cylindre, à une distance peu considérable du cylindre, seront préservés de l'explosion du nuage.

LX.

Calcul théorique destiné à déterminer par approximation l'état électrique d'un cylindre non isolé, dont l'axe passe par le centre d'un globe électrisé et isolé placé à une distance de ce cylindre assez grande pour que l'électricité du globe ne puisse pas se décharger à travers la couche d'air qui les sépare.

Coulomb suppose la densité électrique le long du cylindre proportionnelle aux ordonnées de la courbe $m\,m_1\,m_2\,m_3\,m_4\,m_5$, et écrit que l'action de la sphère en un point du cylindre fait équilibre à l'action de l'électricité répandue sur la surface de celui-ci, action qu'il suppose se réduire à celle des parties infiniment voisines du point considéré, et se réduire, quant à sa composante tangentielle, à une quantité proportionnelle au coefficient angulaire de cette courbe. Il trouve ainsi 1,72 pour le rapport de la densité maximum du cylindre à la densité moyenne de la sphère, au lieu de 1,6 donné par l'expérience.

LXI.

Il cherche ensuite à calculer la distribution dans un cylindre (*fig.* 12) enfoncé dans la surface plane indéfinie d'un corps conducteur. Il se trouve arrêté, parce qu'il ne connaît pas la distribution sur ce plan indéfini, ce qui l'amène à l'expérience suivante.

LXII.

État électrique d'un plan non isolé, placé (fig. 13) à une distance AB d'un globe électrisé, assez grande pour que l'électricité ne se communique pas du globe au plan, à travers la couche d'air qui les sépare.

La *fig.* 13 indique la disposition du globe C et du plan B*l* qui lui est présenté : le globe C est isolé et électrisé; le plan B est soutenu verticalement par un support idio-électrique *efg*. Ce plan circulaire est percé en B vers son centre de 2 pouces de diamètre, où l'on introduit un petit plan circulaire du même diamètre que ce trou. Ce petit plan peut être ensuite placé dans la balance électrique. Je ne donnerai ici que le détail d'une expérience, et le résultat général des autres.

Expérience.

Le plan *l*B (*fig.* 13) avait 16 pouces de diamètre, le globe C avait 8 pouces de diamètre; le centre B de ce plan était placé à 4 pouces de la surface du globe C; on touchait avec le doigt en *l* le plan B*l* et, en retirant le petit cercle B, on l'introduisait dans la balance électrique, dont l'aiguille était électrisée de la même nature d'électricité que le globe C. Cette aiguille était attirée avec une force dont on prenait la mesure au moyen de notre micromètre de torsion; on touchait tout de suite le globe C, avec le même petit plan B, qui, présenté dans la balance, chasse l'aiguille; on déterminait cette action et on la comparait pour une même distance avec la première. Le résultat de cette expérience a été que l'action répulsive du petit plan, après avoir touché le globe, était quatre fois plus grande que l'action attractive du même petit plan, après avoir été placé en B au centre du grand plan Bl non isolé.

Par une suite d'expériences analogues à la précédente, en faisant varier la distance CB et en comparant entre elles les densités électriques du point B, relativement à cette distance BC, j'ai trouvé que les densités électriques du point B, d'une nature contraire à celles du globe C, étaient exactement entre elles en raison inverse du carré des distances du point B au centre du globe C.

LXIII.
Résultat de cette expérience.

Il est facile de soumettre les résultats de l'expérience au calcul. Soient D la densité électrique de la surface du globe, δ celle du plan dans les parties qui avoisinent le point B ; l'action d'une surface dont la densité uniforme est δ, agissant en raison inverse du carré des distances, sera, pour un point à distance infiniment petite de ce plan, égale à δ ; celle d'une surface sphérique agissant à une distance a du centre de la sphère, si D est la densité de la surface et R son rayon, sera égale à $\frac{2\,DR^2}{a^2}$; ainsi, si l'on met en équation l'action du globe C et celle du plan D, les densités électriques du globe et du plan étant d'une nature contraire, on aura

$$\left(\frac{2\,DR^2}{a^2} + \delta \right) = 0 \quad \text{ou} \quad -\delta = \frac{2\,DR^2}{a^2} ;$$

dans l'expérience de l'article qui précède, $R = 4^{po}$, $a = 8^{po}$; ainsi $-\delta = \frac{1}{8}D$, quantité que nous avons paru trouver égale à $\frac{1}{7}D$ par notre expérience. Mais il faut se ressouvenir, ainsi que nous l'avons prouvé plus haut (*fig.* 8), que lorsque le petit plan B touche le globe, il prend une quantité d'électricité double de celle de la surface touchée ; d'où il suit que la quantité d'électricité du petit plan B, après avoir touché le globe, est double de celle de la surface : ainsi, comme en introduisant le petit plan B dans le trou du grand plan Bl, nous ne prenons qu'une densité égale à celle du plan, il en résulte que l'expérience, ainsi que la théorie, donne $\delta = -\frac{1}{4}D$.

La même formule nous apprend que la densité δ du centre B du plan Bl doit suivre la raison composée directe de la densité électrique du gros globe et de sa surface, et la raison inverse du carré de la distance BC entre le milieu du plan et le centre du globe; ce qui se trouve très exactement conforme à l'expérience.

On connaît la solution rigoureuse de cette question quand le plan est indéfini; si a est le rayon de la sphère et d la distance du centre au plan, en posant $k = \sqrt{d^2 - a^2}$ et $r = \dfrac{d-k}{a}$, on trouve que, pour charger la sphère au potentiel 1, il faut lui donner une charge $2k \sum\limits_{n=1}^{n=\infty} \dfrac{r^n}{1 - r^{2n}}$; la charge négative totale du plan lui est égale en valeur absolue, et la densité maximum sur ce plan est

$$\frac{-k}{2\pi a^2} \sum_{n=1}^{n=\infty} \frac{r^n}{1 - r^{2n}} \left(\frac{1}{\dfrac{d}{a} - r \dfrac{1 - r^{2n-2}}{1 - r^{2n}}} \right)^2,$$

r tend vers zéro à mesure que $\dfrac{d}{a}$ augmente; si l'on pouvait se borner au premier terme des séries, le rapport

$$\frac{\sum\limits_{n=1}^{n=\infty} \dfrac{r^n}{1 - r^{2n}}}{\sum\limits_{n=1}^{n=\infty} \dfrac{r^n}{1 - r^{2n}} \left(\dfrac{1}{\dfrac{d}{a} - r \dfrac{1 - r^{2n-2}}{1 - r^{2n}}} \right)^2}$$

de la densité moyenne de la sphère à la densité maximum du plan se réduirait à $\dfrac{a^2}{d^2}$, comme Coulomb l'a approximativement vérifié. Dans le cas particulier où $d = 2a$, ce rapport est réellement égal à 3,71, et non à 4; l'écart est de même ordre que les écarts entre les observations de Coulomb et les résultats des calculs de Poisson; cette expérience montre même que la charge du plan d'épreuve est bien celle de la surface sur laquelle on l'applique, et non le double.

LXIV.

Remarque.

Dans l'expérience dont nous venons de donner la théorie à l'article précédent, il se présente une observation curieuse, c'est que lorsque le plan B*t* (*fig.* 13) est touché en *t*, le globe C étant électrisé, il n'y a que la surface du plan qui est du côté du globe qui donne des signes d'électricité : la surface opposée reste dans son état naturel ; c'est ce qu'il est facile de prouver par l'expérience, en touchant alternativement ces deux surfaces par un petit plan isolé, que l'on présente ensuite à un électromètre très sensible. Lorsque ce petit plan touche le grand plan d'une surface du côté du globe, il donne des signes d'une forte électricité ; lorsqu'il le touche du côté opposé, il n'en donne aucun signe.

Ce phénomène est facile à expliquer par les considérations dont nous avons fait usage dans les différents Mémoires qui précèdent, pour prouver que le fluide électrique se distribue seulement sur la surface des corps. Nous y reviendrons dans le Mémoire (1) qui suivra celui-ci et qui complétera le travail que nous avons entrepris sur l'électricité. Il aura pour objet de déterminer la manière dont le fluide électrique se distribue et pénètre la surface des corps idio-électriques, ainsi que sur les corps conducteurs qui les touchent ou les avoisinent.

----

(1) Ce Mémoire n'a jamais été publié et Biot n'y fait aucune allusion.

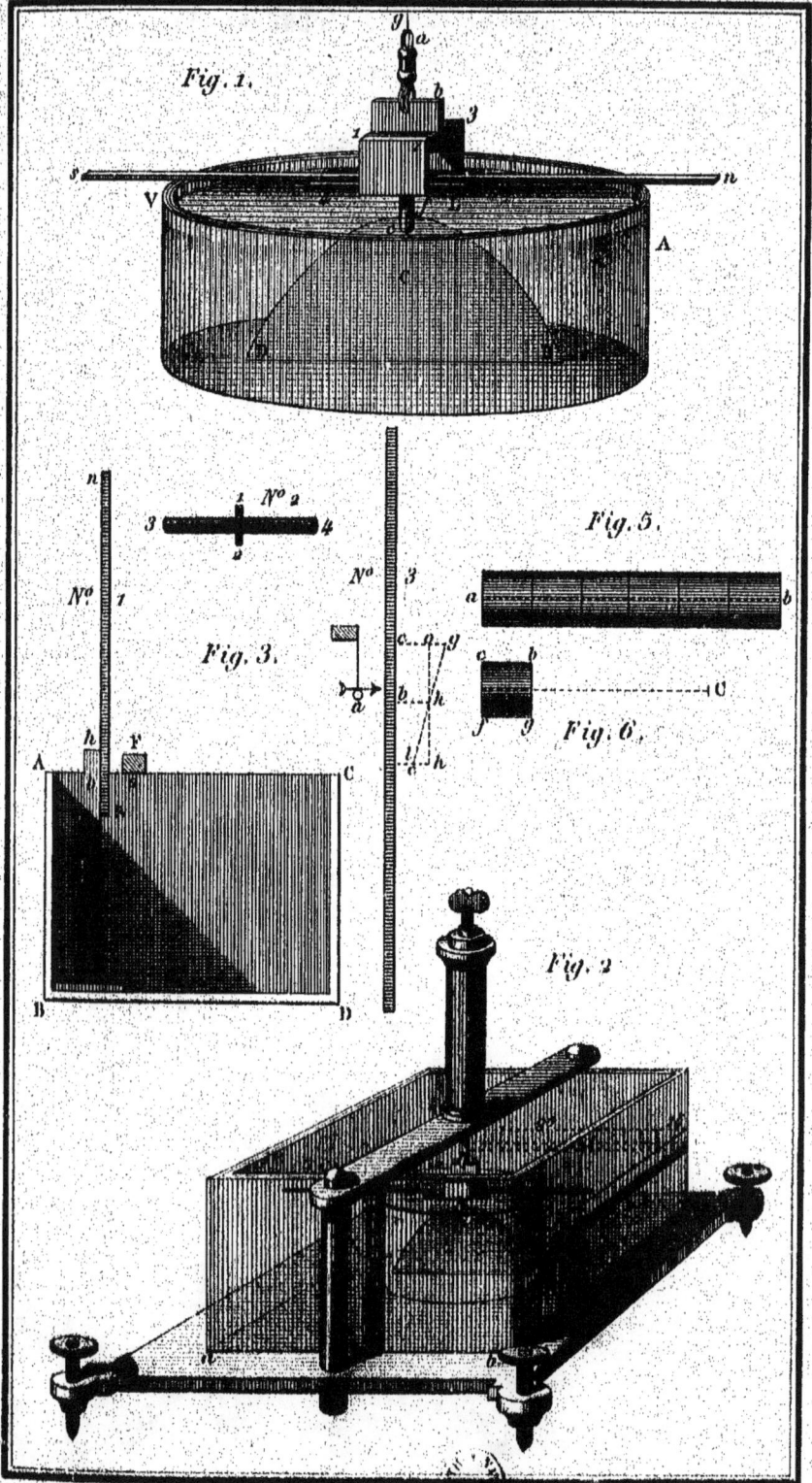

Fig. 1.

Fig. 3.

N.º 2

N.º 1

N.º 3

Fig. 5.

Fig. 6.

Fig. 2.

SEPTIÈME MÉMOIRE.

(1789)

DU MAGNÉTISME.

I.

Dans les six Mémoires qui précèdent, imprimés successivement dans les Volumes de l'Académie depuis 1784, j'ai eu principalement en vue de soumettre au calcul les différents phénomènes de l'électricité. Le Mémoire que je présente aujourd'hui a pour objet de déterminer, par l'expérience et par le calcul théorique, les lois du magnétisme.

Il est nécessaire, pour les opérations qui vont suivre, de rappeler quelques résultats que j'ai déjà donnés, soit dans un Mémoire sur les aiguilles aimantées, imprimé dans le IXᵉ volume des *Savants étrangers*, soit dans un Mémoire imprimé dans notre Volume de 1785.

Dans le premier de ces Mémoires, j'ai prouvé (p. 168)(¹) « que, si une aiguille aimantée est suspendue par son centre de gravité, autour duquel elle puisse se mouvoir librement dans tous les sens, et qu'on l'éloigne du méridien magnétique, elle y est toujours ramenée par une force constante, quel que soit l'angle de direction que l'aiguille forme avec le méridien magnétique ».

Dans ce Mémoire, j'ai rapporté quelques expériences de différents auteurs, d'où j'avais déduit le résultat qui précède; mais en 1785 (Volume de l'Académie, p. 603 et suiv.)(²), je l'ai confirmé au moyen de ma balance de torsion, par une expérience qui paraît décisive. Voici en quoi elle consiste : on place dans la balance ma-

---

(¹) Page 4 de la présente reproduction.
(²) Page 135 de la présente reproduction.

COULOMB. 18

gnétique, telle qu'elle est décrite dans ce Mémoire, une aiguille
aimantée suspendue horizontalement par un fil de cuivre, de manière que, lorsque l'aiguille se trouve dans la direction du méridien
magnétique, l'angle de torsion du fil de suspension soit nul : on
tord ensuite le fil de suspension, au moyen du micromètre décrit
dans les différents Mémoires qui précèdent; on observe, pour différents angles de torsion, de combien l'aiguille s'éloigne de son
méridien, et l'on trouve que la force de torsion nécessaire pour retenir une aiguille à une distance quelconque de son méridien est
très exactement proportionnelle au sinus de l'angle que la direction de l'aiguille forme avec ce méridien, d'où il résulte évidemment que la résultante des forces qui ramènent l'aiguille à son méridien est une quantité constante parallèle au méridien qui passe
toujours par le même point de l'aiguille.

J'ai prouvé encore (*Savants étrangers*, t. IX, p. 170)([1]) que
les forces magnétiques du globe de la Terre qui sollicitent les différents points d'une aiguille aimantée agissent dans deux sens
opposés; que la partie de l'aiguille qui se dirige dans nos climats à
peu près vers le nord est attirée vers le nord tandis que la partie
australe de l'aiguille est attirée vers le sud; mais, de quelque manière que l'aiguille ait été aimantée, soit même qu'après avoir été
aimantée on en coupe une moitié ou une portion quelconque, la
somme des forces qui sollicitent vers le nord l'aiguille ou la portion
que l'on en détache est exactement égale à la somme des forces
qui sollicitent l'aiguille ou sa portion coupée vers le sud du méridien
magnétique. J'ai déduit ce résultat de plusieurs expériences, dont
la plus simple est qu'une aiguille pesée avant et après avoir été aimantée a, dans l'un et l'autre cas, très exactement le même poids.
M. Bouguer (*Voyage au Pérou*, p. 85 et suivantes) avait prouvé
avant moi, par des expériences décisives, cette égalité d'actions
opposées.

C'est encore un fait d'expérience, comme nous l'avons déjà dit
dans les Mémoires cités, que les aiguilles aimantées ne sont susceptibles que d'un certain degré de magnétisme qu'elles ne peuvent outrepasser, quelque forts que soient les aimants dont on se
sert successivement pour les aimanter.

([1]) Page 6 de la présente reproduction.

Enfin nous avons prouvé (*Mémoires de* 1786) que les actions attractives et répulsives des molécules magnétiques étaient en raison directe de l'intensité magnétique et de l'inverse du carré de leurs distances.

Tous ces faits étant connus, voici les principaux objets que j'ai cherché à déterminer dans le Mémoire que je présente :

1° Le rapport des forces directrices qui ramènent au méridien magnétique des aiguilles de différentes dimensions, mais de même nature, lorsqu'elles sont aimantées à saturation ; 2° l'intensité magnétique de chaque point d'une aiguille ; 3° dans quelles limites il faut renfermer les hypothèses d'attraction et de répulsion des fluides aimantaires, pour que ces hypothèses puissent cadrer avec l'expérience ; 4° les moyens pratiques les plus avantageux indiqués par l'expérience et la théorie, pour aimanter les aiguilles à saturation et pour former des aimants artificiels d'une grande force.

II.

Je me suis servi (*fig.* 2, *Pl. VII*), dans la plus grande partie des expériences, d'une balance de torsion absolument semblable à la balance électrique décrite dans les différents Mémoires que j'ai déjà donnés (Volume de 1787) ; il n'y a que le support de l'aiguille (*fig.* 1) dont la forme est particulière, et telle que l'exige le nouveau genre d'expériences auxquelles il est destiné.

Dans le dessin de ce support (*fig.* 1), *ab* représente la pince qui saisit par sa partie supérieure le fil de suspension *ag* ; ce fil, ainsi que nous l'avons dit dans les Mémoires sur l'électricité, est pris à son extrémité supérieure par une autre pince qui fait partie du micromètre (*voir* le Volume de l'Académie, 1785, p. 569 ; 1787, p. 421) ; la pince *ab* saisit par son extrémité inférieure *b* un étrier 1232, formé avec une lame de cuivre très légère. Dans cet étrier on place un petit plan de carton PL, couvert, dans sa surface supérieure, d'un enduit de cire d'Espagne, sur lequel on donne l'empreinte du fil d'acier que l'on veut soumettre aux expériences, ce qui donne la facilité, dans les essais successifs, de placer toujours le fil dans le même endroit ; sous le milieu de cet étrier, on soude, par son extrémité supérieure *f*, un fil de cuivre *cf*, dont l'extrémité inférieure e est également soudée à un plan de cuivre DCR, très large et très léger. Ce plan vertical DCR est submergé dans un vase VA, rempli d'eau, de manière que la surface de l'eau soit au moins de 5 ou 6 lignes au-dessus du sommet e du plan. La résistance de l'eau contre le plan est destinée à arrêter promptement les oscillations de l'aiguille sn; mais il faut, comme nous venons de le dire, que le plan soit entièrement plongé dans l'eau; autrement, dans les oscillations de l'aiguille, la surface de l'eau, s'élevant inégalement et adhérant à la surface du plan, pourrait faire varier la direction magnétique de l'aiguille ([1]).

La fig. 2 représente l'appareil que nous venons de décrire, placé dans la balance magnétique. On pose cette balance de manière que son côté ab soit dirigé suivant le méridien magnétique: la petite bande 45, o, 45, tracée sur le côté de la balance perpendiculairement au méridien magnétique, est la tangente d'un cercle qui aurait son centre dans le fil de suspension, en sorte qu'un plan vertical, passant par ce fil de suspension et le point o, milieu de la tangente, représente le méridien magnétique; la tangente, o, 45, est divisée suivant les degrés du cercle : pour opérer, on place d'abord horizontalement, dans l'étrier E, un fil de cuivre, et, le micromètre étant sur le point o, on fait en sorte que, la torsion étant nulle, le fil de cuivre se dirige dans le méridien magnétique. Nous avons donné, dans nos *Mémoires pour* 1787, des méthodes qui rendent cette opération très facile; lorsque la balance est ainsi disposée, on substitue à l'aiguille de cuivre une aiguille aimantée; ensuite, au moyen du micromètre de torsion, on éloigne cette aiguille de 20° à 30° du méridien, et l'on observe la force de torsion nécessaire pour retenir l'aiguille à une pareille distance : lorsque l'on veut comparer ensuite la force directrice de cette aiguille avec celle d'une autre aiguille, on substitue cette deuxième à la précédente, et l'on a soin d'éloigner la deuxième du méridien magnétique, précisément d'autant de degrés qu'on en a éloigné la première; il

---

([1]) Dans le Volume de l'Académie de 1785, j'ai donné la description d'une boussole destinée à observer les variations diurnes; dans ce Mémoire, j'ai proposé de souder un petit plan à l'aiguille. Les motifs exposés ici indiquent qu'il faut que le petit plan soit soudé à un fil de cuivre qui soit dans la même verticale que le fil de suspension, qu'il faut, en outre, que le plan soit entièrement submergé.

en résulte que les deux aiguilles, formant dans les deux expériences le même angle avec le méridien magnétique, la force de torsion mesurera nécessairement les *momentum* de leurs forces directrices. Lorsque les angles de direction avec le méridien magnétique ne sont pas les mêmes dans les deux expériences, il est facile de les évaluer par le calcul, d'après les principes du § I.

Il faut prévenir que, dans les expériences, pour donner de la précision aux résultats, il faut toujours proportionner la force de torsion des fils de suspension à la force aimantaire des aiguilles, de manière que, en éloignant les aiguilles à 30° de leur méridien, la force de torsion des fils de suspension qui la retiennent à cette distance soit toujours au moins de 25 à 30° : c'est d'après cette observation que je me suis servi quelquefois de fil de cuivre de clavecin, tels qu'on les trouve sous différents numéros dans le commerce et quelquefois de fils d'argent; dans les aiguilles d'un magnétisme très faible, où le fil d'argent ne m'aurait donné que 2 ou 3° de torsion, je suspendais les aiguilles à un fil de soie très fin, et, comptant le nombre d'oscillations qu'elles faisaient dans un temps donné, je calculais leur force directrice au moyen des formules du mouvement oscillatoire que j'ai détaillé (Mémoire cité des *Savants étrangers,* neuvième Volume).

III.

Le rapport des forces de torsion de deux fils de suspension, inégaux en force, est facile à déterminer, soit par les formules et les expériences que nous avons données (Volume de l'Académie de 1784), soit plus simplement en suspendant successivement dans une position horizontale la même aiguille aimantée aux deux fils, au moyen du micromètre de torsion; car, si l'on éloigne pour les deux suspensions l'aiguille aimantée à une même distance de son méridien, les angles de torsion nécessaires pour tordre les deux fils mesurent nécessairement le rapport de leur force de torsion, puisqu'ils retiennent l'un et l'autre, à ce degré de torsion, la même aiguille aimantée, à la même distance de son méridien.

Dans les expériences qui vont suivre, je me suis principalement servi, pour les suspensions, d'un fil de cuivre nᵒ 12, le plus fin

qu'on trouve dans le commerce, et un fil d'argent beaucoup plus
fin et dont la force de torsion, à même longueur, n'est que la trentième partie du fil de cuivre; mais toutes les expériences, de
quelque espèce de suspension dont nous nous soyons servi, ont été
rapportées par le calcul à celles qui auraient eu lieu avec un même
fil de cuivre nº 12 dans le commerce, de 14 pouces (37,89) de
longueur : ce fil pèse 0,83 grains le pied de longueur (0,35 grain
par mètre).

Un degré de torsion correspond à un couple de 0,504 (C. G. S.).

IV.

Comparaison des momentum magnétiques de différentes ai-
guilles d'acier, du même diamètre et de différentes lon-
gueurs.

Première expérience.

Fil d'acier pesant 38 grains le pied (6,21 par mètre).

Le fil d'acier dont on s'est servi dans cette expérience, ainsi que
dans toutes celles qui vont suivre, est du fil d'acier d'Angleterre,
passé à la filière, d'un diamètre par conséquent égal dans toute sa
longueur.

On place une aiguille aimantée à saturation dans l'étrier de
suspension, le long d'une empreinte dirigée dans le méridien magnétique. On tord ensuite, dans tous les essais, le fil de suspension, jusqu'à ce que la direction de l'aiguille fasse un angle de 30°
avec le méridien magnétique; on observe l'angle de torsion; coupant ensuite l'aiguille d'acier successivement à différentes longueurs, et l'aimantant à chaque fois à saturation, on observe, pour
chaque aiguille, l'angle de torsion qui les retient à 30° de leur
méridien.

On s'est servi dans cette expérience, pour la suspension, d'un
fil d'argent très fin et dont la force de torsion n'était que le trentième du fil de cuivre nº 12; mais, en divisant par 30 l'angle de
torsion trouvé par l'expérience, on a réduit les résultats aux
nombres de degrés qui auraient été observés si l'on s'était servi
du fil de cuivre nº 12. Il est bon d'avertir encore que cette ré-

duction a eu lieu dans toutes les expériences qui vont suivre, et l'on a eu :

Premier essai. — La longueur du fil d'acier aimanté étant de 12 pouces (32,48), il a fallu, pour le retenir à 30° de son méridien, une force de torsion de .... 11,50°

Deuxième essai. — Avec un fil d'acier de de 9 pouces de longueur. 8,50

Troisième essai. — Avec un fil d'acier de 6 pouces............ 5,30

Quatrième essai. — Avec un fil d'acier de 3 pouces............ 2,30

Cinquième essai. — Avec un fil d'acier de 2 pouces............ 1,30

Sixième essai. — Avec un fil d'acier de 1 pouce.............. 0,35

Septième essai. — Avec un fil d'acier de ½ pouce............. 0,07

Huitième essai. — Avec un fil d'acier de ¼ de pouce.......... 0,02

V.

Deuxième expérience.

Fil d'acier pesant 865 grains le pied de longueur (141,52 par mètre), ou ayant à peu près 2 lignes (0,45) de diamètre.

Premier essai. — La longueur du fil d'acier, aimanté à saturation, étant de 18 pouces (48,72), il a fallu, pour le retenir à 30° de son méridien, une force de torsion de........................ 288,00°

Deuxième essai. — Pour une longueur de 12 pouces.......... 172,00

Troisième essai. — Pour une longueur de 9 pouces.......... 115,00

Quatrième essai. — Pour une longueur de 6 pouces........... 59,00

Cinquième essai. — Pour une longueur de 4 pouces ½........ 34,00

Sixième essai. — Pour une longueur de 3 pouces............ 13,00

Septième essai. — Pour une longueur de 1 pouce ½.......... 3,00

Huitième essai. — Pour une longueur de 1 pouce.......... 1,46

Neuvième essai. — Pour une longueur de ½ pouce........... 0,32

VI.

Résultats de ces deux expériences.

Dans la première expérience, on a trouvé qu'en éloignant l'aiguille d'acier, dont les 12 pouces de longueur pèsent 38 grains, à 30° du méridien magnétique, la force de torsion qui la ramenait vers ce méridien était mesurée par 11°,50 ; que, pour une longueur de 9 pouces, cette force de torsion était mesurée par 8°,50 ; ainsi,

dans ces deux essais, la diminution de la force directrice a été de
3°, ou de 1° par pouce. En continuant cette opération, on trouve
que de 9 pouces à 6 pouces la diminution de la force directrice a
été de 3°,2, encore très approchant de 1° par pouce ; de 6 pouces
à 3 pouces, la diminution a été encore de 3°; et de 3 pouces à
1 pouce elle a été de 2°, c'est-à-dire, toujours de 1° par pouce de
diminution : d'où il est facile de conclure que, jusqu'à ce que l'aiguille pesant 38 grains soit réduite à 1 pouce de longueur, on
trouve un rapport constant entre les quantités dont les aiguilles
sont diminuées et celles dont les forces directrices diminuent; mais,
en comparant les longueurs de la même aiguille au-dessous de
1 pouce, il paraîtrait, d'après cette première expérience, que les
momentum, depuis 1 pouce jusqu'à $\frac{1}{4}$ de pouce, sont à peu près
comme le carré des longueurs des aiguilles.

Dans la deuxième expérience, on trouve un résultat analogue à
celui de la première. Car, comparant dans cette expérience le
premier essai avec le deuxième, on trouve qu'une diminution de
6 pouces dans l'aiguille de 18 pouces de longueur produit dans le
momentum de la force directrice une diminution de 116°, ou de
19° $\frac{1}{3}$ de degré par pouce.

En réduisant ensuite cette même aiguille de 12 pouces à
6 pouces, on trouvera encore dans les *momentum* une diminution
de 19° par pouce; mais, de 6 pouces de longueur à 4 $\frac{1}{2}$ pouces, le
momentum de la force directrice ne diminue que de 16°,6 par
pouce. Au-dessous de 4 $\frac{1}{2}$ pouces jusqu'à $\frac{1}{2}$ pouce, il paraîtrait que
les *momentum* suivent à peu près le carré des longueurs des ai-
guilles; en sorte que l'on peut, sans grande erreur, supposer dans
cette deuxième expérience que le *momentum* des aiguilles d'acier
de 2 lignes (0,45) de diamètre, depuis zéro pouce jusqu'à 5 pouces
(13,53) de longueur, sont à peu près comme le carré de leurs
longueurs; et que, pour une plus grande longueur d'aiguille, les
accroissements des *momentum* sont à peu près proportionnels aux
accroissements des longueurs. Je dis à peu près, car, lorsque les aiguilles sont aimantées à saturation, on trouve que les accroissements des moments sont presque toujours un peu plus grands que
les accroissements des longueurs, mais cette variation est généralement trop peu considérable pour être appréciée par des expériences du genre des deux qui précèdent.

VII.

Du momentum de la force directrice des aiguilles, relativement à leur diamètre.

Nous venons de voir la marche que suivent les *momentum* des forces directrices de deux aiguilles de différentes longueurs, mais de même diamètre ; nous allons actuellement chercher à déterminer les rapports des *momentum* de la force directrice de deux aiguilles aimantées à saturation, de différents diamètres ; mais je dois commencer par prévenir que, dans le courant des expériences, j'ai bientôt reconnu qu'il était presque impossible de se procurer deux aiguilles d'acier de différents diamètres qui eussent exactement le même degré de ressort et qui fussent d'une nature homogène : ainsi, pour avoir les lois du magnétisme dans les aiguilles de différents diamètres, j'ai été obligé de former des faisceaux d'aiguilles très fines et tirées du même fil. Ce qui a beaucoup facilité cette opération, c'est que, en tordant autour de son axe un fil de fer d'une demi-ligne à peu près de diamètre, et tel qu'on en trouve dans le commerce, j'ai vu que par cette torsion il prenait de l'écrouissement et du ressort, et qu'il était susceptible, presque, du même degré de magnétisme, qu'un fil d'acier du même diamètre : d'après cette observation, j'ai choisi un fil de fer très pur, tel qu'il sort de la filière avant d'être recuit ; il avait à peu près 120 pieds de longueur ; je l'ai coupé en différentes parties, que j'ai tordues autour de leur axe en les tenant pour les redresser dans un état de tension ; j'en ai formé des faisceaux de différents diamètres et de différentes longueurs, que j'ai aimantés à saturation. Plaçant ensuite ces faisceaux dans la balance magnétique, il est résulté d'un très grand nombre d'expériences, dont nous allons rapporter quelques-unes, que dans deux aiguilles de même nature, et dont les dimensions sont homologues, les *momentum* des forces directrices sont entre eux comme le cube des dimensions homologues. Si, par exemple, je prends une aiguille de 1 ligne de diamètre et de 6 pouces de longueur, et une autre aiguille de 2 lignes de diamètre et 12 pouces de longueur, dont les dimensions homologues sont, par conséquent, comme 1 : 2, les moments magnétiques de ces deux aiguilles aimantées, l'une et l'autre à saturation, seront entre eux comme 1 est à 8, rapport des cubes de leurs dimensions homologues.

VII.

Troisième expérience.

On a tordu autour de leur axe trente-six fils de fer de 1 pied 32,48) de longueur, pesant 48 grains (2,55) chacun; on a formé un faisceau de ces trente-six aiguilles réunies et liées avec du fil; on a aimanté ce faisceau à saturation. En le suspendant ensuite horizontalement dans l'étrier de la balance magnétique, on a trouvé qu'il fallait un angle de torsion de 342° pour retenir ce faisceau à 30° du méridien magnétique.

IX.

Quatrième expérience.

On a formé un second faisceau avec neuf aiguilles de 6 pouces (16,24) chacune de longueur, mais de même nature et du même diamètre que celles qui ont servi dans l'expérience précédente; on a trouvé que, pour retenir ce faisceau à 30° du méridien magnétique, il fallait une force de torsion de 42°.

X.

Résultat des deux expériences précédentes.

Dans les deux expériences qui précèdent, on s'est servi d'un fil de fer, tel qu'il sort de la filière, le plus pur qu'on ait pu se procurer; toutes les aiguilles ont été coupées à la même pièce : on est donc sûr qu'elles sont de même nature et de même diamètre; mais les deux faisceaux avaient leurs côtés homologues proportionnels, dans le rapport de 2 à 1, les diamètres étant comme la racine carrée du nombre des aiguilles : ainsi les cubes des diamètres sont entre eux comme 8 : 1; mais nous venons de trouver que les *momentum* des forces directrices des deux faisceaux sont comme 342 : 42 :: 8,14 : 1,00, rapport qui diffère très peu de celui de 8 à 1 ou de la masse des deux corps : on a répété les deux expériences qui précèdent avec des faisceaux dont les dimensions homologues étaient comme 3 à 1, et comme 4 à 1; et l'on a toujours

trouvé le même résultat, c'est-à-dire, les forces directrices proportionnelles aux cubes de diamètres des deux faisceaux.

XI.

Remarque.

Le résultat qui précède, qui nous a appris que les moments de
la force directrice de deux aiguilles, dont les dimensions sont
homologues, étaient comme le cube de ces dimensions, joint au
premier résultat pour les aiguilles de même diamètre, mais de
différentes longueurs, qui nous a fait connaître que, pourvu que
les aiguilles eussent 40 à 50 fois leur diamètre de longueur, les
moments de la force directrice croissent ensuite proportionnellement à l'augmentation des longueurs, peuvent donner tout de
suite le *momentum* magnétique de tous les fils d'acier, d'une même
nature et au même degré de trempe, d'un diamètre et d'une longueur quelconques, pourvu que l'on connaisse le *momentum* de la
force directrice d'une seule de ces aiguilles, ainsi que l'accroissement de son *momentum*, relativement aux accroissements de sa
longueur.

Je suppose, par exemple, que l'on veuille déterminer le *momentum* de la force directrice d'une aiguille de 48 pouces de longueur et de 6 lignes de diamètre, mais de même acier et au même
degré de trempe que celle de la deuxième expérience, qui avait
2 lignes de diamètre; la question consiste à chercher dans la
deuxième expérience la longueur d'une aiguille de 2 lignes de diamètre, qui aurait des dimensions homologues avec celle de 48 pouces
de longueur et de 6 lignes de diamètre; on trouverait que l'aiguille
de 2 lignes de diamètre aurait 16 pouces de longueur; mais nous
trouvons dans la deuxième expérience que le *momentum* magnétique d'une aiguille de 2 lignes de diamètre et 16 pouces de longueur aurait pour mesure 250°, et, puisque les dimensions homologues des deux aiguilles qu'on veut comparer sont comme 3 est
à 1, leurs cubes sont :: 27 à 1, en sorte que le *momentum* de la
force directrice de l'aiguille de 6 lignes de diamètre et de 48 pouces
de longueur serait représenté par $250 \times 27 = 6750°$.

XII.

De l'action des différents points d'une aiguille aimantée, suivant
que ces points sont plus ou moins éloignés de l'extrémité de
l'aiguille.

Les expériences qui précèdent, et celles que nous avons données
en 1785, dans les *Mémoires* de l'Académie, suffisent pour prouver
que, dans les fils d'acier dont le diamètre est peu considérable,
relativement à la longueur», les signes d'action du fluide magnétique
sont concentrés vers les extrémités : l'expérience première et la
deuxième prouvent même, comme nous le verrons tout à l'heure,
que, quelle que soit la longueur des fils d'acier, pourvu qu'ils aient au
moins 40 à 50 fois la longueur de leur diamètre, la courbe qui
représente l'action magnétique de chaque point d'une aiguille est
la même, quelle que soit la longueur du fil d'acier, et qu'elle s'étend
à peu près depuis l'extrémité des aiguilles jusqu'à une distance de
ces extrémités égale à 25 diamètres; que de là jusqu'au milieu de
l'aiguille l'action est très petite, ou que les ordonnées de la
courbe qui exprimeraient cette action se confondent presque avec
l'axe de l'aiguille.

J'ai cherché à confirmer ce résultat par des expériences directes,
en déterminant la loi que suit l'action magnétique des différents
points d'une aiguille aimantée à saturation, depuis son extrémité
jusqu'au milieu de l'aiguille : on peut apercevoir que, pour le succès
d'une pareille expérience, il a fallu disposer les essais de manière
que, en présentant un fil d'acier à une aiguille très courte, il n'y eût
qu'une très petite partie du fil dont l'action sur l'aiguille fût considérable, afin de pouvoir en conclure la densité magnétique du point
du fil présenté à l'aiguille.

XIII.

Dans une boîte dont la coupe est représentée en ABCD (*fig.* 3,
n° 1), j'ai suspendu à la traverse F une petite aiguille d'acier, de
2 lignes (0,45) de longueur et d'un quart de ligne de diamètre : au-
dessous de cette aiguille, j'ai attaché à l'angle droit, avec un peu
de cire, un petit cylindre de cuivre rouge, de 2 lignes de diamètre

et de 1 pouce (2,71) de longueur; le tout était suspendu horizontalement par un fil de soie de 1 pouce de longueur, tel qu'il sort
du cocon; j'ai prouvé ailleurs que la force de torsion d'un pareil
fil était presque nulle. L'aiguille et le cylindre de cuivre sont représentés en plan au n° 2, *fig.* 3; 1,2 représente le fil d'acier, et 3,4
le cylindre de cuivre; on pose ensuite fixement dans la boîte,
fig. 3, n° 1, à 3 ou 4 lignes de l'aiguille *a*, une règle verticale *hi*;
le long de cette règle on fait couler verticalement dans le méridien
magnétique de l'aiguille *a* un fil d'acier aimanté à saturation,
de 1 ou 2 lignes de diamètre, en sorte que le point *b* de l'axe de
ce fil n'en soit qu'à deux ou trois lignes de distance.

Lorsqu'on veut déterminer l'action magnétique du point *b*, on
fait d'abord osciller l'aiguille *a*, avant de lui présenter le fil d'acier
ns; on compte le nombre d'oscillations que fait cette aiguille en
vertu de l'action seule du globe de la Terre; on place ensuite l'extrémité *s* du fil d'acier aimanté en *b*, à la hauteur de l'aiguille *a*; on
compte dans cette position le nombre d'oscillations que l'aiguille
a fait dans soixante secondes; on baisse successivement l'extrémité
s du fil d'acier de 6 lignes en 6 lignes, et à chaque fois on compte
le nombre d'oscillations que l'aiguille *a* fait en soixante secondes.

XIV.

De cette opération il résulte que, si l'aiguille *a* restait toujours
dans un même état de magnétisme, le point *b* du fil d'acier se
trouvant seulement à 3 lignes (0,67) de distance de cette
aiguille, il n'y aurait dans le fil que les points qui avoisinent *b*,
dont l'action serait considérable sur l'aiguille *a*, puisque l'action
des autres points, décomposée suivant une direction horizontale,
diminue à densité égale, en raison du carré des distances et de
l'obliquité de leur action : ainsi, en faisant successivement glisser
les différents points *b* de l'aiguille le long de la règle *hi*, il en résulterait que l'action des différents points *b* de l'aiguille serait à peu
près proportionnelle au carré du nombre des oscillations faites par
l'aiguille *a*, dans un temps constant.

XV.

La *fig.* 3, n° 3, peut servir à démontrer l'assertion qui précède : *ns* représente le fil d'acier dont l'axe en *b* est placé à 3 ou 4 lignes du milieu de la petite aiguille *a*; si l'on prend au-dessus et au-dessous du point *b* deux portions de fil *bc* et *bc'*, très petites, relativement à la longueur totale du fil, la densité magnétique de cette portion *cc'* peut être, sans erreur sensible, représentée par une ligne droite *gkl*, en sorte que *gc* sera la densité du point *c, kb* celle du point *b* et *lc'* celle du point *c'*. Si l'on tire actuellement par le point *k* une ligne *okh*, parallèle à l'axe du fil d'acier *ns*, le triangle *gko* étant égal au triangle *khl*, il en résulte que l'action de la portion *cc'* du fil d'acier *ns* sur l'aiguille *a*, étant décomposée dans une direction horizontale, est la même que si la densité magnétique eût été uniforme depuis *c* jusqu'en *c'* et égale à *bk*, qui représente la densité du milieu *b*. Nous verrons cependant, par les expériences qui vont suivre, que les résultats trouvés par le procédé que nous venons d'indiquer exigent une correction, parce que l'état magnétique d'une aiguille *a*, dont les dimensions sont très petites et telles que celle de notre expérience change à mesure que les points *b* qu'on lui présente sont plus ou moins aimantés.

XVI.

Cinquième expérience.

Fil d'acier de 2 lignes (0,45) de diamètre et de 27 pouces (73,08) de longueur.

On a pris un fil d'excellent acier, de 2 lignes de diamètre et de 27 pouces de longueur, de la même grosseur et de la même nature que celui de notre deuxième expérience ; il a été aimanté à saturation par la méthode que nous prescrirons à la fin de ce Mémoire. L'ayant placé, ainsi qu'il est indiqué dans les deux articles qui précèdent et par la *fig.* 3, à 3 lignes de distance de la petite aiguille *a*, qui a 2 lignes de longueur et un quart de ligne de diamètre, on l'a fait couler verticalement de 6 lignes en 6 lignes, en observant à chaque fois le nombre d'oscillations de l'aiguille *a*.

Premier essai. — L'aiguille *a*, avant qu'on lui présente le fil d'acier, fait à peu près en 60° une oscillation.

Oscillations.

Deuxième essai. — En plaçant l'extrémité *s* du fil d'acier au niveau de l'aiguille *a*, cette aiguille fait en 60ˢ 64

Troisième essai. — L'extrémité *s* baissée de 6 lignes, l'aiguille *a* fait en 60ˢ 58

Quatrième essai. — L'extrémité *s* baissée de 1 pouce, l'aiguille *a* fait en 60ˢ 44

Cinquième essai. — L'extrémité *s* baissée de 2 pouces, l'aiguille *a* fait en 60ˢ 18

Sixième essai. — L'extrémité *s* baissée de 3 pouces, l'aiguille *a* fait en 60ˢ 12

Septième essai. — L'extrémité *s* baissée de 4 pouces et demi, l'aiguille *a* fait en 60ˢ une ou deux oscillations.

Il en est de même jusqu'à ce qu'on ait baissé l'extrémité *s* du fil d'acier jusqu'à un peu plus de 22 pouces, c'est-à-dire jusqu'à 4½ pouces (12,18) de l'autre extrémité *n*; pour lors l'aiguille *a* tourne ses pôles en changeant de position bout pour bout, et elle donne, vers cette seconde extrémité et dans les points correspondants, à peu près le même nombre d'oscillations qu'à l'autre extrémité.

XVII.

Sixième expérience.

Fil d'acier de 2 lignes de diamètre et de 10 pouces (27,07) de longueur.

En présentant à l'aiguille *a*, à la même distance que dans l'expérience qui précède, un fil d'acier de la même nature et du même diamètre, mais ayant seulement 10 pouces de longueur, on trouve que les trois premiers pouces de chaque extrémité du fil de 10 pouces donnent presque exactement la même action que les trois derniers pouces des extrémités du fil de 27 pouces, détaillés dans l'expérience qui précède.

XVIII.

Septième expérience.

Fil de 5 pouces (13,53) de longueur et de 2 lignes de diamètre.

Enfin, en se servant d'un fil d'acier de 5 pouces de longueur, mais du même diamètre que le précédent, on trouve encore aux extré-

mités de ces fils, et même jusqu'à 5 ou 6 lignes de ces extrémités, à très peu près, les mêmes degrés d'action qu'à l'extrémité
des aiguilles des deux expériences précédentes.

XIX.

Première remarque.

L'action qui fait osciller l'aiguille se mesure, ainsi qu'on le sait,
par le carré du nombre des oscillations faites dans le même temps;
d'après cette considération, j'ai construit, en prenant le carré du
nombre des oscillations, la courbe *abcde*, qui représente le lieu
géométrique des densités ou des actions magnétiques de tous les
points de la moitié d'une aiguille de 27 pouces de longueur et de
2 lignes de diamètre; dans cette figure, $o, 13\frac{1}{2}$ représente la moitié

Fig. 1.

de la longueur de l'aiguille, et les ordonnées représentent les densités magnétiques : ces ordonnées décroissent, comme on voit, rapidement et sont à peu près nulles vers le cinquième pouce ; depuis
ce point, la courbe des densités se confond avec l'axe jusqu'au vingt-
deuxième pouce, et sur les 5 pouces de l'autre extrémité, elles
suivent à peu près la même loi, mais dans un sens contraire; en
sorte que, si la première extrémité a une densité positive, ou dont
l'action, sur un pôle de la même nature, soit répulsive, celle de
l'autre extrémité sur le même pôle sera attractive : dans la figure
nous avons doublé, à l'extrémité de l'aiguille en *o*, le nombre qui
représente le carré des oscillations; il est facile de voir, d'après la
méthode du § XV, que la véritable valeur de cette densité doit
être encore plus grande, puisque dans ce point, par la position de
l'aiguille, le point *b* étant (*fig.* 3, n° 1) l'extrémité de l'aiguille, il

n'y a d'action que d'un des côtés de b, et non pas des deux côtés, comme dans tous les autres essais; d'ailleurs, la densité va en diminuant depuis le point b, lorsque b est l'extrémité du fil; au lieu que, pour pouvoir comparer le résultat du carré des oscillations dans ce cas avec les autres essais, il faudrait, d'après les observations du § XIV, que la densité fût uniforme, parce qu'il n'y a pas ici de compensation d'un côté par l'autre.

XX.

Deuxième remarque.

De la sixième expérience, nous tirerons cette conséquence intéressante, c'est que la courbe qui représente aux deux extrémités de notre fil d'acier la densité ou l'action magnétique de chaque point de ce fil est exactement la même, quelle que soit la longueur des fils, pourvu qu'ils aient plus de 8 ou 9 pouces de longueur : de là on ne peut encore conclure que, lorsqu'on mesure, relativement au méridien magnétique, le *momentum* de la force directrice de différentes aiguilles d'acier, de différentes longueurs, mais de la même nature et de la même grosseur, ces *momentum* doivent différer entre eux d'une quantité proportionnelle aux décroissements des longueurs des aiguilles; car, puisque le *momentum* de la force directrice de chaque aiguille sera égal à l'aire qui représente la somme des densités magnétiques, multipliée par la distance du centre de gravité de cette aire au milieu du fil, qui est le point de suspension, que d'ailleurs l'aire des densités ainsi que ses dimensions sont les mêmes, quelles que soient les longueurs des aiguilles, il est clair que le *momentum* de la force directrice du globe de la terre, pour chaque aiguille, sera représenté par cette aire, multipliée par la distance de son centre de gravité au milieu de l'aiguille; mais, comme la distance de ce centre de gravité à l'extrémité de l'aiguille est constante, quelle que soit la longueur des aiguilles, il en résulte que le *momentum* des aiguilles sera mesuré par une quantité constante, qui exprime l'aire des densités multipliée par la longueur de l'aiguille, moins la quantité constante qui représente la distance du centre de gravité de l'aire des densités à l'extrémité de l'aiguille. Ce résultat se trouve exactement conforme à ce que nous avons trouvé dans la première et la deuxième expérience,

en cherchant le *momentum* magnétique de plusieurs aiguilles de
même diamètre et de différentes longueurs; car nous avons vu,
d'après ces deux expériences, que les moments de la force
directrice croissent proportionnellement à l'accroissement des longueurs des aiguilles; ce qui doit nécessairement avoir lieu, puisqu'en coupant une aiguille et l'aimantant à saturation, la courbe
qui représente l'aire des densités magnétiques étant la même pour
les aiguilles de différentes longueurs, le centre de gravité de cette
aire se rapproche du milieu de l'aiguille de la moitié de la partie
de la longueur que l'on a coupée, et par conséquent la diminution
du *momentum* est proportionnelle à cette partie coupée.

XXI.

Troisième remarque.

D'après la remarque qui précède, il est facile, au moyen de la
première et de la deuxième expérience, qui nous ont servi à connaître
la loi du *momentum* de la force directrice de différentes aiguilles
d'une même nature et de même grosseur, mais de longueurs différentes, de déterminer la place du centre d'action ou, ce qui revient
au même, le centre de gravité de la courbe des densités magnétiques
de ces aiguilles.

Prenons d'abord pour exemple l'aiguille éprouvée dans la première expérience. Cette aiguille pèse 38 grains le pied de longueur;
nous avons trouvé (§ IV) que, lorsque cette aiguille avait 12 pouces
de longueur, il fallait, pour la retenir à 30° de son méridien magnétique, une force de torsion de 11°,50, et, lorsqu'elle avait seulement 3 pouces de longueur, il fallait une force de 2",30 pour la
retenir à la même distance. Mais, d'après les remarques qui précèdent, l'aire des densités est la même pour toutes les longueurs
d'aiguille de la même grosseur : ainsi le centre de gravité de cette
aire est dans les deux expériences à la même distance des extrémités
de l'aiguille.

Soit A la surface de cette aire, soit x la distance du centre de
gravité de cette aire à l'extrémité de l'aiguille; en nommant l la
moitié de la longueur de l'aiguille, on aura pour son *momentum*
magnétique la quantité $2A(l-x)$ sin30 et, en prenant les deux
quantités trouvées par la première expérience pour le *momentum*

des forces directrices des deux aiguilles de 12 pouces et de 3 pouces de longueur, nous aurons les deux équations suivantes :

$$2 A (6 - x) \sin 30° = 11,50$$

et

$$2 A (1,5 - x) \sin 30° = 2,30,$$

Divisons l'une par l'autre, il en résultera

$$x = 0,36^{\text{po}} (= 0^{\text{m}},974).$$

En faisant la même opération pour l'aiguille d'acier de la deuxième expérience, qui pèse 865 grains le pied de longueur, on tirera sa distance du centre de gravité de l'aire des densités à l'extrémité de l'aiguille ou $x' = 1,51^{\text{po}} (= 4,088)$. Dans ces deux expériences, les diamètres des deux fils d'acier sont entre eux comme les racines des poids ; ainsi elles sont entre elles

$$:: \sqrt{865} : \sqrt{38} :: 4,8 : 1,0 ;$$

mais nous trouvons la distance du centre de gravité aux extrémités des aiguilles $:: 1,510 : 36 :: 4,2 : 1,0$: ainsi il paraîtrait, d'après ces résultats, que les distances du centre d'action magnétique de deux aiguilles, à l'extrémité de ces aiguilles, sont approchant entre elles comme les diamètres de ces aiguilles.

XXII.

Quatrième remarque.

Il se présente ici une difficulté qui paraît mériter quelque attention ; nous venons de voir que la courbe qui représente la densité magnétique, et qui est placée au bout du fil d'acier, de 2 lignes de diamètre, a son centre de gravité à peu près à 1,5 pouces de son extrémité. Nous avons vu, cinquième expérience, que la densité magnétique de cette même aiguille ne s'étend, d'une manière bien sensible, que jusqu'à 5 pouces, à peu près, de l'extrémité de ce fil d'acier : or, comme 1,5 pouce est le tiers de 4,5 pouces, il résulterait de cette comparaison que la courbe des densités magnétiques aurait son centre de gravité placé presqu'à la même distance de son extrémité que si la figure de cette courbe était à peu près une ligne droite : or nous trouvons, d'après l'ex-

périence cinquième, que cette courbe est convexe du côté de l'axe.
Quoique ces résultats ne soient pas contradictoires, il faut observer
que la cinquième expérience nous indique seulement le point où
la densité magnétique du fil d'acier est peu considérable; car elle
n'est égale à o qu'au milieu du fil d'acier. Cette expérience nous
indique aussi les points de deux fils d'acier aimanté, de même
grosseur, où la densité magnétique est la même; mais on ne peut
pas tirer la loi exacte des densités magnétiques de tous les points
du fil d'acier de cette cinquième expérience, car elle donne, pour
les fortes densités du point b (*fig.* 3), des quantités trop grandes,
relativement aux petites densités des autres points de l'aiguille; en
voici la raison.

Lorsque l'aiguille a (*fig.* 3) n'a que 1 ou 2 lignes de longueur, et moins de $\frac{1}{2}$ ligne de diamètre, comme dans l'expérience
cinquième, cette aiguille, suspendue après avoir été aimantée,
oscillant librement, sans aucune action étrangère au globe de la
terre, ne donne que des signes très faibles de magnétisme; mais
si on lui présente à 3 lignes de distance, comme nous l'avons
fait dans la cinquième expérience, le fil d'acier *ns*, son état magnétique augmente à mesure que le point b du fil d'acier est plus
chargé de magnétisme, en sorte que, d'un essai à l'autre, l'aiguille
a n'est pas dans un état de magnétisme constant; mais cet état
change à mesure que l'action du point b est plus ou moins grande :
d'où il résulte que, dans les essais successifs de cette cinquième
expérience, l'action du point b sur l'aiguille a n'est pas proportionnelle à la densité aimantaire du point b, mais en raison composée de cette densité et de l'état magnétique de l'aiguille a; en
sorte que, si l'état magnétique de cette aiguille croissait proportionnellement à la densité magnétique du point b, pour lors l'action
ou les ordonnées trouvées par notre courbe serait comme le carré
des densités du point b, c'est-à-dire que si cette supposition
pouvait être admise, il faudrait que les ordonnées qui représen-
teraient les densités fussent seulement proportionnelles au nombre
d'oscillations trouvées par les essais de cette cinquième expérience.

Une expérience qui prouve d'une manière convaincante la
variation de l'état magnétique de la petite aiguille a, pendant les
différents essais, c'est que si l'on présente un seul instant l'extrémité sud, par exemple, de l'aiguille a à une ou deux lignes de

distance de l'extrémité sud du fil d'acier *ns*; pour lors, par l'action du fil *ns*, le pôle sud de l'aiguille *a* devient dans un instant le pôle nord; que de plus, par cette opération, cette petite aiguille se trouve aimantée à saturation, ce qui sera facile à prouver par le nombre des oscillations qu'elle fera librement, soit après avoir été présentée à deux lignes de distance du pôle du fil d'acier *ns*, soit après avoir touché le pôle de ce fil d'acier ou même un aimant plus fort, puisque, dans les deux cas, on trouvera qu'elle fait, dans un même temps, le même nombre d'oscillations.

Huitième expérience.

Destinée à donner des résultats plus rapprochés que la cinquième expérience.

Instruit par les observations de la remarque précédente, j'ai cherché à déterminer, par une nouvelle expérience, les densités du

Fig. 2.

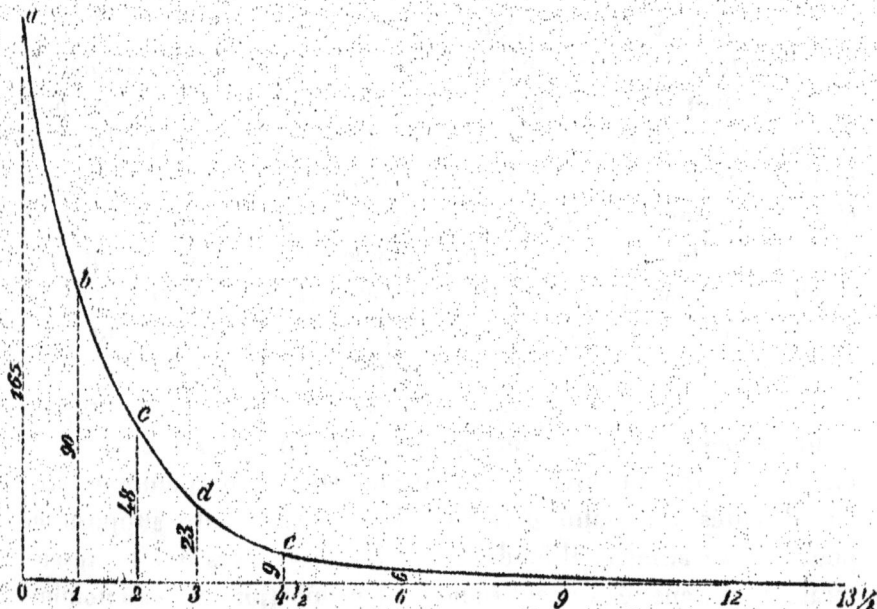

fil *ns*, d'une manière plus rapprochée que par la cinquième expérience, dont nous venons de donner les détails et les inconvénients. On sent que j'ai dû chercher à substituer à la petite aiguille *a*, dont l'état magnétique variait d'un essai à l'autre, une autre aiguille dont la résistance magnétique fût plus grande, et en même temps dont l'action magnétique sur les points *b* du fil d'acier (*fig.* 3), ne fût pas assez considérable pour altérer, d'une manière sensible, l'état de ce fil; car, l'action étant réciproque avec l'aiguille *a* et le fil *ns*, l'altération magnétique est également à craindre des deux côtés.

Voici comment je suis parvenu à un résultat rapproché, après plusieurs essais, pour déterminer les dimensions les plus convenables A la place de la petite aiguille *a* (*fig* 3), qui, dans notre cinquième expérience, n'avait que 2 lignes de longueur, et moins de ½ ligne de diamètre, j'ai suspendu une aiguille d'acier de 3 lignes (o,67) de diamètre et de 6 lignes (1,35) de longueur; j'ai placé le point *b* du fil d'acier *ns*, à 8 lignes (2,03) de distance de l'extrémité de l'aiguille *a*, et j'ai suivi d'ailleurs tous les procédés de l'expérience cinquième : en calculant ensuite l'action des différents points *b* du fil d'acier *ns* sur l'aiguille *a*, d'après le carré des oscillations, j'ai trouvé les densités de ces différents points comme ils sont cotés dans la *fig.* 2; la base o,13½ pouces représente la moitié de l'axe de l'aiguille; les ordonnées représentent les densités magnétiques des points correspondants. La dernière ordonnée O*a* a été déterminée en faisant faire à *ba*, relativement à *bc*, le même angle que *bc* fait avec *cd*; cette dernière ordonnée devrait probablement être un peu plus grande, mais les autres se rapprochent de la vérité.

Il résulte de cette expérience que la courbe des densités, à partir de l'extrémité de l'aiguille, se rapproche rapidement de l'axe, puisque, dans notre expérience, l'ordonnée qui représente la densité du point placé à 4½ pouces de l'extrémité du fil est au moins dix-huit fois plus petite que celle de cette extrémité : on voit encore que, depuis ce point, la courbe continue à se rapprocher de l'axe, qu'elle coupe au milieu de l'aiguille, pour former, dans un sens opposé à l'autre extrémité de l'aiguille, une courbe absolument semblable à la première; en calculant la distance du centre de gravité de la courbe des densités, on le trouve placé à 1,3 pouces (3,52) de l'extrémité O : nous avons trouvé, par le calcul de la deuxième expérience (§ XXI), à 1,5 pouces de distance de cette extrémité, rapport aussi exact qu'on le peut espérer dans des expériences de ce genre, qui semblerait seulement indiquer que la densité des points placés proche le milieu de l'aiguille est un peu plus grande que celle indiquée par notre figure; ce qui doit venir, ainsi que nous l'avons prouvé (§ XXII), de l'influence magnétique des points fortement aimantés du fil d'acier *ns*, sur l'état magnétique de l'aiguille *a*; car, quoique cet état ne soit pas sujet à des variations aussi fortes que celles de la petite aiguille de l'expérience cinquième, il y aura cependant, dans l'état de l'aiguille *a*, un accroissement de magnétisme d'autant plus sensible que l'action du point *b* du fil d'acier *ns* (*fig.* 3) sera plus forte (¹).

XXIV.

Récapitulation.

Réunissons en peu de mots les résultats principaux fournis par les expériences qui précèdent.

1° La courbe des intensités magnétiques peut, dans la pratique, se calculer comme un triangle qui ne s'étend que depuis l'extrémité des aiguilles jusqu'à une distance de cette extrémité égale à vingt-cinq fois le diamètre de l'aiguille : ainsi, dans les aiguilles qui ont une longueur plus grande que cinquante fois leur diamètre, les *momentum* croissent comme l'accroissement des longueurs des aiguilles.

2° Lorsque les aiguilles ont moins de 5o fois leur diamètre de longueur, les moments des forces directrices peuvent, dans la pratique, être évalués en raison du carré des longueurs des ai-

---

(¹) Biot a proposé la formule $y = \mathrm{A}(\mu^x - \mu^{\mathrm{L}-x})$ pour représenter le résultat des observations de Coulomb; *x* étant la distance *en pouces* à l'une des extrémités de l'aimant de longueur L, la valeur de μ déduite de la courbe *abcde*, figurée ci-dessus, serait o,518 (o,784, si l'on prend le centimètre comme unité). De cette formule on déduit pour le moment du couple terrestre, s'il est la composante horizontale, $\frac{2\mathrm{AH}}{l\cdot\mu}\left[\frac{\mathrm{L}}{2}(1+\mu^{\mathrm{L}})+\frac{1-\mu^{\mathrm{L}}}{l\cdot\mu}\right]$. Si l'on cherche à déterminer les constantes $\frac{2\mathrm{AH}}{l\cdot\mu}$ et μ, de manière à représenter les expériences du § V, on trouve (pouces et degrés de torsion pris comme unités) $\frac{2\mathrm{AH}}{l\cdot\mu} = 38{,}22$ et μ = o,525, nombres très voisins du précédent. Appliquée au fil de la première expérience (§ IV), la même formule donnerait $\frac{2\mathrm{A'H}}{l\cdot\mu'} = 2$ et μ' = o,6433. Les valeurs de μ et μ' satisfont à la relation $r l \cdot \mu = r' l \cdot \mu'$, *r* et *r'* étant les rayons des deux fils, et le rapport $\frac{\mathrm{A'}}{l\cdot\mu'} : \frac{\mathrm{A}}{l\cdot\mu}$ est sensiblement celui des sections.

guilles. Ce résultat trouvé, *première et deuxième expérience*, est
confirmé par les *cinquième, sixième et septième expériences*, où
l'on trouve que, quelle que soit la longueur des aiguilles, l'intensité magnétique de leur extrémité est sensiblement la même ; ainsi,
si la figure de la courbe des intensités est représentée par un
triangle dont la pointe est au milieu de l'aiguille et si l'on nomme

Fig. 3.

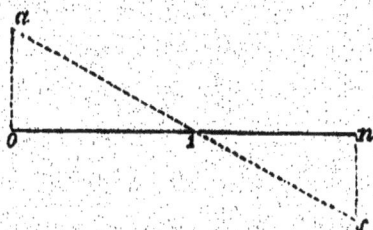

ns l'intensité magnétique des extrémités des aiguilles A, et x la
moitié de l'aiguille, on aura, pour le *momentum* de la force directrice de cette aiguille ;

$$\frac{2Ax^2}{3} ;$$

c'est-à-dire que les *momentum* de la force directrice sont comme
les carrés des longueurs des aiguilles, lorsque ces aiguilles sont
moindres que 5o fois leur diamètre, et que le lieu géométrique
des densités magnétiques est à peu près une ligne droite.

3° Lorsque l'on compare deux aiguilles de même nature, dont
les dimensions sont homologues, les *momentum* de leur force directrice sont comme le cube des dimensions homologues.

XXV.

*Essai sur la théorie du magnétisme avec quelques nouvelles
expériences tendant à éclaircir cette théorie.*

Les physiciens ont attribué pendant longtemps les effets du
magnétisme à un tourbillon de matière fluide qui faisait sa révolution autour des aimants, soit artificiels, soit naturels, en entrant
par un pôle et en sortant par l'autre. Ce fluide agissait, disait-on,
sur le fer et l'acier à cause de la configuration de leurs parties,
mais il n'exerçait aucune action sur les autres corps. A mesure,

dans ce système, qu'il se présentait quelques phénomènes inexplicables par un seul tourbillon, on en imaginait plusieurs ou l'on combinait plusieurs aimants entre eux; on leur donnait, suivant le besoin, des mouvements particuliers. C'est sur de pareilles hypothèses que sont fondés les trois Mémoires sur la cause du magnétisme qui furent couronnés par l'Académie en 1746.

Je crois avoir prouvé (neuvième Volume des *Savants étrangers*, p. 137 et 157) combien il était difficile de rendre raison, au moyen des tourbillons, des différents phénomènes magnétiques; il faut donc voir si, par des suppositions simples de forces attractives et répulsives, ces phénomènes s'expliqueront plus facilement. Pour éviter toute discussion, j'avertis, comme je l'ai déjà fait dans les différents Mémoires qui précèdent, que toute hypothèse d'attraction et de répulsion suivant une loi quelconque ne doit être regardée que comme une formule qui exprime un résultat d'expérience; si cette formule se déduit de l'action des molécules élémentaires d'un corps doué de certaines propriétés, si l'on peut tirer de cette première action élémentaire tous les autres phénomènes, si enfin les résultats du calcul théorique se trouvent exactement d'accord avec les mesures que fourniront les expériences, on ne pourra peut-être espérer d'aller plus loin, que lorsqu'on aura trouvé une loi plus générale qui enveloppe dans le même calcul des corps doués de différentes propriétés, qui, jusqu'ici, ne nous paraissent avoir entre elles aucune liaison.

M. OEpinus paraît être un des premiers qui aient cherché à expliquer, au moyen du calcul, par l'attraction et la répulsion, les phénomènes magnétiques. Il pense que la cause du magnétisme peut être attribuée à un seul fluide qui agit sur ses propres parties par une force répulsive, et sur les parties de l'acier ou de l'aimant par une force attractive. Ce fluide, une fois engagé dans les pores de l'aimant, ne se déplace qu'avec difficulté. Ce système a conduit M. OEpinus à cette conclusion, c'est que, pour expliquer différents phénomènes magnétiques, il faut supposer entre les parties solides de l'aimant une force répulsive. Depuis M. OEpinus, plusieurs physiciens ont admis deux fluides magnétiques; ils ont supposé que, lorsqu'une lame d'acier était dans son état naturel, ces deux fluides étaient réunis à saturation; que par l'opération du magnétisme ils se séparaient et étaient portés aux deux extré-

mités de la lame. D'après ces auteurs, les deux fluides exercent
l'un sur l'autre une action attractive; mais ils exercent sur leurs
propres parties une action répulsive; il est facile de sentir que ces
deux systèmes doivent donner, par la théorie, les mêmes résultats.

Il s'agit à présent de voir si les calculs fondés sur les hypothèses
qui précèdent seront exactement d'accord avec les expériences;
recherches qu'il n'était pas possible de tenter avant de connaître
la loi d'attraction et de répulsion des molécules aimantaires des
corps magnétisés, loi que nous avons trouvée (*Mémoires de l'Académie pour* 1785, p. 606 et suivantes) (¹), en raison composée de
la densité ou de l'intensité magnétique et inverse du carré des distances. Il était également impossible de vérifier aucune hypothèse,
avant d'avoir employé des moyens qui donnassent des mesures
exactes dans les expériences, ainsi que nous avons tâché de le faire
dans celles qui précèdent.

XXVI.

*Exemple pour déterminer, par le calcul, la distribution du
fluide magnétique dans une aiguille d'acier cylindrique,
d'après les systèmes qui viennent d'être énoncés.*

Pour simplifier les résultats et mettre les calculs à portée d'un
plus grand nombre de lecteurs, nous allons appliquer une méthode
d'approximation à un exemple très simple, mais qui suffira pour
nous indiquer en même temps les résultats principaux donnés par
les expériences qui précèdent et la marche que l'on pourra suivre
dans des exemples plus compliqués. Supposons (*fig.* 5) que l'aiguille d'acier cylindrique *ab* a de longueur six fois son diamètre
et est divisée en six parties égales; supposons cette aiguille aimantée à saturation et cherchons quelle doit être la densité magnétique
de chaque partie, pour qu'il y ait équilibre au point de l'axe de
chaque division; supposons de plus la densité magnétique uniforme dans chaque partie et différente seulement d'une partie à
l'autre : d'après cette supposition, le point 3 étant placé au milieu
de l'aiguille, les densités magnétiques des points des deux côtés, à

(¹) Page 146 de ce Volume.

égales distances du point 3, seront égales; mais les unes seront
positives et les autres négatives. Que la limite de la force coërci-
tive qui empêche le fluide magnétique de couler d'une partie de
l'aiguille dans l'autre, force que l'on peut comparer au frottement
dans les machines ou à la cohérence, soit représentée par la quantité constante A; pour avoir l'action de chaque partie sur un point
de l'axe, il faut déterminer, par le calcul, dans la *fig.* 6, l'action
du petit cylindre *cdfg*, dont la densité est uniforme, sur le point
de l'axe C, en supposant l'action de tous les points en raison inverse du carré des distances. Soit le rayon du cylindre $ag = r$, la
distance $Cb = a$, la distance $Ca = b$, la longueur du cylindre
$ba = a - b$; l'action du cylindre *cdfg*, dont la densité est δ, agissant sur le point de l'axe C, dans la direction de l'axe *ac*, sera exprimée par la formule

$$2\pi\delta[(a - b + \sqrt{b^2 - r^2} - \sqrt{a^2 + r^2})].$$

Voici le type du calcul qui donne cette formule. L'action d'une
zone circulaire, qui aurait $mn = dr$ de largeur et $pm = r$ pour

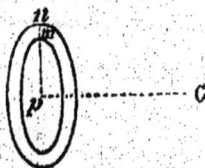

Fig. 4.

rayon, éloignée du point C sur lequel elle agit à la distance $pm = x$,
serait représentée par la quantité

$$\frac{2\pi\delta\, x\, r\, dr}{(r^2 + x^2)^{\frac{3}{2}}};$$

cette quantité intégrée de manière qu'elle s'évanouisse quand
$r = 0$ donnera, pour l'action du cercle dont r est le rayon,

$$2\pi\delta\left(1 - \frac{r}{\sqrt{r^2 + x^2}}\right).$$

Multipliant par dx et intégrant de manière que la valeur se complète quand $x = a$ et qu'elle s'évanouisse quand $x = b$, on aura,
pour représenter l'action du petit cylindre *efgd*, sur le point *c*,

évaluée dans la direction de l'axe, la formule

$$2\pi\delta\left(a - b + \sqrt{b^2 + r^2} - \sqrt{a^2 + r^2}\right).$$

En appliquant à présent cette formule à notre exemple où chaque partie du cylindre est égale à $2r$, et où il faut (*fig.* 5) qu'il y ait équilibre aux points de l'axe 1, 2, 3, entre les forces magnétiques et la résistance qu'éprouve ce fluide à passer d'un point à un autre du fil d'acier, on tirera les trois équations suivantes :

Au point 1...... $0,77\delta_1 = 0,74\delta_2 + 0,06\delta_3 + \dfrac{\Lambda}{2\pi r}$,

Au point 2...... $0,13\delta_1 = -0,81\delta_2 + 0,65\delta_3 + \dfrac{\Lambda}{2\pi r}$,

Au point 3...... $0,10\delta_1 = -0,22\delta_2 - 1,52\delta_3 + \dfrac{\Lambda}{2\pi r}$.

En réduisant ces trois équations, on trouve, pour les densités magnétiques, les valeurs suivantes :

$$\delta_1 = 2,41\frac{\Lambda}{2\pi r}, \quad \delta_2 = 0,72\frac{\Lambda}{2\pi r}, \quad \delta_3 = 0,19\frac{\Lambda}{2\pi r}.$$

XXVII.

Si l'on suppose une autre aiguille dont la force coercitive, qui dépend de la nature et du degré de trempe de l'aiguille, soit représentée par Λ', dont le rayon soit r' et dont la longueur soit égale à six fois son diamètre, on aurait une aiguille dont toutes les dimensions seraient homogènes ou proportionnelles aux dimensions de celle qui vient de servir de type à notre calcul, et, nommant d_1, d_2, d_3 les densités correspondantes aux trois divisions de la moitié de cette aiguille, on aura les trois valeurs

$$d_1 = 2,41\frac{\Lambda}{2\pi r}, \quad d_2 = 0,72\frac{\Lambda}{2\pi r}, \quad d_3 = 0,19\frac{\Lambda}{2\pi r}.$$

Ainsi dans les deux aiguilles, en comparant les densités correspondantes, on aura

$$\delta_1 : d_1 :: \delta_2 : d_2 :: \delta_3 : d_3 :: \frac{\Lambda}{r} : \frac{\Lambda'}{r'},$$

c'est-à-dire que les densités des portions correspondantes de deux aiguilles sont entre elles

$$:: \frac{A}{r} : \frac{A'}{r'},$$

en raison directe des forces coercitives et inverses des rayons.

Si les deux aiguilles que l'on veut comparer avaient, relativement à leur diamètre, une longueur plus grande que la précédente, mais, si elles étaient de dimensions homologues, il est facile de voir que l'on aurait, par la méthode qui précède, autant d'équations qu'il y aurait de divisions dans la moitié de l'aiguille, et comme, dans chaque équation correspondante, les coefficients des parties semblablement placées sont les mêmes, il en résulte que les densités des parties semblablement placées seront dans tous les cas entre elles

$$:: \frac{A}{r} : \frac{A'}{r'}.$$

XXVIII.

Il est à présent facile de calculer, d'après la théorie, le rapport des moments magnétiques des actions du globe de la Terre, qui ramènent deux aiguilles aimantées à saturation de dimensions homologues au méridien magnétique; considérons dans ces deux aiguilles deux homologues dont les rayons soient r et r' : les masses des parties homologues seront

$$:: r^3 : r'^3;$$

les masses du fluide magnétique de ces mêmes parties seront comme les densités multipliées par le cube des rayons; mais le milieu de chaque aiguille étant, dans nos expériences, le centre de rotation autour duquel chaque partie sollicitée par la force aimantaire de la Terre est rappelée à son méridien magnétique, il en résulte que chaque partie a, pour *momentum* autour de ce point, le produit de sa densité du cube du rayon et de la distance de ce point au centre de rotation. Mais, comme les densités dans deux parties correspondantes de deux aiguilles homologues sont entre elles

$$:: \frac{A}{r} : \frac{A'}{r'},$$

que de plus, pour les parties semblablement placées dans les deux aiguilles homologues, les distances au milieu des aiguilles sont comme les rayons, il en résulte que les *momentum* magnétiques qui rappellent deux aiguilles homologues au méridien magnétique sont entre eux en raison directe composée de la force coercitive et du cube du rayon ; mais nous avons vu (§ X) qu'il résultait de l'expérience que, dans deux aiguilles de même nature et de dimensions homologues, les moments de la force directrice étaient comme les cubes des rayons, ce qui se trouve parfaitement conforme à la théorie.

Nous avons également trouvé (§ XXI), d'après l'expérience, que dans deux aiguilles d'acier de même nature, mais de différents diamètres, le centre de gravité de la courbe qui représentait les densités du fluide magnétique était placé, relativement aux extrémités de ces aiguilles, à des distances proportionnelles à leur diamètre : les formules qui précèdent donnent le même résultat.

XXIX.

La conformité que nous trouvons ici entre les expériences fondamentales et le calcul semble donner un grand poids, soit à l'opinion de M. OEpinus, soit au système des deux fluides, telle que nous l'avons présentée; cependant il faut avouer qu'il y a quelques phénomènes qui semblent se refuser entièrement à ces hypothèses; en voici un des principaux.

Nous avons vu (§ I) que, lorsqu'une aiguille aimantée était suspendue librement, la somme des forces boréales qui sollicitaient cette aiguille dans le méridien magnétique était exactement égale à la somme des forces australes; ce résultat, fondé sur des expériences que l'on ne peut contredire, a lieu, non seulement pour une aiguille que l'on vient d'aimanter, mais, si après l'avoir aimantée, on coupe cette aiguille en différentes parties, que l'on coupe, par exemple, l'extrémité de la partie boréale, cette partie suspendue sera sollicitée par des forces boréales et australes exactement égales; mais, dans les hypothèses précédentes, cette partie serait uniquement chargée de fluide boréal, et l'action des deux pôles magnétiques du globe de la Terre se réunirait pour la transporter vers le pôle boréal : ainsi la théorie se trouve ici en contradiction avec l'expérience.

XXX.

Je crois que l'on pourrait concilier le résultat des expériences avec le calcul, en faisant quelques changements aux hypothèses; en voici un qui paraît pouvoir expliquer tous les phénomènes magnétiques dont les essais qui précèdent ont donné des mesures précises. Il consiste à supposer dans le système de M. OEpinus que le fluide magnétique est renfermé dans chaque molécule ou partie intégrante de l'aimant ou de l'acier; que le fluide peut être transporté d'une extrémité à l'autre de cette molécule, ce qui donne à chaque molécule deux pôles, mais que ce fluide ne peut pas passer d'une molécule à une autre. Ainsi, par exemple, si une aiguille aimantée était d'un très petit diamètre, ou si (*Pl. VIII, fig. 7*), chaque molécule pouvait être regardée comme une petite aiguille dont l'extrémité nord serait unie à l'extrémité sud de l'aiguille qui la précède, il n'y aurait que les deux extrémités *n* et *s* de cette aiguille qui donneraient des signes de magnétisme; parce que ce ne serait qu'aux deux extrémités où un des pôles des molécules ne serait pas en contact avec le pôle contraire d'une autre molécule.

Si une pareille aiguille était coupée en deux parties après avoir été aimantée en *a*, par exemple, l'extrémité *a* de la partie *na* aurait la même force qu'avait l'extrémité *s* de l'aiguille entière, et l'extrémité *a* de la partie *sa* aurait également la même force qu'avait l'extrémité *n* de l'aiguille entière avant d'être coupée.

Ce fait se trouve très exactement confirmé par l'expérience; car, si l'on coupe en deux parties une aiguille très longue et très fine après l'avoir aimantée, chaque partie éprouvée à la balance se trouve aimantée à saturation, et, quoiqu'on l'aimante de nouveau, elle n'acquerra pas une plus grande force directrice.

Chaque partie de notre aiguille, dans ce nouveau système, de quelque manière qu'elle soit aimantée ou coupée, sera dirigée dans le méridien magnétique par des forces australes et boréales parfaitement égales, ce qui paraît être un des principaux phénomènes auxquels il faut que les hypothèses satisfassent.

L'hypothèse que nous venons de faire paraît très analogue à cette expérience électrique très connue : lorsque l'on charge un carreau de verre garni de deux plans métalliques, quelque minces que soient les plans, si on les éloigne du carreau, ils donnent des signes d'électricité très considérables : les surfaces de verre, après que l'on a fait la décharge de l'électricité des garnitures, restent elles-mêmes imprégnées des deux électricités contraires, et forment un très bon électrophore ; ce phénomène a lieu, quelque peu d'épaisseur que l'on donne au plateau de verre : ainsi, le fluide électrique, quoique de nature différente des deux côtés du verre, ne pénètre qu'à une distance infiniment petite de sa surface, et ce carreau ressemble exactement à une molécule aimantée de notre aiguille. Et si, à présent, on plaçait l'un sur l'autre une suite de carreaux, ainsi électrisés de manière que, dans le réunion des carreaux, le côté positif qui forme la surface du premier carreau se trouve à plusieurs pouces de distance de la surface négative du dernier carreau, chaque surface des extrémités, ainsi que l'expérience le prouve, produira, à des distances assez considérables, des effets aussi sensibles que nos aiguilles aimantées, quoique le fluide de chaque surface des carreaux des extrémités ne pénètre ces carreaux qu'à une profondeur infiniment petite, et que les fluides électriques de toutes les surfaces en contact s'équilibrent mutuellement, puisque, une des surfaces étant positive, l'autre est négative.

Enfin, dans aucun système d'attraction et de répulsion, on ne peut pas supposer qu'un des deux fluides magnétiques puisse passer d'une barre d'acier dans une autre, puisque les aiguilles aimantées sont toujours sollicitées par des forces boréales et australes, absolument égales ; cependant, si l'on remplit un petit tuyau ou une paille de limaille d'acier, et qu'on l'aimante, on trouvera à ce tuyau une force directrice très sensible, et que l'on mesurera facilement à notre balance électrique. La limaille du tuyau se trouve dans le cas de notre hypothèse, puisque le fluide magnétique ne peut pas passer d'une molécule d'acier dans une autre.

Voici encore une expérience à l'appui de notre opinion ; le long d'une règle de bois (*fig.* 8), je place en contact par leur extrémité une file de 5 ou 6 parallélépipèdes de fer très doux, formant ensemble une longueur de 18 à 20 pouces. J'applique le pôle *s* d'une barre aimantée à l'extrémité A, et je fais glisser, comme je l'ai fait

Pl. VIII.

Mém. de l'Ac. des Sc. An. 1785. Page 504 Pl. IX.

Fig. 8.

Fig. 7.

Fig. 9. N.º 3.

Fig. 9. N.º 1.

Fig. 9. N.º 2. &c. 6 5 4 3 2 1

Fig. 10.

Fig. 11.

Fig. 12.

Fig. 13.

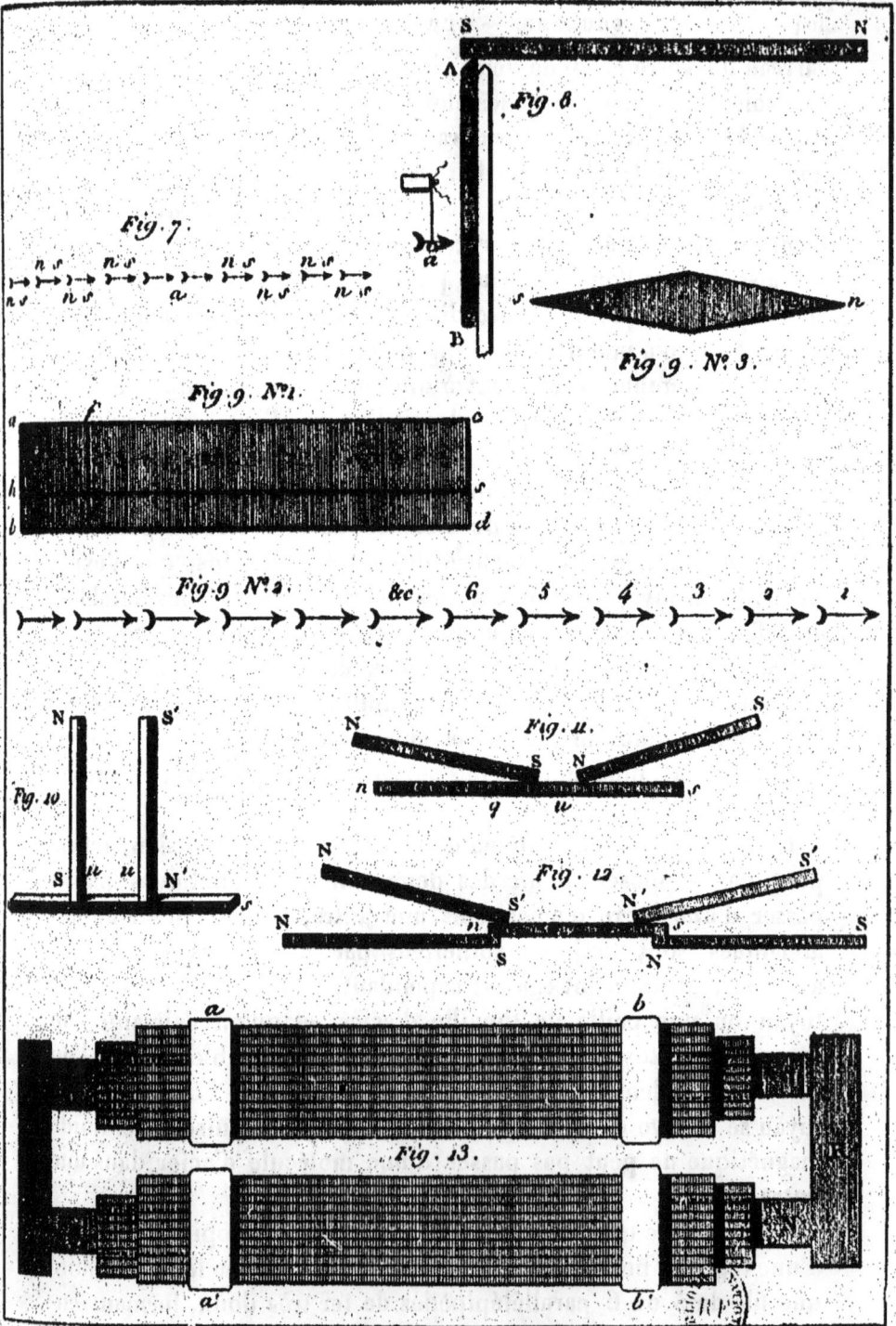

Fac-simile de la Planche originale IX.

(*fig.* 3) la ligne AB de mes parallélopipèdes à 4 ou 5 lignes de distance d'une petite aiguille aimantée. Comme le fluide magnétique ne peut pas passer d'un parallélopipède à l'autre, chaque parallélopipède devrait présenter deux pôles. L'expérience apprend, au contraire, que toute la ligne AB donne la même nature de magnétisme que le pôle *s* de l'aimant *sn* en contact par ce pôle avec l'extrémité A. Cette expérience s'explique facilement dans notre hypothèse.

XXXI.

Il est facile, d'après ce que nous venons de dire, de se rendre compte de l'état magnétique d'une lame aimantée ; que *abcd* (*fig.* 9, n° 1) représente cette lame, que nous supposons formée d'une infinité d'éléments longitudinaux ; *hgs* est une fibre élémentaire que l'on voit plus en grand (*fig.* 9, n° 2), dans laquelle 1, 2, 3 représentent de petites aiguilles ou des molécules élémentaires. Dans chaque molécule le fluide magnétique peut se transporter d'une extrémité à l'autre, mais ne peut pas sortir de la molécule : ainsi, dans la première aiguille, si le fluide aimantaire est condensé à l'extrémité boréale de la quantité a, dans cette même aiguille il sera dilaté à l'extrémité australe au delà de l'état de neutralisation de la quantité a ; dans l'aiguille 2 il pourra être condensé à l'extrémité boréale d'une quantité $a + b$; ainsi il sera dilaté à l'autre extrémité de l'aiguille de la même quantité $a + b$; dans l'aiguille 3 il sera condensé à l'extrémité boréale de la quantité $a + b + c$; ainsi, à l'autre extrémité de la même aiguille, il sera dilaté de la même quantité ; il en sera de même pour tous les autres éléments de cette fibre.

De là il résulte qu'à l'extrémité de notre fibre la force boréale sera a ; qu'à l'extrémité boréale du deuxième élément la force boréale sera réduite à b, la force a étant détruite par la force négative a de l'extrémité australe de l'élément 1 ; à l'extrémité boréale de l'élément 3, la force boréale sera réduite à c, la partie $(a + b)$ étant détruite par la force négative du pôle austral de l'élément 2.

Il est facile, à présent, en remplaçant notre fibre dans la *fig.* 9, n° 1, de voir qu'en prenant dans cette fibre, du côté boréal, par exemple, un point quelconque δ, dont la force boréale, réduite, d'après l'observation qui précède, soit représentée par δ, si l'on tire par ce point δ une ligne *of* perpendiculaire à la longueur de la lame, dans l'état de stabilité, l'action de toute la partie *abfo* sur le point δ, étant décomposée dans la direction *h*δ, doit faire équilibre à l'action de toute la partie restante *focd*, plus à la force coercitive qui empêche le fluide de couler dans chaque élément.

Ainsi, dans notre hypothèse, le calcul des actions magnétiques ou de l'intensité des forces magnétiques de chaque point doit nous donner précisément le même résultat que celui du transport du fluide magnétique, d'une extrémité d'une lame à l'autre, calcul qui donne, comme nous l'avons vu, la plus grande conformité entre les expériences et la théorie, lorsque les aiguilles sont aimantées à saturation.

XXXII.

Nous avons jusqu'ici essayé de déterminer par l'expérience et par la théorie les principales lois de la distribution du fluide magnétique dans des aiguilles de différentes longueurs et de différentes grosseurs; nous avons vu que, au moyen de quelques corrections, il était facile de faire cadrer la théorie avec les phénomènes magnétiques. Nous allons actuellement donner quelques expériences destinées à déterminer : 1° la forme la plus avantageuse des aiguilles aimantées, destinées à indiquer le méridien magnétique; 2° le degré de trempe et de recuit qui convient le mieux aux lames d'acier, pour prendre le magnétisme; 3° le degré de magnétisme que prend un faisceau de lames aimantées, ainsi que chaque lame de ce faisceau, lorsqu'on la détache de ce faisceau, et que sans l'aimanter de nouveau on en détermine la force magnétique; 4° les moyens qui nous ont le mieux réussi pour aimanter les aiguilles d'acier à saturation, et pour former des aimants artificiels.

XXXIII.

Forme et degré de trempe des aiguilles aimantées.

La plupart des auteurs ont cru que la forme la plus avantageuse des aiguilles aimantées était une lame d'acier ayant la figure d'un parallélogramme rectangle.

L'expérience m'a prouvé qu'à même longueur, même poids et même épaisseur, une lame taillée en flèche (*fig.* 9, n° 3) avait un *momentum* magnétique plus grand qu'un parallélogramme rectangle.

Huitième expérience.

Dans une lame d'acier, que l'on trouve dans le commerce sous le nom de *tôle d'acier d'Angleterre*, on a coupé trois aiguilles de la longueur de 6 pouces (16,24).

La première était un parallélogramme rectangle de 9 ¼ ligne (2,14) de large, qui pesait 382 grains (20,10).

La seconde, également parallélogrammatique rectangle, avait 4 ¾ lignes de large et pesait 191 grains.

La troisième, taillée en flèche, avait à son milieu 9 ½ ligne de large et pesait, comme la deuxième, 191 grains.

On a suspendu successivement ces trois aiguilles dans la balance magnétique, après les avoir aimantées, et l'on a eu les résultats suivants :

Premier essai.

Les trois aiguilles trempées au rouge blanc.

L'aiguille parallélogrammatique, pesant 382 grains, a été retenue à 30°
de son méridien magnétique, par une force de torsion mesurée par   85°
L'aiguille parallélogrammatique pesant 191 grains, par............   49
L'aiguille en flèche, pesant 191 grains, par......................   53

Deuxième essai.

Les aiguilles recuites à consistance d'un ressort violet.

L'aiguille parallélogrammatique, pesant 382 grains, a été retenue à 30°
du méridien magnétique, par une force de torsion de............   118°
L'aiguille parallélogrammatique, pesant 191 grains, par..........   65
L'aiguille en flèche, pesant 191 grains, par.....................   68

Troisième essai.

Les aiguilles recuites couleur d'eau.

L'aiguille parallélogrammatique, pesant 382 grains, a été retenue à 30°
du méridien magnétique, par une force de torsion de............   126°
L'aiguille parallélogrammatique, pesant 191 grains, par..........   68
L'aiguille en flèche, pesant 191 grains, par.....................   3

Quatrième essai.

Les aiguilles recuites à un degré de chaleur rouge obscur.

L'aiguille parallélogrammatique, pesant 382 grains, a été retenue à 30°
du méridien magnétique, par une force de torsion de.............. 134°
L'aiguille parallélogrammatique, pesant 191 grains, par............. 70
L'aiguille en flèche, pesant 191 grains, par,..................... 79

Cinquième essai.

Les aiguilles rougies à blanc et non trempées.

En faisant rougir les aiguilles à blanc, et les laissant refroidir
lentement sans les tremper, on a trouvé que le degré du magnétisme qu'elles pouvaient prendre était à peu près le même que
lorsque les aiguilles étaient trempées rouge-blanc, comme dans le
premier essai.

Remarque sur cette expérience.

Cette expérience nous apprend : 1° que dans les lames, l'état de
trempe très raide est celui où elles se chargent le moins de magnétisme, que dans cet état le magnétisme est à peu près le même que
lorsque l'aiguille est recuite rouge blanc; que depuis l'état de la
plus forte trempe, le magnétisme des lames va toujours en augmentant dans tous les degrés de recuit, jusqu'à ce que le recuit soit
d'un rouge très sombre, et que le magnétisme diminue ensuite à
mesure que la lame est recuite à un plus grand degré de chaleur,
que, parvenue au rouge blanc et refroidie lentement, la lame étant
ensuite aimantée, prendra à peu près le même degré de magnétisme qu'après la trempe la plus raide sans recuit.

Cette expérience montre encore que, dans des lames de même
épaisseur et de même poids, le *momentum* magnétique de celle
taillée en flèche est un peu plus grand que dans les aiguilles parallélogrammatiques.

Enfin, il est encore facile de voir dans cette expérience que dans
un parallélogramme de la même épaisseur et longueur, mais d'une
largeur double d'un autre, le *momentum* magnétique n'est pas
deux fois aussi grand. Ce résultat était indiqué par la théorie.

XXXIV.

État magnétique d'un faisceau composé de plusieurs lames.

Neuvième expérience.

Dans la même tôle d'acier qui a servi aux expériences précédentes, on a taillé 16 aiguilles parallélogrammatiques rectangles, de 6 pouces de longueur et de 9 lignes et demi de large, pesant chacune 382 grains. Elles ont toutes été recuites à blanc sans les tromper, pour être sûr de les avoir dans le même état; parce que, ainsi que nous venons de le voir, le magnétisme varie suivant le degré de trempe et de recuit, et qu'il aurait été difficile de s'assurer que l'état du ressort eût été le même dans toutes les lames si l'on avait employé un plus faible degré de recuit; chaque aiguille a été aimantée à saturation en particulier, et on les a réunies ensuite en joignant ensemble les pôles du même nom : on formait, par ce moyen, des faisceaux d'un certain nombre d'aiguilles, qu'on liait ensemble avec un fil de soie très fin, mais assez fort pour les serrer l'une contre l'autre. On plaçait le faisceau dans la balance magnétique, en l'éloignant à chaque essai de 30° de son méridien magnétique; on observait la force de torsion nécessaire pour la retenir à cette distance.

Premier essai. — Une seule aiguille à 30° de son méridien magnétique; il a fallu, pour la retenir à cette distance, une force de torsion mesurée par 82

Deuxième essai. — Deux aiguilles réunies, ... 125

Troisième essai. — Quatre aiguilles réunies, ... 150

Quatrième essai. — Six aiguilles réunies 172

Cinquième essai. — Huit aiguilles réunies 182

Sixième essai. — Douze aiguilles réunies 205

Septième essai. — Seize aiguilles réunies................. 229

XXXIV.

Neuvième expérience.

Décomposition de l'aiguille précédente.

J'ai séparé les 16 aiguilles du septième essai de l'expérience précédente; je les ai placées successivement dans la balance magnétique, en les éloignant à 30° du méridien magnétique et en nommant première aiguille celle d'une des surfaces du faisceau, et de suite jusqu'à la seizième qui forme l'autre surface; j'ai trouvé

Premier essai. — Première aiguille est retenue à 30° de son méridien, par une force de torsion de... 46°

Deuxième essai. — Deuxième aiguille.. 39

Troisième essai. — Troisième aiguille... 14 $\frac{1}{2}$

Quatrième essai. — Quatrième aiguille.. 44 $\frac{1}{2}$

Cinquième essai. — Cinquième aiguille.. 31

Sixième essai. — Sixième aiguille.. 32 $\frac{1}{2}$

Septième essai. — Septième aiguille.. 22 $\frac{1}{2}$

Huitième essai. — Huitième aiguille.. 30 $\frac{1}{2}$

Neuvième essai. — Neuvième aiguille.. 30

Dixième essai. — Dixième aiguille.. 26

Onzième essai. — Onzième aiguille... 29 $\frac{1}{2}$

Douzième essai. — Douzième aiguille.. 34

Treizième essai. — Treizième aiguille.. 26

Quatorzième essai. — Quatorzième aiguille... 32

Quinzième essai. — Quinzième aiguille.. 30

Seizième essai. — Seizième aiguille.. 48

On a de nouveau réuni toutes les aiguilles, sans rien changer à leur état magnétique ni à l'ordre où elles étaient dans le septième essai de la huitième expérience; plaçant le faisceau dans la balance magnétique et l'éloignant à 30° de son méridien, il a fallu, pour le retenir à cette distance, une force de torsion de 229°, exactement la même qu'avant la désunion des aiguilles.

XXXV.

Résultat des deux dernières expériences.

La huitième expérience prouve que la force magnétique de chaque faisceau croît dans un beaucoup moindre rapport que le nombre des lames, ou que l'épaisseur du faisceau. Une lame seule a pour *momentum* de sa force directrice 82° de torsion, tandis que, pour 16 aiguilles réunies, le *momentum* magnétique moyen de chacune a pour mesure $\frac{229}{16}$ degré ou 14°,3, c'est-à-dire, à peu près la sixième partie de 82°, force directrice d'une seule lame isolée et aimantée à saturation. J'ai déjà tiré de ce résultat une conclusion très importante, dans le tome IX des *Savants étrangers*, relativement aux aiguilles de boussole destinées à indiquer le méridien et portées sur des chapes et des pivots : c'est que le *momentum* du frottement des pivots augmentant, comme je l'ai prouvé pour lors, dans un rapport plus grand que les pressions, tandis que les *momentum* magnétiques croissent dans un rapport beaucoup moins grand que les masses ou que les pressions des pivots, les aiguilles peu épaisses et très légères sont à même longueur préférables à toutes les autres. On voit en effet, par notre expérience, qu'en supposant même les *momentum* des frottements proportionnels aux pressions, si le frottement pouvait produire sur une seule lame aimantée à saturation une erreur de 4' dans sa position relativement au méridien magnétique, d'après notre expérience, elle en produirait une six fois plus grande, ou à peu près de 24', si l'on s'était servi d'un faisceau de 16 lames.

Il est inutile d'examiner ici les lois que suit le *momentum* magnétique des faisceaux de lames que nous avons soumis aux expériences; il faudrait, pour avoir cette loi, étendre le travail que nous avons fait, expérience huitième, pour un cas particulier, à des lames de différentes longueurs et de différentes largeurs ; mais il nous paraît facile de prévoir ces résultats d'une manière suffisamment exacte dans la pratique, d'après toutes les recherches que nous avons présentées au commencement de ce Mémoire, dans des cas analogues, pour des cylindres d'acier de différentes grosseur et longueur.

En examinant à présent le Tableau donné par la neuvième expérience, on voit que les deux lames des surfaces du faisceau décomposé ont une plus grande force magnétique que les autres. La première étant mesurée par 46° et la seizième par 48°, on voit également que le *momentum* moyen de toutes les autres lames est à peu près égal et mesuré par 30°; car, quoique le *momentum* magnétique de la troisième lame n'ait été trouvé dans cette expérience que de 14°,5, cette diminution est compensée par le *momentum* des aiguilles qui avoisinent, la deuxième ayant pour mesure de sa force directrice 39° et la quatrième 44°, en sorte que le *momentum* moyen de ces trois aiguilles est

$$\frac{39 + 13\frac{1}{2} + 11}{3} = 31\frac{1}{6}.$$

En répétant cette expérience et remplaçant la troisième lame par une autre, je n'ai plus trouvé d'irrégularité, et cette troisième lame avait une force directrice mesurée par 32° comme les autres.

Mais une observation bien curieuse que présente cette neuvième expérience, c'est que la somme des *momentum* particuliers de toutes les lames nous donne une quantité plus que double de celle du faisceau composé. Si, en effet, nous ajoutons ensemble les *momentum* de toutes les lames de la neuvième expérience, nous trouvons cette somme égale à 516°, tandis qu'en réunissant toutes les aiguilles, le faisceau ainsi composé ne nous donne que 229°.

Ce dernier résultat pourrait s'expliquer, dans notre théorie, par l'état contraint du fluide magnétique, repoussé des extrémités de chaque élément dans le faisceau composé, par l'action de toutes les lames réunies et surtout par celle des surfaces, action qui n'a lieu d'une manière sensible qu'aux extrémités du faisceau. Lorsque le faisceau est décomposé, l'action des parties éloignées des extrémités, qui reste à peu près la même que dans les lames composées, repousse le fluide magnétique vers les extrémités : d'où résulte l'augmentation du *momentum* que nous venons de trouver par l'expérience.

XXXVI.

Dixième expérience.

Décomposition d'un faisceau de quatre lames.

J'ai réuni seulement quatre des aiguilles précédentes, après les avoir aimantées à saturation; le faisceau, éloigné à 30° de son méridien, y était rappelé par une force mesurée par ... 150°

Ces aiguilles désunies étaient rappelées au méridien :

La première, par une force de *momentum* mesurée par... 70

La deuxième, par 44

La troisième, par 44

La quatrième, par 60

XXXVII.

Onzième expérience.

Décomposition d'un faisceau de huit lames.

8 aiguilles réunies ont été rappelées au méridien magnétique,
  dont elles étaient éloignées de 30°, par une force de .... 183"
Les aiguilles avaient été séparées,
La première était rappelée par une force mesurée par..... 48
La deuxième, par................................... 36
La troisième, par.............. 35
La quatrième, par.,............................,... 33
La cinquième, par 34
La sixième, par,.................. .....,........,... 38
La septième, par.,................................. 35
La huitième, par.....,..............,,......,... 51

Il est inutile de s'arrêter à ces deux expériences. Elles donnent
des résultats analogues à ceux que nous avons développés dans les
articles qui précèdent : nous allons passer aux méthodes pour
aimanter les lames à saturation, et pour former des aimants artificiels.

XXXVIII.

De la manière d'aimanter.

Je vais présenter les moyens qui m'ont le mieux réussi, pour
construire, avec peu de dépenses, des aimants artificiels d'une très
grande force; il sera facile de voir que j'ai été dirigé par les expériences et les observations qui précèdent.

Lorsque l'on veut aimanter un fil ou une lame d'acier, on sent
qu'il doit être avantageux, lorsqu'on se sert de deux barres pour
aimanter, de faire concourir l'action des deux pôles de ces barres.
C'est ce qui a fait imaginer la méthode de la double touche. La
fig. 10 indique la manière dont elle a été d'abord pratiquée; sur
l'aiguille *ns* que l'on voulait aimanter, on plaçait verticalement les
deux barreaux SN, S'N' à 7 à 8 lignes de distance l'un de l'autre,
plus ou moins, suivant la force des aimants : les points S et S'
représentent les pôles sud, et N et N' les pôles nord. On promène,

dans cette situation, les deux barreaux d'une extrémité de l'aiguille *ns* à l'autre.

· M. OEpinus a remarqué que dans cette méthode le centre d'action des deux aimants NS, N′S′, étant nécessairement placé à quelque distance de leurs extrémités, au point μ par exemple, l'action sur les points de l'aiguille, compris entre les deux barres, se fait très obliquement et ne donne pas par conséquent à cette aiguille tout le degré de magnétisme qu'elle pourrait recevoir. Ainsi, au lieu de placer dans cette opération les deux barres verticalement, M. OEpinus conseille de les incliner sur l'aiguille, comme à la *fig.* 11, et de les promener dans cette situation d'une extrémité de l'aiguille à l'autre.

J'ai trouvé effectivement, au moyen de la balance magnétique, que j'ai décrite au commencement de ce Mémoire, que la méthode de M. OEpinus était préférable à la première ; mais j'ai en même temps trouvé qu'elle ne donnait pas tout à fait aux aiguilles le degré de saturation magnétique ; que le plus souvent même, lorsque l'aiguille avait beaucoup de longueur, il se formait dans les parties intermédiaires plusieurs pôles, dont l'action, à la vérité, était peu considérable, mais était sensible. J'en attribue la cause à l'action particulière de chaque aimant, qui tend à produire sur les points dépassés par les deux aimants un effet contraire à celui que l'on cherche. Dans notre *fig.* 11, le pôle S, par exemple, placé sur l'aiguille, tend à donner en même temps au point *q*, qui est placé sous le pôle *s*, la même nature de magnétisme qu'au point μ, c'est-à-dire que, dans l'hypothèse des deux fluides magnétiques, qui peuvent se transporter vers les deux extrémités des aiguilles, si le point μ est entraîné vers le point *n*, le point *q* qui l'avoisine sera entraîné vers le point *s*, après que ce point *q* aura été dépassé par les deux aimants : dans notre hypothèse, où le fluide magnétique ne peut se mouvoir que dans les parties intégrantes, les molécules μ et *q*, qui sont voisines, tendent à s'aimanter en sens contraire, ce qui doit produire une diminution de magnétisme vers les extrémités des aiguilles, où le fluide magnétique doit être le plus condensé, et ce qui peut, dans les aiguilles très longues, ainsi que l'expérience le prouve, donner naissance à plusieurs pôles. Cette observation, qui ne pouvait être que le fruit des mesures exactes données par nos expériences, m'a obligé à changer la méthode d'aimanter de M. Œpinus; et voici, après plusieurs tentatives, le moyen qui, d'après la balance magnétique, a paru le plus avantageux.

Je me sers, pour mon opération, de quatre aimants très forts, construits d'après une méthode que je vais détailler tout à l'heure. Je pose (*fig.* 12), sur un plan horizontal, mes deux forts aimants NS, NS, en les plaçant en ligne droite, de manière qu'ils soient éloignés l'un de l'autre d'une quantité de quelques lignes moindre que la longueur de l'aiguille *ns*, que je veux aimanter. Je prends ensuite les deux aimants N', S', et, les inclinant comme dans la méthode de M. Œpinus, je les pose d'abord, en joignant presque leurs pôles sur le milieu *m* de l'aiguille; je tire ensuite chaque aimant, sans changer son inclinaison, jusqu'à l'extrémité de l'aiguille et je recommence cinq ou six fois cette opération sur les différentes faces de l'aiguille. Il est clair que dans cette opération les pôles de l'aiguille *ns* restent fixes et invariables aux extrémités de l'aiguille, au moyen des deux forts aimants NS, sur lesquels cette aiguille est posée : l'effet produit par ces deux aimants ne peut qu'être augmenté par l'action des deux aimants supérieurs qui concourent à aimanter toutes les molécules de l'aiguille dans la même direction.

Comme, par l'opération qui précède, l'aiguille *ns*, placée entre les deux gros aimants, acquiert, par le concours des actions des quatre aimants, une force polaire plus forte que celle qu'elle peut conserver, lorsqu'on la sépare de ces aimants, il en résulte qu'au moment de cette séparation l'aiguille perd une partie du magnétisme qu'elle devait à ces forces, et que son magnétisme diminue, jusqu'à ce que l'action magnétique de toute l'aiguille sur chacun de ses points soit en équilibre avec la force coercitive. Ainsi, en séparant l'aiguille des aimants, elle se trouve aimantée à saturation.

J'ai trouvé encore qu'en aimantant par notre méthode, on était plus sûr de donner aux surfaces des lames destinées à former des aiguilles, pour indiquer le méridien magnétique, un degré de magnétisme égal : ce qui paraît mériter une grande attention dans la construction des boussoles, si l'aiguille est suspendue de champ.

XXXIX.

Construction des aimants artificiels.

J'ai pris (*fig.* 13) une trentaine de lames d'acier trempées et revenues à consistance de ressort, de 5 à 6 lignes (1,1 à 1,3) de large, sur 2 ou 3 lignes d'épaisseur (0,45 à 0,7) et 36 pouces (97,49) de longueur; les lames de fleuret, telles qu'on les trouve dans le commerce, forment d'assez bons aimants. La tôle d'acier d'Angleterre, coupée par lames de 1 pouce de large, trempée et recuite à consistance de ressort, dans les degrés indiqués (§ XXXIII), est préférable. Lorsque je n'emploie à chaque aimant que 15 ou 20 livres (7ᵏᵍ à 10ᵏᵍ) pesant d'acier, il suffit de donner aux lames 30 à 36 pouces (81 à 97) de longueur.

J'aimante chaque lame en particulier, d'après la méthode prescrite à l'article qui précède : je prends ensuite deux parallélépipèdes rectangles de fer très doux et très bien poli, de 6 pouces (16,24) de longueur, de 20 à 24 lignes (4,5 à 5,4) de large, et de 10 à 12 lignes (2,2 à 2,7) d'épaisseur; je forme, avec ces deux parallélépipèdes représentés (*fig.* 13), en N et S, l'armure de mon aimant, en enveloppant une extrémité de chaque parallélépipède d'une couche de mes lames d'acier aimantées, de manière que l'extrémité des parallélépipèdes dépasse l'extrémité des lames de 20 à 24 lignes, et que l'autre extrémité des parallélépipèdes se trouve enveloppée par l'extrémité des lames. Sur cette première couche de lames d'acier, de 3 à 4 lignes d'épaisseur, j'en place une seconde qui a 3 pouces (8,12) de moins de longueur que la première, en sorte que la première dépasse cette deuxième de 18 lignes de chaque côté; on fixe le tout aux extrémités au moyen de deux anneaux de cuivre qui serrent les lames l'une contre l'autre et qui empêchent l'armure de s'échapper.

La *fig.* 13 représente deux aimants artificiels, composés d'après la méthode que nous venons de prescrire; N et S sont les deux extrémités des deux parallélépipèdes de fer; les deux autres extrémités, engagées entre les lames d'acier, sont ponctuées dans cette même figure. Chaque aimant ainsi composé est fixé solidement par des anneaux de cuivre qui sont marqués sur les deux aimants en

a, b, a', b' ; les contacts placés en A et B réunissent les pôles des armures.

L'expérience m'a appris qu'avec un appareil de cette forme, chaque aimant pesant 15 ou 20 livres, il fallait une force de 80 à 100 livres pour séparer les contacts; qu'en plaçant les aiguilles ordinaires de boussole sur les deux extrémités de nos deux barres, composées comme dans la *fig.* 12, elles s'aimantaient à saturation, sans qu'il fût nécessaire de les frotter avec les aimants supérieurs; il est inutile d'avertir que, lorsque l'on voudra se procurer des aimants d'une plus grande force, il faudra, à mesure que l'on multipliera le nombre des lames d'acier, augmenter leur longueur et les dimensions des parallélépipèdes de fer qui servent d'armure. Il serait facile d'évaluer les différentes dimensions que doivent avoir les aimants d'une manière suffisamment exacte dans la pratique, d'après les lois du magnétisme et la position du centre d'action des fils d'acier de différentes longueurs et grosseurs, que nous avons exposés dans le courant de ce Mémoire.

COULOMB.

DÉTERMINATION

THÉORIQUE ET EXPÉRIMENTALE

DES

FORCES QUI RAMÈNENT DIFFÉRENTES AIGUILLES,

AIMANTÉES A SATURATION,

A LEUR MÉRIDIEN MAGNÉTIQUE.

Extrait du tome III des *Mémoires de l'Institut*, an IX (1801).

DÉTERMINATION

THÉORIQUE ET EXPÉRIMENTALE

DES

FORCES QUI RAMÈNENT DIFFÉRENTES AIGUILLES,

AIMANTÉES A SATURATION,

A LEUR MÉRIDIEN MAGNÉTIQUE.

***

1. Dans les différents Mémoires que j'ai présentés à la ci-devant Académie des Sciences, j'ai trouvé, au moyen de ma balance de torsion, par des expériences qui paraissent décisives, les principales lois de l'action des éléments du fluide magnétique.

2. Il résulte de ces expériences que, quelle que soit la cause des phénomènes magnétiques, tous ces phénomènes pouvaient être expliqués et être soumis au calcul, en supposant dans les lames d'acier, ou dans leurs molécules, deux fluides aimantaires, les parties de chaque fluide se repoussant en raison directe de leur densité et en raison inverse du carré de leur distance, et attirant les molécules de l'autre fluide dans le même rapport, en sorte que chaque lame de fer ou d'acier renferme dans chaque molécule, avant d'être aimantée, une quantité des deux fluides suffisante pour se saturer ou s'équilibrer mutuellement, en sorte que les deux fluides ainsi réunis n'exercent plus aucune action l'un sur l'autre.

3. Il résulte de cette supposition que tout l'art d'aimanter une lame consiste à séparer les deux fluides, et j'ai prouvé, dans les Mémoires que je viens de citer, que, soit qu'ils soient seulement séparés dans chaque molécule d'acier, soit qu'ils soient trans-

portés d'une extrémité de la lame à l'autre, les résultats étaient
les mêmes quant au calcul.

4. Mais, comme ces deux fluides supposés séparés dans les lames
aimantées agissent pour se réunir, ils se réuniraient effectivement,
s'il n'y avait pas dans les lames aimantées quelque force qui em-
pêchât cette réunion. La supposition la plus simple pour satisfaire
à cette condition est une force d'adhérence de ce fluide aux molécules de l'acier, qui l'empêche de se déplacer. Mais, si cette force
d'adhésion existe, elle a une limite : ainsi, toutes les fois que l'action
d'un fluide magnétique sur une molécule de ce fluide sera plus
considérable que son adhérence à l'acier, cette molécule se dépla-
cera, et ce déplacement continuera jusqu'à ce qu'il y ait égalité
entre les forces qui agissent sur chaque molécule aimantaire pour
la déplacer, et la force d'adhérence qui s'oppose à ce déplacement.

5. Il résulte de l'article précédent que la distribution du fluide
magnétique dans une lame aimantée offre au calcul un problème
indéterminé, car ce fluide peut être distribué de toutes les manières possibles, pourvu qu'il n'y ait aucun point dans la lame où
l'action qui tend à le déplacer soit plus grande que l'adhérence du
fluide aux molécules de l'acier. Parmi toutes les suppositions que
l'on peut faire pour la distribution de ce fluide, et qui rendent ce
problème déterminé, il en est une où l'on peut dire que l'aiguille
est aimantée à saturation : c'est celle où chaque point du fluide
éprouve de la part de tout le fluide de la lame une action qui tend
à le déplacer, précisément égale à celle que la cohérence oppose
à ce déplacement. Cette condition détermine, comme on voit, la
disposition du fluide, et pour lors la question peut être soumise
au calcul.

6. On parvient à aimanter à saturation, ou du moins à approcher très près de cet état dans les lames d'acier, soit par la méthode de la double touche, soit par celle dont j'ai fait usage ([1]). Par
cette dernière méthode, le fluide magnétique est transporté d'une

---

([1]) *Mémoires de l'Académie des Sciences* pour 1789, p. 314 de ce Volume.

extrémité de la lame à l'autre, et est par conséquent séparé par les forces réunies des pôles opposés de quatre forts aimants. Lorsqu'on sépare ensuite la lame aimantée des aimants, le fluide se trouve avoir, aux extrémités de la lame, plus de densité que dans l'état de saturation, c'est-à-dire que tout le fluide répandu dans la lame agit sur chacune de ses molécules avec une force plus grande que la résistance qu'oppose l'adhérence : ainsi le fluide aimantaire se déplace de chaque point de l'aiguille jusqu'à ce qu'il y ait partout égalité entre l'action qui tend à le déplacer et l'adhérence qui s'oppose à ce déplacement.

Il arrive quelquefois, dans les lames qui sont très longues, relativement à leurs autres dimensions, surtout dans celles qui sont fortement trempées, qu'il se forme plusieurs centres aimantaires, ou que le centre aimantaire ne se place pas au milieu de l'aiguille. Nous rendrons compte de cet effet dans un autre Mémoire; nous dirons seulement que c'est à cette difficulté de placer le centre magnétique dans le centre de gravité des lames que l'on doit attribuer un fait qu'il est absolument nécessaire de connaître dans la construction des aiguilles de boussole. Voici en quoi il consiste. Lorsqu'on trempe à blanc une lame d'acier longue et peu épaisse, qui aurait, par exemple, 33 centimètres de longueur, 1 centimètre de largeur et 1 millimètre d'épaisseur, on trouve que la force directrice qui la ramène dans son méridien est beaucoup moins grande que lorsque l'aiguille est revenue à consistance de ressort. Le contraire a lieu dans les petites aiguilles : il faut, pour que le moment de force directrice soit un maximum, qu'elle soit trempée rouge blanc; j'avais déjà trouvé une partie de ces faits, mais j'avais pour lors trop généralisé ces résultats (*Mémoires de l'Académie* pour 1789).

7. Je reviens à l'objet du Mémoire que je soumets aujourd'hui au jugement de l'Institut. Dans une des expériences décrites dans le Mémoire que je viens de citer, j'avais réuni en faisceau plusieurs aiguilles de fil de fer et, en les aimantant à saturation ainsi réunies, j'avais trouvé qu'en formant des faisceaux semblables, ou ce qui revient au même, dont toutes les dimensions correspondantes fussent proportionnelles, ces faisceaux étaient ramenés au méridien magnétique par des forces dont le *momentum* était comme

le cube des dimensions semblables. J'avais ensuite tâché de prouver, par une méthode de tâtonnement, que, relativement à l'axe de deux cylindres aimantés à saturation, la théorie donnait le même résultat.

J'ai aujourd'hui pour objet de prouver que, quelle que soit la figure de deux aiguilles aimantées, pourvu que les figures soient semblables, il résulte de l'expérience que le *momentum* de leur force directrice vers le méridien magnétique est comme le cube de leurs dimensions.

Je prouverai ensuite, par une méthode rigoureuse, que, d'après la théorie que je viens d'expliquer, ce résultat doit avoir lieu.

La réunion de ces deux preuves ne laissera plus de doutes, non sur les causes du magnétisme, qui offriront toujours un champ vaste à tous les systèmes, mais sur les lois d'après lesquelles on doit calculer et déterminer d'une manière rigoureuse tous les phénomènes magnétiques.

Première expérience.

8. J'ai tiré d'une même planche d'acier laminé deux aiguilles parallélogrammatiques; elles avaient 25 centimètres de longueur, 3 centimètres de largeur et à peu près 1 millimètre d'épaisseur. On a réuni par leur plan ces deux aiguilles, en liant fortement les deux extrémités de manière à les tenir en contact; on les a pour lors aimantées à saturation, on les a placées dans la balance de torsion, et l'on a trouvé que, pour les retenir à 27° de distance de leur méridien, il a fallu une force de torsion de 332°.

Deuxième expérience.

9. J'ai coupé, dans la même planche d'acier, une troisième lame qui avait précisément la moitié de la longueur et de la largeur de la première. Comme elle avait été tirée de la même planche, elle avait nécessairement la moitié de l'épaisseur de deux lames réunies. Cette lame étant aimantée à saturation, il a fallu une force de torsion de 42° pour la retenir, comme la première, à 27° de son méridien.

10 et 11. (Nouvelle description de la balance de torsion).

12. Voici à présent le résultat de l'expérience qui précède. J'ai-

guille, composée de deux grandes lames, dans la première expérience, avait toutes les dimensions doubles de la petite lame de la seconde expérience : aussi les cubes de ces dimensions étaient entre eux :: 8 : 1. On trouve, pour les forces de torsion, les nombres 322 et 41, qui sont très approchants entre eux :: 81 : 10. Ainsi les moments des forces qui ramènent les deux aiguilles à leur méridien sont entre eux comme les cubes des dimensions homologues.

Troisième expérience.

13. J'ai réuni trois lames semblables aux deux de la première expérience, et pour éloigner cette aiguille ainsi composée, de 21° de son méridien, j'ai trouvé qu'il fallait une force de torsion de 340°.

Quatrième expérience.

14. Une lame tirée de la même planche, mais qui n'avait que le tiers de la largeur et de la longueur des trois précédentes, a été retenue à 21° de son méridien par une force à peu près de 13°,5.

15. Dans les deux dernières expériences, les cubes des dimensions homologues sont entre eux :: 27 : 1. Les forces de torsion sont entre elles dans un rapport un peu plus grand que 25 à 1, quantités que l'on peut regarder comme très approchées dans des expériences de ce genre.

16. Enfin, pour n'avoir aucun doute sur la continuité de cette loi, j'ai voulu comparer entre elles des aiguilles, soit parallélogrammatiques, soit cylindriques, dont le rapport des cubes fût représenté par un très grand nombre, comme, par exemple, 150 à 1. D'ailleurs, dans les expériences précédentes, mes premières aiguilles étaient de plusieurs pièces, et je voulais comparer entre elles des aiguilles d'une seule pièce pour savoir si les aiguilles ou les aimants, composés d'une ou plusieurs pièces, avaient la même force que les autres; mais je me suis aperçu, d'après les résultats des expériences qui précèdent, qu'en plaçant de très petites aiguilles dans la chape de la balance magnétique, qui est destinée à porter ces aiguilles, je n'aurais, en éloignant ces petites aiguilles

de 20° à 30° de leur méridien, que des angles de torsion très petits, et que les erreurs de l'observation mettraient pour lors de l'incertitude dans les résultats. Je me suis déterminé, dans ce dernier cas, à me servir de la méthode des oscillations qui convient pour ce genre d'expériences, et dont le calcul est très facile lorsqu'on ne veut comparer entre elles que des figures simples, qui ont dans toute leur longueur le même nombre de fibres égales.

17. Voici en quoi consiste cette méthode. Euler avait trouvé avant moi, et j'ai développé cette théorie dans le IX° Volume des *Mémoires des Savants étrangers*, que lorsqu'une aiguille aimantée de forme soit parallélogrammatique, soit cylindrique, oscille en faisant des angles peu considérables avec le méridien magnétique, le moment des forces qui la ramènent au méridien était assez exactement représenté par la formule $\frac{Pl^2}{3\lambda}$, multipliée par l'angle dont elle est éloignée du méridien, où P est le poids de l'aiguille, l la moitié de sa longueur et λ la longueur d'un pendule qui battrait des oscillations isochrones à celles de l'aiguille.

Ainsi, si, dans les expériences où nous voulons comparer deux aiguilles semblables, nous faisons P le poids de la première, l sa longueur, λ le pendule qui bat des oscillations isochrones aux vibrations de cette aiguille ; P′, l' et λ' les quantités correspondantes de la seconde aiguille ; si l'on nomme φ le moment magnétique de la première et φ' celui de la seconde, on aura

$$\frac{\varphi}{\varphi'} = \frac{Pl^2\lambda}{P'l'^2\lambda}.$$

Mais, comme la longueur des deux pendules est dans le rapport du carré des temps des oscillations, si T est le temps où la première aiguille fait un certain nombre d'oscillations, et T′ celui où la seconde fait le même nombre d'oscillations, on aura

$$\frac{\lambda}{\lambda'} = \frac{T^2}{T'^2};$$

ainsi

$$\frac{\varphi}{\varphi'} = \frac{Pl^2T^2}{P'l'^2T'^2}.$$

Mais, comme nous voulons comparer ici des aiguilles semblables, il en résulte que

$$\frac{P}{P'} = \frac{l^3}{l'^3};$$

ainsi

$$\frac{\varphi}{\varphi'} = \frac{l^3 T^2}{l'^3 T'^2}.$$

Et si $\frac{\varphi}{\varphi'}$ était, ainsi que nous l'avons trouvé par les expériences qui précèdent, proportionnel à $\frac{l^3}{l'^3}$, on aurait, d'après cette formule,

$$\frac{l'}{l} = \frac{T'}{T},$$

c'est-à-dire que, en supposant que les moments des forces magnétiques de deux aiguilles semblables soient, ainsi que les expériences précédentes nous l'ont indiqué, proportionnels au cube de leurs dimensions, on doit trouver les temps des oscillations proportionnels aux longueurs des lames.

Il sera facile, par conséquent, de vérifier, par ce rapport très simple, si la loi qui nous a été indiquée dans les précédentes expériences existe encore lorsque le nombre qui représente le rapport des cubes des dimensions est très grand.

Cinquième expérience.

18. J'ai pris deux lames parallélogrammatiques rectangles d'acier fondu; la première pesait 100^{gr},31 et la seconde 0^{gr},61; les racines cubiques de ces poids sont entre elles :: 5,5 : 1,0; c'est aussi le rapport qu'on a donné à leurs dimensions semblables. La première avait 32^c,1 de longueur, la seconde avait 5^c,8; les autres dimensions étaient dans le même rapport. Ces lames aimantées toutes deux à saturation, la première a fait 30 oscillations dans 300^s, la seconde a fait 30 oscillations en 55^s.

Résultat de cette expérience.

19. Si l'on prend la racine cubique des poids des deux aiguilles, nous trouvons ces racines très approchant :: 55 : 10; les longueurs, les largeurs et les épaisseurs étant dans les mêmes proportions, nous trouverons le temps d'un même nombre d'oscilla-

tions :: 3oo : 55, très approchant :: 55 : 10. Aussi les temps d'un
même nombre d'oscillations étant comme la longueur des aiguilles,
il résulte du calcul de l'article précédent que les moments des
forces directrices sont entre eux comme les cubes des dimensions.

Les cubes des dimensions, et par conséquent le rapport des
forces, se trouvent ici :: 164 : 1 ; ce qui ne laisse aucun doute sur
la vérité du résultat que nous établissons d'après l'expérience.

Sixième expérience.

20. J'ai pris deux aiguilles cylindriques d'excellent acier fondu,
telles qu'on les trouve répandues dans le commerce.

La première pesait 46^{gr}, 388 : sa longueur était de 322 millimètres;
la petite pesait 2^{gr},159 : elle avait 115 millimètres de longueur.

La grosse aiguille a fait 10 oscillations en 90^{s}; la petite aiguille
a fait 10 oscillations en 32^{s}.

Résultat de cette expérience.

21. Le rapport des racines cubiques des poids des deux aiguilles est approchant :: 28 : 10 ; celui des longueurs :: 28 : 10,
et celui d'un même nombre d'oscillations :: 90 : 32 :: 28 : 10.

Ces trois rapports, calculés rigoureusement, en employant un
plus grand nombre de chiffres, sont si rapprochés, que dans des
expériences de ce genre on peut les considérer comme égaux.

22. Je n'augmenterai pas inutilement ce Mémoire d'un nombre
d'expériences qui toutes m'ont donné le même résultat ; je préviens
seulement que, pour les faire réussir, il faut absolument que les
aiguilles soient dans le même état, c'est-à-dire ou recuites rouge
blanc, ou trempées rouge blanc. Le premier état est préférable:
1° parce que dans les aiguilles ainsi recuites, à moins qu'elles
n'aient une très grande longueur relativement aux autres dimensions, il est très rare que leur centre aimantaire ne les partage
pas par le milieu, ou qu'elles aient plusieurs centres. C'est ce
qu'il faut toujours vérifier avant de faire la comparaison des expériences.

En second lieu, c'est qu'il est très difficile de saisir, en trempant deux aiguilles, précisément le même degré de trempe; il est encore plus difficile, en les faisant recuire jusqu'à l'état de ressort, de leur donner le même degré de recuit, et pour lors, l'état de l'acier n'étant pas le même dans les deux aiguilles, l'adhérence des molécules aimantaires à celles de l'acier n'est pas la même.

23. Il me reste à faire voir, pour remplir l'objet de ce Mémoire, l'accord du calcul théorique avec les expériences qui précèdent.

[Coulomb établit que, si dans deux systèmes semblables les densités magnétiques sont proportionnelles aux dimensions des deux systèmes, la force magnétique en deux points homologues sera la même, et l'adhérence étant la même dans les deux aimants que l'on compare s'ils sont formés du même acier, il faut que cette force magnétique soit la même; par suite dans deux aimants semblables, aimantés à saturation, les densités magnétiques seront en raison inverse des dimensions homologues.

24. La force directrice de la Terre sur un élément de volume est proportionnelle au produit de la densité par le volume; si δ et δ' représentent les densités en deux points homologues, l et l' deux longueurs homologues, les actions de la terre sur deux éléments homologues sont entre elles comme δl^3 et $\delta' l'^3$, et les moments magnétiques sont entre eux comme δl^4 et $\delta' l'^4$; ou, à cause de $\delta l = \delta' l$, comme $l^3 : l'^3$, c'est-à-dire dans le rapport des volumes].

25. Lorsque l'on compare entre elles deux aiguilles semblables, mais qui ne sont pas de même nature, pour lors l'adhérence du fluide dans les molécules des deux aiguilles d'acier est différente, et dans les résultats de l'article précédent, au lieu de faire $\delta' l = \delta l'$, il faut, pour que l'équilibre subsiste, faire $\delta' l : \delta l' :: A : A'$, en supposant A la force d'adhérence dans la première aiguille et A' celle de la seconde.

COULOMB.

EXPÉRIENCES

DESTINÉES A

DÉTERMINER LA COHÉRENCE DES FLUIDES

ET LES LOIS DE LEUR RÉSISTANCE

DANS LES MOUVEMENTS TRÈS LENTS.

Extrait des *Mémoires de l'Institut*, Vol. III; an IX (1801).

EXPÉRIENCES

DESTINÉES A

DÉTERMINER LA COHÉRENCE DES FLUIDES

ET LES LOIS DE LEUR RÉSISTANCE

DANS LES MOUVEMENTS TRÈS LENTS.

———— ⬥ ————

Lorsqu'un corps est frappé par un fluide avec une vitesse un peu considérable, plus grande, par exemple, que $0^m,2$ ou $0^m,3$ par seconde, soit que ce soit le corps en mouvement qui frappe le fluide, soit que ce soit le fluide en mouvement qui frappe le corps, on trouve, d'après l'expérience, la résistance proportionnelle au carré de la vitesse.

Mais dans les mouvements extrêmement lents, au-dessous, par exemple, de $0^m,01$ par seconde, la résistance n'est plus uniquement proportionnelle au carré de la vitesse, mais à une fonction de la vitesse dont tous les autres termes disparaissent dans les grandes vitesses, relativement à celui qui est proportionnel au carré; mais comme, en supposant la vitesse très petite, la quantité qui représente la résistance est également très petite, il est très difficile de l'évaluer par les moyens ordinaires et encore plus de séparer dans cette fonction ce qui appartient aux différents termes de la formule.

D'après ce premier aperçu, mon objet dans ce Mémoire a dû être de remplir les deux conditions suivantes :

1° D'employer un genre de mesure avec lequel il me fût possible de déterminer d'une manière presque exacte les plus petites forces;

2° De pouvoir donner, à ma volonté, aux corps que je voulais

soumettre à l'expérience, un degré de vitesse assez petit pour que
la partie de la résistance qui est proportionnelle au carré de la vitesse devînt comparable avec les autres termes de la fonction qui
représente cette résistance, ou même, dans quelque cas, que la
partie de la résistance proportionnelle au carré de la vitesse devînt si petite, comparativement aux autres termes, que l'on pût la
négliger.

Ainsi, ayant trouvé, comme on le verra dans les expériences
qui vont suivre, que la résistance des fluides dans les mouvements
très lents est représentée par deux termes, l'un proportionnel à la
simple vitesse, l'autre au carré de la vitesse, si, dans un exemple
particulier, la portion de la résistance proportionnelle à la simple
vitesse est égale à celle proportionnelle au carré de la vitesse,
lorsque le corps a 1 centimètre de vitesse par seconde, il en résultera que, lorsque le corps aura 1 mètre de vitesse par seconde, la
partie proportionnelle au carré de la vitesse sera cent fois plus
considérable que celle proportionnelle à la simple vitesse ; mais, si
la vitesse du corps n'est que de $\frac{1}{10}$ de millimètre par seconde, la
partie de la résistance proportionnelle à la simple vitesse serait
cent fois plus grande que celle qui est proportionnelle au carré.

C'est en me conformant à cette observation que, maître de diminuer les vitesses autant que je voulais, il m'a été possible, dans
presque toutes les expériences qui suivent, de rendre la partie de
la résistance proportionnelle à la simple vitesse plus grande que
celle qui est proportionnelle au carré ; il y a même des cas, et
tel est celui où un plan se meut dans le sens de sa surface
avec un mouvement très lent, où la portion de la résistance proportionnelle au carré disparaît presque en entier et peut être négligée.

2. Newton, en cherchant (Livre II des *Principes*, proposition XL) la résistance que l'air oppose au mouvement oscillatoire
d'un globe dans les petites oscillations, s'est servi d'une formule
composée de trois termes : l'un comme le carré de la vitesse, le
deuxième comme la puissance $\frac{3}{2}$, et le troisième comme la simple
vitesse.

Dans une autre partie du même Ouvrage, en calculant la résistance que les globes éprouvent en tombant lentement dans l'air

ou dans l'eau, il réduit la formule à deux termes : l'un comme le carré de la vitesse, l'autre constant.

D. Bernoulli, en soumettant au calcul (t. IV et V des *Mémoires de Pétersbourg*) les expériences du pendule faites par Newton, suppose seulement deux termes pour représenter la résistance : l'un comme le carré de la vitesse, l'autre constant ; mais il ajoute que, quoique les expériences ne s'accordent point avec la théorie, on ne peut cependant en rien conclure, parce que les observations du pendule sont si délicates, qu'il est très difficile de déterminer la petite quantité constante d'après l'observation de la diminution successive des oscillations.

S' Gravesande (*Éléments de Physique*, § 1911) a trouvé que la pression du fluide en mouvement contre un corps en repos est en partie proportionnelle à la simple vitesse, et en partie au carré de la vitesse ; mais que, quand le fluide est en repos et le corps en mouvement, c'est le cas du pendule : alors la résistance, selon le même auteur (§ 1915), est en partie proportionnelle au carré de la vitesse, l'autre constant.

Les expériences qui vont suivre prouveront, je crois, d'une manière incontestable, que lorsque le corps en mouvement frappe le fluide, la pression qu'il éprouve est représentée par deux termes, l'un proportionnel à la simple vitesse, l'autre proportionnel au carré, et que, s'il y a un terme constant, il est dans tous les fluides qui ont peu de cohérence, telle que serait l'eau par exemple, si peu considérable qu'il est presque impossible de l'apprécier.

3, A un fil métallique, disposé comme celui qui a servi à la démonstration des lois de la torsion, est suspendu un cylindre de cuivre de 10^{mm} à 12^{mm} de diamètre ; celui-ci traverse un disque portant une graduation en 480°, mobile en face d'un index, et sur lequel on peut lire les déplacements angulaires du fil ; ce disque est suspendu au-dessus d'un vase plein d'eau, de 0^m,8 de diamètre et de 0^m,4 de hauteur, dans lequel l'extrémité du cylindre plonge de 0^m,04 ou 0^m,05.

C'est au-dessous du cylindre que l'on place les plans et les corps dont on veut déterminer la résistance. On fait tourner légèrement le disque en le soutenant avec les deux mains jusqu'à une certaine distance de l'index, sans déranger la position verticale du centre de suspension. On abandonne ensuite ce disque à lui-même. La

force de torsion le fait osciller; on observe la diminution successive
des oscillations.

4. On voit d'après cet exposé que la méthode dont j'ai fait
usage est à peu près la même que celle d'après laquelle Newton et
plusieurs autres géomètres ont cherché à déterminer la résistance
des fluides, en observant les diminutions successives d'un pendule
oscillant dans un milieu résistant; mais le moyen que j'emploie est
beaucoup plus propre à faire connaître les petites quantités qu'il
faut évaluer dans cette recherche.

Dans le pendule, si le corps est soutenu par un fil, on ne peut
tenter d'expérience qu'avec un globe sphérique, toute autre figure
ne conservant pas dans les oscillations une position fixe; si, pour
éviter cet inconvénient, le corps est soutenu par une verge, l'incertitude dans l'évaluation des frottements et de la résistance de la
verge ne permet plus d'apprécier la petite quantité que l'on veut
déterminer.

En se servant du pendule, il faut commencer par déterminer la
pesanteur spécifique du corps relativement à celle du fluide : la
moindre erreur dans cette évaluation rend les résultats incertains.

Dans les différentes situations du pendule qui oscille, le fil ou
la verge du pendule plonge successivement plus ou moins dans le
fluide, et les altérations qui peuvent en résulter sont souvent plus
considérables que les petites quantités qui sont l'objet de cette
recherche.

On peut observer encore que ce n'est que dans les petites oscillations que la force qui ramène le pendule à la verticale est proportionnelle à l'angle qu'il forme avec cette verticale dans les
différentes positions, condition nécessaire à l'application des formules; mais les petites oscillations ont de très grands inconvénients et les pertes successives ne s'y déterminent que par des
quantités assez difficiles à évaluer exactement et qui sont altérées
par le moindre mouvement du fluide ou de l'air de la chambre où
se fait l'observation.

Il ne faut pas oublier non plus que le fil ou la verge qui soutient
le corps éprouve, dans les petits degrés de vitesse, une résistance
beaucoup plus grande au point de flottaison que dans les autres
parties; que cette résistance est très variable, parce que le fil ou la

verge qui soutient le corps oblige le fluide à monter le long du fil plus ou moins, suivant la vitesse du pendule et suivant que le fil a été primitivement mouillé ou non dans la partie placée au-dessus de la flottaison.

Enfin, dans la pratique, il est impossible d'augmenter considérablement la durée de chaque oscillation, à moins de donner au globe soutenu par le fil presque la même pesanteur spécifique qu'un fluide; mais pour lors il est très difficile d'être sûr que le centre de gravité du corps est le même que son centre de figure. Ainsi le globe soutenu par un fil aura presque toujours des mouvements de rotation autour de son centre de gravité, et ce centre parcourra une ligne courbe qui ne sera pas dans le même plan.

5. Tous ces inconvénients, qu'il nous paraît impossible d'éviter, ont jeté une si grande incertitude dans les résultats des expériences, que des physiciens géomètres, tels que Newton et D. Bernoulli, n'ont pu en déduire les lois de la résistance des fluides dans les mouvements très lents; mais ces irrégularités ne paraissent pas à craindre en se servant de l'appareil que nous venons de décrire et en comparant les résistances des fluides avec la force de torsion du fil de suspension. Ici le corps est entièrement submergé dans le fluide, et chaque point de sa surface oscillant dans un plan horizontal, le rapport des densités spécifiques du fluide et du corps n'influe en rien sur l'évaluation de la force que produit le mouvement; nous sommes donc exempts de ce genre d'altération.

On peut, dans les expériences, donner aux oscillations jusqu'à un ou deux cercles d'amplitude, et rendre la durée de chaque oscillation aussi longue qu'on le désire, soit en diminuant le diamètre du fil, soit en augmentant sa longueur, ou, si on le préfère, en augmentant le moment d'inertie du disque soutenu par le fil.

J'ai fait plusieurs expériences où chaque oscillation durait plus de 100 secondes; mais, pour lors, je me suis aperçu que le moindre mouvement dans le fluide, l'ébranlement occasionné par le passage d'une voiture, altéraient sensiblement les résultats, et, après beaucoup d'essais, j'ai trouvé que la durée de chaque oscillation qui convenait le mieux à ce genre d'expériences était entre 20 et 30 secondes, et que l'amplitude des oscillations qui donnaient le plus de régularité dans les résultats était comprise entre 480°, division entière du cercle, et 8° ou 10° à partir du point zéro de torsion.

Dans les amplitudes au-dessous de 8 divisions, la force qui produit les oscillations se trouve si petite que la moindre irrégularité étrangère à la résistance du liquide l'altère quelquefois d'une manière sensible, et si l'on était obligé, comme dans quelques expériences particulières, d'observer des oscillations d'une très petite amplitude, il faudrait s'établir dans un endroit bien fermé et éloigné de tout ce qui peut produire le moindre ébranlement.

6. D'après les différentes observations qui précèdent, il est aisé de voir que ce n'est que dans les mouvements très lents, tels que ceux qui font l'objet de ce Mémoire, que les corps oscillants ou parcourant des cercles peuvent donner des résultats satisfaisants; dans les oscillations de peu de durée ou dans les mouvements circulaires très prompts, le fluide frappé par le corps est continuellement en mouvement et, lorsque le corps revient à la même place, son mouvement est contrarié ou aidé par le mouvement antérieur qu'a conservé le fluide.

Aussi notre confrère, le citoyen Bossu, dans la suite des belles et nombreuses expériences qu'il a publiées sur la résistance des fluides, voulant donner au corps soumis à l'expérience des degrés de vitesse d'après lesquels on pût calculer leur résistance dans toutes les questions relatives, soit à la mécanique, soit à la navigation, a disposé son appareil de manière que chaque point du corps suivît nécessairement une ligne droite sans pouvoir osciller dans aucun sens.

7 à 14. Coulomb rappelle ensuite les formules du mouvement oscillatoire produit par la torsion et ajoute cette remarque, qu'elles fournissent un moyen simple de déterminer, par comparaison avec un corps de forme géométrique simple, le moment d'inertie d'un corps de forme quelconque. Il suppose ensuite que la résistance opposée par le liquide au mouvement du corps suspendu au fil est une fonction de la vitesse de la forme $au + bu^2$; de sorte que, les lettres ayant la même signification que dans le Mémoire de 1784, on doit avoir

$$du \Sigma mr^2 = dt[n(A - S) - au - bu^2)]$$

ou

$$[n(A - S) - au - bu^2]dS = u\,du\,\Sigma mr^2.$$

En négligeant, dans une première approximation, les termes qui représentent la résistance, on a

$$u^2 = \frac{n}{\Sigma mr^2}(2AS - S^2);$$

puis, introduisant cette valeur approchée de u, dans les termes qui représentent la résistance, l'équation devient

$$u^2 \Sigma mr^2 = n(2AS - S^2)$$

$$- 2a\left(\frac{n}{\Sigma mr^2}\right)^{\frac{1}{2}} \int ds \sqrt{2AS - S^2} - \frac{2bn}{\Sigma mr^2} \int ds(2AS - S^2).$$

En faisant $u = o$, dans cette équation, on obtient la valeur de S correspondant à une oscillation entière, et comme, pour les faibles vitesses, S ne diffère pas beaucoup de 2A, on peut remplacer S par 2A dans les limites des intégrales, et il viendra

$$n\frac{2A - S}{A} = \frac{\pi a}{2}\sqrt{\frac{n}{\Sigma mr^2}} + \frac{4bnA}{3\Sigma mr^2}.$$

Si d'autre part T' est le temps d'une oscillation du disque et du corps suspendu, T celui du disque seul et l la longueur du pendule isochrone aux oscillations du disque seul, on pourra écrire

$$\frac{2A - S}{A} = \frac{\pi a T}{2nT'}\sqrt{\frac{g}{l}} + \frac{4bT^2}{3nT'^2}\frac{g}{l}.$$

Si l'on pose $(2A - S)$, la différence entre l'oscillation descendante et l'oscillation montante, $= dA$, et les constantes

$$\frac{\pi a T}{2T'}\sqrt{\frac{g}{l}} = m, \quad \frac{4bT^2}{3nT'^2}\frac{g}{l} = p,$$

la formule se réduira à

$$\frac{dA}{A} = m + pA,$$

m et p étant des constantes lorsque $T = T'$ et variant avec T' lorsque T' n'est pas égal à T; en faisant des expériences avec des valeurs différentes de A, on peut vérifier que m et p sont bien constants, et en calculer la valeur.

15. Mais il faut remarquer qu'avant de faire cette comparaison il faut avoir égard à une petite correction qui provient, soit de l'imperfection de l'élasticité, soit de la petite résistance due au mouvement du disque dans l'air, ainsi qu'à celui du cylindre, qui plonge de 2 ou 3 centimètres dans l'eau. J'ai trouvé dans le Mémoire déjà cité que la force de torsion était un peu altérée dans les différents degrés de torsion, parce que l'élasticité de torsion n'était pas parfaite; en sorte que la diminution de l'amplitude à chaque oscillation résultante de cette imperfection était toujours proportionnelle à l'amplitude des oscillations : même résultat, comme l'on voit, que nous aurions eu si l'on avait supposé cette altération proportionnelle à la vitesse; ainsi il ne résulte de cette imperfection dans l'élasticité qu'une petite quantité qui se trouve réunie, et qu'il faut retrancher du coefficient m, qui répond à la portion de résistance due à la simple vitesse.

Quant à la résistance de l'air sur le disque et à celle de l'extrémité du cylindre dans l'eau, elle est, comme on va le voir tout à l'heure, proportionnelle à la vitesse, et si peu considérable dans l'eau que l'on pourrait pour ainsi dire la négliger. Ce n'est que dans les fluides très cohérents que cette dernière quantité est sensible. Quelle qu'elle soit au surplus, elle se trouvera toujours comprise dans la petite correction que nous ferons aux résultats des expériences.

16. Lorsque, par la nature des expériences que l'on exécute, le terme proportionnel au carré des vitesses disparaît, comme lorsqu'un plan se meut dans le sens de sa surface d'un mouvement très lent, la formule de l'art. 14 se réduit à

$$\frac{d\mathrm{A}}{\mathrm{A}} = m,$$

et, en nommant A' l'arc remonté, on a par conséquent

$$\frac{\mathrm{A} - \mathrm{A}'}{\mathrm{A}} = m \quad \text{ou} \quad \mathrm{A}' = \mathrm{A}(1 - m),$$

où A représente la partie de l'oscillation depuis le point de départ jusqu'au point où la torsion est nulle, et A' l'autre partie de l'oscillation, depuis le point où la torsion est nulle, jusqu'au point où l'oscillation se termine.

Ainsi, si, après un nombre q d'oscillations successives, A_q représente l'amplitude de la dernière oscillation, on aura

$$\mathrm{A}_q = \mathrm{A}(1 - m)^q,$$

d'où résulte qu'après un nombre d'oscillations q on aura toujours

$$\frac{\log A - \log A_q}{q} = -\log(1-m),$$

c'est-à-dire qu'après un nombre q d'oscillations, le logarithme de la quantité qui exprime l'amplitude de la première oscillation depuis le point de départ jusqu'au point où la torsion est nulle, moins le logarithme de la dernière oscillation observé, divisé par le nombre des oscillations, est toujours une quantité constante, quel que soit le nombre des oscillations [1].

Je vais faire usage de cette dernière formule dans l'évaluation de la résistance qu'éprouve un plan qui se meut d'un mouvement très lent, dans le sens de sa surface, et qui pour lors paraît ne faire que détacher les molécules du fluide l'une de l'autre, sans leur donner une vitesse sensible ; car, lorsque le plan a beaucoup de vitesse, il faut, dans la réduction des expériences, faire nécessairement entrer le terme proportionnel au carré de la vitesse.

Première expérience.

J'ai fixé horizontalement, au moyen d'une vis, sous le cylindre de cuivre, un cercle de ferb-lanc de 195 millimètres de diamètre. Le système suspendu au fil de laiton était composé du disque gradué, du cylindre de cuivre et du plateau de fer-blanc ; il a fait 4 oscillations en 97°.

Premier essai. — Le départ à 192° du point zéro de torsion, l'amplitude, après 10 oscillations, se trouve réduite à.................. 52°,3

Deuxième essai. — Le départ à 13°,8, après 10 oscillations, à....... 3°,3

Le premier essai donne d'après notre formule. $\dfrac{\log 192 - \log 52,3}{10} = 0,0565$

Le deuxième essai donne d'après cette même $\Big\}$ $\dfrac{\log 13,8 - \log 3,3}{10} = 0,0571$
formule..............................$\Big\}$

---

[1] Dans le cas où la résistance est simplement proportionnelle à la vitesse, l'équation $\frac{d^2S}{dt^2}\Sigma mr^2 = n(A-S) - a\frac{dS}{dt}$ s'intègre, et la solution utile ici est

$(A-S) = e^{-\lambda t}A\cos\pi\frac{t}{T}$, en posant $2\lambda\Sigma mr^2 = a$ et $\left(\frac{\pi}{T}\right)^2 = \dfrac{n - \frac{a\lambda}{2}}{\Sigma mr^2}$; le rapport $\dfrac{A'}{A}$

de Coulomb est donc $e^{-\lambda T'}$, et son logarithme $\lambda T' = \dfrac{aT'}{2\Sigma mr^2}$; comme on a très

Observation sur cette expérience.

18. Dans le premier essai, le point de départ était à 192° du point zéro ; dans le second, il n'était qu'à 13°,8 du même point, ainsi l'amplitude du départ au premier essai était à peu près quatorze fois plus considérable qu'au dernier, et malgré cela on trouve qu'après 10 oscillations la différence des logarithmes des amplitudes, divisée par le nombre des oscillations, est presque exactement la même. Ainsi l'on peut conclure de cette expérience que la résistance était ici proportionnelle à la vitesse et que le terme qui exprime la partie de la résistance proportionnelle au carré de la vitesse n'altérait pas sensiblement le mouvement du plan.

Il faut au surplus remarquer que, le jour où j'ai fait cette expérience, le temps était très calme ; ce qui m'a permis d'observer de très petites amplitudes et de compter sur leur résultat.

Deuxième expérience.

19. En suivant le procédé de l'expérience qui précède, j'ai fixé sous le cylindre un plateau de fer-blanc de 140 millimètres de diamètre ; il faisait 4 oscillations en 92". J'ai trouvé, par plusieurs expériences faites depuis 200° jusqu'à 8°, que la différence des logarithmes des amplitudes pour 10 oscillations, divisée par 10, était, quelle que fût l'amplitude de départ, égale à 0,021.

Troisième expérience.

20. Sous le même cylindre j'ai fixé par son centre un cercle de fer-blanc de 119 millimètres de diamètre. Le système faisait 4 oscillations en 91". J'ai eu, pour la différence des logarithmes des amplitudes de départ et d'arrivée, après 10 oscillations, divisée par 10, la quantité 0,0135.

21. Mais, avant d'employer les expériences qui précèdent à dé-

---

approximativement $\left(\frac{\pi}{T'}\right)^2 = \frac{n.}{\Sigma m r^2}$, ceci s'écrira encore $\frac{-a\pi^2}{2T'n} = l.\frac{\Lambda'}{\Lambda}$; par suite $a = T'l.\frac{\Lambda}{\Lambda'} + \frac{2n}{\pi^2}$; et le produit $l.\frac{\Lambda}{\Lambda'}.T'$ doit rester constant. Il n'est donc pas nécessaire, comme le fait Coulomb, de chercher m pour connaître a.

terminer le coefficient de la vitesse dans la formule qui représente la partie de la résistance du fluide proportionnelle à la simple vitesse, il y a, comme je l'ai dit plus haut, une petite quantité dépendante de l'imperfection de l'élasticité du fil de suspension, qui, dans les différentes amplitudes des oscillations, les altère proportionnellement à leur amplitude ou, ce qui revient au même d'après la théorie que nous venons d'exposer, proportionnellement à la vitesse. Il faut donc connaître cette quantité pour pouvoir la retrancher de celle que fournit l'expérience, puisque, dans les expériences, la diminution des amplitudes des oscillations, dépendante de l'imperfection de l'élasticité, se trouve réunie, et suivre la même loi que celle que nous venons de trouver pour la partie de la résistance des fluides qui est proportionnelle à la vitesse.

Quatrième expérience.

22. L'extrémité du cylindre de cuivre, sans rien attacher dessous, étant plongée dans l'eau de la même quantité que dans les expériences précédentes, on a 4 oscillations en 91^s.

Premier essai. — L'angle de départ à $245^\circ,2$ de torsion, après 12 oscillations, arrive à .... 209°

Deuxième essai. — L'angle de départ à 120° de torsion, après 12 oscillations, arrive à .... 102°

Troisième essai. — L'angle de départ à $47^\circ,5$ de torsion, après 64 oscillations, arrive à .... $20^\circ,5$

En calculant la différence des logarithmes des amplitudes des oscillations, divisée par le nombre des oscillations, on aura

$$\text{Premier essai} \ldots \ldots \ldots \ldots \quad \frac{\log 245,2 - \log 209}{12} = 0,00575$$

$$\text{Deuxième essai} \ldots \ldots \ldots \ldots \quad \frac{\log 120 - \log 102}{12} = 0,00580$$

$$\text{Toisième essai} \ldots \ldots \ldots \ldots \quad \frac{\log 47,5 - \log 20,5}{64} = 0,00585$$

23. Ces trois quantités, quoique calculées pour des amplitudes très différentes, sont si rapprochées entre elles, qu'on peut les regarder comme égales et prendre pour leur valeur moyenne 0,0058.

Cette dernière expérience confirme d'une manière incontestable le résultat que j'avais annoncé en 1784, où j'avais trouvé que la diminution des amplitudes d'oscillations, occasionnée par l'imperfection de l'élasticité, était proportionnelle à l'amplitude des oscillations.

Il est facile au surplus de s'assurer que l'altération des amplitudes des oscillations est ici presque due en entier à l'imperfection de l'élasticité en plaçant horizontalement un disque de papier très léger au-dessus du disque gradué et égal à ce disque; car, quoique la résistance de l'air soit doublée, on trouve cependant la diminution de l'amplitude des oscillations presque exactement la même qu'avec un seul disque.

Il faut actuellement tâcher de tirer de cette valeur 0,0058 le coefficient de la vitesse auquel elle peut répondre.

Nous venons de trouver (art. 16) que, pour un nombre q d'oscillations, $\dfrac{\log A - \log A_q}{q} = -\log(1 - m)$, quantité qui est la même pour $q = 1$, comme pour un nombre quelconque d'oscillations : ainsi, pour une seule oscillation, on a, pour l'imperfection élastique,

$$\log(1 - m) = -0,0058 \quad \text{ou} \quad 1 - m = 10^{-0,0058};$$

d'où l'on tire

$$m = \frac{dA}{A} = \frac{10^{0,0058} - 1}{10^{0,0058}} = \frac{0,0134}{1,0134} = 0,013.$$

Ainsi la quantité m, déterminée d'après les expériences qui précèdent, doit être, à cause de l'imperfection de l'élasticité, diminuée de 0,013.

24. J'ai eu dans la première expérience, pour un cercle de 195 millimètres de diamètre, en divisant la différence des logarithmes des amplitudes par le nombre des oscillations correspondantes,

$$\log(1 - m) = -0,057.$$

Ainsi, en suivant le procédé de l'article qui précède, j'aurai

$$\frac{dA}{A} = \frac{10^{0,057} - 1}{10^{0,057}} = \frac{140}{1140} = 0,126.$$

Otant la partie de $\dfrac{dA}{A}$ due à l'imperfection de l'élasticité, et que nous avons trouvée (article qui précède) égale à 0,013, il restera, pour la quantité $\frac{dA}{A}$ due à la résistance du fluide, 0,113.

25. Dans la seconde expérience, nous avons trouvé, pour un disque de 140 millimètres de diamètre, la différence des logarithmes des amplitudes de départ et d'arrivée, divisée par le nombre d'oscillations qui y correspondent, égale à 0,021. Ainsi nous aurons

$$\frac{dA}{A} = \frac{10^{0,021} - 1}{10^{0,021}} = \frac{496}{10496} = 0,047.$$

Il faut ôter, pour la partie de $\frac{dA}{A}$ due à l'imperfection de l'élasticité, la quantité 0,013; ainsi la quantité $\frac{dA}{A}$ uniquement due à la résistance du fluide, donne ici

$$\frac{dA}{A} = 0,034.$$

26. Retranchant encore 0,013 pour la troisième expérience, le même calcul donnerait

$$\frac{dA}{A} = \frac{10^{0,0135} - 1}{10^{0,0135}} = 0,0306;$$

on aura, pour la résistance du fluide,

$$\frac{dA}{A} = 0,0176.$$

27. La quantité $\frac{dA}{A}$ déterminée par les trois expériences précédentes, il ne reste plus qu'à comparer entre eux, au moyen de cette valeur, les résistances des différents plans relativement à leur diamètre. Reprenons pour cela (art. 14) la formule fondamentale

$$\frac{dA}{A} = \frac{\pi a T}{2 n T'} \left(\frac{g}{l}\right)^{\frac{1}{2}},$$

de laquelle il nous faut tirer la valeur de la constante a, qui, dans la formule primitive $au + bu^2$, représentant la résistance, était le coefficient constant de la vitesse; nous pouvons ici, d'après l'expérience, négliger le terme bu^2 ; aussi, d'après cette formule, nous aurons

$$a = \frac{2\,n\,\mathrm{T}'}{\pi\,\mathrm{T}} \left(\frac{l}{g}\right)^{\frac{1}{2}} \frac{d\mathrm{A}}{\mathrm{A}}.$$

On voit que, dans l'application de cette formule aux expériences des différents cercles, il n'y a de variable que la quantité T', durée du temps de 4 oscillations, et $\frac{d\mathrm{A}}{\mathrm{A}}$, quantités qui nous sont toutes les deux données par l'expérience.

Ainsi il suffit, dans la comparaison que nous voulons faire, de comparer entre elles les valeurs de $\mathrm{T}' \frac{d\mathrm{A}}{\mathrm{A}}$, les autres quantités étant les mêmes dans toutes les expériences. Nous pouvons donc former le petit Tableau suivant, qui nous indiquera tout de suite la loi des moments de la résistance qu'éprouvent, de la part du fluide, deux cercles qui oscillent autour de leur centre, comparée avec les diamètres des deux cercles (¹) :

	Diamètre.	$\mathrm{T}' \frac{d\mathrm{A}}{\mathrm{A}}$.	Durée de 4 oscillations.	$\log \mathrm{T}' \frac{d\mathrm{A}}{\mathrm{A}}$.	log diamètre.
1......	195	0,113	97	1,0397	2,2900
2......	140	0,034	92	0,5052	2,1461
3......	119	0,0176	91	0,245	2,0755

Puisque nous venons de voir que a est proportionnel, pour différents cercles, à $\mathrm{T}' \frac{d\mathrm{A}}{\mathrm{A}}$, c'est cette quantité qu'il faut comparer avec les diamètres; mais ici il est plus simple de comparer les logarithmes, parce que cette comparaison donne tout de suite la loi que je cherche; la différence des logarithmes de deux valeurs de $\mathrm{T}' \frac{d\mathrm{A}}{\mathrm{A}}$ est le quadruple de la différence des logarithmes des diamètres correspondants.

D'où il résulte que les quantités $\mathrm{T}' \frac{d\mathrm{A}}{\mathrm{A}}$ ou les quantités a qui sont ici dans le même rapport sont entre elles comme la quatrième puissance des diamètres.

_____

(¹) La quatrième expérience donne pour $\log \frac{\mathrm{A}'}{\mathrm{A}}$ 0,0058; retranchant cette va-

Il faut à présent, voir si le calcul théorique sera d'accord avec ce résultat.

28. Si u est la vitesse angulaire, ru la vitesse d'un point du cercle à la distance r du centre, et δru la résistance provenant du fluide, δ étant une constante dépendant de la cohérence du liquide, le moment, par rapport au centre de la résistance qui s'oppose au mouvement du disque, sera, pour un élément de surface $d\sigma$,

$$\delta r^2 u \times d\sigma,$$

soit, pour le cercle entier,

$$\int_0^R 2\pi\delta r^2 u \times r\,dr \quad \text{ou} \quad \frac{\pi}{2}\delta R^4 u.$$

Ainsi la théorie se trouve ici absolument conforme à l'expérience.

29. Pour compléter cette première partie de nos recherches, il est nécessaire de déterminer la quantité a, de manière qu'elle soit représentée par un poids dont la valeur soit multipliée par un levier donné.

Reprenons de l'article 27 la quantité

$$a = \frac{2nT'}{\pi T}\left(\frac{l}{g}\right)^{\frac{1}{2}}\frac{dA}{A}.$$

Multiplions cette équation par u, où u exprime la vitesse angulaire, nous aurons

$$au = \frac{2nT'}{\pi T}\left(\frac{l}{g}\right)^{\frac{1}{2}}\frac{dA}{A}\frac{Ru}{R}.$$

Si V est la hauteur dont un corps, en tombant, aurait acquis la vitesse Ru, qui est celle de l'extrémité du rayon du cercle, les formules connues nous donneraient

$$Ru = \sqrt{2gV},$$

leur des $\log\frac{A'}{A}$ observés dans les trois premières, on a, en désignant par λ le $\log\frac{A'}{A}$ corrigé;

	λ.	$4T'$.	$\log T'\lambda$.	$\log D^4$.	Différences.
1	0,0510	97	3,6942	9,1000	5,4658
2	0,0153	92	3,1456	8,5844	5,4388
3	0,0077	91	2,8455	8,3020	5,4565

d'où

$$au = \frac{2 n \mathrm{T}'}{\pi \mathrm{T}} \frac{d\mathrm{A}}{\mathrm{A}} \sqrt{2\,l\,\mathrm{V}},$$

et, puisque au représente le moment de la résistance due à la simple vitesse, il ne s'agit, pour avoir la valeur de cette résistance, que de connaître, en valeurs numériques, les quantités qui forment le second membre de l'équation.

Détermination de la quantité n.

30. Le disque gradué qui m'a servi à déterminer la quantité n pèse 1003^{gr}, il fait 4 oscillations en 91^s, son diamètre est de 27^c,1 ; mais nous avons trouvé

$$n = \frac{\mathrm{PR}^2}{2\,l},$$

où P est le poids du disque, R son rayon, l la longueur du pendule qui fait ses oscillations d'une durée égale à celle du disque tournant autour de son centre en vertu de la force de torsion.

La longueur du pendule qui bat les secondes a été trouvée de 994 millimètres ; ainsi

$$l = 994 \left(\frac{91}{4}\right)^2.$$

Substituant ces valeurs dans celles de n, on aura en grammes poids) et millimètres

$$n = \frac{1003}{2 \cdot 994} \left(\frac{27,1}{2}\right)^2 \left(\frac{4}{91}\right)^2 = 17,9.$$

Ainsi n représente un *momentum* équivalent à un dixième de gramme attaché à l'extrémité d'un levier de 179 millimètres. [Soit 1750 (C. G. S.).]

31. La quantité n ainsi déterminée, si nous substituons dans la formule les valeurs numériques tirées de la première expérience, on aura

$$au = 14,3\sqrt{\mathrm{V}}.$$

Ainsi, en supposant qu'un cercle de 195 millimètres de diamètre tourne autour de son centre dans l'eau avec une vitesse telle que l'extrémité de son rayon parcoure 140 millimètres par seconde (vitesse due à une hauteur de chute de 1 millimètre), le moment de la résistance que le fluide opposera à ce mouvement circulaire sera égal à $\frac{1}{10}$ de gramme, multiplié par un levier de 143 millimètres.

Nous avons vu (art. 28) que, lorsqu'un cercle dont le rayon était R tournait autour de son centre et que la résistance qu'éprouvait chaque point de sa surface était proportionnelle à sa vitesse, on avait

$$au = \frac{\pi}{2} R^4 \delta u;$$

mais $2\pi R^2 \times R u$ représente la résistance d'un plan égal aux deux surfaces du cercle, mû directement dans le sens du plan avec une vitesse R u. Aussi, dans notre exemple, puisque $au = 14^{gr},3$ multiplié par 1 millimètre, que R est égal à $97^{mm},5$, nous aurons, pour représenter la résistance qu'éprouve le plan mû directement dans le sens de sa surface, avec une vitesse de 14 centimètres par seconde,

$$2\pi R^3 \delta u = \frac{4 \times 14^{gr},3}{97,5} = 0^{gr},587,$$

Si le plan n'avait que 1 centimètre de vitesse par seconde, il faudrait diviser cette quantité par 14, ce qui donnerait, pour la résistance directe d'une surface égale aux deux surfaces du cercle, $0^{gr},042$.

Or la somme de ces deux surfaces est de 597^{ct}. Ainsi la résistance qu'éprouverait une surface de 1^{mq}, mue dans le sens de son plan, avec une vitesse de $0^m,01$ par seconde, serait égale à $0^{gr},703$ (soit $0^{dyne},069$ par centimètre carré). (*Voir* la Note à la fin du Mémoire.)

32. Au moyen des expériences qui précèdent, il sera facile de déterminer, comparativement avec celle de l'eau, la cohérence des différents fluides.

Coulomb rend compte d'expériences faites dans l'huile à quinquet épurée à la température de 20°C.

Il note ici la température, parce que la cohérence de l'huile varie avec cette température; ce qui, dit-il, n'est pas sensible dans l'eau, au moins depuis 10° R. jusqu'à 16°, soit de 12° à 20° C.

Cinquième expérience.

33. L'extrémité du cylindre trempant dans l'huile, j'ai trouvé, en ne plaçant aucun corps sous le cylindre, $\frac{d\Lambda}{\Lambda} = 0,022$; quantité qu'il faut retrancher des résultats que nous trouverons dans les expériences qui vont suivre.

Sixième expérience.

34. Un cercle de fer-blanc de $0^m,0\beta2$ de diamètre; 4 oscillations en 91ˢ,

$$\frac{d\Lambda}{\Lambda} = 0,0455.$$

Septième expérience.

35. Un cercle de $0^m,101$ de diamètre; 4 oscillations en 91ˢ, $\frac{d\Lambda}{\Lambda} = 0,183$.

Résultat des expériences qui précèdent.

36. Les valeurs de $\frac{d\Lambda}{\Lambda}$ corrigées sont $0,0235$ pour la sixième expérience et $0,161$ pour la septième. Ici les T' sont égaux, de sorte que les a sont proportionnels aux $\frac{d\Lambda}{\Lambda}$. Coulomb trouve que les valeurs de a sont proportionnelles à la puissance $3,9$ du diamètre.

37. Enfin, comparant le rapport des valeurs de $\frac{d\Lambda}{\Lambda}$ dans l'huile et dans l'eau pour le disque de $0^m,101$ de diamètre, Coulomb trouve $17,5$ pour le rapport des moments des résistances dans l'huile et dans l'eau.

38. Avant de passer à un autre objet, je crois devoir parler ici de deux faits qui pourront jeter quelque jour sur la nature des fluides.

Je voulais savoir si, lorsqu'un corps est en mouvement dans un fluide, la nature de la surface influe sur la résistance. A cet effet, j'ai enduit la surface d'un cercle de fer-blanc d'une couche de suif que j'ai essuyée en partie, pour qu'elle n'augmentât pas sensiblement l'épaisseur du cercle; j'ai fait osciller ce cercle dans l'eau de la même manière que dans toutes les expériences qui précèdent. J'ai observé avec soin la diminution successive des oscillations, et je l'ai trouvée exactement la même, pour les mêmes degrés d'amplitude des oscillations, qu'avant que la surface eût été enduite de suif.

Sur l'enduit précédent, j'ai répandu, au moyen d'un tamis, du grès en poussière qui a adhéré à la surface, et j'ai trouvé une augmentation à peine sensible dans la résistance de cette même surface.

Il paraît que l'on peut conclure de cette expérience que la partie de la résistance, que nous avons trouvée proportionnelle à la simple vitesse, est due à l'adhésion des molécules du fluide entre elles et non à l'adhérence de ces molécules avec la surface du corps. Quelle que soit, en effet, la nature du plan, il est parsemé d'une infinité d'inégalités où se logent fixement des molécules fluides.

39. J'ai voulu ensuite chercher si la pression plus ou moins grande du fluide sur un corps submergé augmentait sa résistance.

J'avais d'abord essayé de faire osciller le corps sous l'eau, à deux profondeurs différentes : l'une de 2 centimètres, l'autre de 50, et je n'avais trouvé aucune différence dans les résistances; mais, comme la surface de l'eau est chargée de tout le poids de l'atmosphère et que ½ mètre de plus dans cette charge ne peut pas produire des augmentations de résistance sensibles, j'ai employé un autre moyen qui me paraît décider la question.

Ayant placé un vase rempli d'eau sous le récipient, à tige et collier de cuir, d'une machine pneumatique, j'attachais au crochet de la tige un fil de clavecin numéroté 7 dans le commerce; j'y suspendais un cylindre de cuivre qui plongeait dans l'eau du vase, et, sous ce cylindre, je fixais un plan circulaire de 101 millimètres de diamètre. Lorsque les oscillations étaient finies et, par conséquent, la force de torsion nulle, on marquait, au moyen d'un index fixé au cylindre et d'un point correspondant sur la cloche, le point qui répondait à zéro de torsion.

On faisait ensuite tourner rapidement la tige d'un cercle entier, ce qui donnait au fil un cercle entier de torsion et l'on observait les diminutions successives des oscillations. Nous avons trouvé cette diminution, pour un cercle de torsion, à peu près d'un quart de cercle à la première oscillation, mais exactement la même, que l'expérience se fît dans le vide ou non. Une petite palette de 5o millimètres de longueur et de 10 millimètres de largeur, frappant l'eau perpendiculairement à son plan, a donné un résultat semblable.

On peut conclure de cette expérience que, lorsqu'un corps submergé se meut dans un fluide, la pression ou la hauteur du fluide au-dessus du corps n'augmente pas sensiblement sa résistance et qu'ainsi la portion de cette résistance proportionnelle à la vitesse ne peut être en rien comparée avec le frottement des corps solides, qui est toujours proportionnel à la pression.

L'expérience qui précède a été faite devant des témoins éclairés. La première, dans le cabinet de l'Institut, avec notre confrère le citoyen Lasuze, qui a bien voulu ensuite la répéter lui-même; la seconde, dans le cabinet de Physique du citoyen Charles, notre confrère, aidé de ses conseils et de la sagacité que tout le monde lui connaît dans l'art difficile des expériences.

De la résistance qu'éprouve un cylindre qui se meut d'un mouvement très lent, perpendiculaire à son axe.

Coulomb a essayé trois cylindres de 24°,9 de longueur; il les fixe par leur milieu sous le cylindre de cuivre, en sorte qu'ils forment deux rayons horizontaux de 12°,45 de longueur chacun; le diamètre de ces cylindres était déterminé d'après leur poids.

Huitième expérience.

42. Deux cylindres en croix, de 0°,087 de circonférence.

On observe de suite deux oscillations, d'où l'on déduit l'amplitude moyenne d'une seule oscillation et sa diminution; ce qui m'a donné, pour les différents degrés de torsion ou d'amplitude d'oscillation qui vont être indiqués, les résultats suivants :

Amplitude au départ.	Perte d'amplitude pour une oscillation.
456°	47°
231	17
99	5,3

Ces observations me donnent, d'après la méthode décrite

(art. 14), ces trois égalités

(1) $$\frac{dA}{A} = 0,1031 = m + 456p,$$

(2) $$\frac{dA}{A} = 0,0736 = m + 231p,$$

(3) $$\frac{dA}{A} = 0,0536 = m + 99p.$$

En comparant (1) et (3), on a
$$p = 0,000138.$$

En comparant (1) et (2), on a
$$p = 0,000132.$$

Aussi l'on peut prendre, pour valeur moyenne,
$$p = 0,000135.$$

Substituant cette valeur de p dans la troisième équation, nous trouverons
$$m = 0,0403.$$

Mais l'imperfection de l'élasticité produisait ici la même altération sur m que dans les premières expériences : ainsi cette altération était égale à 0,013 et, par conséquent, la valeur de m corrigée est égale à 0,0273.

Comme, dans cette expérience, il y avait deux fils en croix, les quantités qui expriment p et m, pour un seul fil, n'ont que la moitié des valeurs précédentes ; ainsi, pour un seul fil de 249 millimètres de longueur et de $\frac{87}{100}$ de millimètre de circonférence, on a

$$p = 0,000067, \quad m = 0,0136.$$

Neuvième expérience.

43. Un seul cylindre de cuivre est mis en expérience; il a, comme le précédent, 249 millimètres de longueur; la circonférence est de 11,2 millimètres ; il fait, comme le précédent, quatre oscillations en 91ˢ. Comme on a observé avec assez de soin les oscillations successives de ce cylindre, je vais donner le détail pratique de la méthode que j'ai souvent suivie pour avoir des résultats moyens entre les amplitudes des oscillations et leurs diminutions; d'où j'ai conclu m et p.

Cette méthode pratique consiste à observer successivement avec soin l'étendue des oscillations à droite et à gauche du point o : quatre oscillations de suite fixent l'étendue d'une oscillation moyenne; on prend ensuite le quart de la différence entre la somme des deux premières oscillations et des deux dernières pour déterminer la différence moyenne.

Ainsi, par exemple, dans les observations qui vont suivre, dans le n° 1, où les étendues des oscillations sont très considérables, on a pu se contenter de deux observations pour déterminer les quantités $\frac{dA}{A}$; mais, depuis le n° 2 jusqu'au n° 6, on a observé toutes les oscillations successives, et voici le type de leur réduction.

Le disque, au n° 2, part de 240° à gauche du point zéro; il arrive à 218° à droite, retourne vers la gauche jusqu'à 191°,5 et revient à droite à 177°.

J'ai, pour l'étendue moyenne A de l'amplitude d'une oscillation comptée du point zéro,

$$\frac{240 + 218 + 191,5 + 177}{4} = \frac{826,5}{4}.$$

La somme des deux premières observations, moins la somme des deux dernières, est

$$240 + 218 - 191,5 - 177,$$

quantité dont il faut prendre le quart pour avoir une différence moyenne.

Plus de précision serait inutile dans ces sortes de recherches; c'est en suivant cette méthode que j'ai formé les équations successives qui vont suivre :

$$(1) \qquad \frac{dA}{A} = \frac{83}{439} = 0,1891 = m + 439,0p,$$

$$(2) \qquad \frac{dA}{A} = \frac{80,5}{826,5} = 0,1083 = m + 206,6p,$$

$$(3) \qquad \frac{dA}{A} = \frac{63,9}{673,1} = 0,0949 = m + 168,3p,$$

$$(4) \qquad \frac{47,8}{561,2} = 0,0864 = m + 140,3p,$$

$$(5) \qquad \frac{37,3}{476} = 0,0784 = m + 119,0p,$$

$$(6) \qquad \frac{30,3}{408,3} = 0,0742 = m + 102,1p.$$

On remarquera que, d'après la méthode que nous avons suivie depuis la seconde jusqu'à la sixième équation, les numérateurs qui représentent les pertes sont quatre fois plus grands que les pertes moyennes d'une seule oscillation, et que les diviseurs qui représentent l'étendue des oscillations, étant la somme de quatre observations, sont aussi quatre fois plus grands que l'étendue moyenne de l'oscillation. C'est ce qui fait qu'on a pris seulement le quart de ce diviseur pour le coefficient de p dans les équations qui précèdent.

Si, d'après ces équations, qui résultent d'observations faites avec le plus grand soin, on compare les nᵒˢ 1 avec les suivants, on aura

$$N^o 1 \text{ comparé au } n^o 2 \text{ donne } p = 0,000348$$
$$N^o 1 \quad \text{»} \quad n^o 3 \quad \text{»} \quad 0,000349$$
$$N^o 1 \quad \text{»} \quad n^o 4 \quad \text{»} \quad 0,000344$$
$$N^o 1 \quad \text{»} \quad n^o 5 \quad \text{»} \quad 0,000346$$
$$N^o 1 \quad \text{»} \quad n^o 6 \quad \text{»} \quad 0,000341$$

Il serait difficile, je crois, dans des expériences de ce genre, d'espérer des résultats plus d'accord les uns avec les autres. On a pris, d'après cela, pour valeur moyenne, $p = 0,000345$.

Ce nombre substitué dans la sixième équation, on aura

$$m = 0,039;$$

d'où, ôtant pour la correction, la quantité 0,013, on aura, pour m corrigé,

$$0,026.$$

Dixième expérience.

44. Cylindre de 240^{mm} de longueur; sa circonférence est de $0^m,0211$; il fait 40 oscillations en 92ˢ; de ses expériences, Coulomb conclut

$$p = 0,00058 \quad \text{et} \quad m = 0,040.$$

45. En comparant les valeurs de m et de p obtenues dans ces expériences, on voit qu'elles augmentent moins rapidement que les circonférences ou les diamètres; mais les valeurs de m sont à peu près proportionnelles à ces circonférences augmentées de $0^c,008$.

46. Un calcul analogue pour p le donne proportionnel aux circonférences augmentées de $0^c,0177$.

Enfin, en appliquant aux chiffres de la neuvième expérience la même méthode de calcul déjà exposée (§ 30 et 31), Coulomb trouve qu'un cylindre de 1^{cm}, 12 de circonférence et de 1^m de longueur éprouverait une résistance de 0^{gr},0166 (16^{dynes},3) s'il avait une vitesse de 1^{cm} par seconde.

51. Dans la même huile où j'avais fait osciller les plans et au même degré de température, j'ai mis en oscillation les cylindres qui précèdent ou des cylindres plus courts quand la résistance était trop considérable; et j'ai trouvé, conformément aux résultats, que j'avais eus dans les expériences de comparaison faites avec les plans, que la cohérence de l'huile était à celle de l'eau dans le rapport de 17 à 1.

J'ai encore éprouvé, en faisant osciller des cylindres dans l'huile, un effet auquel je ne m'attendais pas : c'est que, quoique la cohérence de l'huile soit à celle de l'eau comme 17 est à 1, cependant, si l'on compare la résistance proportionnelle à la vitesse de deux cylindres différents, comme seraient, par exemple, un cylindre de 1^c,12 de tour et un cylindre de 0^{cm},087, on trouvera dans cette comparaison que, pour que les résistances soient proportionnelles aux diamètres, il faut, dans l'huile comme dans l'eau, augmenter les diamètres à peu près de 3^{min}. J'avoue que j'avais d'abord cru que, la cohérence étant plus considérable dans l'huile que dans l'eau, je devais y trouver une augmentation du diamètre beaucoup plus grande. Cependant il me reste peu de doute sur cette conséquence tirée des expériences, l'huile m'ayant toujours donné, pour la portion de résistance proportionnelle à la vitesse, des résultats encore plus conformes entre eux que ceux que m'avaient donnés les expériences faites dans l'eau.

53. Une seconde observation qu'il est peut-être beaucoup plus facile d'expliquer, c'est que, lorsque le même cylindre se meut dans l'huile et dans l'eau avec un même degré de vitesse, la partie de la résistance proportionnelle au carré de la vitesse et produite par l'inertie des molécules fluides, que le cylindre met en mouvement, est presque la même dans les deux fluides. On voit que cette partie de la résistance dépend de la quantité de molécules fluides en mouvement et non de leur cohérence : ainsi les résistances dues à l'inertie doivent être entre elles, dans différents fluides, proportionnelles à la densité des fluides.

On remarquera que Coulomb a bien distingué, dans la résistance des liquides, l'effet dû au frottement interne des liquides de l'effet dû à leur inertie seule; mais le résultat auquel il arrive pour la résistance opposée par l'eau au mouvement, dans son propre plan d'une surface plane ayant une vitesse donnée, est dépourvu de sens physique précis; ces expériences peuvent cependant servir à déterminer le coefficient de frottement intérieur des liquides dont voici la définition : si un liquide se meut de telle sorte que les vitesses en tous points soient parallèles et fonctions $f(z)$ de la distance de ces points à un plan fixe, parallèle aux vitesses, deux tranches parallèles au plan $z = 0$ et infiniment voisines exercent l'une sur l'autre une action parallèle aux vitesses, et égale à $\eta f'(z)$ par unité de surface, si η est le coefficient de frottement intérieur.

La démonstration que Coulomb donne de la proportionnalité de a à R^4 n'est donc admissible qu'à condition que la variation de vitesse dans un sens perpendiculaire au disque soit dans toute son étendue proportionnelle à la vitesse des divers points du disque, ce qui paraît vrai pour la portion centrale, mais cesse de l'être près des bords.

Ces expériences ont été reprises par M. O. Meyer (*Pogg. Ann.*, t. CXIII), qui a cherché à en déduire le coefficient de frottement intérieur des liquides par la formule

$$\lambda \frac{M}{R^4} = \sqrt{\frac{\pi^3 T_0 5 \eta}{8}},$$

où λ est le décrément logarithmique des oscillations, R^4 le rayon du plateau, M le moment d'inertie et T_0 la durée des oscillations du système dans le vide.

COULOMB.

RÉSULTAT

DES DIFFÉRENTES MÉTHODES EMPLOYÉES

POUR DONNER

AUX LAMES ET AUX BARREAUX D'ACIER

LE PLUS GRAND DEGRÉ DE MAGNÉTISME.

Extrait des Mémoires de l'Institut, 1806.

RÉSULTAT

DES DIFFÉRENTES MÉTHODES EMPLOYÉES

POUR DONNER

AUX LAMES ET AUX BARREAUX D'ACIER

LE PLUS GRAND DEGRÉ DE MAGNÉTISME.

I à XIII.

Coulomb rappelle les méthodes de mesure et d'aimantation employées par lui. Les faisceaux glissants, pour les opérations ordinaires, sont composés chacun de quatre barreaux de 40^{cm} de long, 0^{cm},5 d'épaisseur et 1^{cm},5 de largeur; de sorte que chaque faisceau a 0^{cm},3 de large et 1^{cm} d'épaisseur.

Avant de les réunir, ils sont trempés cerise-clair et aimantés à saturation. Lorsque je veux aimanter de gros barreaux, je suis obligé de former mes faisceaux avec un plus grand nombre de barreaux placés les uns sur les autres par gradins, en retrait de 10 à 12 millimètres dans le sens de l'épaisseur.

L'acier de ces faisceaux est de l'acier timbré à sept étoiles; sa qualité est médiocre, mais j'ai observé, comme on l'avait déjà fait, que les aciers trempés, à moins qu'ils ne fussent d'une très mauvaise qualité, prenaient tous à peu près la même quantité de magnétisme.

XIV.

Première expérience.

Un fil d'acier de 300 millimètres de longueur, de 1 millimètre de diamètre, glissant à angle droit sur le pôle d'un seul barreau aimanté de 400 millimètres de longueur, 15 de largeur et 5 d'épaisseur, étant mis en oscillation dans un plan horizontal et suspendu à un fil de soie très fin, a fait 10 oscillations en 74ˢ. Glissant à angle droit sur le pôle de quatre et de dix barreaux réunis, il fait également 10 oscillations en 74ˢ.

En aimantant ce fil par la méthode (¹) de M. Duhamel ou de celle d'Œpinus, il fait également 10 oscillations en 74ˢ.

Ainsi toutes les méthodes pour des fils d'acier d'un aussi petit diamètre donnent le même degré de magnétisme qui est celui de saturation.

XV.

Deuxième expérience.

Une lame d'acier recuite, ayant 300 millimètres de longueur, 8 de largeur et $\frac{6}{10}$ de millimètre d'épaisseur, glissant à angle droit sur le pôle d'un seul barreau, a fait 10 oscillations en 77ˢ; sur le pôle de deux barreaux réunis, 10 oscillations en 75ˢ; sur les pôles de 10 barreaux réunis, 10 oscillations en 75ᵒ; avec un seul barreau de chaque côté, par les méthodes de MM. Duhamel et Œpinus, en 75ˢ.

XVI.

Troisième expérience.

Une lame d'acier de 164 millimètres de longueur, 9 de largeur, $\frac{6}{10}$ d'épaisseur, trempée cerise-clair, après avoir glissé à angle droit sur les pôles de deux barreaux réunis, a fait 10 oscillations en 51ˢ; sur les pôles de quatre barreaux réunis, 10 oscillations en 49ˢ; sur les pôles de 8 et 10 barreaux réunis, 10 oscillations en 47ˢ,5.

Mais, en me servant seulement de deux barreaux réunis et les faisant glisser sous un angle d'inclinaison de 15° à 20° sur la lame, elle a fait également 10 oscillations en 47ˢ,5. Par les méthodes de MM. Duhamel et Œpinus, la lame aimantée avec un

---

(¹) J'appellerai toujours, dans la suite de ce Mémoire, *méthode de M. Duhamel* celle où, en plaçant une lame sur mon appareil, on fait glisser les deux faisceaux dans les sens opposés jusqu'aux armures; j'appellerai *méthode de M. Œpinus* celle où les pôles des faisceaux qui glissent sur la lame que l'on aimante restent toujours à une distance de 5ᵐᵐ ou 6ᵐᵐ.

seul barreau de chaque côté a fait encore 10 oscillations en 47ˢ,5.

Il faut seulement remarquer que, par la méthode de M. OEpinus, on trouve une durée d'une ½ seconde et quelquefois de 1ˢ de
plus que dans celle de M. Duhamel.

XVII.

Remarque sur les trois expériences qui précèdent.

Dans les deux premières expériences, le fil d'acier, ainsi que
la lame, étaient recuits cerise-clair; dans cet état, deux barreaux
réunis par les mêmes pôles, et même un seul barreau, glissant à
angle droit sur le fil d'acier ou la lame, suffisaient pour les aimanter à saturation; mais, dans la troisième expérience, où
la lame était trempée cerise-clair, ce n'est qu'avec un faisceau
de huit ou dix barreaux que l'on a pu aimanter cette lame à saturation, en faisant glisser la lame à angle droit sur l'extrémité
du faisceau; mais, en donnant à la direction de l'action du faisceau une position plus avantageuse, c'est-à-dire en l'inclinant de
15° à 20° sur la lame, deux barreaux réunis par le même pôle ont
suffi pour donner le degré de saturation.

XVIII.

Dans les deux dernières expériences, les lames n'avaient que
9/10 de millimètre d'épaisseur; elles étaient facilement pénétrées par
l'action magnétique d'un seul faisceau dans toute leur épaisseur.
On ne doit donc pas être surpris si toutes les méthodes sont également bonnes, pourvu que l'on emploie des faisceaux d'une forte
intensité magnétique. Dans les expériences qui vont suivre, les
lames et les barreaux ont une plus grande épaisseur et sont trempés
cerise-clair.

XIX.

Quatrième expérience.

Une lame de 202 millimètres de largeur, 14 de largeur, 1 d'épaisseur, après avoir glissé plusieurs fois à angle droit sur le pôle
d'un seul barreau, a fait 10 oscillations en 73ˢ; sur le pôle de
quatre barreaux réunis, en 62ˢ; sur le pôle de dix barreaux réu-

unis, en 59ˢ. Mais avec un seul faisceau de deux barreaux glissant sous une inclinaison de 15° avec la lame, elle a fait 10 oscillations en 53ˢ; même inclinaison avec quatre barreaux réunis 10 oscillations en 49ˢ; avec huit ou dix barreaux, 10 oscillations en 49ˢ. Par les méthodes de MM. Duhamel et OEpinus, avec un seul barreau de chaque côté, ou un plus grand nombre, 10 oscillations en 49ˢ.

XX.

Remarque sur cette expérience.

Comme c'est ici la même lame aimantée par différentes méthodes, la force qui la dirige dans son méridien est mesurée par l'inverse du carré des temps d'un même nombre d'oscillations. Ainsi l'on voit que, même en réunissant dix barreaux, et les faisant glisser à angle droit, il s'en faut de beaucoup qu'elle soit aimantée à saturation : mais on y parvient facilement avec un seul faisceau de quatre barreaux, en donnant à son action magnétique sur la lame une direction plus avantageuse, c'est-à-dire une inclinaison de 15° à 20°. Deux barreaux suffisent, en employant les méthodes de MM. Duhamel et OEpinus, pour donner à cette lame l'état de saturation; mais une observation très importante, c'est que, comme il y a presque toujours du désavantage, ainsi que je l'ai souvent remarqué dans différents Mémoires qui ont précédé celui-ci, à employer des lames de plus de 1ᵐᵐ d'épaisseur pour former des aiguilles de boussoles; pourvu que l'on réunisse quatre ou six barreaux fortement aimantés, ils suffiront toujours pour donner à ces aiguilles le degré de saturation magnétique.

XXI.

Voulant aimanter plusieurs lames semblables à la précédente en les réunissant l'une sur l'autre avant de les aimanter, j'ai cru, pour leur donner le degré de saturation d'après les résultats que je venais de trouver, ne devoir employer d'autre procédé que ceux de MM. Duhamel et OEpinus. Dans les expériences qui suivent, les lames ont chacune 302 millimètres de longueur, 28 de large et 1,07 d'épaisseur; elles sont trempées cerise-clair.

XXII.

Cinquième expérience.

Une seule lame, aimantée avec des faisceaux de deux barreaux chacun, a fait, par les deux méthodes, 10 oscillations en 72^s. Même résultat avec des faisceaux d'un plus grand nombre de barreaux. Il y a eu quelques petites variations en employant la méthode de M. OEpinus; il n'y en a jamais eu en employant celle de M. Duhamel.

XXIII.

Sixième expérience.

Deux lames réunies et formant une épaisseur de 2^{mm},14, aimantées par la méthode de M. Duhamel, avec deux faisceaux de deux barreaux chacun, ont fait 10 oscillations en 80^s. Avec deux faisceaux de quatre barreaux chacun, 10 oscillations en 78^s; avec deux faisceaux de dix barreaux chacun, 10 oscillations en 78^s. Par la méthode de M. OEpinus, avec des faisceaux de deux, quatre ou dix barreaux, également 10 oscillations en 78^s.

XXIV.

Septième expérience.

Quatre lames pareilles aux précédentes, réunies et formant un faisceau de 300 millimètres de longueur, 28 de large et 4,28 d'épaisseur.

Je ne suis parvenu à aimanter un pareil faisceau de lames, par la méthode de M. Duhamel, qu'en employant huit barreaux dans chaque faisceau. En suspendant les quatre lames ainsi réunies, elles ont fait 10 oscillations en 91^s.

Par la méthode de M. OEpinus, deux faisceaux de deux barreaux chacun suffisent pour aimanter ces lames à saturation. Ainsi, lorsqu'on aura à aimanter des lames en barreaux de plus de 4 à 5 millimètres d'épaisseur, à moins qu'on ne se serve pour les aimanter de deux faisceaux d'une très grande intensité magnétique, la méthode de M. OEpinus est encore préférable à toutes

les autres, malgré le petit défaut que nous avons fait remarquer ([1]).

XXV.

Huitième expérience.

J'ai voulu, dans cette expérience, aimanter un des barreaux qui
forment les faisceaux dont je me sers pour aimanter; ils ont,
comme je l'ai déjà dit, 400 millimètres de longueur, 14 de largeur
et 5 d'épaisseur; ils sont trempés cerise-clair.

Je ne suis parvenu à aimanter ce barreau par la méthode de
M. Duhamel qu'avec deux faisceaux de quatre barreaux chacun.
Mais par celle de M. OEpinus, un seul barreau de chaque côté
donne l'état de saturation au barreau que l'on aimante, car il fait
pour lors 10 oscillations en 110^s; et, en réunissant pour aimanter
ce barreau un plus grand nombre de barreaux, il fait également
10 oscillations en 110^s. .

XXVI.

Neuvième expérience.

Après avoir aimanté des lames et des barreaux de 5 millimètres
d'épaisseur, j'ai dû chercher à en aimanter d'une plus grande
épaisseur. Celui de cette expérience avait 400 millimètres de longueur, 25 de largeur et 9 d'épaisseur. Ce barreau était trempé
cerise-clair. Il est à peu près dans les dimensions des plus gros
barreaux dont on se serve ordinairement pour aimanter. Il m'a été
impossible d'aimanter ce barreau par la méthode de M. Duhamel,
même en employant deux faisceaux de dix barreaux chacun. Par
cette opération, le magnétisme du barreau était tel qu'il faisait
10 oscillations en 162^s.

Il n'est pas possible de l'aimanter par la méthode de M. OEpinus, avec des faisceaux de deux barreaux chacun; mais aimanté
avec deux faisceaux de quatre barreaux chacun ou de dix, il fait
dix oscillations en 153^s. Ainsi, pour aimanter de tels barreaux, la
méthode de M. OEpinus est celle dont on doive faire usage. Mais
on va voir tout à l'heure que, lorsqu'on veut se procurer des ai-

---

([1]) La ligne neutre se rapproche toujours du pôle qui a été frotté en dernier.

mants artificiels d'une grande force, il n'y a aucun cas où l'on doive se servir de barreaux trempés d'une si grande épaisseur, et qu'il y a toujours un très grand avantage à former les gros aimants par la réunion d'un grand nombre de barreaux d'une moindre épaisseur.

XXVII.

Dixième expérience.

Dans cette expérience, j'ai voulu apprendre quelle serait la différence des résultats en aimantant plusieurs barreaux en particulier et les réunissant ensuite, ou en les aimantant après les avoir réunis. Comme je devais, dans cette expérience, aimanter des barreaux d'une épaisseur plus considérable que la plupart des expériences précédentes, je me suis contenté d'employer la méthode de M. OEpinus.

Un seul barreau de 400 millimètres de longueur, 14 de largeur et 5 d'épaisseur, aimanté avec deux faisceaux de dix barreaux chacun, a fait 10 oscillations en 108ˢ. Deux pareils barreaux réunis, formant un faisceau de 28 millimètres de large sur 5 d'épaisseur, aimantés chacun en particulier avant d'être réunis, ont fait, après leur réunion, 10 oscillations en 115ˢ.

Ainsi réunis, je les ai aimantés en sens contraire, en changeant les pôles bout pour bout, et, après cette opération, le faisceau composé des deux barreaux faisant également 10 oscillations en 115ˢ. Ainsi, puisque j'ai le même résultat en aimantant les deux barreaux chacun en particulier avant de les réunir, ou en les aimantant dans le sens contraire après les avoir réunis, les deux procédés sont ici parfaitement égaux.

XXVII.

Onzième expérience.

Quatre barreaux pareils aux précédents, formant un faisceau de même longueur, mais de 28 millimètres de large sur 10 d'épaisseur, aimantés chacun en particulier avant d'être réunis; le faisceau, après réunion des quatre barreaux, a fait 10 oscillations en 130ˢ. Ayant voulu, dans cet état de réunion, changer les pôles bout pour bout, j'ai eu 10 oscillations en 133ˢ. Je n'ai jamais pu, en changeant les pôles de quatre barreaux ainsi réunis, parvenir à leur donner précisément le même degré de force directrice qu'en les réunissant après avoir aimanté chacun en particulier. Le résultat a été à peu près le même, quoique les barreaux réunis n'eussent pas été aimantés avant leur réunion.

XXIX.

Douzième expérience.

J'ai joint quatre autres barreaux à ceux qui avaient servi dans les expériences précédentes : aimantés chacun en particulier, les huit barreaux réunis formaient un faisceau de 28 millimètres de large et de 20 d'épaisseur. Ce faisceau suspendu horizontalement, comme les précédents, par des fils de soie non tordus et collés ensemble avec un peu de gomme, a fait 10 oscillations en 166ˢ.

XXX.

Observations sur ces expériences.

Si l'on compare les différents résultats que donnent les expériences précédentes, et que l'on veuille en déduire la force directrice qui ramène un même barreau dans son méridien magnétique, lorsqu'il est seul, ou lorsqu'il est réuni dans un faisceau de plusieurs barreaux, on trouvera que, dans l'état de saturation :

Un barreau isolé fait 10 oscillations en......	108ˢ
Deux barreaux réunis........................	115
Quatre barreaux............................	130
Huit barreaux	166

Ainsi, puisqu'en considérant un seul barreau, soit qu'il soit seul, soit qu'il soit réuni à plusieurs autres, la force qui le dirige dans son méridien magnétique suit l'inverse du carré des temps d'un même nombre d'oscillations, en représentant par le nombre 1000 la force directrice du barreau isolé, on aura le Tableau suivant :

		Force directrice.
Pour le barreau isolé......................		1000
Même barreau réuni à un autre,...........		882
"	à trois autres,..........	692
"	à sept autres...........	433

J'ai donné dans un autre Mémoire, d'après la théorie et l'expérience, la loi que suit la force directrice de chaque barreau qui compose un faisceau d'une épaisseur et d'une largeur données. Tout ce que l'on doit conclure du résultat qui précède, relativement à l'objet de ce Mémoire, c'est qu'il y a très peu d'avantages à espérer dans l'augmentation de l'épaisseur des aimants artificiels, lorsque cette épaisseur passe 10 à 12 millimètres.

Deuxième remarque.

Enfin il y a un résultat très intéressant à tirer des expériences précédentes : c'est le rapport de la force directrice d'un gros barreau aimanté à saturation, et d'un faisceau des mêmes dimensions.

On vient de voir, onzième expérience, que quatre barreaux réunis, formant un faisceau de 400 millimètres de longueur, 28 de largeur et 10 d'épaisseur aimanté à saturation, font 10 oscillations en 130"; mais on a vu, neuvième expérience, qu'un seul barreau de la même longueur, mais de 25 millimètres de largeur et de 9 d'épaisseur, a fait 10 oscillations en 153"; ainsi, quoique la largeur et l'épaisseur du faisceau soient plus grandes que celles du barreau, les largeurs étant à peu près égales, il en résulte, pour chaque partie du gros barreau réduite aux mêmes dimensions qu'un seul barreau du faisceau, une force directrice plus petite que dans le faisceau. Le rapport des forces directrices étant comme l'inverse du carré des temps d'un même nombre d'oscillations, on trouve ce rapport comme $\overline{153}^2$ est à $\overline{130}^2$, à peu près comme 14 est à 10, en faveur du faisceau, quoique de dimensions plus grandes que celles du barreau.

Comme ce Mémoire est uniquement destiné à diriger les physiciens et les artistes qui veulent fabriquer des aimants artificiels d'une très grande force, ou aimanter à saturation des aiguilles de boussole, je renvoie pour toutes les explications théoriques aux différents Mémoires que j'ai déjà publiés, soit dans le *Recueil des Mémoires de l'Académie des Sciences de Paris*, soit dans ceux de l'Institut.

INFLUENCE DE LA TEMPÉRATURE

SUR

LE MAGNÉTISME DE L'ACIER.

Extrait, d'après Biot, d'un Mémoire inédit.

INFLUENCE DE LA TEMPÉRATURE

SUR

LE MAGNÉTISME DE L'ACIER.

I.

Coulomb étudie l'influence de la température sur le magnétisme. Les barreaux employés sont de l'espèce dite « aux sept étoiles ». La longueur est $16^{cm},2$, la largeur $1^{cm},4$, l'épaisseur $0^{cm},5$ et le poids 82^{gr}. Le barreau est chauffé au rouge-cerise clair et refroidi lentement dans l'air. On l'aimante à saturation, à la température de $15°$; sa température était ensuite élevée à $T°$; on le laissait se refroidir, puis on mesurait la durée de 10 oscillations. Coulomb trouva ainsi :

T.	Durée de 10 oscillations.
$15°$	93^s
50	$97,5$
100	104
264	147
425	215
638	290
850	très grand

La température du barreau était mesurée en le jetant chaque fois dans une masse d'eau froide à $15°$; dans ces limites de température, le barreau n'était pas trempé d'une manière appréciable à la lame; d'ailleurs il était réaimanté après chaque immersion, et reprenait le même degré de magnétisme. Pour des températures plus élevées, l'influence de la trempe se fait sentir; le barreau porté à T°, trempé dans l'eau et aimanté à saturation, a fait ses 10 oscillations en

T.	Durée de 10 oscillations.
975	78
1075	64
1187	63

Le barreau ayant été ainsi trempé, on l'a recuit progressivement à diverses températures, puis laissé refroidir et mesuré la force directrice qui lui restait :

T.	Durée de 10 oscillations.
15	63
100	66
68 couleur bleue	80
501 couleur d'eau	170

L'élévation de température du barreau modifie donc moins son magnétisme lorsqu'il a été trempé.

Dans l'état de recuit, tant que le barreau n'a été exposé qu'à des températures inférieures à 600°, une nouvelle aimantation lui a rendu sa force directrice primitive, et il est toujours revenu à faire 10 oscillations en 93ˢ. Mais, quand le barreau est trempé, chaque élévation de température diminue le magnétisme que le barreau peut prendre.

Température du recuit.	Durée de 10 oscillations du barreau aimanté à nouveau.
15	63
268	64,5
501	70
1125 cerise-clair	93

II.

Quand on emploie des fils, les résultats sont différents.

Un fil d'acier pur de 3ᵃᶜ,6 de longueur et 0ᶜ,4 de diamètre est

trempé à 1025°, et aimanté à saturation, puis recuit à diverses
températures.

T.	Durée de 10 oscillations.
15°	89
400	75
562	68
601	70
1125	76

Les fils et les lames, dont la longueur est très grande par rapport à leur grosseur, présentent les mêmes particularités que Coulomb attribue à la formation de points conséquents; ceux-ci se
produiraient toujours quand la largeur excéderait trente fois le
diamètre : l'aimant posséderait trois lignes neutres, dont l'une au
milieu. Voici l'intervalle des deux lignes neutres extrêmes dans
le fil de 32°,6 de long.

Durée de 10 oscillations.		Distance des 2 lignes extrêmes.
89	trempé raide.	19,6
75	recuit couleur d'eau.	12,6
68	recuit rouge sombre.	8,6
76	recuit cerise	0

Coulomb en conclut que le recuit au rouge sombre est avantageux pour les aiguilles ou barreaux dont la longueur surpasse
trente fois l'épaisseur, et la trempe raide pour les barreaux plus
courts.

SUR LA DISTRIBUTION

SURFACE DE DEUX SPHÈRES CONDUCTRICES ÉLECTRISÉES

ET

L'ATTRACTION DE CES SPHÈRES,

SUR LA DISTRIBUTION

A LA

SURFACE DE DEUX SPHÈRES CONDUCTRICES ÉLECTRISÉES

ET

L'ATTRACTION DE CES SPHÈRES.

MÉTHODE DE POISSON.

1. Soient deux sphères de rayons a et b ; on désignera ces sphères et leurs centres par les lettres A et B; c sera la distance des centres. Si deux points M et M′ sont en ligne droite avec le point A, et qu'on ait la relation

$$AM.AM' = a^2$$

ils sont dits conjugués par rapport à la sphère A, et jouissent de cette propriété que les distances d'un point D de la sphère à ces deux points sont dans un rapport constant, de sorte que, quel que soit le point D, on a

$$\frac{DM}{DM'} = \frac{a - AM}{AM' - a} = \frac{a}{AM'} = \frac{AM}{a};$$

Par suite, m désignant une masse électrique placée en D,

$$\frac{m}{DM'} : \frac{m}{DM} = \frac{AM}{a},$$

quels que soient m et D, et si l'on suppose des masses distribuées n'importe comment sur la sphère,

$$\sum \frac{m}{DM'} : \sum \frac{m}{DM} = \frac{AM}{a},$$

équation qui donne le potentiel dû à une distribution quelconque sur la sphère en un point M′, quand on connaît le potentiel au point conjugué.

2. La sphère A étant chargée au potentiel 1, et la sphère B au potentiel zéro, on se propose de déterminer la charge totale de chaque sphère et la densité en chaque point.

Soient x la distance d'un point I de la droite AB, intérieur à la sphère A, au centre de cette sphère, et $f(x)$ le potentiel en ce point dû à la distribution électrique sur A; le potentiel dû à la même distribution sur un point extérieur sera

$$f_1(x') = \frac{a}{x'} f\left(\frac{a^2}{x'}\right);$$

soit de même $\varphi(c - x)$ le potentiel dû à la distribution sur la sphère B, en un point de son intérieur,

$$\varphi_1(c - x') = \frac{b}{(c - x')} \varphi\left(\frac{b^2}{c - x'}\right)$$

sera le potentiel en un point situé à l'extérieur de cette sphère.

Pour résoudre le problème proposé, il faut donc déterminer ces fonctions de manière que le potentiel total en un point situé à l'intérieur de la sphère B, c'est-à-dire

$$\varphi(c - x) + \frac{a}{x} f\left(\frac{a^2}{x}\right),$$

soit nul, et que le potentiel en un point situé à l'intérieur de A, ou

$$f(x) + \frac{b}{c - x} \varphi\left(\frac{b^2}{c - x}\right),$$

soit égal à 1; mais

$$\varphi\left(\frac{b^2}{c - x}\right) = \varphi\left(c - \frac{c^2 - b^2 - cx}{c - x}\right)$$

doit être

$$-\frac{a(c - x)}{c^2 - b^2 - cx} f\left[\frac{a^2(c - x)}{c^2 - b^2 - cx}\right];$$

la fonction f doit donc satisfaire à l'équation

$$f(x) - \frac{ab}{c^2 - b^2 - cx} f\left[\frac{a^2(c - x)}{c^2 - b^2 - cx}\right] = 1.$$

On y arrivera en posant

$$f_0(x) = 1 \quad \text{et} \quad f = f_0 + f_1 + f_2 + \ldots + f_n + f_{n+1},$$

en assujettissant les fonctions f à la condition

$$f_{n+1} = \frac{ab}{c^2 - b^2 - cx} f_n \left[\frac{a^2(c - x)}{c^2 - b^2 - cx} \right];$$

cette équation elle-même est satisfaite si l'on pose

$$f_n = \frac{1}{\lambda_n + \mu_n x},$$

en assujettissant les λ et μ à la condition

$$\frac{1}{\lambda_{n+1} + \mu_{n+1} x} = \frac{ab}{\lambda_n(c^2 - b^2 - cx) + \mu_n a^2(c - x)},$$

avec $\mu_0 = 0$ et $\lambda_0 = 1$.

Or cette condition donne

$$\lambda_{n+1} ab = \lambda_n(c^2 - b^2) + \mu_n a^2 c$$

et

$$\mu_{n+1} ab = - c\lambda_n - \mu_n a^2 c;$$

de la première, on déduit

$$\lambda_{n+2} ab = \lambda_{n+1}(c^2 - b^2) + \mu_{n+1} a^2 c$$

et, éliminant μ_{n+1} et μ_n,

$$\lambda_{n+2} - \lambda_{n+1} \frac{c^2 - b^2 - a^2}{ab} + \lambda_n = 0,$$

équation dont la solution générale est

$$\lambda_n = M r^n + N r^{-n}.$$

Si l'on désigne par r et $\frac{1}{r}$, les racines de l'équation

$$r^2 - \frac{c^2 - b^2 - a^2}{ab} r + 1 = 0.$$

De la valeur

$$\lambda_n = M r^n + N r^{-n},$$

on déduit

$$\mu_n = - \frac{M r^n(c^2 - b^2 - abr) + N r^{-n}(c^2 - b^2 - abr^{-1})}{a^2 c}.$$

ou, en posant

$$b + ar = Q, \quad b + \frac{a}{r} = P,$$

avec $P + Q = \dfrac{c^2 + b^2 - a^2}{b}$,

$$\mu_n = -\frac{M r^n (c^2 - bQ) + N r^{-n}(c^2 - bP)}{a^2 c}.$$

Les conditions $\mu_0 = o$, $\lambda_0 = 1$ deviennent

$$\frac{M}{c^2 - bP} = \frac{N}{bQ - c^2} = \frac{1}{ab\left(r - \frac{1}{r}\right)},$$

d'où

$$\mu_n = -\frac{(r^n - r^{-n})c}{ab\left(r - \frac{1}{r}\right)}.$$

Le problème est donc complètement résolu.

3. On simplifie ces expressions, en observant que

$$c^2 - bP = Par \quad \text{et} \quad c^2 - bQ = Q\frac{a}{r},$$

de sorte que f_n devient

$$\frac{ab(r - r^{-1})}{a[\,P r^{n+1} - Q r^{-(n+1)}] - cx(r^n - r^{-n})}.$$

On déduit encore de là F, qui est $\dfrac{a}{x} f\left(\dfrac{a^2}{x}\right)$,

$$F = \sum_0^\infty \frac{ab(r - r^{-1})}{x[\,P r^{n+1} - Q r^{-(n+1)}] - ac(r^n - r^{-n})}.$$

On conviendra de prendre pour r la plus petite des deux racines de l'équation; en désignant par k une quantité positive, on pourra donc poser

$$2kc = ab(r^{-1} - r),$$

et, en posant

$$a_{n+1} = \frac{acr(1 - r^{2n})}{Q - P r^{2n+2}}, \quad A_{n+1} = 2kc\,\frac{r^{n+1}}{Q - P r^{2n+2}},$$

la fonction F se réduira à

$$F = \sum_1^\infty \frac{A_n}{x - a_n}.$$

On calculera de même Φ, et on le mettra sous la forme

$$\Phi = \sum_1^\infty \frac{B_n}{c - b_n - x},$$

en posant

$$b_{n+1} = \frac{Q - P\,r^{2n+2}}{1 - r^{2n+2}} \times \frac{b}{c} \quad \text{et} \quad B_{n+1} = \frac{-2\,k\,r^{n+1}}{1 - r^{2(n+1)}}$$

et en se servant des relations

$$c^2 - aPr = bP, \quad c^2 - a\frac{Q}{r} = bQ.$$

4. *Potentiel extérieur.* — Ainsi, et ceci n'a pas été indiqué par Poisson, le potentiel à l'extérieur des deux sphères est le même que si des masses électriques A_1, A_2, A_3, ... étaient placées à des distances a_1, a_2, a_3 du centre de la sphère A, et des masses B_1, B_2, ... à des distances b_1, b_2, ... du centre B, à l'intérieur de chaque sphère.

On voit alors que, si l'on veut avoir le potentiel en un point quelconque, extérieur aux deux sphères, il suffira de remplacer dans les expressions ci-dessus $(x - a_n)$, $(c - b_n - x)$ par les distances de ce point aux points A_n et B_n.

5. *Densité.* — On en déduira également la densité en un point quelconque des deux sphères; s'il s'agit de la sphère A par exemple et que Φ, F, f représentent encore 1° le potentiel dû à la distribution de la sphère b; 2° le potentiel extérieur dû à la distribution de A; 3° le potentiel intérieur dû à cette dernière, on sait que la densité est $\frac{-1}{4\pi}$ de la composante normale du potentiel ou de la dérivée, suivant une normale extérieure, de la somme F $+ \Phi$; mais, comme $f + \Phi$ est constant et égal à 1, que la valeur de Φ convient à la fois à l'intérieur et à l'extérieur de la sphère A, on peut remplacer le $\frac{d\Phi}{dr}$ extérieur par $-\frac{df}{dr}$ et écrire pour la densité

$$\frac{-1}{4\pi}\left(\frac{dF}{dr} - \frac{df}{dr}\right),$$

en donnant à r la valeur a pour laquelle les fonctions f et F déviennent égales; mais, comme on a

$$F(r) = \frac{r}{a} f\left(\frac{a^2}{r}\right),$$

on aura

$$F'(r) = -\frac{a}{r^2} f\left(\frac{a^2}{r}\right) + \frac{r}{a} f'\left(\frac{a^2}{r}\right) \times \left(-\frac{a^2}{r^2}\right);$$

soit, pour $r = a$,

$$F'(r) = -\frac{1}{a} f(r) - f'(r),$$

et pour la densité

$$\frac{1}{4\pi a} [f(r) + 2a f'(r)].$$

6. *Charges.* — Enfin Poisson trouve la charge totale en remarquant que le potentiel au centre de la sphère A ou $f(0)$ est le quotient par a de cette charge E_a, et de même la charge $E_b = b \varphi(0)$; on a donc

$$E_a = \sum_1^\infty A_n \quad \text{et} \quad E_b = \sum_1^\infty B_n.$$

Il est clair que, si les potentiels des deux sphères étaient respectivement V_a et V_b, il suffirait d'ajouter les potentiels, densités et charges relatives aux deux cas, où le potentiel de A est V_a et celui de B zéro d'une part, et où le potentiel de A est zéro, et celui de B, V_b d'autre part.

MÉTHODE DE SIR W. THOMSON.

7. Considérons une suite de points A_1, A_2, A_3 à l'intérieur de la première sphère, et une suite B_1, B_2, B_3 à l'intérieur de la seconde, définis par les conditions

(1) $$a_n = \frac{acr(1 - r^{2n-2})}{Q - P r^{2n}}, \quad b_n = \frac{b}{c} \frac{Q - P r^{2n}}{1 - r^{2n}},$$

a_n étant la distance AA_n, et b_n la distance BB_n.

Les quantités P, Q, r sont définies ainsi :

$$(2) \qquad ab\left(r+\frac{1}{r}\right) = c^2 - a^2 - b^2, \quad P = b + \frac{a}{r}, \quad Q = b + ar,$$

d'où

$$PQ = c^2,$$

On prend pour r la plus petite des deux racines de l'équation (2), racines qui sont réelles quand les sphères sont extérieures, de sorte que

$$r = \frac{1}{2b}\left(c^2 - a^2 - b^2 - \sqrt{c^4 + a^4 + b^4 - 2a^2 b^2 - 2a^2 c^2 - 2b^2 c^2}\right).$$

La valeur du radical sera aussi représentée par $2kc$, de sorte qu'on aura

$$(3) \quad \begin{cases} 2abr = c^2 - a^2 - b^2 - 2kc, \quad 2\dfrac{ab}{r} = c^2 - a^2 - b^2 + 2kc, \\ 2kc = ab\left(\dfrac{1}{r} - r\right). \end{cases}$$

De ces définitions on déduit aisément

$$(c - a_n)b_n = b^2, \quad a_{n+1}(c - b_n) = a^2,$$

car on a

$$c - a_n = c\frac{(Q - ar) - r^{2n}\left(P - \dfrac{a}{r}\right)}{Q - Pr^{2n}} = \frac{bc(1 - r^{2n})}{Q - Pr^{2n}} = \frac{b^2}{b_n},$$

d'une part, et, de l'autre,

$$c - b_n = \frac{(c^2 - bQ) - r^{2n}(c^2 - bP)}{c(1 - r^{2n})}$$

$$= \frac{a\left(\dfrac{Q}{r} - Pr^{2n+1}\right)}{c(1 - r^{2n})} = \frac{a}{rc}\frac{Q - Pr^{2n+2}}{(1 - r^{2n})} = \frac{a^2}{a_{n+1}}.$$

En observant que $a_1 = 0$, on voit que le point A_1 coïncide avec le point A, que B_1 est conjugué de A_1 par rapport à la sphère b, A_2 de B_1 par rapport à la sphère a et, en général, (A_n, B_n) sont conjugués par rapport à la sphère b, (A_{n+1}, B_n) le sont par rapport à la sphère a.

COULOMB. 25

Plaçons, en ces différents points, des masses électriques dé-

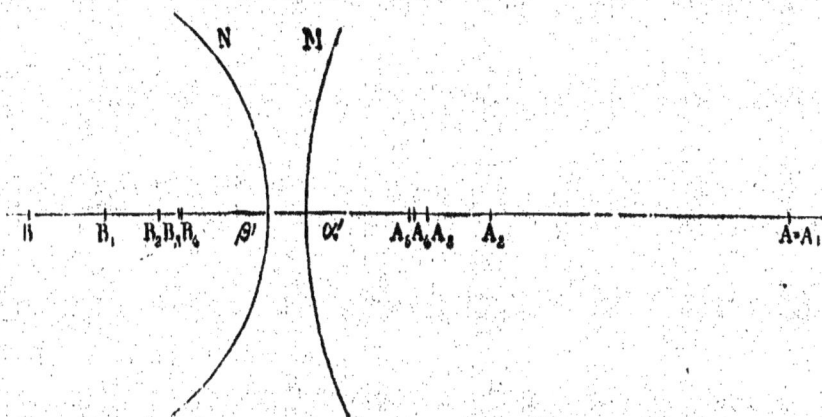

signées par les mêmes symboles et déterminées par les conditions

$$(1) \qquad A_n = \frac{2kor'^n}{Q - Pr'^{2n}}, \qquad B_n = -2k\,\frac{r^n}{1 - r'^{2n}},$$

telles, par conséquent, que

$$\frac{B_n}{A_n} = -\frac{b_n}{b}, \qquad \frac{A_{n+1}}{B_n} = -\frac{a_{n+1}}{a},$$

et cherchons le potentiel dû à cette distribution sur l'une ou l'autre sphère ; sur un point N de la sphère B, ce sera

$$\sum\left(\frac{A_n}{NA_n} + \frac{B_n}{NB_n}\right).$$

Ce potentiel sera nul, car chacun des termes qui composent cette somme est nul. En effet, A_n et B_n étant conjugués par rapport à la sphère B, on a

$$\frac{NA_n}{NB_n} = \frac{c - b - a_n}{b - b_n} = \frac{\frac{b^2}{b_n} - b}{b - b_n} = \frac{b}{b_n} = -\frac{A_n}{B_n}.$$

Cherchons de même le potentiel sur un point M de la sphère A ; en isolant le potentiel dû à A_1, on écrira ce potentiel

$$\frac{A_1}{a} + \sum\left(\frac{A_{n+1}}{MA_{n+1}} + \frac{B_n}{MB_n}\right).$$

La somme est encore nulle pour la même raison; car, A_{n+1} et B_n étant conjugués par rapport à la sphère A, on aura

$$\frac{MA_{n+1}}{MB_n} = \frac{a - a_{n+1}}{c - a - b_n} = \frac{a - a_{n+1}}{\frac{a^2}{a_{n+1}} - a} = \frac{a_{n+1}}{a} = \frac{A_{n+1}}{B_n}.$$

Sur la sphère A le potentiel sera donc constant et égal à $\frac{A_1}{a}$ ou à l'unité, car

$$A_1 = \frac{2kcr}{Q - Pr^2} = \frac{2kcr}{b(1 - r^2)} = a.$$

Donc la distribution proposée produit un potentiel 1 sur la sphère A et un potentiel 0 sur la sphère B.

8. *Charges*. — En vertu des théorèmes fondamentaux, on devra distribuer sur la surface de la sphère A une masse $q_{aa} = \Sigma A_n$ d'électricité, et sur B une masse de signe contraire $q_{ab} = \Sigma B_n$ pour produire les mêmes potentiels sur ces sphères.

9. *Densité*. — La densité, en chaque point, étant $-\frac{1}{4\pi}$ de la force résultante des actions des masses hypothétiques A_n et B_n, on peut aussi remarquer que la distribution sur A est la somme des distributions équivalentes à chacune des masses A_n. Les deux procédés conduisent au même résultat, savoir que la densité en un point M de la sphère $A = \frac{1}{4\pi a} \Sigma A_n \frac{a^2 - a_n^2}{MA^3}$, et sur la sphère B au point N, $\frac{1}{4\pi b} \Sigma B_n \frac{b^2 - b_n^2}{NB_n^3}$.

Ces formules se simplifient quand les points M et N sont aux extrémités du diamètre qui joint les centres; on a alors

$$MA_n = a \pm a_n, \quad NB_n = b \pm b_n,$$

le signe $+$ correspondant aux points extérieurs; ce qui donne :

Pour le point α,

$$(\text{II}) \quad \frac{1}{4\pi a} \Sigma A_n \frac{a - a_n}{(a + a_n)^2} = \frac{2kcr}{4\pi a^2} \Sigma \frac{(Q - cr) - (Pr - c)r^{2n-1}}{\{Q + cr - (Pr + c)r^{2n-1}\}^2} r^n,$$

Pour le point α',

(I) $\dfrac{1}{4\pi a} \sum \dfrac{A_n}{(a-a_n)^2}(a+a_n) = \dfrac{2kc}{4\pi a^2} \sum \dfrac{Q+cr-(Pr+c)r^{2n-1}}{[Q-cr-(Pr-c)r^{2n-1}]^2} r^n;$

Pour le point β,

(J) $\dfrac{1}{4\pi b} \Sigma B_n \dfrac{b-b_n}{(b+b_n)^2} = -\dfrac{2kc}{4\pi b^2} \sum \dfrac{[c-Q-(c-P)r^{2n}]^2}{[c+Q-(c+P)r^{2n}]^2} r^n;$

Pour le point β',

(K) $\dfrac{1}{4\pi b} \Sigma B_n \dfrac{b+b_n}{(b-b_n)^2} = -\dfrac{2kc}{4\pi b^2} \sum \dfrac{c+Q-(c+P)r^{2n}}{[c-Q-(c-P)r^{2n}]^2} r^n.$

Si, au contraire, A était au potentiel o et B au potentiel 1, il faudrait remplacer Q par $Q' = a + br = Pr = \dfrac{c^2 r}{Q}$, et P par $P' = a + \dfrac{b}{r} = \dfrac{Q}{r} = \dfrac{c^2}{Pr}$, d'où

$$A'_n = -2k \dfrac{r^n}{1-r^{2n}}, \quad B'_n = 2kc\, P \dfrac{r^{n-1}}{Q-Qr^{2n-2}},$$

et les densités seraient

(H')   En α..... $-\dfrac{2kc}{4\pi a^2} \sum \dfrac{c-Pr-(rc-Q)r^{2n-1}}{[c+Pr-(rc+Q)r^{2n-1}]^2} r^n,$

(I')   En α'.... $-\dfrac{2kc}{4\pi a^2} \sum \dfrac{[c+Pr-(rc+Q)r^{2n-1}]}{[c-Pr-(rc-Q)r^{2n-1}]^2} r^n.$

Si l'on pose $q_{bb} = \Sigma B'_n$, $q_{ab} = \Sigma A'_n = \Sigma B_n$, il est clair qu'on produira un potentiel V_a sur A, V_b sur B, en disposant de masses

$$E_a = V_a q_{aa} + V_b q_{ab}, \quad E_b = V_a q_{ab} + V_b q_{bb}.$$

Sur chaque sphère, les densités en chaque point seront la somme des densités correspondant : 1° au cas de $V_a = 0$, $V_b = V_b$; 2° au cas de $V_a = V_a$ et $V_b = 0$.

10. *Attraction*. — L'action des masses hypothétiques étant la même que celle due à la distribution réelle, sur tout point non intérieur aux sphères, l'action réciproque des sphères sera la somme des termes de forme $\dfrac{A_i B_j}{(c - a_i - b_j)^2}$ qu'on pourra former en considérant tous les couples possibles de masses fictives. Mais il est, en général, plus simple de calculer cette attraction F en cherchant le travail $F dc$ qu'elle produit quand les sphères s'écartent ou se rapprochent, travail qui, par la définition même du potentiel, a pour valeur

$$\frac{1}{2} d(V_a E_a + V_b E_b)$$

ou encore

$$\frac{1}{2} d \frac{E_a^2 q_{bb} + 2 E_a E_b q_{ab} + E_b^2 q_{aa}}{q_{aa} q_{bb} - q_{ab}^2},$$

expression dans laquelle les E sont invariables, et qui, dans le cas particulier où les sphères sont égales et également chargées, se simplifie notablement.

CAS PARTICULIERS.

11. Toutes les fois que les sphères ne sont pas très voisines, la racine r est assez petite pour que les séries ci-dessus soient très convergentes à cause du numérateur r^m; ainsi, dans la figure ci-dessus, r est égal à $\frac{1}{4}$; on pourra donc se contenter d'un petit nombre de termes, sauf le cas de sphères très voisines que Poisson a traité. Le cas des sphères égales, facile à réaliser dans la pratique, offre aussi un intérêt particulier : on les traitera donc d'une manière spéciale.

Sphères égales.

12. Lorsque $a = b$, la valeur de r devient $\left(\dfrac{c - 2k}{2a}\right)^2$ et celle de $\dfrac{1}{r}$, $\left(\dfrac{c + 2k}{a}\right)^2$, avec $4 k^2 = c^2 - 4 a^2$.

On a d'ailleurs

$$(1 + r)^2 = r\left(r + 2 + \frac{1}{r}\right) = r\left(\frac{c^2 - 2a^2}{a^2} + 2\right) = \frac{c^2 r}{a^2}$$

et, par suite,

$$P = \frac{a}{r}(1 + r) = \frac{c}{\sqrt{r}}, \quad Q = a(1 + r) = c\sqrt{r}.$$

Si donc on pose $\rho = \sqrt{r} = \dfrac{c - 2k}{2a}$, il viendra

$$A_n = B'_n = 2k \frac{1}{\left(\dfrac{1}{\rho}\right)^{2n-1} - \rho^{2n-1}}, \qquad A'_n = B_n = -2k \frac{1}{\left(\dfrac{1}{\rho}\right)^{2n} - \rho^{2n}}.$$

Les expressions H et H' deviennent

$$(\text{H}) \qquad \frac{2kc}{4\pi a^2} \frac{1 - \rho}{\rho(1+\rho)^2} \sum \frac{1 + \rho^{4n-3}}{(1 - \rho^{4n-3})^2} \rho^{2n},$$

$$(\text{H}') \qquad -\frac{2kc}{4\pi a^2} \frac{1 - \rho}{(1+\rho)^2 \rho} \sum \frac{1 + \rho^{4n-1}}{(1 - \rho^{4n-1})^2} \rho^{2n}.$$

Lorsque les potentiels sont égaux (ou les charges égales), on a $\text{E} = (q_{aa} + q_{ab})\text{V}$, mais on a

$$\frac{1}{2k} q_{aa} = \frac{\rho}{1 - \rho^2} + \frac{\rho^3}{1 - \rho^6} + \ldots = (\rho + \rho^3 + \rho^5 + \ldots) + (\rho^3 + \rho^9 + \ldots) \ldots$$
$$= \Sigma \rho^{2n+1} + \Sigma \rho^{3(2n+1)} + \Sigma \rho^{5(2n+1)} + \ldots,$$

$$\frac{1}{2k} q_{ab} = -\frac{\rho^2}{1 - \rho^4} - \frac{\rho^4}{1 - \rho^8} + \ldots = -(\rho^2 + \rho^6 + \rho^{10} + \ldots) - (\rho^4 + \rho^{12} + \ldots)$$
$$= -\Sigma \rho^{2n} - \Sigma \rho^{3 \cdot 2n} - \Sigma \rho^{5 \cdot 2n},$$

d'où

$$(a) \qquad \frac{1}{2k}(q_{aa} + q_{ab}) = \frac{\rho}{1 - \rho} + \frac{\rho^3}{1 + \rho^3} - \ldots = \sum_1^{\infty} \frac{\rho^{2n-1}}{1 + \rho^{2n-1}},$$

et, incidemment,

$$q_{ab} = -2k \sum \frac{\rho^{4n+2}}{1 - \rho^{4n+2}},$$

série plus convergente que la première.

On peut se dispenser d'introduire ρ quand les sphères ne sont pas très voisines. On a, en effet,

$$c = a\left(\frac{1}{\rho} + \rho\right), \qquad 2k = a\left(\frac{1}{\rho} - \rho\right);$$

par suite, chacun des termes de A_n et B_n, rationnel en $\dfrac{c}{a}$, pourra se calculer directement; si l'on pose $\dfrac{c}{a} = c'$, on aura

$$+ q_{ab} = a\left[1 - \frac{1}{c'} + \frac{1}{c'^2 - 1} + \ldots\right.$$
$$\left. \pm \frac{1}{c'^m - 1 - (m-2)c'^{m-3} + \frac{(m-3)(m-4)}{1 \cdot 2} c'^{m-5} - \frac{(m-4)\ldots(m-6)}{1 \cdot 2 \cdot 3} c'^{m-7}}\right]$$

Mais, si ρ est très voisin de 1, on aura au contraire avantage à substituer à cette série la suivante, qu'on déduit aisément de (a) :

$$q_{aa} + q_{ab} = a\left[\frac{\rho}{(1+\rho)(1-\rho^2)} + \frac{\rho^4}{(1+\rho)(1+\rho^3)(1-\rho^4)} + \ldots \right.$$
$$\left. + \frac{\rho^{n^2}}{(1+\rho)(1+\rho^3)\ldots((1+\rho^{2n-1})(1-\rho^{2n})} \right],$$

et qui converge avec une extrême rapidité ([1]).

La capacité de l'ensemble des deux sphères est $2C = 2(q_{aa} + q_{ab})$ et l'énergie du système $\frac{E^2}{C}$; la répulsion mutuelle des sphères a pour valeur

$$\frac{E^2}{C^2}\frac{dC}{dc},$$

mais, en vertu de (a),

$$\frac{dC}{dc} = \sum \frac{\rho^{2n-1}}{1+\rho^{2n-1}}\, 2\, \frac{dk}{dc} + 2k\frac{d\rho}{dc}\sum\frac{(2n-1)\rho^{2n-2}}{(1+\rho^{2n-1})^2};$$

d'ailleurs,

$$2\frac{dk}{dc} = \frac{c}{2k}, \qquad \frac{d\rho}{dc} = \frac{1}{2a}\left(1-\frac{c}{2k}\right) = -\frac{\rho}{2k};$$

donc

$$\frac{dC}{dc} = \frac{cC}{k^2} - \sum\frac{(n-1)\rho^{2n-1}}{(1+\rho^{2n-1})^2},$$

série convergente, au moyen de laquelle on déterminera la force.

13. Si l'on observe que $\frac{2k\rho}{1-\rho^2} = a$, on aura

$$q_{aa} = a\left[1 + (1-\rho^2)\left(\frac{\rho^2}{1-\rho^6} + \frac{\rho^4}{1-\rho^8} + \ldots\right)\right]$$

ou, en négligeant les termes en ρ^8 seulement,

$$q_{aa} = a(1+\rho^2);$$

([1]) Une transformation analogue s'applique aux séries générales q_{aa}, q_{ab} qui peuvent s'écrire, en posant $\rho^2 = \alpha c$:

$$q_{aa} = \left[\frac{\rho'}{(1-\rho')(1-\alpha'\rho'^2)} + \ldots + \frac{\rho'^{n^2}\alpha'^{2n-2}(1-\rho'^2)(1-\rho'^4)\ldots(1-\rho'^{2n-2})}{(1-\rho'^2)(1-\rho'^4)\ldots(1-\rho'^{2n-1})(1-\alpha'\rho'^2)\ldots(1-\alpha'\rho'^{2n})} + \ldots\right]2k,$$

$$-q_{ab} = \left[\frac{\rho'}{(1-\rho')(1-\rho'^3)} + \ldots + \frac{\rho'^{n^2}(1-\rho'^4)(1-\rho'^6)\ldots(1-\rho'^{2n-2})}{(1-\rho'^2)(1-\rho'^4)\ldots(1-\rho'^{2n})} + \ldots\right]2k.$$

de même

$$q_{ab} = -a(1-\rho^2)\left(\frac{\rho}{1-\rho^4} + \frac{\rho^3}{1-\rho^8}, \cdots\right)$$

ou, en négligeant seulement des termes en ρ^5,

$$q_{ab} = -a\rho \cdots;$$

ces deux formules sont suffisantes dans la plupart des cas.

On en déduit

$$C = 2a(1-\rho+\rho^2) = 2\left(\frac{1+\rho^2}{1+\rho}\right)$$

au même degré d'approximation et

$$\frac{1}{C} = \frac{1}{2a}(1+\rho-\rho^3-\rho^4).$$

On sait d'ailleurs que

$$\frac{d\rho}{dc} = -\frac{\rho}{2k} = \frac{\rho}{c-2a\rho};$$

on aura donc, pour $\dfrac{d}{dc}\dfrac{1}{C}$ ou pour la force répulsive correspondant à l'unité de charge,

$$\frac{\rho}{2a(c-2a\rho)}(1-3\rho^2-4\rho^3).$$

La valeur de ρ, aux termes près du cinquième ordre, est

$$\rho = \frac{a}{c}\left(1+\frac{a^2}{c^2}\right);$$

en la substituant dans la valeur de la force, il viendra

$$\frac{1}{c^2}\left[1-3\left(\frac{a}{c}\right)^2-4\left(\frac{a}{c}\right)^3\right]\left(1+\frac{a^2}{c^2}\right)\left(1+\frac{2a^2}{c^2}+\frac{6a^4}{c^4}\right) = \frac{1}{c^2}\left(1-4\frac{a^3}{c^3}\right);$$

formule très suffisante quand la distance des sphères atteint leur diamètre; en effet, dans ce cas, $c = 4a$, $2k = 2a\sqrt{3}$ et $\rho = 0,268$, dont la cinquième puissance est déjà très faible.

Sphères en contact.

14. Lorsque les sphères se rapprochent indéfiniment, c se rapproche de $a+b$, k tend vers zéro et r vers l'unité; si l'on pose

$r = 1 - \varepsilon$, d'où $2k = \dfrac{ab}{c} 2\varepsilon$, ε étant infiniment petit, il vient

$$a_n = \frac{(n-1)ac}{nc-a}, \quad b_n = b\,\frac{nc-a}{nc}, \quad A_n = \frac{ab}{nc-a}, \quad B_n = -\frac{ab}{nc}.$$

Les potentiels étant égaux quand les sphères se touchent, on peut sans inconvénient le supposer égal à l'unité dans les deux.

Charges des sphères. — On a

$$E_a = \sum (A_n + B_n) = -a^2 b \sum \frac{1}{nc(nc-a)} = \frac{a^2 b}{c^2} \sum \frac{1}{n\left(n-\dfrac{a}{c}\right)}$$

et de même

$$E_b = \frac{ab^2}{c^2} \sum \frac{1}{n\left(n-\dfrac{b}{c}\right)},$$

séries convergentes.

La différence $E_a - E_b$ est (*voir* la note), par un théorème connu d'Analyse,

$$\frac{\pi ab}{c} \cot \pi \frac{b}{c}.$$

et tend vers a quand b diminue jusqu'à zéro.

Quand b tend vers zéro, on trouve facilement la limite des expressions ci-dessus en les écrivant ainsi :

$$E_a = ab\left(\frac{1}{b} - \frac{1}{c} + \frac{1}{b+c} - \frac{1}{2c} + \cdots\right)$$

$$= a - \frac{ab^2}{c^2}\left[\frac{1}{1\left(1+\dfrac{b}{c}\right)} + \cdots + \frac{1}{n\left(n+\dfrac{b}{c}\right)}\right],$$

$$E_b = ab\left(\frac{1}{a} - \frac{1}{c}\right) + \cdots + \frac{1}{nc+a} - \frac{1}{(n+1)c} + \cdots$$

$$= \frac{ab^2}{c^2}\left[\frac{1}{1-\dfrac{b}{c}} + \frac{1}{2\left(2-\dfrac{b}{c}\right)} + \cdots + \frac{1}{n\left(n-\dfrac{b}{c}\right)}\right];$$

les parenthèses tendent toutes deux vers $\sum \dfrac{1}{n^2}$ ou $\dfrac{\pi^2}{6}$ quand b tend vers zéro, et l'on peut écrire

$$E_a = a\left(1 - \frac{\pi^2}{6}\frac{b^2}{c^2}\right), \quad E_b = \frac{ab^2}{c^2}\left(\frac{\pi^2}{6} + \frac{b}{c}\sum \frac{1}{n^3}\right);$$

les densités moyennes sont alors

$$\frac{1}{4\pi a}\left(1 - \frac{\pi^2}{6}\frac{b^2}{c^2}\right) \quad \text{et} \quad \frac{a}{4\pi c^2}\left(\frac{\pi^2}{6} + \frac{b}{c}\sum \frac{1}{n^3}\right);$$

le rapport de ces densités, quand $b = o$ et $c = a$, est fini et égal à $\frac{\pi^2}{6}$.

Quand les sphères sont égales, les charges E_a et E_b sont égales entre elles et à

$$\frac{a}{4}\sum \frac{1}{n\left(n-\frac{1}{2}\right)} = \sum \frac{1}{2n(2n-1)}$$

$$= \left(\frac{1}{1.2} + \frac{1}{3.4} + \frac{1}{5.6} + \cdots\right) = al.2 = 0,69315.a.$$

15. *Densité maximum sur les sphères.* — L'expression générale de la densité aux points a devient dans ce cas

$$\frac{b^2}{4\pi a}\sum \frac{1}{(2nc+b)^2} - \sum \frac{1}{(2nc-b)^2}$$

$$= \frac{b^2}{4\pi a}\left[\frac{1}{b^2} + \frac{1}{(2c+b)^2} - \frac{1}{(2c-b)^2} + \frac{1}{(4c+b)^2} - \frac{1}{(4c-b)^2} + \cdots\right];$$

quand $b = a = \frac{c}{2}$, ceci devient

$$\frac{1}{4\pi a}\left[1 - \left(\frac{1}{3}\right)^2 + \left(\frac{1}{5}\right)^2 - \left(\frac{1}{7}\right)^2\right] + \cdots = \frac{1}{4\pi a} \times 0,916;$$

le rapport à la densité moyenne est $\frac{0,916}{l.2}$.

Quand b tend vers zéro, cette densité maximum tend vers $\frac{1}{4\pi a}$. La densité à l'extrémité opposée de la sphère b est

$$\frac{a^2}{4\pi b}\left[\frac{1}{a^2} + \frac{1}{(2c+a)^2} + \cdots - \frac{1}{(2c-a)^2} - \frac{1}{(4c-a)^2} - \cdots\right]$$

ou

$$\frac{a^2}{4\pi b}\left[\frac{1}{a^2} + \frac{1}{(3a+2b)^2} + \frac{1}{(5a+2b)^2} + \cdots - \frac{1}{(a+2b)^2} - \frac{1}{(3a+4b)^2}\cdots\right]$$

$$= \frac{a^2}{4\pi b}\sum \frac{1}{[(2n+1)a+2nb]^2} - \frac{1}{[(2n+1)a+(2n+2)b]^2}$$

$$= \frac{a^2}{4\pi b}\sum \frac{4(2n+1)(a+b)b}{[(2n+1)a+2nb]^2[(2n+1)a+(2n+2)b]^2}$$

$$= \frac{4\left(1+\frac{b}{a}\right)}{4\pi a}\sum \frac{2n+1}{\left[2n+1+2n\frac{b}{a}\right]^2\left[(2n+1+(2n+2)\frac{b}{a}\right]^2},$$

qui, lorsque b tend vers zéro, a pour limite

$$\frac{4}{4\pi a}\sum\frac{1}{(2n+1)^3}=\frac{4}{4\pi a}\frac{7}{8}\sum\frac{1}{n^3}.$$

Le rapport de cette densité à la densité moyenne de l'autre sphère tend donc encore vers une limite finie

$$4\sum\frac{1}{(2n+1)^3}=4,2072.$$

16. On peut enfin se proposer de chercher la répulsion mutuelle de deux sphères maintenues au contact ; on se bornera pour le moment au cas où elles sont égales. Considérons d'abord un point dans l'intérieur de la sphère B à une distance δ du point de contact et ayant une masse m ; l'action des masses A_n et A'_n sera la somme des fractions $\dfrac{mA_n}{(a-a_n+\delta)^2}-\dfrac{mA'_n}{(a-a'_n+\delta)^2}$; mais on a

$$a_n=\frac{2n-2}{2n-1}a,\quad a'_n=a\frac{2n-1}{2n},\quad A_n=\frac{a}{2n-1},\quad A'_n=-\frac{a}{2n}.$$

Si l'on prend le rayon commun égal à l'unité, cette expression devient $m\left[\dfrac{(2n-1)}{[1+(2n-1)\delta]^2}-\dfrac{2n}{(1+2n\delta^2)}\right]$; l'action totale de la sphère A sur cette masse sera la somme

$$m\sum_{n=1}^{n=\infty}\frac{2n-1}{[1+(2n-1)\delta]^2}-\frac{2n}{[1+2n\delta]^2},$$

qui peut encore s'écrire

$$\frac{m}{\delta^2}\sum_{n=1}^{n=\infty}\frac{2n-1}{\left(\frac{1}{\delta}+2n-1\right)^2}-\frac{2n}{\left(\frac{1}{\delta}+2n\right)^2};$$

la somme peut alors être remplacée par l'intégrale

$$\int_0^1-\frac{t^{\frac{1}{\delta}}l.t}{(1+t)^2}\,dt.$$

On a en effet

$$\int_0^1 t^m l.t\,dt=-\frac{1}{(m+1)^2},$$

et par suite

$$\int_0^1 - \frac{t^m l.t\, dt}{(1+t)^2} = \int_0^1 - l.t\, dt(t^m - 2t^{m+1} + 3\,t^{m+2}...)$$

$$= \frac{1}{(m+1)^2} - \frac{2}{(m+2)^2} + \frac{3}{(m+3)^2} - ....$$

On a donc pour l'action totale de la sphère A sur le point m

$$\frac{m}{\delta^2}\int_0^1 \frac{t^{\frac{1}{\delta}}\, l.t}{(1+t)^2}\, dt.$$

Or, pour avoir l'action totale de la sphère A sur la sphère B, il faudra faire la somme des actions de A sur les masses B_n, B'_n, c'est-à-dire donner à m les valeurs $\frac{1}{2n-1}$ et $\frac{-1}{2n}$, en donnant à δ les valeurs correspondantes $(1-b_n)$ ou $(1-b'_n)$, qui sont $\frac{1}{2n-1}$ et $\frac{1}{2n}$; $\frac{m}{\delta^2}$ se réduit donc à $2n-1$ ou à $-2n$, et l'on a à chercher

$$\int_0^1 - \frac{t l.t}{(1+t)^2}\, dt + 2\int_0^1 \frac{t^2 l.t}{(1+t)^2}\, dt - ...$$

$$+ (2n-1)\int_0^1 - \frac{t^{2n-1}\, l.t}{(1+t)^2}\, dt + 2n\int_0^1 \frac{t^{2n}\, l.t}{(1+t)^2}\, dt,$$

ou encore

$$\int_0^1 \frac{-l.t\, t}{(1+t)^2}(1 - 2t + 3t^2 - ...) = \int_0^1 \frac{-t l.t}{(1+t)^4}\, dt.$$

En effectuant l'intégration,

$$\int_0^1 - \frac{t l.t}{(1+t)^4}\, dt = \frac{1}{6}\int_0^1 - \frac{t l.t}{(1+t)^2}\, dt - \frac{1}{24} = \frac{1}{6}\left(l.2 - \frac{1}{4}\right) = 0,073858.$$

Si le potentiel des sphères est V, cette répulsion devient

$$0,073858\, V^2$$

et est indépendante du diamètre (Sir W. Thomson, *Phil. Magazine*, 1853; *Reprint of papers*, p. 86).

Cas de deux sphères très voisines.

17. Les séries ci-dessus cessent d'être utilisables quand r devient très voisin de 1, ce qui a lieu quand les sphères sont très voisines; elles croissent indéfiniment quand r approche de cette limite. Poisson les transforme alors au moyen des théorèmes suivants, qui isolent en quelque sorte la partie qui devient infinie.

18. L'équation $e^{\frac{p}{2}} - e^{-\frac{p}{2}} = 0$ admet, outre la racine $p = 0$, les racines $p = \pm 2 i \pi \times n$; on en déduit

$$e^{\frac{p}{2}} - e^{-\frac{p}{2}} = p \left[1 + \left(\frac{p}{2\pi} \right)^2 \right] \left[1 + \left(\frac{p}{4\pi} \right)^2 \right] \left[1 + \left(\frac{p}{2n\pi} \right)^2 \right];$$

prenant les dérivées logarithmiques des deux membres,

$$\frac{1}{2} \frac{e^{\frac{p}{2}} + e^{-\frac{p}{2}}}{e^{\frac{p}{2}} - e^{-\frac{p}{2}}} = \frac{1}{2} \frac{e^p + 1}{e^p - 1} = \frac{1}{p} + 2p \left[\frac{1}{(2\pi)^2 + p^2} + \cdots + \frac{1}{(2n\pi)^2 + p^2} \right],$$

mais on a

$$\int_0^\infty e^{-mt} dt \sin pt = \frac{p}{m^2 + p^2},$$

donc

$$\frac{1}{2} \frac{e^p + 1}{e^p - 1} = \frac{1}{p} + \frac{2}{p} \int_0^\infty \sin pt \, dt (e^{-2\pi t} + e^{-4\pi t} + \cdots)$$

$$= \frac{2}{p} \int_0^\infty \frac{\sin pt}{e^{2\pi t} - 1} dt + \frac{1}{p},$$

et

(1)
$$\frac{1}{1 - e^p} = \frac{1}{2} - \frac{1}{p} - 2 \int_0^\infty \frac{\sin pt \, dt}{e^{2\pi t} - 1}.$$

Si maintenant on a une série $\sum_0^\infty \frac{\lambda^n}{1 - e^{2nt + \omega}}$, on aura donc

$$\sum_0^\infty \frac{\lambda^n}{1 - e^{2nt + \omega}} = \frac{1}{2} \sum_0^\infty \lambda^n - \sum_0^\infty \frac{\lambda^n}{2nt + \omega}$$

$$- 2 \int_0^\infty \sum \frac{\lambda^n \sin(2nt + \omega) t \, dt}{e^{2\pi t} - 1}.$$

Si λ est compris entre $+1$ et -1, le premier terme sera $\frac{1}{2(1 - \lambda)}$; on a d'ailleurs

$$\sum \lambda^n \sin(2nt + \omega) = \sum \frac{\lambda^n}{2i} (e^{(2n + \omega)it} - e^{-(2n + \omega)it})$$

$$= \sum \frac{\lambda^n}{2i} \left(\frac{e^{\omega it}}{1 - e^{2it}} - \frac{e^{-\omega it}}{1 - e^{-2it}} \right)$$

$$= \frac{\sin \omega t - \lambda \sin(\omega - 2t) t}{(1 - \lambda)^2 + 4\lambda \sin^2 t}.$$

D'autre part, on a aussi

$$\sum_0^\infty \frac{\lambda^n}{1 - 2\,e^{2n\varepsilon} + \omega} = \sum_0^\infty \frac{e^{n\omega}}{1 - \lambda\,e^{2n\varepsilon}},$$

comme il est facile de s'en assurer en développant chacune de ces fractions en progression géométrique ; on aura donc

$$\sum_0^\infty \frac{e^{n\omega}}{1 - \lambda\,e^{2n\varepsilon}} = \frac{1}{2(1-\lambda)} - \sum_0^\infty \frac{\lambda^n}{2n\varepsilon + \omega}$$

$$- 2 \int_0^\infty \frac{\sin\omega t - \lambda\sin(\omega - 2\varepsilon)t}{(e^{2\pi t} - 1)\left[(1-\lambda)^2 + 4\lambda^2\sin^2\varepsilon t\right]}\,dt,$$

et, si $\omega = \varepsilon$,

$$(2)\quad \left\{ \begin{aligned} &\sum_0^\infty \frac{e^{n\varepsilon}}{1 - \lambda\,e^{2n\varepsilon}} = \frac{1}{2(1-\lambda)} - \frac{1}{\varepsilon}\sum_0^\infty \frac{\lambda^n}{2n+1} \\ &\qquad - 2 \int_0^\infty \frac{(1+\lambda)\sin\varepsilon t}{(e^{2\pi t}-1)\left[(1-\lambda)^2 + 4\lambda^2\sin^2\varepsilon t\right]}\,dt. \end{aligned} \right.$$

Posant $l.r = \varepsilon$, le premier membre deviendra l'une des séries ΣA_n ou ΣB_n, suivant la valeur qu'on donnera à λ.

Si l'on prend la dérivée du premier membre, par rapport à λ, qu'on la multiplie par 2λ et qu'on l'ajoute à ce premier membre, il viendra

$$(3)\quad \left\{ \begin{aligned} &\sum_0^\infty \frac{1 + \lambda\,e^{2n\varepsilon}}{(1 - \lambda\,e^{2n\varepsilon})^2} = \frac{1}{2}\frac{1+\lambda}{(1-\lambda)^2} - \frac{1}{\varepsilon}\frac{1}{(1-\lambda)} \\ &\qquad - 2 \int_0^\infty \frac{\sin\varepsilon t}{(e^{2\pi t}-1)}\,dt\left[\varphi(\lambda) + 2\lambda\varphi'(\lambda)\right], \end{aligned} \right.$$

en désignant par φ la fonction de λ qui est sous le signe $\int$ de l'équation (2).

En donnant à λ une valeur négative, le premier membre correspondra aux différentes séries qui entrent dans l'expression des densités.

10. Densités. — Reprenons les séries [I] et [I'] du § 9.

On a

$$[1] = \frac{2kc}{a^2} \frac{Q+cr}{(Q-cr)^2} \sum_1^\infty \frac{1+\lambda_1 r^{2n-2}}{(1-\lambda_1 r^{2n-2})^2} r^n$$

$$= \frac{2kcr}{4\pi a^2} \frac{Q+cr}{(Q-cr)^2} \sum_0^\infty \frac{1+\lambda_1 r^{2n}}{(1-\lambda_1 r^{2n})^2} r^n,$$

en posant

$$\lambda_1 = -\frac{rc}{Q} = -\frac{rP}{c},$$

Comme on a

$$\frac{1-\lambda_1}{1+\lambda_1} = \frac{Q+cr}{Q-cr} = \frac{b+(a+c)r}{b+(a-c)r} = \frac{2kc}{(b-a-b)(c+b-a)}$$

et

$$(Q-cr)(1-\lambda_1) = b(1-r^2) = \frac{2kcr}{a},$$

il viendra, en posant $r = e^t$,

$$[1] = \frac{1}{4\pi}\left[\frac{1}{2a} - \frac{1}{a}\frac{2kc}{(c-a-b)(c+a-b)t}\right]$$

$$- \frac{2kc(1-\lambda_1)}{a(c-a-b)(c+b-a)} 2\int_0^\infty \frac{\sin tt\,dt}{e^{2\pi t}-1}[\varphi(\lambda_1)+2\lambda_1\varphi'(\lambda_1)];$$

λ_1 tend vers -1, quand les sphères se rapprochent ; la fonction

$$\varphi(\lambda) = \frac{1+\lambda}{(1-\lambda)^2+4\lambda^2\sin^2 t}$$

pourra donc se développer en

$$\frac{1+\lambda}{(1-\lambda)^2}\left[1 - \frac{4\lambda}{(1-\lambda)^2}\sin^2 tt + \frac{16\lambda^2}{(1-\lambda)^4}\sin^4 tt + \dots\right],$$

ainsi que sa dérivée $\varphi'(\lambda)$, et la fonction $\varphi(\lambda)+2\lambda\varphi'(\lambda)$.

Mais, à cause de

$$r = e^t = 1 + t + \frac{t^2}{1.2} + \dots,$$

on peut développer aussi, en fonction de a, b et des puissances de t, les quantités k, c, λ_1 et aussi $\sin tt$; on a en effet

$$2kc = ab\left(\frac{1}{r}-r\right) = -2ab\left(t+\frac{t^3}{6}+\dots\right),$$

$$c^2 = a^2+b^2+ab\left(\frac{1}{r}+r\right) = (a+b)^2+2ab\left(\frac{t^2}{1.2}-\frac{t^4}{24}+\dots\right)$$

et

$$c = a + b + \frac{ab}{2(a+b)} \varepsilon^2 + \left[1 - \frac{3ab}{(a+b)^2} \right] \frac{ab\varepsilon^4}{24(a+b)}$$

avec

$$\lambda = - \left[1 + \varepsilon \frac{a+2b}{a+b} + \varepsilon^2 \frac{a^2 + 4ab + b^2}{2(a+b)^2} + \cdots \right].$$

La fonction sous le signe $\int$ se présente alors sous forme d'un polynôme de degré impair en t et en ε :

$$A_0 \varepsilon t + A_1 \varepsilon^3 t^3 + \cdots ;$$

et par suite l'intégrale sera

$$A_0 \varepsilon \int_0^\infty \frac{t\, dt}{e^{2\pi t} - 1} + A_1 \varepsilon^3 \int_0^\infty \frac{t^3\, dt}{e^{2\pi t} - 1} + \cdots ;$$

ces intégrales définies sont bien connues et sont : la première $\frac{1}{24}$, la seconde $\frac{1}{240}$, $\cdots$; on les obtiendra en remarquant qu'elles sont les coefficients de p, de $\frac{p^3}{6}$, de $\frac{p^5}{120}$, dans le développement suivant les puissances de p, de $\int_0^\infty \frac{\sin pt}{e^{2\pi t} - 1}$, de $\frac{p}{1 - e^p}$ ou de

$$\frac{1}{1 + \frac{p}{2} + \frac{p^2}{6} + \frac{p^3}{24} + \cdots}.$$

On remarquera que le coefficient de l'intégrale est de l'ordre de $\frac{1}{\varepsilon}$; par suite, en multipliant par $A_0 \varepsilon$, on obtiendra un terme constant qui viendra s'ajouter à $2a$. Le développement [l'] du §9 se traitera de même.

On écrira

$$[l'] = - \frac{2k\alpha r}{4\pi u^2} \frac{c + Pr}{(c - Pr)^2} \sum_0^\infty \frac{1 - \frac{Qr}{c} r^{2n}}{\left(1 + \frac{Qr}{c} r^{2n} \right)^2} r^m,$$

et l'on fera

$$\lambda_2 = - \frac{Qr}{c}.$$

Comme on a

$$(c + Pr)(1 + \lambda_2) = (c + a)(1 - r^2),$$
$$(c - Pr)(1 - \lambda_2) = (c - a)(1 - r^2)$$

et

$$\frac{c + Pr}{c - Pr} = \frac{Q + cr}{Q - cr} = \frac{2kc}{(c - a - b)(c + b - a)},$$

il viendra

$$[I'] = -\frac{1}{4\pi}\left[\frac{b}{a}\frac{c+a}{(c-a)^2} - \frac{b}{(c-a)}\right]\frac{2kc}{(c-a-b)(c+b-a)\varepsilon}$$
$$- \frac{b}{c-a}\frac{2kc(1-\lambda_2)}{(c-a-b)(c+b-a)}2\int_0^\infty \varphi(\lambda_2) + 2\lambda_2\varphi'(\lambda_2)\frac{\sin \varepsilon t\, dt}{e^{2\pi l}-1},$$

expression qui se traitera comme l'expression [1].

En effectuant les développements, on trouve que le terme de l'ordre $\frac{1}{\varepsilon^2}$, le terme constant, et le terme en ε^2, sont les mêmes dans les deux expressions I et I'; par suite, la densité

$$y = V_a[I] + V_b[I']$$

au point α' pourra s'écrire

$$y = \frac{V_a - V_b}{4\pi}\left(\frac{1}{c-a-b} + \frac{2b-a}{3ab} + G\varepsilon^2\right)$$
$$+ \frac{V_a + V_b}{4\pi}\left[\frac{\varepsilon^4}{30(a+b)} + H\varepsilon^6 + \dots\right];$$

et la densité z au point β' de la sphère B sera

$$z = \frac{V_b - V_a}{4\pi}\left(\frac{1}{c-a-b} + \frac{2a-b}{3ab} + G'\varepsilon^2\right)$$
$$+ \frac{V_a + V_b}{4\pi}\left[\frac{\varepsilon^4}{30(a+b)} + H'\varepsilon^6 + \dots\right].$$

Ainsi, lorsque la distance est très faible et le terme $\frac{1}{c-b-a}$ prédominant, les deux densités sont égales et de signe contraire; leur valeur absolue est le quotient de la différence de potentiel par la distance des sphères, multipliée par $\frac{1}{4\pi}$, comme cela doit être du reste en vertu de la loi qui lie la densité à la force; lorsqu'elles sont un peu plus éloignées, la densité sur la petite boule est, à cause du terme $\frac{2a-b}{3ab}$, plus forte que sur l'autre et décroît moins rapidement que l'inverse de la distance. Ces deux premiers termes sont suffisants dans presque toutes les expériences où l'on étudie la production de l'étincelle entre deux sphères voisines chargées à des potentiels différents.

Si, au contraire, les deux sphères sont maintenues au même potentiel, la densité est de même signe sur les deux, mais excessivement faible aux deux points les plus rapprochés, puisque la distance des sphères entre au deuxième degré dans son expression.

20. *Charges.* — Les choses se passent autrement si, ayant par le contact amené deux sphères au même potentiel, on vient à les écarter, en les isolant; l'égalité de potentiel ne subsiste plus, mais, comme la différence de potentiel est très faible, il faut alors savoir de quel ordre elle est pour savoir si y et z croissent indéfiniment, ou resteront voisins de zéro quand on écartera les sphères; il faut donc connaître la relation entre les potentiels et les charges, quand les sphères sont très voisines.

On reprendra donc les séries ΣA_n et ΣB_n du § 6 et les soumettre aux mêmes calculs.

On écrira la série

$$q_{aa} = \Sigma A_n$$

sous la forme

$$\frac{2kor}{Q} \sum_1^\infty \frac{r^{n-1}}{1 - \frac{Pr^2}{Q}r^{2n-2}} = \frac{2kor}{Q} \sum_0^\infty \frac{r^n}{1 - \lambda r^{2n}};$$

en posant

$$\lambda = \frac{Pr^2}{Q} = \left(\frac{Pr}{c}\right)^2,$$

dans la formule (2) du § 18, on aura

$$q_{aa} = \frac{2kor}{Q}\left[\frac{Q}{2(Q - Pr^2)} - \frac{c}{2cPr}\log\frac{c+Pr}{c-Pr}\right.$$
$$\left. - 2\int_0^\infty \frac{\sin ct}{e^{2\pi t}-1}\frac{Q(Q+Pr^2)\sin ct}{(Q - Pr^2)^2 + 4c^2r^2\sin^2 ct}\right].$$

On a

$$\sum_0^\infty \frac{\lambda^n}{2n+1} = \frac{1}{\sqrt{\lambda}}\left(\sqrt{\lambda} + \frac{\lambda^{\frac{3}{2}}}{3} + \frac{\lambda^{\frac{5}{2}}}{5} + \cdots\right) = \frac{1}{2\sqrt{\lambda}}\log\frac{1+\sqrt{\lambda}}{1-\sqrt{\lambda}},$$

mais

$$\frac{Q - Pr^2}{r} = b\left(\frac{1-r^2}{r}\right) = \frac{2kc}{a}, \quad \frac{Q+Pr^2}{r} = 2a + b\left(\frac{1+r^2}{r}\right);$$

on aura donc

$$q_{uu} = \frac{a}{2} - \frac{k}{\varepsilon} l \cdot \frac{2k\varrho}{(c-a-b)(c+b-a)}$$

$$- 2 \int_0^\infty \frac{\sin \varepsilon t}{e^{2\pi t}-1} dt \frac{1}{\frac{k^2}{a^2}+\sin^2 \varepsilon t} \cdot \frac{2k\left(2a+b\frac{1+t^2}{t}\right)}{4c}.$$

Le seul terme qui croisse indéfiniment quand les sphères se rapprochent est le second; nous allons calculer le troisième, en nous bornant au terme constant et au terme en ε^2.

21. Considérons une expression telle que

$$\frac{\varepsilon u \sin \varepsilon t}{(\varepsilon u)^2 + \sin^2 \varepsilon t} = \frac{u \frac{\sin \varepsilon t}{\varepsilon}}{u^2 + \left(\frac{\sin \varepsilon t}{\varepsilon}\right)^2},$$

où u est une fonction paire en ε; cette fonction est elle-même paire en ε, et si l'on a

$$u = u_0 + u_1 \varepsilon^2 + \dots,$$

elle pourra s'écrire

$$\frac{u_0 t}{u_0^2 + t^2} + \varepsilon^2 \left[\frac{u_0^3}{u_0^2+t^2} - \frac{2u_0^3 t^2}{(u_0^2+t^2)^2} \right] \frac{dt}{d\varepsilon^2} \frac{\sin \varepsilon t}{u \varepsilon}$$

$$= \frac{u_0 t}{u_0^2 + t^2} - \varepsilon^2 \left[\frac{u_0^3}{u_0^2+t^2} - \frac{2u_0^3 t^2}{(u_0^2+t^2)^2} \right] \frac{t}{u_0} \left(\frac{t^2}{6} + \frac{u_1}{u_0} \right)$$

ou encore, pour le coefficient de ε^2,

$$\left[\frac{2u_0^3}{(u_0^2+t^2)^2} - \frac{u_0^3}{(u_0^2+t^2)} \right] \frac{t}{u_0} \left(\frac{t^2+u_0^2}{6} + \frac{6u_1 - u_0^3}{6u_0} \right),$$

qui, développé suivant les puissances de $u_0^2 + t^2$, donnera

$$\frac{t}{u_0} \left[-\frac{1}{6} u_0^3 + \frac{u_0^5 - 2u_1 u_0}{2(u_0^2+t^2)} + \frac{u_0^3(6u_1 - u_0^3)}{6(u_0^2+t^2)^2} \right].$$

Si l'on fait maintenant

$$u_0 = -\frac{b}{a+b} \quad \text{et} \quad u_1 = u_0 \left[\frac{1}{6} - \frac{ab}{2(a+b)^2} \right],$$

de sorte que

$$\frac{k}{a\varepsilon} = u_0 + u_1 \varepsilon^2 + \dots,$$

il viendra, pour le coefficient de ε^2 dans $\dfrac{k\sin\varepsilon t}{a\left(\dfrac{k^2}{a^2}+\sin^2\varepsilon t\right)}$,

$$t\left(-\frac{1}{6}\frac{b}{a+b}\right)$$

$$+\frac{1}{\left(\frac{b}{a+b}\right)^2+t^2}\left[\frac{b}{2(a+b)}-\frac{1}{6}\right]+\frac{b^3a(a-b)}{3(a+b)^5}\frac{1}{\left[\frac{b^2}{(a+b)^2}+t^2\right]^2}.$$

L'intégrale

$$\int\frac{k\sin\varepsilon t}{a(e^{2\pi t}-1)}\frac{dt}{\dfrac{k^2}{a^2}+\sin^2\varepsilon t}$$

aura alors pour valeur, sa valeur quand $\varepsilon=0$, soit

$$\frac{-b}{a+b}\int\frac{t\,dt}{\dfrac{b^2}{(a+b)^2}+t^2},$$

augmentée de

$$-\frac{\varepsilon^2}{6}\frac{b}{a+b}\int\frac{t\,dt}{e^{2\pi t}-1}$$

$$-\frac{b\varepsilon^2}{(a+b)}\left[\frac{1}{6}-\frac{b}{2(a+b)}\right]\int\frac{t\,dt}{\left(\dfrac{b^2}{a^2+b^2}+t^2\right)(e^{2\pi t}-1)}$$

$$+\frac{ab^3(a-b)\varepsilon^2}{3(a+b)^5}\int\frac{t\,dt}{\left[\dfrac{b^2}{(a+b)^2}+t^2\right]^2(e^{2\pi t}-1)}.$$

Les intégrales qui entrent dans cette expression se ramènent aux fonctions ψ déjà considérées, parce qu'on a

$$4\int_0^\infty\frac{t\,dt}{(e^{2\pi t}-1)(m^2+p^2)}=2\psi(1-m)+2C-\frac{1}{m}+2\,l.m$$

(*voir* la Note); et, en différentiant par rapport à m,

$$-8m\int_0^\infty\frac{t\,dt}{(e^{2\pi t}-1)(m^2+p^2)^2}=-2\psi(1-m)+\frac{1}{m^2}+\frac{2}{m},$$

et l'on a vu ailleurs que

$$\int\frac{t\,dt}{e^{2\pi t}-1}=\frac{1}{24}.$$

22. En reportant ces valeurs dans l'expression de q_{aa} et grou-

pant tous les termes en ε^2, il viendra

$$q_{aa} = \frac{ab}{2c}\, l. \frac{2a}{c-b-a} + \frac{ab}{c}\, \psi\left(\frac{b}{a+b}\right) + \frac{ab}{c}\, C + S\varepsilon^2.$$

On traitera de même l'expression de $q_{bb} = \Sigma B_n$, qui donnera, en l'écrivant sous la forme

$$q_{ab} = -2kr\sum_0^{\infty} \frac{r^2}{1-r^2 \cdot r^2}$$

et posant par suite $\lambda = r^2$,

$$q_{ab} = -\left[\frac{ab}{2c} + \left(\frac{k}{\varepsilon}\right) l. \frac{2kc}{(c-a+b)(c+a-b)}\right.$$
$$\left. -2k\int \frac{\sin \varepsilon l(1+r^2)}{(1-r^2)^2 + 4r^2\sin^2\varepsilon l}\, \frac{dl}{e^{2\pi l}-1}\right];$$

on obtiendra à la fin

$$q_{ab} = \frac{ab}{2c}\, l. \frac{(c-a-b)(c+a+b)}{4ab} - \frac{ab}{c}\, C + S_1\varepsilon^2;$$

d'où, pour la charge,

(1) $\begin{cases} E_a = V_a q_{aa} + V_b q_{ab} \\[4pt] = (V_b - V_a)\left[\dfrac{ab}{2c}\, l. \dfrac{c-a-b}{c+a-b}\, \dfrac{a+b}{b} + \dfrac{ab}{c}\, C + \dfrac{ab}{2}\, \psi\left(\dfrac{a}{a+b}\right)\right] \\[10pt] \quad + \dfrac{V_a + V_b}{2}\left[\dfrac{ab}{a+b}\, \psi\left(\dfrac{a}{a+b}\right) + (S+S_1)\varepsilon^2\right], \end{cases}$

et, par suite,

(2) $\begin{cases} E_b = (V_a - V_b)\left[\dfrac{ab}{2c}\, l. \dfrac{c-a-b}{c+b-a}\, \dfrac{a+b}{a} + \dfrac{ab}{c}\, C + \dfrac{ab}{2}\, \psi\left(\dfrac{b}{a+b}\right)\right] \\[10pt] \quad + \dfrac{V_a + V_b}{2}\left[\dfrac{ab}{a+b}\, \psi\left(\dfrac{b}{a+b}\right) + (S_1+S')\varepsilon^2\right]. \end{cases}$

23. Par suite, si les deux sphères, très voisines mais isolées, se déplacent, la somme $E_a + E_b$ restant constante, la somme des potentiels ne variera que de quantités de l'ordre de ε^2 et peut, dans une première approximation, être considérée comme constante, la moyenne des deux potentiels étant

$$\left[\frac{E_a}{\psi\left(\dfrac{a}{a+b}\right)} + \frac{E_b}{\psi\left(\dfrac{b}{a+b}\right)}\right] \frac{a+b}{ab};$$

leur différence est de l'ordre de grandeur de l'expression

$$\frac{E_a \psi\left(\dfrac{b}{a+b}\right) - E_b \psi\left(\dfrac{a}{a+b}\right)}{\dfrac{ab}{2c}\, l.\dfrac{(c-a-b)c}{2ab}},$$

puisqu'on peut à ce degré d'approximation confondre $c+a-b$ avec $2a$, et $c+b-a$ avec $2b$; si le numérateur n'est pas nul, la différence $V_a - V_b$ tend donc vers zéro, mais elle est de l'ordre de

$$\frac{1}{l.\dfrac{(c-a-b)c}{ab}};$$

si donc on reporte cette valeur dans les formules qui donnent y ou z (§ 19), y et z tendront néanmoins vers l'infini et une étincelle finira par jaillir entre les deux sphères.

La condition que le numérateur soit nul est, d'après le § 19, que les charges soient précisément dans le rapport des charges que prendraient les deux sphères si on les mettait au contact.

Lorsque cette condition est réalisée, et la valeur et le signe de $V_a - V_b$ dépendent de celui de

$$\frac{E_a(S_1 + S') - E_b(S + S_1)}{\dfrac{ab}{2c}\, l.\dfrac{(c-a-b)c}{2ab}}\, z^2.$$

Comme $c - a - b = \dfrac{ab}{2(a+b)} z^2$, qui est infiniment petit par rapport à son logarithme, les valeurs de y et de z tendront vers zéro à mesure que les sphères se rapprocheront.

24. On a indiqué ci-dessus les méthodes de calcul de S, S_1, S', avec tous les détails nécessaires. Poisson trouve

$$S + S' = \frac{ab(a^2 + b^2 - ab)}{6(a+b)^3} \psi\left(\frac{a}{a+b}\right)$$
$$- \frac{a^2 b^2(a-b)}{6(a+b)^4} \psi'\left(\frac{a}{a+b}\right) - \frac{a^2 b^2}{12(a+b)^4}$$

et de même

$$S' + S_1 = \frac{ab(a^2 + b^2 - ab)}{6(a+b)^3} \psi\left(\frac{b}{a+b}\right)$$
$$- \frac{a^2 b^2(b-a)}{6(a+b)^4} \psi'\left(\frac{b}{a+b}\right) - \frac{a^2 b^2}{12(a+b)^4},$$

et par suite, dans le cas où les sphères se sont touchées,

$$(S_1 + S')E_a - E_b(S + S_1)$$

$$= \frac{a^2 b^2 (a-b)}{6(a+b)^4} \left\{ \psi\left(\frac{b}{a+b}\right) \psi'\left(\frac{a}{a+b}\right) + \psi\left(\frac{a}{a+b}\right) \psi'\left(\frac{b}{a+b}\right) \right.$$

$$\left. - \frac{a^2 b^2}{12(a+b)^3} \left[\psi\left(\frac{a}{a+b}\right) - \psi\left(\frac{b}{a+b}\right) \right] \right\}.$$

Le signe de cette expression détermine le signe de la différence de potentiel des deux sphères, et par suite le signe de la densité que prend chacune d'elles au point le plus voisin de l'autre. Pour déterminer ce signe, on remarque que

$$\psi(x) - \psi(1-x) = -\pi \cot \pi x,$$

donc

$$\psi'(x) + \psi'(1-x) = \frac{\pi^2}{\sin^2 \pi x};$$

on peut donc exprimer $\psi\left(\frac{a}{a+b}\right)$ et $\psi'\left(\frac{a}{a+b}\right)$ au moyen de $\psi\left(\frac{b}{a+b}\right)$ et $\psi'\left(\frac{b}{a+b}\right)$.

En supprimant un facteur trigonométrique positif, cette fonction devient

$$\frac{1}{2} \sin \frac{\pi(a-b)}{a+b} \psi'\left(\frac{b}{a+b}\right) + \pi \psi\left(\frac{b}{a+b}\right) - \frac{a+b}{4(a-b)} \sin \frac{\pi(a-b)}{a+b},$$

expression dont le signe est celui de $(a-b)$; en effet, on a toujours

$$\psi\left(\frac{b}{a+b}\right) = \int_0^1 \frac{t^{\frac{b}{a+b}} - 1}{1-t}, \quad > \int_0^1 \left(t^{-\frac{b}{a+b}} - 1 \right) dt$$

ou que $\frac{b}{a}$, puisque les éléments de la première intégrale sont plus grands que ceux de la seconde.

Le facteur ψ' est essentiellement positif comme tous les éléments de l'intégrale

$$\int_0^1 \frac{t^{-\frac{b}{a+b}}}{1-t} \, l.\frac{1}{t} \, dt,$$

qu'il représente et supérieur à

$$\int_0^1 \frac{l.t \, dt}{1-t} \quad \text{ou} \quad \frac{\pi^2}{6};$$

si l'on suppose $a > b$, le dernier terme est donc seul négatif; mais
ce terme est toujours plus petit que l'un des termes positifs; en
effet, si $b > \dfrac{a}{4}$, $\dfrac{\pi b}{a}$ qui est plus petit que $\pi\psi$ dépasse $\dfrac{\pi}{4}$, qui est lui-
même plus grand que

$$\frac{\pi}{4} \frac{\sin \dfrac{\pi(a-b)}{a+b}}{\dfrac{\pi(a-b)}{a+b}};$$

si au contraire $b < \dfrac{a}{4}$, on a aussi

$$\frac{a+b}{a-b} < \frac{5}{3} \quad \text{ou} \quad \frac{a+b}{4(a-b)} < \frac{5}{12}$$

plus petit par conséquent que $\dfrac{\pi^2}{12}$, qui est inférieur au premier
terme.

Quand on séparera les deux sphères, le potentiel de la plus
grande (en supposant les charges positives) sera donc supérieur à
celui de l'autre, et celle-ci devra être chargée d'électricité négative au point le plus rapproché de l'autre; cette charge très faible
d'abord ira en croissant, pour s'annuler lorsque les sphères seront
suffisamment écartées, puisqu'à grande distance les densités sont
de même signe sur toute l'étendue de chaque sphère.

25. La détermination de la distance à laquelle a lieu ce changement de signe peut se faire approximativement quand l'une des
sphères B est très petite par rapport à l'autre, r devient très vite
assez petit pour que les séries soient très convergentes. Comme
première approximation, on supposera qu'on peut réduire les
séries relatives à la petite sphère à leur premier terme; alors la
densité en un point quelconque N, donnée dans le § 9, se réduit à

$$\frac{1}{4\pi}\left[\frac{V_b}{b} - V_a \frac{b^2 - \dfrac{b^4}{c^2}}{\left(b^2 - \dfrac{2b^3}{c}\cos u + \dfrac{b^4}{c^2}\right)^{\frac{3}{2}}} \frac{ab}{c} \frac{r}{b} \right],$$

à cause de

$$B_1 = \frac{ab}{c} \quad \text{et} \quad B'_1 = b,$$

ou à

$$\frac{1}{4\pi b}\left[V_b - V_a\,\frac{a}{c}\left(1-\frac{b^2}{c^2}\right)\left(1-\frac{2b}{c}\cos u + \frac{b^2}{c^2}\right)^{-\frac{3}{2}}\right],$$

en désignant par u l'angle que fait le rayon BN avec le rayon Bβ'.

Si l'on fait $\cos u = 1$ pour avoir la densité en ce point β', il reste pour le facteur V_a

$$\left(1+\frac{3b}{c}+\frac{5b^2}{c^2}\right)\frac{a}{c}.$$

Les charges totales des sphères sont d'ailleurs

$$E_a = V_a \times a, \quad E_b = bV_b - V_a\,\frac{ab}{c};$$

la densité au point β' est donc, en fonction des charges de A et B,

$$\frac{1}{4\pi b}\left[\frac{E_b}{b}-\frac{E_a}{c}\left(\frac{3b}{c}+\frac{5b^2}{c^2}\right)\right].$$

Si les deux sphères ont été mises en contact,

$$\frac{\psi\left(\dfrac{a}{a+b}\right)}{\psi\left(\dfrac{b}{a+b}\right)}=\frac{E_a}{E_b},$$

et la condition pour que la densité soit nulle en β' devient

$$\frac{1}{b^2}\psi\left(\frac{b}{a+b}\right)=\frac{1}{c^2}\psi\left(\frac{a}{a+b}\right)\left(3+5\frac{b}{c}\right).$$

Si la sphère B est très petite, on a vu que le rapport des densités

$$\frac{1}{b^2}\psi\left(\frac{b}{a+b}\right),\quad \frac{1}{a^2}\psi\left(\frac{a}{a+b}\right)$$

avait pour limite $\frac{\pi^2}{6}$; la densité sera donc nulle au point β', sur une sphère très petite si

$$\frac{\pi^2}{6}=3\,\frac{a^2}{c^2}\quad \text{ou}\quad \frac{c-a}{a}=0,355.$$

26. La connaissance des coefficients désignés par la lettre S permet de déterminer la répulsion de deux sphères en contact; supposons, en effet, deux sphères au potentiel 1 et en contact,

$\frac{ab}{a+b}\,\psi\left(\frac{b}{a+b}\right)$, $\frac{ab}{a+b}\,\psi\left(\frac{a}{a+b}\right)$ seront leurs charges E_a et E_b; si leur distance devient $d = c - b - a$, les potentiels sont liés aux charges par les conditions (1) et (2) et

$$E_b + E_a = (V_b - V_a)\frac{ab}{2c}\,l\cdot\frac{a(c+b-a)}{b(c+a-b)}$$
$$+\tfrac{1}{2}(V_a + V_b)[E_a + E_b + (S + 2S' + S'_1)\varepsilon^2];$$

comme $d = \frac{ab}{a+b}\frac{\varepsilon^2}{2}$, cette valeur devient

$$(V_b - V_a)\frac{d}{2}\left(\frac{1}{2b} - \frac{1}{2a}\right) + \tfrac{1}{2}(V_a + V_b)\left[E_a + E_b + 2(S + 2S' + S'_1)d\frac{a+b}{ab}\right],$$

mais $\frac{V_b - V_a}{d}$ tend vers o avec d: on aura donc, en négligeant les puissances supérieures,

$$\tfrac{1}{2}(V_a + V_b) = 1 - \frac{(S_1 + 2S' + S_1)}{E_a + E_b}\frac{2d(a+b)}{ab} \quad \text{et} \quad V_a = V_b.$$

Or le travail produit, $\tfrac{1}{2}E_a(V_a - 1) + \tfrac{1}{2}E_b(V_b - 1)$, est

$$\tfrac{1}{2}(E_a + E_b)(V_a - 1) \quad \text{ou} \quad (S_1 + 2S' + S_1)\frac{2d(a+b)}{ab};$$

la force sera donc

$$2\cdot\frac{ab}{a+b}(S_1 + 2S' + S_1),$$

c'est-à-dire

$$\tfrac{1}{6}\left[\psi\left(\frac{b}{a+b}\right) + \psi\left(\frac{a}{a+b}\right)\right]\frac{a^2 + b^2 - ab}{(a+b)^2}$$
$$+ \tfrac{1}{6}\frac{ab(a-b)}{(a+b)^3}\left(\psi'\frac{b}{a+b} - \psi'\frac{a}{a+b}\right) - \tfrac{1}{6}\frac{ab}{(a+b)^2}.$$

Lorsque les sphères sont égales, on a

$$\psi(\tfrac{1}{2}) = 2l\cdot2$$

et, par suite, la force est

$$\tfrac{1}{4}(l\cdot2 - \tfrac{1}{4})$$

comme Sir W. Thomson l'a trouvé directement dans ce cas.

Note au n° 14.

Poisson emploie généralement la notation d'intégrales définies pour désigner ces séries; de l'identité

$$\int_0^1 x^{m-1}\, dx = \frac{1}{m},$$

on déduit, en effet,

$$\frac{1}{n-m} - \frac{1}{n} = \int_0^1 (x^{n-m-1} - x^{n-1})\, dc$$

et, en donnant à n toutes les valeurs depuis 1 jusqu'à l'infini, puis ajoutant,

$$\sum \frac{m}{n(n-m)} = \sum \frac{1}{n-m} - \sum \frac{1}{n} = \int \frac{x^{-m}-1}{1-x}.$$

Cette fonction de m sera désignée par $\psi(m)$; par suite,

$$\psi\left(\frac{a}{c}\right) = \int_0^1 \frac{x^{-\frac{a}{c}}-1}{1-x}\, dx = \left(\frac{c}{c-a}-1\right) + \left(\frac{c}{2c-a}-\frac{1}{2}\right) + \dots$$

et

$$\frac{ab}{c}\psi\left(\frac{a}{c}\right) = \left(\frac{ab}{c-a}-\frac{ab}{c}\right) + \dots + \left(\frac{ab}{nc-a}-\frac{ab}{nc}\right) = \Sigma A_n - \Sigma B_n.$$

La dérivée de ψ peut servir à exprimer quelques-unes des séries qu'on va rencontrer, car

$$\psi'(m) = -\int_0^1 \frac{x^{-m}-1}{1-x} l_{\cdot}x\, dx = \frac{1}{(1-m)^2} + \frac{1}{(2-m)^2} + \dots$$

L'examen de chacun des termes de la série $\sum \dfrac{m}{n(n-m)}$ montre que $\psi(m)$ croît avec m; donc la charge de la plus grande sphère est toujours plus grande que celle de la petite.

Si l'on considère $\psi(m)$ et $\psi(1-m)$, on a

$$\psi(m) = \left(\frac{1}{1-m}-1\right) + \left(\frac{1}{2-m}-\frac{1}{2}\right) + \dots,$$

$$\psi(1-m) = \left(\frac{1}{m}-1\right) + \left(\frac{1}{1+m}-\frac{1}{2}\right) + \dots;$$

d'où

$$\psi(1-m) - \psi(m) = \frac{1}{m} - \frac{2m}{1-m^2} - \frac{2m}{4-m^2} \dots,$$

c'est-à-dire la dérivée du logarithme du produit

$$m(1-m^2)\left(1-\frac{m^2}{4}\right)\left(1-\frac{m^2}{9}\right)$$

ou de

$$\frac{\sin \pi m}{\pi};$$

cette différence est donc $\pi \cot \pi m$, et l'on a

$$\psi(1-m)-\psi(m) = \pi \cot \pi m.$$

Enfin ces séries peuvent se transformer en d'autres très convergentes, car

$$\frac{1}{n-m} = \frac{1}{n}\left(1+\frac{m}{n}+\frac{m^2}{n^2}+\frac{m^3}{n^3}+\ldots\right),$$

donc

$$\psi(m) = m\sum\frac{1}{n^2} - m^2\sum\frac{1}{n^3} + m^3\sum\frac{1}{n^4} - \ldots;$$

mais

$$\frac{m}{1-m} = m+m^2+m^3+\ldots,$$

donc

$$\psi(m) = \frac{m}{1-m} + m\sum\left(\frac{1}{n^2}-1\right) + m^2\sum\left(\frac{1}{n^3}-1\right)+\ldots,$$

série dont les coefficients diminuent très rapidement, comme l'indique le Tableau ci-dessous, emprunté à Legendre (*Théorie des fonctions elliptiques*, t. II) :

$$\sum\frac{1}{n^2} = 1,6449340668, \quad \sum\frac{1}{n^6} = 1,0173430620, \quad \sum\frac{1}{n^{10}} = 1,0009945751,$$

$$\sum\frac{1}{n^3} = 1,2020569032, \quad \sum\frac{1}{n^7} = 1,0083492774, \quad \sum\frac{1}{n^{11}} = 1,0004941886,$$

$$\sum\frac{1}{n^4} = 1,0823232337, \quad \sum\frac{1}{n^8} = 1,0040773562, \quad \sum\frac{1}{n^{12}} = 1,0002460866,$$

$$\sum\frac{1}{n^5} = 1,0369277551, \quad \sum\frac{1}{n^9} = 1,0020083928, \quad \sum\frac{1}{n^{13}} = 1,0001227133.$$

Les charges sont donc exprimées par des séries très rapidement convergentes; surtout si l'on fait attention qu'en prenant pour a le plus petit des deux rayons, $\frac{a}{c}$ est plus petit que $\frac{1}{2}$ et que la différence des charges est connue.

Note au n° 21.

On s'est servi (§ 18) de la relation

$$\frac{e^p + 1}{e^p - 1} - \frac{2}{p} = 4\int_0^\infty \frac{\sin pt}{e^{2\pi t} - 1};$$

en multipliant les deux membres par $e^{-pm}dp$ et intégrant par rapport à p, depuis o jusqu'à l'infini, il vient

$$\int_0^\infty \frac{(e^p + 1)\,e^{-pm}}{e^p - 1}\,dp - 2\int_0^\infty \frac{e^{-mp}}{p}\,dp = 4\int_0^\infty \frac{t\,dt}{(e^{2\pi t} - 1)(m^2 + t^2)},$$

et, remplaçant ensuite e^{-p} par t dans le premier membre,

$$2\int_0^1 \frac{t^{m-1}\,dt}{1 - t} - \int_0^1 t^{m-1}\,dt + 2\int_0^1 \frac{t^{m-1}}{l.t}\,dt$$

$$= 4\int_0^\infty \frac{t\,dt}{(e^{2\pi t} - 1)(m^2 + t^2)}.$$

Si l'on désigne par C une constante, dont la valeur calculée par Euler est $0,5772156\overline{6}$ et qui est définie par l'équation

$$C = \int_0^1 \left(\frac{1}{1 - t} + \frac{1}{l.t}\right) dt;$$

si, de plus, on tient compte de ce que $\int_0^1 \frac{t^{m-1} - 1}{l.t}$ est $l.m$, comme on le trouve en multipliant par dm et intégrant les deux membres de l'équation

$$\int_0^1 t^{m-1}\,dt = \frac{1}{m},$$

on obtiendra

$$4\int_0^\infty \frac{t\,dt}{(e^{2\pi t} - 1)(m^2 + t^2)} = 2C + 2\psi(1 - m) - \frac{1}{m} + 2l.m,$$

la même équation s'applique à $m = 1$, auquel cas $\psi(1 - m) = 0$,

$$4\int_0^\infty \frac{dt}{(e^{2\pi t} - 1)(1 + t^2)} = 2C - 1.$$

Quand on fait $m = \frac{b}{a + b}$ dans la première, et qu'on retranche membre

à membre,

$$\int_0^\infty \frac{t\,dt}{(e^{2\pi t}-1)\left[\left(\dfrac{b}{a+b}\right)^2+t^2\right]} - \int_0^\infty \frac{t\,dt}{(e^{2\pi t}-1)(1+t^2)}$$
$$= \frac{1}{b}\left[-\frac{a}{4}+\frac{b}{2}l.\frac{a+b}{b}+\frac{b}{2}\psi\left(\frac{a}{a+b}\right)\right],$$

formule qui peut abréger quelques-uns des calculs suivants.

FIN DU TOME I.

www.ingramcontent.com/pod-product-compliance
Lightning Source LLC
Chambersburg PA
CBHW060948220326
41599CB00023B/3633